LE ROBERT & NATHAN

italien

vocabulaire

Marina Ferdeghini-Varejka

Paola Niggi

Nathan

Les auteurs

MARINA FERDEGHINI-VAREJKA
Professeur certifiée d'italien

PAOLA NIGGI
Professeur d'italien au ministère des Affaires étrangères
Présidente du Centre Culturel Italien à Paris

ONT DÉJÀ PUBLIÉ

aux Éditions Nathan

- VOIE EXPRESS – INITIATION ITALIEN
- VOIE EXPRESS – MÉTHODE INTENSIVE ITALIEN
- VOYAGER EN ITALIEN, guide de voyage et de conversation (1990)
- 13 GATTI NERI SOTTO UNA SCALA, Collection « Lire l'italien » (1992)
- IL SEGRETO DELL'ARCHITETTO, Collection « Lire l'italien » (1992)
- GRAMMAIRE DE L'ITALIEN, Collection « Le Robert et Nathan Langues actuelles » (1996)
- LES VERBES ITALIENS, Collection « Le Robert et Nathan Langues actuelles » (1998)

Aux Éditions du CIRRMI
(Université de la Sorbonne Nouvelle Paris III), en collaboration :

- A PROPOSITO DI MOSTRI, matériel vidéo de perfectionnement à partir du film *I Mostri* de D. Risi.

Avant-propos

Avoir du vocabulaire : employer le mot juste qui reflète fidèlement notre pensée, s'exprimer à propos et en termes choisis. Tâche délicate dans une langue étrangère, où nous nous voyons trop souvent contraints de simplifier grossièrement une pensée que l'on voulait précise, riche et nuancée. L'approximation nous guette, voire l'erreur.

Ce qui nous fait alors cruellement défaut, c'est le nécessaire rapport de **familiarité** qu'il faut entretenir avec les mots d'une langue – et parfois avec la réalité culturelle qu'ils véhiculent.

Fonctionnel et pédagogique, **le Vocabulaire de l'italien contemporain** multiplie explications et conseils qui permettront à tous de bien saisir tant le sens des mots que les principaux usages qui s'y rattachent.

Les thèmes et les mots proposés répondent aux besoins lexicaux rencontrés dans la plupart des **situations de communication** et permettront d'optimiser les échanges oraux ou écrits, de prendre part aux débats actuels et, plus généralement, d'enrichir l'expression personnelle.

Originalité importante de l'ouvrage, un soin particulier a été apporté à **la mise en contexte**, avec un approfondissement à plusieurs niveaux :

- en regard des mots, de **nombreuses aides** permettent d'apprivoiser les subtilités de la langue italienne (formation des mots, polysémie, synonymie, contextualisations, irrégularités...) ;
- **l'aspect oral**, marqué, participe à la bonne mémorisation des mots ;
- **l'entraînement pratique** active l'assimilation et permet d'éprouver les acquis ;
- **la dimension culturelle**, très présente, apporte d'utiles éclairages sur le sens et la formation de mots hérités du passé ou nés de l'actualité ;
- **les expressions idiomatiques et les proverbes**, par leur portée métaphorique, invitent à manier une langue colorée et imagée.
- Enfin, la **modernité du vocabulaire** proposé fait de ce recueil un reflet fidèle du monde d'aujourd'hui.

Au-delà de la simple compilation de mots, le lecteur trouvera dans le **Vocabulaire de l'italien contemporain** une source d'inspiration et de créativité, un outil stimulant ouvrant aux richesses de la langue italienne.

Sommaire

Vie culturelle, communication et nouvelles technologies

Histoire, géographie et environnement

La vie politique, religieuse et économique

Les outils de l'expression

Annexes

Présentation de l'ouvrage

29 chapitres thématiques

Pour communiquer et trouver des idées, au gré des besoins

- 28 thèmes généraux couvrent les domaines essentiels de l'activité humaine et de la pensée.
- Le dernier chapitre prolonge les listes thématiques en offrant des structures incontournables de l'analyse, du commentaire et de l'expression (analyse d'un texte, d'un document, expression des opinions, des appréciations, etc.)

La classification des mots
Consulter, apprendre et mémoriser :

- L'alignement en colonnes permet l'accès par le français ou par l'italien et favorise l'apprentissage et la révision.
- Sont regroupés noms, verbes, adjectifs.
- Les trois catégories sont séparées par un filet de couleur.
- Les traductions des adjectifs, des participes passés... sont données sous la forme du masculin singulier.

L'aspect oral
Prononcer correctement :

- Le souligné indique l'accent tonique lorsqu'il n'est pas sur l'avant-dernière syllabe.
- La transcription en alphabet phonétique international accompagne les mots difficiles.

prononcer ['odiεns]	**l'audience**	l'audience
prononcer ['ʃεar]	**lo share**	la part d'audience

Les encadrés d'aide

- **pour différencier les niveaux de langue**

familier
argotique
littéraire

familier la pappa *la bouillie*	**fare la pappa**	manger [pour les tout petits]

- **pour déjouer les pièges**

Les faux ami, les difficultés orthographiques et grammaticales sont signalés par (!) :

(!) pluriel féminin le ossa	**l'osso**	l'os
(!) féminin	**la cartilagine**	le cartilage
(!) faux ami *les confettis* i coriandoli	**i confetti**	les dragées

- pour comprendre et retenir

la batteria scarica *la batterie déchargée* La batteria è scarica. *La batterie est déchargée, la batterie est à plat.*	• **la batteria**	• la batterie

- pour indiquer les nuances de sens

aussi signale un terme équivalent

autre sens rappelle un autre sens pour les termes polysémiques

autre sens *le foulard*	• **il fazzoletto**	• le mouchoir
aussi le ciabatte	• **le pantofole**	• les chaussons, les pantoufles

- pour apporter des compléments culturels

Certains encadrés apportent des informations sur la civilisation italienne :

40 heures hebdomadaires en Italie	• **lavorare a tempo pieno**	• travailler à plein temps

Mettere in pratica

Pour mémoriser par la pratique

- Les exercices portent sur le réemploi en contexte, la formation des mots, le sens, l'emploi grammatical, la compréhension de textes littéraires et authentiques, etc.
- Les corrigés permettent d'évaluer les acquis.

Altre Parole

Pour mieux connaître le monde italophone

Il contesto culturale pour découvrir le contexte culturel

- Du patrimoine linguistique aux toutes dernières créations dictées par l'actualité, cette rubrique donne les nécessaires explications sur les termes spécifiques à la civilisation italienne.

Les termes culturels sont indexés en fin d'ouvrage.

Espressioni idiomatiche pour s'exprimer dans une langue imagée, colorée, vivante

- Les mots du chapitre sont utilisés dans cette rubrique dans un contexte métaphorique.

Proverbi

- Dictons et proverbes donnent le dernier mot à la sagesse populaire.

Alphabet phonétique et valeur des signes

Afin de désambiguïser la prononciation de certains mots italiens parfois peu évidente pour un francophone, une transcription phonétique est indiquée en encadré. Cette indication est essentiellement donnée pour les termes anglais qu'un italophone prononce différemment d'un francophone ou d'un anglophone. Par exemple, *bug* ou *pub* se prononcent respectivement [bag] et [pab]. Si aucune mention n'apparaît, cela indique que la prononciation du terme anglais est identique en français et en italien.
Lorsque le terme étranger est issu du français et se prononce comme en français, la mention *prononcer à la française* apparaît en regard du mot dans un encadré.
Pour les termes dont on n'indique pas la prononciation, l'accent tonique des mots est signalé par un souligné lorsqu'il n'est pas sur l'avant-dernière syllabe (exemple : oro<u>lo</u>gio).

isola, tiro	[i]	vie, lyre
eroe, cera	[e]	été, chanter
serpe, caffè	[ɛ]	fait, merci
amico, male	[a]	amour, papa
olio, porto	[ɔ]	fort, homme, or
onore, monte	[o]	beau, mot, ébauche
uva, cubo	[u]	bijou, roue
seppia, iodio, mai	[j]	yeux, pied, paille
suono, auto	[w]	oui, nouer
pane, corpo	[p]	poupée
tara, porta	[t]	tante, thermes
casa, tasca, qualità	[k]	coq, quoi, koala
bar, tubo	[b]	bébé, bateau
dito, padre	[d]	aider, dans
gatto, mago	[g]	gang, bug
filo, gufo	[f]	foi, phare
sigaro, costa	[s]	santé, nation, cet
scirocco, coscia	[ʃ]	tache, chat
vino, lavoro	[v]	vin, bravo
cosa, riso	[z]	rose, zéro
beige	[ʒ]	joue, gilet
lana, mela	[l]	loin, salle
ramo, coro	[r]	répéter, rare
mano, seme	[m]	main, femme
naso, cono	[n]	nain, nonne
gnomo, pugnale	[ɲ]	agneau, digne
giro, angelo	[dz]	jeans
zaino, garzone	[dz]	
calzone, scienza	[ts]	
cinema, lancia	[tʃ]	
voglia, aglio	[ʎ]	
['tajmɛr]	[']	précède la syllabe accentuée

Il tempo
Le temps

1 La misura del tempo — La mesure du temps

Note	Gli strumenti per misurare il tempo	Les instruments de mesure du temps
(!) masculin l'orologio biologico *l'horloge biologique*	**l'orologio** **al quarzo** **subacqueo**	la montre *ou* l'horloge à quartz étanche
il cinturino *le bracelet*	**l'orologio da polso**	le bracelet-montre
il pendolo *le pendule*	**l'orologio a pendolo,** **la pendola**	la pendule
svegliarsi *se réveiller*	**la sveglia**	le réveil
(!) féminin	**la radiosveglia**	le radio-réveil
	il cronometro	le chronomètre
	la clessidra	le sablier
	la meridiana	le cadran solaire
prononcer [dis'plej]	**il display** **a cristalli liquidi** **digitale**	l'affichage à cristaux liquides numérique
	la pila, la batteria	la pile
in senso orario *dans le sens des aiguilles d'une montre* in senso antiorario *dans le sens inverse des aiguilles d'une montre*	**la lancetta** **la lancetta delle ore** **la lancetta dei minuti** **la lancetta dei secondi**	l'aiguille la grande aiguille la petite aiguille la trotteuse
	il quadrante	le cadran
	la cassa	le boîtier
la bilancia *la balance*	**il bilanciere**	le balancier
ticchettare, fare tic-tac *faire tic tac*	**il ticchettio, il tic-tac**	le tic-tac
	l'ingranaggio	l'engrenage
	la suoneria	la sonnerie
	la molla	le ressort
prononcer ['tajmɛr]	**il timer**	le minuteur
	funzionare	fonctionner
	camminare	marcher
	fermarsi	s'arrêter
	suonare	sonner
L'orologio va avanti di cinque minuti. *La montre avance de cinq minutes.*	**andare avanti**	avancer

	• **andare indietro**	• retarder
	• **spaccare il secondo**	• être précis à la seconde près
	• **cronometrare**	• chronométrer, minuter
la carica *le remontage*	• **caricare l'orologio**	• remonter sa montre
	• **cambiare l'ora**	• changer d'heure
	• **esatto**	• exact
alle sette precise *à sept heures précises* alle sette in punto *à sept heures pile*	• **preciso**	• précis
	• **fermo**	• arrêté
	• **rotto**	• cassé
	• **guasto**	• en panne

Le unità di tempo / Les unités de temps

(!) masculin	• **il secondo**	• la seconde
(!) masculin	• **il nanosecondo**	• la nanoseconde
	• **il minuto**	• la minute
segnare l'ora *indiquer l'heure*	• **l'ora**	• l'heure
tre quarti d'ora *trois quarts d'heure*	**il quarto d'ora**	le quart d'heure
	la mezz'ora	la demi-heure
	l'ora e mezzo	l'heure et demie
	l'ora legale	l'heure légale
	l'ora solare	l'heure solaire
	• **il giorno**	• le jour
	• **la settimana**	• la semaine
	• **i giorni della settimana**	• les jours de la semaine
	• **il fine settimana, il week-end**	• le week-end
	• **il mese**	• le mois
pagare a bimestri *payer tous les deux mois*	• **il bimestre**	• le bimestre
	• **il trimestre**	• le trimestre
	• **il quadrimestre**	• le quadrimestre
	• **il semestre**	• le semestre
	• **l'anno**	• l'an *ou* l'année
	l'anno bisestile	l'année bissextile
	l'anno civile	l'année civile
la primavera/l'estate/l'autunno/l'inverno *le printemps/l'été/l'automne/l'hiver*	• **la stagione**	• la saison
	• **il biennio/il triennio**	• (la période de) deux ans / trois ans
(!) masculin il ventennio/il trentennio… *(la période de) vingt ans/trente ans*	• **il decennio**	• la décennie
	• **la decade**	• la décade, *période de dix jours*
	• **il secolo**	• le siècle
a.C. (avanti Cristo) *av. J.-C. (avant Jésus-Christ)* d.C. (dopo Cristo) *apr. J.-C. (après Jésus-Christ)*	• **il millennio**	• le millénaire
	• **l'era**	• l'ère

La gestione del tempo / La gestion du temps

	• **il calendario**	• le calendrier
(!) féminin	• **l'agenda**	• l'agenda
	l'agenda elettronica	l'agenda électronique
	• **il palmare**	• le palm
l'orario invernale *l'horaire d'hiver*	• **l'orario**	• l'horaire
	flessibile	flexible
	continuato	continu
	ridotto	réduit
	• **la fascia oraria**	• la tranche horaire

• **programmare**	• programmer
• **prevedere**	• prévoir
• **aggiornare**	• mettre à jour
• **ritardare**	• retarder
• **rinviare, posticipare**	• reporter
• **anticipare**	• avancer
• **datare**	• dater
• **postdatare**	• postdater
• **retrodatare**	• antidater
• **metterci del tempo**	• mettre du temps
• **fare con comodo, prendersela comoda**	• prendre son temps
• **guadagnare tempo**	• gagner du temps
• **(fare) perdere tempo**	• (faire) perdre du temps
• **sprecare tempo**	• gaspiller son temps
• **recuperare il tempo perso**	• rattraper le temps perdu
• **avere tempo**	• avoir le temps
• **ammazzare il tempo**	• tuer le temps

aggiornare — autre sens *ajourner (une séance)*

anticipare — essere in anticipo *être en avance*

metterci del tempo — Ci si mettono 10 minuti. *Ça prend 10 minutes.*

I momenti della giornata / Les moments de la journée

• **il giorno**	• le jour
• **la giornata**	• la journée
• **l'alba, l'aurora**	• l'aube, l'aurore
• **il sorgere del sole**	• le lever du soleil
• **lo spuntar del giorno**	• le point du jour
• **il mattino, la mattina**	• le matin
le prime ore del mattino	le petit matin
dalla mattina alla sera	du matin au soir
• **la mattinata**	• la matinée
• **il mezzogiorno**	• le midi
• **il pomeriggio**	• l'après-midi
il primo pomeriggio	le début d'après-midi
il tardo pomeriggio	la fin d'après-midi
• **la sera**	• le soir
la sera tardi	tard le soir
• **la serata**	• la soirée
in prima serata	en début de soirée
in seconda serata	en deuxième partie de soirée
a fine serata	en fin de soirée
• **il crepuscolo**	• le crépuscule
• **l'imbrunire**	• la tombée de la nuit
• **il tramonto**	• le coucher du soleil
• **la notte**	• la nuit
• **la nottata**	• la nuit, *l'espace d'une nuit ou* la nuitée [hôtel]
• **la mezzanotte**	• minuit
• **far buio, farsi notte**	• faire noir, faire nuit
• **sorgere, spuntare**	• se lever
• **tramontare**	• se coucher
• **diurno**	• du jour, diurne
• **in pieno giorno**	• en plein jour

il sorgere del sole — sorge il sole *le soleil se lève*

il mattino, la mattina — stamattina (contraction de questa mattina) *ce matin*; la mattina presto *tôt le matin*

il pomeriggio — nel pomeriggio *dans l'après-midi*

la sera — stasera (contraction de questa sera) *ce soir*

la serata — in serata *dans la soirée*

in prima serata, in seconda serata — pour désigner les plages horaires télévisées

la notte — stanotte (contraction de questa notte) *cette nuit*; a notte fonda *en pleine nuit*

la nottata — in nottata *dans la nuit*; una nottata agitata *une nuit agitée*

far buio — C'è un buio pesto. *Il fait noir comme dans un four.*

mattiniero
se dit pour une personne

in giornata	dans la journée
mattutino	du matin, matinal
a mezzogiorno	à midi
pomeridiano	de l'après-midi
crepuscolare	du crépuscule, crépusculaire
serale	du soir
notturno	de nuit, nocturne
a mezzanotte	à minuit
luminoso	lumineux
chiaro	clair
buio	noir, obscur
scuro	sombre

2 Il trascorrere del tempo / L'écoulement du temps

La durata / La durée

(!) un momento ne peut qu'être très bref
un bel po', un bel pezzo
un long moment

(!) masculin

la lunghezza	la longueur
la brevità	la brièveté
la rapidità	la rapidité
la velocità	la vitesse
la lentezza	la lenteur
il momento	le moment
l'istante, l'attimo	l'instant
il periodo	la période
il lasso di tempo	le laps de temps
l'epoca	l'époque
la cronologia	la chronologie
l'eternità	l'éternité
la perpetuità	la perpétuité
la perennità	la pérennité
la contemporaneità	le caractère contemporain
la simultaneità	la simultanéité
la continuità	la continuité
l'istantaneità	le caractère instantané
l'immediatezza	le caractère immédiat
la provvisorietà	le caractère provisoire
la permanenza	le caractère permanent
la temporaneità	le caractère temporaire
la transitorietà	le caractère transitoire

se conjugue avec essere

Ci vuole un attimo.
Il faut un instant.
Ci vogliono dieci minuti.
Il faut dix minutes.

durare	durer
trascorrere, passare	passer
pernottare	passer la nuit
prolungare	prolonger
accelerare	accélérer
rallentare	ralentir
continuare	continuer
volerci del tempo	falloir du temps

lungo	long
corto	court
breve	bref

rapidamente *rapidement*	**rapido**	rapide
velocemente *vite*	**veloce**	véloce
lentamente, piano *lentement, doucement*	**lento**	lent
	senza fine	sans fin
	infinito	infini
	finito	fini
	eterno	éternel
le nevi perenni *les neiges éternelles*	**perenne**	perpétuel
	perpetuo	éternel
	duraturo	durable
	contemporaneo	contemporain
	simultaneo	simultané
	istantaneo	instantané
	immediato	immédiat
	provvisorio	provisoire
	permanente	permanent
	temporaneo	temporaire
	momentaneo	momentané
	transitorio	transitoire
	effimero	éphémère
	improvviso	soudain
	nello stesso tempo	en même temps
	a lungo	longtemps
	per sempre	pour toujours
	mentre	pendant que
durante l'estate *pendant l'été*	**durante**	pendant, durant
	fino a	jusqu'à

La frequenza / La fréquence

	la ripetizione	la répétition
	la ricorrenza	la récurrence
prononcer à la française il tran tran *le train-train*	**la routine**	la routine
	l'abitudine	l'habitude
	la rarità	la rareté
	il ritmo	le rythme
autre sens *la récréation*	**l'intervallo**	l'intervalle
	ripetere/ripetersi	répéter/se répéter
Che cosa è successo? *Qu'est-ce qui s'est passé ?*	**avvenire, accadere, capitare, succedere**	arriver, se passer, se produire
	ricorrere	se (re)produire
	frequente	fréquent
	raro	rare
	(ir)regolare	(ir)régulier
	solito, abituale	habituel
	costante	constant
l'occasione *l'occasion*	**occasionale**	occasionnel
ripetutamente *plusieurs fois*	**ripetitivo**	répétitif
	ricorrente	récurrent
	eccezionale	exceptionnel

gli straordinari *les heures supplémentaires*	**straordinario**	extraordinaire
	periodico	périodique
	quotidiano	quotidien
settimanalmente *chaque semaine*	**settimanale**	hebdomadaire
	mensile	mensuel
	bimensile	bimensuel
	trimestrale	trimestriel
	annuo	annuel

	frequentemente, di frequente	fréquemment
	raramente, di rado	rarement
	di solito	d'habitude
	costantemente	constamment
	occasionalmente	occasionnellement
	eccezionalmente	exceptionnement
	ogni volta	(à) chaque fois
	talvolta, a volte	parfois
	periodicamente	périodiquement
(!) qualche est toujours suivi du singulier	**qualche volta**	quelquefois
	molte volte, diverse volte	plusieurs fois
una volta ogni tanto *une fois de temps en temps*	**una volta all'anno**	une fois par an
	mensilmente	mensuellement
	annualmente	annuellement
	ogni tanto, di tanto in tanto	de temps en temps
	ogni giorno	chaque jour
	quotidianamente	quotidiennement
un giorno sì e un giorno no *un jour sur deux*	**ogni due giorni**	tous les deux jours
	sempre	toujours
	mai	jamais
	spesso	souvent
	a tratti	par moments

L'espressione del passato / L'expression du passé

	il passato	le passé
	il ricordo	le souvenir
	la memoria	la mémoire
	la nostalgia	la nostalgie

	risalire a	remonter à
	ricordare qualcosa	se rappeler quelque chose
	ricordarsi di qualcosa	se souvenir de quelque chose
	ricordare qualcosa a qualcuno	rappeler quelque chose à quelqu'un

	recente	récent
	precedente, anteriore	précédent, antérieur
	ultimo	dernier
	passato	passé
lunedì scorso *lundi dernier*	**scorso**	dernier
	vecchio	vieux
autre sens antique	**antico**	ancien
	antiquato	vieilli, désuet

Italiano	Français
obsoleto	obsolète
arcaico	archaïque
superato	dépassé
fuori moda, passato di moda	démodé
scaduto	périmé
anacronistico	anachronique

Italiano	Français
un tempo, una volta	autrefois
tempo fa	il y a longtemps
a quei tempi	en ce temps-là
in passato	par le passé
per anni	pendant des années
per secoli	pendant des siècles
allora	alors
all'epoca	à l'époque
poco (tempo) fa	il y a peu
recentemente	récemment
ultimamente	dernièrement
ieri	hier
l'altroieri	avant-hier
una settimana fa	il y a une semaine
il mese scorso	le mois dernier
la vigilia	la veille [des jours de fêtes]
il giorno prima	la veille
due giorni prima	deux jours plus tôt
prima	avant, auparavant
precedentemente	précédemment
previamente	préalablement

> all'epoca: a quell'epoca
> *à cette époque*

> l'altroieri: aussi ieri l'altro

> la vigilia: la vigilia di Natale
> *la veille de Noël*

> il giorno prima: Era arrivato il giorno prima.
> *Il était arrivé la veille.*

L'espressione del presente / L'expression du présent

Italiano	Français
il presente	le présent
l'attualità	l'actualité
la modernità	la modernité

Italiano	Français
adesso, ora	maintenant
attualmente	actuellement
oggi	aujourd'hui
oggigiorno, al giorno d'oggi	de nos jours
in questo momento	en ce moment
per il momento, per ora	pour le moment, pour l'instant
da ora in poi	dorénavant

> oggigiorno: oggi come oggi
> *au jour d'aujourd'hui*

Italiano	Français
attuale	actuel
contemporaneo	contemporain
moderno	moderne

L'espressione del futuro / L'expression du futur

Italiano	Français
il futuro	l'avenir, le futur
l'avvenire	l'avenir
il domani	le lendemain

> il futuro: predire il futuro
> *prédire l'avenir*
> senza futuro *sans avenir*
> il futuro semplice
> *le futur simple*

Italiano	Français
proiettarsi	se projeter
prevedere	prévoir

fare progetti	faire des projets
pensare al domani	penser au lendemain, au futur

domani	demain
dopodomani	après-demain
il giorno dopo	le lendemain
l'indomani (di)	le lendemain (de)
due giorni dopo	le surlendemain
tra due giorni	dans deux jours
tra poco	tout à l'heure
a momenti	d'une minute à l'autre
prossimamente	prochainement
la settimana prossima	la semaine prochaine
il prossimo anno	l'année prochaine
nei prossimi giorni	dans les jours qui viennent
la prossima volta	la prochaine fois
in futuro	à l'avenir
ulteriormente	de nouveau, encore
in seguito	ensuite, ultérieurement
successivamente	par la suite
in un secondo tempo	dans un deuxième temps
poi	puis
dopo	après
presto	tôt, bientôt
prima o poi	tôt ou tard
a lunga/breve scadenza	à long/court terme

> aussi il giorno seguente, il giorno successivo (il giorno dopo)

> aussi frapoco (tra poco)

METTERE IN PRATICA

1 Dal sostantivo all'aggettivo Du substantif à l'adjectif

1. la sera
2. la notte
3. il pomeriggio
4. la mattina
5. il crepuscolo
6. l'istante
7. l'immediatezza
8. la simultaneità
9. l'eternità
10. l'attualità
11. la frequenza
12. l'inverno

2 Trovare i contrari Trouver les contraires

1. sempre
2. tardi
3. antico
4. spesso
5. prima
6. scorso
7. ritardare
8. il passato
9. scuro
10. l'alba
11. la notte
12. mezzogiorno

3 Trovare l'intruso Trouver l'intrus

1. l'orologio; la sveglia; la radiosveglia; la lancetta; la pendola
2. domani; l'indomani; l'altroieri; dopodomani; il giorno dopo
3. ritardare; aggiornare; rinviare; posticipare; cronometrare

corrigés page 419

Altre Parole

Il contesto culturale

- **il sessantotto,** *l'année 1968* : année de la révolte étudiante (**la rivolta studentesca**) et du mouvement ouvrier (**il movimento operaio**), fortement influencés par les événements français de mai 1968.
- **gli anni di piombo,** *les années de plomb* : période comprise entre la fin des années 1960 et le début des années 1980, et marquée par la violence du terrorisme d'extrême gauche et d'extrême droite.

La data
La date

Che giorno è oggi?	Quel jour sommes-nous ?
Oggi è venerdì.	Aujourd'hui, c'est vendredi.
Oggi è venerdì 18 settembre.	Aujourd'hui, nous sommes le vendredi 18 septembre.
Quanti ne abbiamo?	Nous sommes le combien ?
Ne abbiamo 18.	Nous sommes le 18.
In che anno sei nato?	En quelle année es-tu né ?
Nel 1978.	En 1978.
Nel 55 a.C. (avanti Cristo).	En 55 av. J.C. (avant Jésus-Christ).
Nel 79 d.C. (dopo Cristo).	En 79 apr. J.C. (après Jésus-Christ).

I secoli
Les siècles

Les siècles, écrits en chiffres romains, sont désignés par un adjectif ordinal. Mais à partir du XIIIe siècle, on peut ne préciser que la centaine. C'est la tournure la plus rapide et donc la plus fréquente :

il Duecento (il '200)	le XIIIe siècle (*il tredicesimo secolo – il secolo XIII*)
il Trecento (il '300)	le XIVe siècle (*il quattordicesimo secolo – il secolo XIV*)
il Quattrocento (il '400)	le XVe siècle (*il quindicesimo secolo – il secolo XV*)
il Cinquecento (il '500)	le XVIe siècle (*il sedicesimo secolo – il secolo XVI*)
il Seicento (il '600)	le XVIIe siècle (*il diciassettesimo secolo – il secolo XVII*)
il Settecento (il '700)	le XVIIIe siècle (*il diciottesimo secolo – il secolo XVIII*)
l'Ottocento (l'800)	le XIXe siècle (*il diciannovesimo secolo – il secolo XIX*)
il Novecento (il '900)	le XXe siècle (*il ventesimo secolo – il secolo XX*)
il Duemila	le XXIe siècle (*il ventunesimo secolo – il secolo XXI*)

I giorni della settimana
Les jours de la semaine

il lunedì	le lundi
il martedì	le mardi
il mercoledì	le mercredi
il giovedì	le jeudi
il venerdì	le vendredi
il sabato	le samedi
la domenica	le dimanche

I mesi dell'anno
Les mois de l'année

gennaio	janvier
febbraio	février
marzo	mars
aprile	avril
maggio	mai
giugno	juin
luglio	juillet
agosto	août
settembre	septembre
ottobre	octobre
novembre	novembre
dicembre	décembre

Espressioni idiomatiche

fare le ore piccole	se coucher très tard
Era ora!	Il était temps !
Alla buon'ora!	À la bonne heure !
passare un brutto quarto d'ora	passer un mauvais quart d'heure
l'ora X; l'ora zero	l'heure H
il giorno X	le jour J
l'ora di punta	l'heure de pointe
le ore morte	les heures creuses
una cosa che lascia il tempo che trova	une chose qui ne sert à rien
avere del tempo da perdere	avoir du temps à perdre
con i tempi che corrono	par les temps qui courent
passare la notte in bianco	passer une nuit blanche
essere all'oscuro di tutto	n'être au courant de rien
fare un salto nel buio	faire un saut dans l'inconnu

Proverbi

Le ore del mattino hanno l'oro in bocca.	Le monde appartient à ceux qui se lèvent tôt.
Il tempo è denaro.	Le temps, c'est de l'argent.
Meglio tardi che mai.	Mieux vaut tard que jamais.
Chi tardi arriva male alloggia.	Le dernier est le plus mal servi.
Chi ha tempo non aspetti tempo.	Il ne faut jamais remettre au lendemain ce que l'on peut faire le jour même.

2

Le età della vita e la famiglia

Les âges de la vie et la famille

1 La nascita e la crescita — La naissance et la croissance

	il concepimento	la conception
il test di gravidanza *le test de grossesse*	**la gravidanza**	la grossesse
	l'aborto spontaneo	la fausse couche
	le contrazioni	les contractions
	il travaglio	le travail
	il parto	l'accouchement
	il parto cesareo	la césarienne
	la peridurale	la péridurale
	la puerpera	l'accouchée
	la partoriente	la parturiente, la femme en couches
	la levatrice	la sage-femme
	il neonato	le nouveau-né
	il cordone ombelicale	le cordon ombilical
	l'ombelico	le nombril
aspettare un maschio/ una femmina *attendre un garçon/une fille*	**il maschio/la femmina**	le garçon/la fille
i tre gemelli *les triplés* Hanno tre/quattro gemelli. *Ils ont des triplés/ quaduplés.*	**i gemelli**	les jumeaux
	il lattante, il poppante	le nourrisson
	il bebè	le bébé
	il bambino, il bimbo	l'enfant
	il piccino, il piccolo	le tout petit
	il monello	le gamin
	il ragazzino/la ragazzina	le petit garçon/la petite fille
	la data/il luogo di nascita	la date/le lieu de naissance
	il compleanno	l'anniversaire
l'onomastico *la fête*	**il nome (di battesimo)**	le prénom
	il soprannome, il nomignolo	le surnom
	il cognome	le nom (de famille)
	il cognome da ragazza	le nom de jeune fille

	concepire	concevoir
essere in stato interessante *être dans un état intéressant*	**essere incinta**	être enceinte
	aspettare un figlio, aspettare un bambino	attendre un enfant
	partorire	accoucher
	avere un figlio	avoir un enfant

mettere al mondo un figlio *mettre un enfant au monde*	**dare alla luce un figlio**	donner naissance à un enfant
	nascere	naître
	venire al mondo, venire alla luce	venir au monde
participe passé vissuto aussi campare (familier)	**vivere**	vivre
	procreare	procréer
	riconoscere un figlio	reconnaître un enfant
poppare *téter*	**allattare/dare il latte**	allaiter
	dare il biberon	donner le biberon
familier la pappa *la bouillie*	**fare la pappa**	manger [pour les tout petits]
	cullare, ninnare	bercer
	crescere	grandir
	compiere gli anni	fêter son anniversaire
la letteratura infantile *la littérature enfantine* le malattie infantili *les maladies infantiles*	**infantile**	d'enfant(s), infantile, enfantin
	puerile	puéril
settimino *né à sept mois*	**prematuro**	prématuré

2 L'infanzia e l'adolescenza / L'enfance et l'adolescence

Il mondo dell'infanzia / Le monde de l'enfance

la spilla da balia *l'épingle de nourrice*	**la balia, la nutrice**	la nourrice
la governante *la gouvernante*	**la tata**	la nounou
	la baby sitter, la bambinaia	la baby-sitter
	la ragazza alla pari	la jeune fille au pair
aussi il ciuccio (familier) la tettarella *la tétine [du biberon]*	**il succhiotto, il ciucciotto**	la tétine
	il pannolino	la couche
	la sdraietta	le transat
	il passeggino	la poussette
	la carrozzina, la carrozzella	le landau
	il seggiolone	la chaise haute
	lo svezzamento	le sevrage
	l'omogeneizzato	le petit pot
	la culla	le berceau
il girotondo *la ronde*	**la filastrocca**	la comptine
succhiarsi il pollice *sucer son pouce*	**succhiare, ciucciare**	téter, sucer
	imboccare	nourrir à la cuillère
	fare il bagnetto a un bambino	donner le bain à un enfant
(!) il dente masculin	**mettere i denti**	faire ses dents
aussi andare gattoni il gatto *le chat*	**gattonare**	marcher à quatre pattes
	prendere in braccio un bambino	prendre un enfant dans ses bras
	tenere per mano	tenir par la main
capriccioso *capricieux*	**fare i capricci**	faire des caprices

I giochi / Les jeux

	il giocattolo	le jouet
	l'orsacchiotto	l'ours en peluche
(!) masculin	**il peluche**	la peluche
	la bambola	la poupée

	• **il bambolotto**	• le baigneur
	• **i soldatini**	• les petits soldats
	• **la pistola ad acqua**	• le pistolet à eau
	• **il trenino**	• le petit train
	• **le macchinine**	• les petites voitures
	• **il meccano**	• le meccano
	• **la trottola**	• la toupie
dondolare *se balancer*	• **il cavallo a dondolo**	• le cheval à bascule
	• **le costruzioni**	• le jeu de construction
	• **le marionette**	• les marionnettes
	• **il travestimento**	• le déguisement
(!) féminin	**la maschera**	le masque
prononcer à la française	• **il collage**	• le collage
prononcer ['pazol]	• **il puzzle**	• le puzzle
	• **la play station**	• la playstation
(!) masculin	• **il game boy**	• la game boy
	• **il parco giochi**	• le terrain de jeu
	l'altalena	la balançoire
scivolare *glisser*	**lo scivolo**	le toboggan
	• **la giostra**	• le manège
	• **la corda**	• la corde (à sauter)
autre sens *le cercle*	• **il cerchio**	• le cerceau
	• **la palla**	• la balle
	• **il pallone**	• le ballon
	• **le biglie**	• les billes
	• **il tiro**	• le lancer
	• **la fionda**	• le lance-pierres
	• **il salto**	• le saut
	• **la corsa**	• la course
	• **la bicicletta**	• le vélo
	con le rotelle	avec roulettes, avec petites roues
	• **il triciclo**	• le tricycle
l'aquila *l'aigle*	• **l'aquilone**	• le cerf-volant

	• **giocare**	• jouer
la campana *la cloche*	**a campana**	à la marelle
	a nascondino	à cache-cache
la mosca *la mouche* cieco *aveugle*	**a moscacieca**	à colin-maillard
	alla cavallina	à saute-mouton
	a guardie e ladri	aux gendarmes et aux voleurs
	a palla prigioniera	à la balle au prisonnier
	alla caccia al tesoro	à la chasse au trésor
	• **andare in altalena**	• faire de la balançoire
	• **saltare**	• sauter
	• **fare le capriole**	• faire des galipettes, des cabrioles
	• **correre**	• courir
	• **andare in bicicletta**	• faire du vélo
	• **tirare la palla**	• lancer la balle
il divertimento *l'amusement*	• **divertirsi**	• s'amuser
	• **nascondersi**	• se cacher
	• **colorare**	• faire du coloriage, colorier
lo scarabocchio *le gribouillis*	• **scarabocchiare**	• gribouiller
	• **rompere**	• casser

• **educativo**	• éducatif
• **istruttivo**	• instructif
• **creativo**	• créatif
• **divertente**	• amusant
• **pedagogico**	• pédagogique

L'adolescenza / L'adolescence

> il ragazzaccio (péjoratif) *le voyou*
> i quattordicenni *les jeunes de quatorze ans*
> un ragazzo undicenne/dodicenne *un garçon de onze ans/de douze ans*

> il giovincello *le petit jeune*

> i brufoli *les boutons*

> una ragazza sviluppata *une jeune fille formée*

> la disoccupazione giovanile *le chômage des jeunes*
> errori giovanili *erreurs de jeunesse*
> una squadra giovanile *une équipe jeune*

• **il ragazzo**	• le garçon, le jeune homme
• **la ragazza**	• la fille, la jeune fille
• **i ragazzi, i giovani**	• les jeunes gens
• **l'adolescente**	• l'adolescent
• **il giovane/la giovane**	• le jeune homme/la jeune fille
• **il giovanotto**	• le jeune homme
• **la pubertà, l'età dello sviluppo**	• la puberté
l'acne giovanile	l'acné juvénile
le mestruazioni	les règles
• **la gioventù**	• la jeunesse [les jeunes]
• **la giovinezza**	• la jeunesse [l'adolescence]
• **la maggiore età**	• la majorité
• **svilupparsi**	• se développer
• **diventare maggiorenne**	• devenir majeur
• **minorenne**	• mineur
• **giovane**	• jeune
• **ingenuo**	• naïf
• **ribelle**	• rebelle
• **idealista**	• idéaliste
• **giovanile**	• juvénile

3 La famiglia e l'educazione dei bambini / La famille et l'éducation des enfants

Il nucleo familiare / La cellule familiale

> (!) i parenti *les parents*, les membres de la famille élargie

> il tutore *le tuteur*

> il papà, il babbo *le papa*

> la mamma *la maman*

• **i genitori**	• les parents [le père et la mère]
• **il membro della famiglia, il componente della famiglia**	• membre de la famille
• **i genitori adottivi**	• les parents adoptifs
• **la coppia senza figli**	• le couple sans enfant
• **la famiglia numerosa**	• la famille nombreuse
• **la patria potestà**	• l'autorité paternelle
• **la potestà genitoriale**	• l'autorité parentale
• **la paternità**	• la paternité
• **il padre**	• le père
• **il patrigno**	• le beau-père [remariage]
• **la maternità**	• la maternité
• **la madre**	• la mère
la ragazza madre	la fille mère, la mère célibataire
• **la matrigna**	• la belle-mère [remariage]

2 Le età della vita e la famiglia/Les âges de la vie et la famille

di primo/secondo letto *du premier/second lit*	**i figli**	les enfants [les fils et les filles]
	la prole	la progéniture
	il discendente	le descendant
autre sens enfant il figlio illegittimo *l'enfant illégitime*	**il figlio/la figlia**	le fils/la fille
	il figlio unico	le fils unique
	il primogenito	l'aîné
	il figlio maggiore	le fils aîné
	il secondogenito	le cadet
	l'ultimogenito, il figlio minore	le benjamin, le (fils) cadet
	il figlio adottivo	le fils adoptif
la fraternità *la fraternité*	**il fratello/la sorella**	le frère/la sœur
	il fratellino/la sorellina	le petit frère/la petite sœur
	il fratellastro/la sorellastra	le demi-frère/la demi-sœur
	i nonni	les grands-parents
	il nonno/la nonna	le grand-père/la grand-mère
gli avi *les aïeux*	**i bisnonni**	les arrière-grands-parents
gli antenati *les ancêtres*	**il bisnonno/ la bisnonna**	l'arrière-grand-père/ l'arrière-grand-mère
	fondare una famiglia	fonder une famille
	mantenere una famiglia	entretenir une famille
	provvedere ai bisogni della famiglia	subvenir aux besoins de sa famille
	allevare i figli	élever ses enfants
	educare i figli	éduquer ses enfants
	adottare un bambino	adopter un enfant
la vita familiare *la vie de famille*	**familiare**	familial, de famille
	materno	maternel
	paterno	paternel
	fraterno	fraternel
lo scapolo *le vieux garçon*	**adottato**	adopté
	celibe	célibataire [homme]
la zitella *la vieille fille*	**nubile**	célibataire [femme]

La famiglia estesa / La famille élargie

	i consanguinei	les consanguins
(!) masculin	**i parenti stretti**	les proches parents
	il parentado	la parenté
	lo zio/la zia	l'oncle/la tante
	il prozio/la prozia	le grand-oncle/la grand-tante
il cuginetto *le petit cousin*	**il cugino/la cugina**	le cousin/la cousine
i cugini di secondo/terzo grado *les cousins au deuxième/ troisième degré*	**il cugino di primo grado**	le cousin germain
	il nipote/la nipote	le petit-fils/la petite-fille *ou* le neveu/la nièce
i suoceri *les beaux-parents*	**il suocero/la suocera**	le beau-père/la belle-mère
	il genero	le beau-fils, le gendre
	la nuora	la belle-fille, la bru
	il cognato/la cognata	le beau-frère/la belle-soeur
	il padrino/la madrina	le parrain/la marraine
	il figlioccio/la figlioccia	le filleul/la filleule
	il pupillo/la pupilla	le pupille/la pupille

essere parenti	être parents, être de la même famille
avere rapporti di parentela	avoir des liens de parenté
assomigliare a qualcuno	ressembler à quelqu'un
aver preso da qualcuno	tenir de quelqu'un
lontano	éloigné
acquisito	par alliance

un lontano cugino *un cousin éloigné*

una zia acquisita *une tante par alliance*

L'educazione dei bambini / L'éducation des enfants

la carezza	la caresse
il bacino	le bisou
l'affetto	l'affection
la tenerezza	la tendresse
la dolcezza	la douceur
la pazienza	la patience
l'indulgenza	l'indulgence
la severità	la sévérité
l'autorità	l'autorité
la sculacciata, lo sculaccione	la fessée
lo schiaffo	la gifle
la fermezza	la fermeté
la disciplina	la discipline
il castigo	la punition
il premio, la ricompensa	la récompense

essere in castigo *être puni*
il castigo di Dio *le châtiment de Dieu*

accarezzare	caresser
baciare	embrasser
coccolare	dorloter, câliner
essere il cocco di mamma/di papà	être le chouchou de maman/de papa
viziare	gâter
sgridare	gronder
mettere in castigo	punir
sculacciare qualcuno	donner une fessée à quelqu'un
picchiare	frapper
fare il broncio	faire la tête

dare un bacino *faire un bisou*

fare le coccole *faire un câlin*

un bambino viziato *un enfant gâté*

aussi castigare

aussi fare il muso

paziente	patient
indulgente	indulgent
severo	sévère
autoritario	autoritaire
bravo	sage
buono	gentil
cattivo	méchant
vivace	vif
obbediente/disobbediente	obéissant/désobéissant
educato	bien élevé, poli
maleducato	mal élevé, impoli
sfacciato	effronté
testardo	entêté
birichino	espiègle

(!) faux ami *brave*
coraggioso
Fate i bravi! *Soyez sages !*

aussi beneducato

	affettuoso	câlin
(!) faux ami *vicieux* vizioso	**viziato**	gâté
	musone	boudeur

4 L'età adulta e la vecchiaia / L'âge adulte et la vieillesse

L'età adulta / L'âge adulte

pluriel irrégulier gli uomini	**l'uomo**	l'homme
	la donna	la femme
i grandi *les grandes personnes*	**l'adulto**	l'adulte
	il ventenne	l'homme de vingt ans
	il trentenne	le trentenaire
	il quarantenne/il cinquantenne/il sessantenne	le quadragénaire/le quinquagénaire/le sexagénaire
di mezza età *entre deux âges, d'âge moyen*	**la mezza età**	l'âge moyen
	la maturità	la maturité
	maturare	mûrir
	essere nel fiore degli anni	être dans la fleur de l'âge
essere sulla quarantina *avoir une quarantaine d'années*	**entrare negli anta**	avoir quarante ans
	passare gli anta	dépasser la quarantaine
portare bene gli anni *ne pas porter son âge*	**non dimostrare la propria età**	ne pas faire son âge
	sembrare più giovane	faire plus jeune

La vecchiaia / La vieillesse

	la terza età	le troisième âge
	il vecchio	le vieux
	l'anziano	la personne âgée
	il pensionato	le retraité
il reparto geriatria *le service de gériatrie*	**la casa di riposo**	la maison de retraite
littéraire l'ottuagenario/il nonagenario	**il settantenne/l'ottantenne/il novantenne**	le septuagénaire/l'octogénaire/le nonagénaire
il centenario della nascita/della morte *le centenaire de la naissance/de la mort*	**il centenario**	le centenaire
	la senilità	la sénilité
	la speranza di vita	l'espérance de vie
	la longevità	la longévité
	l'invecchiamento fisico	le vieillissement physique
	la ruga	la ride
	la calvizie	la calvitie
diventare vecchio *devenir vieux*	**invecchiare**	vieillir
	farsi vecchio	se faire vieux
	andare in pensione	prendre sa retraite
	camminare con il bastone	marcher avec une canne
aussi incanutire, diventare canuto	**diventare bianco**	blanchir
aussi avere i capelli canuti	**avere i capelli bianchi**	avoir les cheveux blancs
	avere i capelli grigi/brizzolati	avoir les cheveux gris/grisonnants
	tornare bambino	retomber en enfance
	vecchio	vieux
	attempato	d'un certain âge

	anziano	âgé
	saggio	sage
essere longevo *vivre longtemps*	**longevo**	qui vit longtemps
	autosufficiente	autonome
	non autosufficiente	dépendant
stempiato *au front dégarni*	**calvo**	chauve
	rugoso	ridé
	curvo	voûté
	debilitato, indebolito	diminué
	invalido	invalide
	rimbambito	gâteux

5 La morte / La mort

l'atto di morte *l'acte de décès* l'annuncio di morte *le faire-part de décès*	**il decesso**	le décès
	il morto	le mort
	lo scomparso	le disparu
Il fu Mattia Pascal *Feu Mathias Pascal* la buonanima di mia nonna *feu ma grand-mère*	**il defunto**	le défunt
	il suicida	le suicidé
	l'agonia	l'agonie
	l'obitorio	la morgue
	il cadavere	le cadavre
	la salma, il corpo	le corps
littéraire	**la spoglia**	la dépouille
l'olio santo *les saintes huiles*	**l'estrema unzione**	l'extrême-onction
i funerali di stato *les funérailles nationales*	**il funerale**	l'enterrement, les funérailles
	le esequie	les obsèques
	l'inumazione	l'inhumation
il necroforo *le fossoyeur*	**il becchino, il beccamorto**	le croque-mort
	le pompe funebri	les pompes funèbres
	il carro funebre	le corbillard
	il corteo funebre	le cortège funèbre
	l'orazione funebre	l'oraison funèbre
	la veglia funebre	la veillée funèbre
aussi il camposanto	**il cimitero**	le cimetière
aussi la cassa da morto	**la bara**	le cercueil
	il catafalco	le catafalque
	la sepoltura	la sépulture
	la tomba	la tombe
	la fossa (comune)	la fosse (commune)
la corona di fiori *la couronne de fleurs*	**la lapide**	la pierre tombale
	la cremazione	la crémation
	il crematorio	le crématorium
	le ceneri	les cendres
	l'urna cineraria	l'urne cinéraire
essere in lutto *être en deuil*	**il lutto**	le deuil
	il vedovo/la vedova	le veuf/la veuve
l'orfanotrofio *l'orphelinat*	**l'orfano**	l'orphelin
	l'erede	l'héritier
	l'eredità	l'héritage
	le condoglianze	les condoléances
mettere un necrologio sul giornale *mettre un avis de décès dans le journal*	**il necrologio**	la nécrologie

	morire	mourir
	perire	périr
	morire di morte naturale/violenta	mourir de mort naturelle/violente
	agonizzare	agoniser
participe passé spento	**spegnersi**	s'éteindre
participe passé scomparso	**mancare, scomparire**	disparaître
	esalare l'ultimo respiro	rendre le dernier soupir
darsi la morte *se donner la mort*	**suicidarsi**	se suicider
	comporre la salma	mettre en bière
participe passé sepolto *ou* seppellito	**seppellire, sotterrare**	enterrer
	inumare	inhumer
	cremare	incinérer
	farsi cremare	se faire incinérer
	spargere le ceneri	disperser les cendres
vestirsi di nero *s'habiller en noir*	**portare il lutto**	porter le deuil
	porgere/fare le (proprie) condoglianze	présenter ses condoléances
	fare testamento	faire son testament
	ereditare	hériter
	diseredare	déshériter

senza vita *sans vie*	**deceduto**	décédé
una ferita letale *une blessure mortelle*; immortale *immortel*	**mortale, letale**	mortel
	fatale	fatal
la morte improvvisa del lattante *la mort subite du nourrisson*	**improvviso**	subit
	morente	mourant
	moribondo	moribond
	in punto di morte	à l'article de la mort
	in fin di vita	en fin de vie

METTERE IN PRATICA

4 Trovare il femminile Trouver le féminin

1. l'uomo
2. il fratello
3. il genero
4. il nipote
5. il nonno
6. lo zio
7. il padre
8. il vedovo
9. lo scapolo
10. il cugino
11. il suocero
12. il cognato

5 Dal sostantivo all'aggettivo Du substantif à l'adjectif

1. l'infanzia
2. il fratello
3. il giovane
4. il padre
5. la pazienza
6. l'indulgenza
7. l'obbedienza
8. la maleducazione
9. l'affetto
10. la cattiveria
11. il capriccio
12. la madre

6 Leggere e tradurre Lire et traduire

Ero l'unica femmina nata dopo sette maschi. Mio padre aveva desiderato tanto una bambina. [...] Mi viziava, me le dava tutte vinte e io ne approfittavo. I sette fratelli erano gelosi e mi facevano i dispetti. [...] Lui mi prendeva sulle ginocchia, mi consolava, poi sgridava i fratelli e diceva severamente: "Lasciate stare Mariannina, guai a voi se le torcete un capello!" I fratelli protestavano: "Marianna le ha tutte vinte e a noi toccano i castighi: questo non è giusto!" Solo io avevo il permesso di entrare nello studio quando leggeva. Sgattaiolavo dentro in punta di piedi. Girava la testa, tirava giù gli occhiali, mi stringeva vicino e mi accarezzava i capelli.

Francesca Sanvitale, *Madre e figlia*, © Éditions Einaudi, 1980

corrigés page 419

Altre Parole

Il contesto culturale

L'evoluzione della famiglia in Italia
L'évolution de la famille en Italie

- **la natalità**, *la natalité* : en Italie, elle a enregistré son taux le plus élevé en 1964.
- **il baby boom**, *le baby boom* des années 60.
- **il drastico calo delle nascite**, *la très forte chute des naissances* : a eu lieu à partir des années 70.
- **il tasso di natalità**, *le taux de natalité* : en Italie, il est devenu l'un des plus bas au monde : 1,2 enfant par femme.

La legalizzazione dell'aborto
La légalisation de l'avortement

- **l'IVG (Interruzione Volontaria di Gravidanza)**, *l'interruption volontaire de grossesse* : avant 1978, l'IVG était considérée comme un crime et punie sévèrement. La loi 194 de 1978 autorise l'IVG en Italie pendant les 90 premiers jours de grossesse. Après ce délai, l'IVG peut néanmoins être autorisée pour des raisons thérapeuthiques, si la vie de la mère est en danger.
  En 1981, un référendum a été demandé par les opposants à l'IVG pour l'abrogation de cette loi ; mais les électeurs ont décidé, dans une large majorité, de la maintenir.

- **l'obiezione di coscienza**, *l'objection de conscience* : la loi de 1978 prévoit pour les médecins et le personnel médical le refus de pratiquer l'IVG, conformément à leurs convictions religieuses.

Le filastrocche più famose
Les comptines les plus célèbres

Girotondo

Giro girotondo, casca il mondo, casca la terra, tutti giù per terra!
Tourne en rond, tombe le monde, tombe la terre, tous par terre !

La bella lavanderina

La bella lavanderina lava i fazzoletti per i poveretti della città,
fai un salto, fanne un altro, fai la giravolta, falla un'altra volta,
fai la riverenza, fai la penitenza,
guarda in su, guarda in giù, dai un bacio a chi vuoi tu!

La belle petite lavandière lave les mouchoirs des pauvres de la ville,
Fais un saut, fais-en un autre, fais une pirouette, tu la répètes,
fais une révérence, fais une pénitence,
Regarde en haut, regarde en bas, embrasse qui tu voudras !

Ambarabà cicì cocò

Ambarabà cicì cocò, tre civette sul comò, che facevano l'amore con la figlia del dottore, il dottore si ammalò, ambarabà cicì cocò.

Ambarabà cicì cocò, trois chouettes sur la commode, qui faisaient l'amour avec la fille du docteur, le docteur tomba malade, ambarabà cicì cocò.

Espressioni idiomatiche

vita natural durante	pour toute la vie
essere un mammone	être toujours dans les jupes de sa mère
è tutto suo padre/sua madre	c'est son père/sa mère tout craché
godersi la vita	profiter de la vie
fare una vita da cani; fare una vitaccia	faire une vie de chien
sapere vita morte e miracoli di qualcuno	connaître tous les faits et gestes de quelqu'un
ogni morte di Papa	tous les trente-six du mois
andare all'altro mondo	partir pour l'autre monde
tirare le cuoia	passer l'arme à gauche
essere più di là che di qua	être plus mort que vif
essere stanco morto	être mort de fatigue
essere il bastone della vecchiaia di qualcuno	être le bâton de vieillesse de quelqu'un
fare una faccia da funerale	faire une tête d'enterrement

Proverbi

Tale il padre tale il figlio.	Tel père, tel fils.
Natale con i tuoi, Pasqua con chi vuoi.	Noël avec les tiens, Pâques avec qui tu veux.
Moglie e buoi dei paesi tuoi.	*Prends ta femme dans ton village et le bœuf dans le voisinage.*
Vivi e lascia vivere.	Il faut vivre et laisser vivre.
Chi vivrà vedrà.	Qui vivra, verra.
Meglio un giorno da leoni che cent'anni da pecore.	Mieux vaut vivre un jour comme un lion que cent ans comme un mouton.
Finché c'è vita, c'è speranza.	Tant qu'il y a de la vie, il y a de l'espoir.
Chi muore giace, chi vive si da pace.	Qui meurt gît, qui vit est en paix.

3

L'istruzione
L'enseignement

1 La scuola primaria e secondaria — L'école primaire et secondaire

I tipi di scuole — Les types d'enseignements

	I tipi di scuole	Les types d'enseignements
	• **la scuola pubblica/privata parificata laica**	• l'école publique/privée reconnue par l'État laïque
de 3 à 6 ans aussi l'asilo	• **la scuola materna, la scuola dell'infanzia**	• l'école maternelle
de 6 à 11 ans	• **la scuola elementare**	• l'école primaire
de 11 à 14 ans (!) faux ami il collegio *l'internat*	• **la scuola media, la scuola secondaria di primo grado**	• le collège
de 14 à 19 ans	• **la scuola superiore, la scuola secondaria di secondo grado**	• le lycée
	• **l'istituto tecnico**	• le lycée professionnel
	• **la scuola dell'obbligo**	• l'école obligatoire
	• **la scuola per corrispondenza**	• l'enseignement par correspondance
	• **la scuola serale**	• les cours du soir
de 6 à 16 ans	• **l'età scolare**	• l'âge scolaire
	• **andare a scuola**	• aller à l'école
fare la prima/la terza media *être en sixième/quatrième*	• **fare le medie/le superiori**	• être au collège/au lycée

L'edificio scolastico — Le bâtiment scolaire

	L'edificio scolastico	Le bâtiment scolaire
	• **l'atrio**	• le préau
	• **l'aula**	• la salle de classe, la salle de cours
autre sens *la chaire*	**la cattedra**	le bureau
autre sens *l'ardoise*	**la lavagna**	le tableau (noir)
	il gessetto	la craie
cancellare *effacer*	**il cancellino**	le tampon [effaceur]
	il banco	la table (de classe)
	la fila	le rang
	• **la sala insegnanti, la sala professori**	• la salle des professeurs
andare in biblioteca *aller au CDI, à la bibliothèque*	• **la biblioteca**	• le CDI, la bibliothèque
	• **la bacheca**	• le tableau d'affichage

la segreteria	le secrétariat
l'economato	l'intendance, l'économat
la presidenza	le bureau du proviseur *ou* le bureau du principal
la direzione	le bureau du directeur
l'aula video	la salle vidéo
l'aula di informatica	la salle informatique
la mensa (scolastica)	la cantine (scolaire)

(!) faux ami
la cantina *la cave*
mangiare in mensa
manger à la cantine

entrare in aula, entrare in classe	entrer en classe
sedersi/andare a posto	s'asseoir/aller à sa place
mettersi in fila per due	se mettre en rang par deux
prendere in prestito un libro	emprunter un livre

Il materiale scolastico / Les fournitures scolaires

la cartella	le cartable
la zaino	le sac à dos
il diario	le cahier de textes, l'agenda
il quaderno	le cahier [petit format]
il quaderno ad anelli	le classeur [petit format]
il quaderno a spirale	le cahier à spirale
il quadernone	le cahier [grand format]
il quadernone ad anelli	le classeur grand format
il foglio a quadretti	la feuille à carreaux
il foglio a righe	la feuille lignée
l'astuccio, il portapenne	la trousse
la penna	le stylo
la penna a sfera	le stylo-bille
la biro	le bic
la stilografica	le stylo plume
il bianchetto	le blanc, le Tipp-Ex
il correttore (liquido)	le correcteur (liquide)
la riga, il righello	la règle
la squadra	l'équerre
il goniometro	le rapporteur
il compasso	le compas
la calcolatrice	la calculette
il libro di testo, il testo scolastico	le manuel scolaire, le livre de l'élève
il sussidiario	le manuel d'école primaire
l'antologia	l'anthologie
l'atlante	l'atlas

(!) masculin
la foglia *la feuille [d'un arbre]*

autre sens de
il portapenne
le pot à crayon

tracciare un cerchio col compasso
tracer un cercle au compas

foderare i libri	recouvrir ses livres
scrivere a penna/a matita	écrire au stylo/au crayon
sottolineare con la riga	souligner à la règle

saltare una riga
sauter une ligne
andare a capo
aller à la ligne

L'organizzazione dell'anno scolastico / L'organisation de l'année scolaire

la riapertura delle scuole	la rentrée des classes
la chiusura delle scuole	la fin de l'année scolaire
l'iscrizione	l'inscription
la tassa d'iscrizione	les droits d'inscription

	le tasse scolastiche	les droits de scolarité
andare in classe *aller en classe*	**la classe** **la sezione**	la classe la section, *le numéro ou le nom de la classe*
	il primo/secondo/terzo trimestre	le premier/deuxième/troisième trimestre
	il primo/secondo quadrimestre	la premier/deuxième quadrimestre
	i moduli (didattici)	les modules (didactiques), *organisation du temps scolaire en unités modulables*
l'école le matin et l'après-midi, tous les jours sauf le samedi	**il tempo pieno, il tempo prolungato**	le temps complet
	la giornata di scuola	la journée d'école
	l'orario delle lezioni	l'emploi du temps
fare lezione *faire cours*	**la lezione**	le cours
	la lezione privata, la ripetizione	le cours particulier
	l'ora di lezione	l'heure de cours
	il cambio d'ora	l'interclasse
	la campanella	la sonnerie
autre sens de l'intervallo *l'entracte*	**la ricreazione, l'intervallo**	la récréation
	le vacanze scolastiche	les vacances scolaires
essere in vacanza *être en vacances*	**le vacanze di Natale/di Pasqua**	les vacances de Noël/de Pâques
	le vacanze estive	les grandes vacances
	gli scrutini	le conseil de classe
	i colloqui	la rencontre parents-professeurs
avere lezione di storia *avoir cours d'histoire*	**avere lezione/non avere lezione**	avoir cours/ne pas avoir cours
	preparare le lezioni	préparer ses cours

Il personale scolastico — Le personnel éducatif

	il direttore didattico	le directeur d'école primaire
la maestra d'asilo *le professeur d'école maternelle*	**il maestro (elementare)**	le professeur des écoles, l'instituteur
	il preside	le proviseur *ou* le principal
	il vicepreside	le proviseur adjoint *ou* le directeur adjoint
	l'economo	l'intendant, l'économe
	l'insegnante, il docente	l'enseignant
	l'insegnante di ruolo	le professeur titulaire
	il professore/la professoressa	le professeur
	il supplente	le remplaçant
	il collegio docenti	le conseil des professeurs
	il consiglio d'istituto	le conseil d'administration
aussi il corpo docente	**il corpo insegnante**	le corps enseignant
En Italie, il n'y a pas de CPE ni de surveillant. Ce sont les gardiens qui assurent la surveillance et l'entretien.	**il bidello**	le gardien
	dirigere una scuola	diriger une école
	insegnare	enseigner
	sostituire	remplacer
	essere di ruolo	être titulaire

Gli allievi	Les élèves	Notes
la scolaresca	les écoliers, les élèves	
lo scolaro, l'alunno	l'écolier, l'élève	
lo studente/la studentessa	le collégien/la collégienne *ou* le lycéen/la lycéenne *ou* l'étudiant/l'étudiante	
il liceale	le lycéen	
l'ex-allievo	l'ancien élève	
il compagno di scuola / di classe	le camarade d'école / de classe	il compagno di banco *le voisin de table*
il capoclasse	le chef de classe	à l'école primaire et au collège
il rappresentante di classe	le délégué de classe	
il primo della classe	le premier de la classe	
l'ultimo della classe	le dernier de la classe	
il secchione	le bûcheur	
il ripetente	le redoublant	
l'asino, il somaro	le cancre	autre sens *l'âne*

2 La didattica — La pédagogie

Le materie scolastiche	Les matières scolaires	Notes
la disciplina	la discipline	
le discipline scientifiche/artistiche/letterarie	les disciplines scientifiques/artistiques/littéraires	
la matematica	les mathématiques	(!) singulier
l'aritmetica	l'arithmétique	
la geometria	la géométrie	
le lettere	les lettres	
la grammatica	la grammaire	
la letteratura	la littérature	
la storia	l'histoire	studiare storia *étudier l'histoire*
la geografia	la géographie	
l'educazione civica	l'éducation civique	
il latino	le latin	
il greco	le grec	
la lingua straniera	la langue vivante	
le scienze della terra	les sciences de la vie et de la terre	
la chimica	la chimie	
la fisica	la physique	
l'educazione artistica	les arts plastiques	aussi il disegno
l'educazione musicale	la musique	aussi la musica
l'educazione fisica	l'éducation physique et sportive	aussi la ginnastica
la religione	la religion	
la storia dell'arte	l'histoire de l'art	
la filosofia	la philosophie	la filosofia della scienza *la philosophie des sciences* (au lycée scientifique)
l'informatica	l'informatique	

Il programma scolastico	Le programme scolaire	Notes
la trasmissione del sapere	la transmission du savoir	
la cultura generale	la culture générale	
le nozioni di base	les notions de base	l'abc *ou* l'abbiccì *le b.a.-ba* avere un'infarinatura di *avoir des notions de*

leggere / scrivere / contare *lire / écrire / compter*	• **le tre competenze di base**	• les trois compétences fondamentales
	la lettura	la lecture
	la scrittura	l'écriture
	il calcolo	le calcul
	• **il metodo globale/fonetico**	• la méthode globale/phonétique
(!) masculin	• **l'approccio interdisciplinare**	• l'approche interdisciplinaire
	• **l'unità didattica**	• la séquence pédagogique
	• **l'obiettivo didattico**	• l'objectif pédagogique
(!) masculin	• **il metodo pedagogico**	• la méthode pédagogique
	• **lo strumento didattico**	• l'outil pédagogique
	• **il materiale didattico**	• le matériel pédagogique
	• **il processo d'apprendimento**	• le processus d'apprentissage
	• **i ritmi d'apprendimento**	• le rythme d'apprentissage
	i corsi di recupero	les cours de rattrapage
	i corsi di sostegno	les cours de soutien

Le attività in classe / Le travail en classe

	• **la spiegazione**	• l'explication
	• **l'esercizio**	• l'exercice
	• **l'esempio**	• l'exemple
	• **la domanda**	• la question
	• **la risposta esatta, giusta**	• la réponse exacte, juste
	• **la risposta sbagliata**	• la mauvaise réponse
	• **il problema**	• le problème
più *plus* meno *moins* per *multiplié par* diviso *divisé par*	• **l'operazione**	• l'opération
	• **il tema**	• la rédaction, la composition, la dissertation
(!) masculin	• **il dettato**	• la dictée
(!) masculin aussi lo sbaglio	• **l'errore d'ortografia**	• la faute d'orthographe
	• **il commento**	• le commentaire
riassumere *résumer* participe passé *riassunto*	• **il riassunto**	• le résumé
	• **la ricerca**	• la recherche
	• **la relazione**	• l'exposé
la versione dal latino *la version latine* la versione in latino *le thème latin*	• **la traduzione**	• la traduction
	• **la brutta (copia)**	• le brouillon
	• **la bella (copia)**	• la copie propre
fare i compiti *faire ses devoirs*	• **il compito a casa**	• le devoir à la maison

	• **fare l'appello**	• faire l'appel
	• **fare una domanda**	• poser une question
	• **rispondere alle domande**	• répondre aux questions
	• **suggerire**	• souffler
	• **ripassare**	• réviser
(!) *apprendre quelque chose à quelqu'un* insegnare qualcosa a qualcuno	• **imparare**	• apprendre
	recitare una poesia/ la lezione a memoria	réciter un poème/ sa leçon par cœur
participe passé corretto	• **correggere**	• corriger
	• **prendere appunti**	• prendre des notes
	• **scrivere in brutta (copia)**	• faire un brouillon
	• **scrivere in bella (copia)**	• mettre au propre
aussi padroneggiare	• **avere padronanza di**	• maîtriser
	• **concentrarsi (su)**	• se concentrer (sur)

participe passé dedotto

participe passé risolto

participe passé tradotto

interpretare	interpréter
commentare	commenter
analizzare	analyser
spiegare	expliquer
dedurre	déduire
risolvere	résoudre
tradurre	traduire

3 Il rendimento scolastico e la disciplina — Les performances scolaires et la discipline

Le capacità intellettuali e i buoni risultati scolastici — Les capacités intellectuelles et la réussite scolaire

la memorizzazione *la mémorisation*

l'attitudine	l'aptitude
l'intelligenza	l'intelligence
la maturità	la maturité
la capacità di concentrazione	la capacité de concentration
la memoria	la mémoire
l'autonomia	l'autonomie
la comprensione	la compréhension
il senso logico	le sens logique
l'analisi	l'analyse
il ragionamento	le raisonnement
la riflessione	la réflexion
la serietà	le sérieux
l'applicazione	l'application
la buona volontà	la bonne volonté
lo studio	l'étude, le travail
lo zelo	le zèle

Le verbe lavorare *(travailler)* ne s'utilise pas pour le travail scolaire (lo studio), mais pour l'activité rémunérée (il lavoro).

capire al volo *saisir au vol*

studiare	étudier, travailler
ragionare	raisonner
riflettere	réfléchir
applicarsi	s'appliquer
capire	comprendre
sapere la lezione	savoir sa leçon
prendere dei bei voti	avoir de bonnes notes
andare bene a scuola	réussir à l'école
eccellere	exceller
essere fra i primi della classe	être en tête de classe
cavarsela	bien se débrouiller
vincere una borsa di studio	obtenir une bourse d'études

bravissimo (in) *très bon (en)*

autre sens *réveillé*

brillante	brillant
bravo (in)	bon (en), fort (en)
eccellente (in)	excellent (en)
portato (per)	doué (pour)
intelligente	intelligent
sveglio	vif, éveillé
capace	capable
ordinato	ordonné, soigneux
attento	attentif

motivato	motivé
serio	sérieux
studioso	studieux, travailleur
volenteroso	de bonne volonté

Le difficoltà d'apprendimento e i cattivi risultati	Les difficultés d'apprentissage et l'échec scolaire
la mancanza di memoria/ di concentrazione	le manque de mémoire/ de concentration
la mancanza di motivazione	le manque de motivation
la mancanza di studio	le manque de travail
la difficoltà di comprensione	la difficulté de compréhension
la dislessia	la dyslexie
l'iperattività	l'hyperactivité
l'assenteismo	l'absentéisme
l'abbandono scolastico	le décrochage scolaire
andare male (a scuola)	avoir de mauvais résultats (à l'école)
fare scena muta	ne pas savoir répondre
consegnare in bianco	rendre une copie blanche
non studiare	ne pas étudier, ne pas travailler
avere difficoltà	avoir des difficultés
essere scarso/negato (in)	être faible/nul (en)
essere l'ultimo della classe	être le dernier de la classe
essere bocciato	être recalé
ripetere l'anno	redoubler
distratto	distrait
disattento	inattentif
immaturo	immature
mediocre	médiocre
lento	lent
fannullone	fainéant
svogliato	paresseux, *qui manque d'envie*
disordinato	désordonné, *peu soigneux*
pigro	paresseux
scarsamente motivato	peu motivé

> la voglia *l'envie*

La disciplina in classe	La discipline en classe
il regolamento d'istituto	le règlement intérieur
la nota sul registro	l'avertissement écrit
la convocazione dal preside	la convocation chez le principal *ou* le proviseur
la sospensione	l'exclusion temporaire
l'espulsione	l'exclusion définitive
la punizione	la punition
l'assenteismo	l'absentéisme
la giustificazione	le mot d'excuse
la condotta	la conduite

> la nota sul diario ≈ *le mot sur le carnet*

> La retenue n'est pas une punition prévue en Italie.

> il libretto delle giustificazioni *le carnet d'absences*

Note	Italiano	Français
	il baccano	le chahut
distrarsi *se déconcentrer*	la distrazione	l'inattention
	la disobbedienza	la désobéissance
	la ribellione	la rébellion
	la provocazione	la provocation
	l'insulto	l'insulte
	la rissa	la bagarre
participe passé *sospeso*	sospendere	exclure *(temporairement)*
participe passé *espulso*	espellere	exclure *(définitivement)*
	punire	punir
	sgridare	réprimander
	mettere una nota sul registro	donner un avertissement écrit
	mandare fuori un allievo	exclure un élève du cours
un chiacchierone *un bavard*	chiacchierare	bavarder
	copiare	tricher, copier
	disturbare la lezione	déranger le cours
	marinare (la scuola)	sécher (l'école)
	assente	absent
	presente	présent
	disciplinato/indisciplinato	discipliné/indiscipliné
la maleducazione *l'impolitesse, la grossièreté*	educato/maleducato	poli/impoli
la sfacciataggine *le culot*	sfacciato	effronté
	obbediente/disobbediente	obéissant/désobéissant
	rispettoso/irrispettoso	respectueux/irrespectueux
	calmo/agitato	calme/agité
	turbolento	turbulent
	violento	violent
	provocatore	provocateur

4 La valutazione — L'évaluation

Voti ed esami — Notes et examens

Note	Italiano	Français
autres sens *le vote, le scrutin*	il voto	la note
	la media	la moyenne [note calculée sur le bulletin]
	la pagella	le bulletin (scolaire)
	la prova scritta/orale	l'épreuve écrite/orale
	l'esaminatore	l'examinateur
	la commissione d'esame	le jury d'examen
	il candidato	le candidat
	il test orale/scritto/di comprensione	le test oral/écrit/de compréhension
	l'interrogazione	l'interrogation
	il questionario	le questionnaire
(!) la scelta *féminin*	a scelta multipla	à choix multiple
	vero o falso	vrai ou faux
la verifica periodica *le contrôle continu*	la verifica	le contrôle
	il compito in classe	le devoir sur table
	l'elaborato, il compito	la copie

> généralement des notes sur 10, ou plus souvent des appréciations *(giudizi)* : ottimo/buono/discreto/sufficiente/insufficiente/scarso *excellent/bien/assez bien/suffisant/insuffisant/très insuffisant*

> (!) la moyenne est égale à 6/10.

- **valutare** — évaluer, noter
- **dare un voto a qualcuno** — mettre une note à quelqu'un
- **interrogare alla lavagna** — interroger au tableau
- **esaminare** — examiner, juger
- **ammettere all'esame** — admettre à l'examen
- **promuovere** — faire passer
- **bocciare** — recaler
- **prendere un bel/brutto voto** — avoir une bonne/mauvaise note
- **avere la sufficienza** — avoir la moyenne
- **prendere un'insufficienza** — avoir une note en dessous de la moyenne
- **avere dei debiti** — *avoir des moyennes à récupérer*
- **avere dei crediti** — *obtenir des points grâce à des activités extrascolaires comptant pour l'examen de fin d'études (collège et lycée)*

> la promozione *l'admission*

> la bocciatura *le recalage*

- **preparato/impreparato** — préparé/mal préparé
- **ammesso, promosso** — reçu
- **bocciato** — recalé

I titoli di studio — Les diplômes

> il diplomato *le diplômé*

- **la licenza media** — le brevet des collèges
- **il diploma** — le diplôme
- **il diploma di maturità** — le baccalauréat
- **diplomarsi** — obtenir son diplôme

5 L'università e l'istruzione superiore — L'université et l'enseignement supérieur

> l'università della terza età *l'université du troisième âge*

- **l'università, l'ateneo** — l'université
  - **l'aula magna** — l'amphi (théâtre)
- **l'istituto universitario** — l'institut universitaire
- **il politecnico** — l'école polytechnique
- **la facoltà** — la faculté
  - **il numero chiuso** — le numerus clausus
- **la casa dello studente, lo studentato** — la maison universitaire
- **la mensa universitaria** — le restaurant universitaire

Il corpo docenti universitario — Le corps enseignant universitaire

> il Magnifico Rettore *Monsieur le Président*

> aussi il docente universitario

- **il rettore dell'università** — le président de l'université
- **il professore universitario** — le professeur d'université
- **il decano** — le doyen
- **il cattedratico, il professore ordinario** — le professeur titulaire
- **il professore a contratto** — le chargé de cours
- **l'assistente** — l'assistant
- **il lettore** — le lecteur
- **il relatore** — le directeur de thèse

fare ricerca *faire de la recherche*

il ricercatore	le chercheur
l'universitario	l'universitaire [professeur ou étudiant]

L'organizzazione dell'anno universitario | L'organisation de l'année universitaire

anciennement *la maîtrise* (→ il corso di laurea)

l'esame orale/scritto *l'examen oral/écrit*; dare un esame *passer un examen*; (!) faux ami passare un esame *réussir un examen*

il corso di studi	le cycle d'études
il corso di laurea	le cursus universitaire
il piano di studi	l'inscription pédagogique
i corsi (semestrali/annuali)	les cours (semestriels/annuels)
il seminario	le séminaire
la conferenza	la conférence
il libretto universitario	le livret universitaire, *document officiel servant à la fois de carte d'étudiant et de relevé de notes*
la tessera studentesca	la carte d'étudiant
l'esame	l'examen
l'esame di ammissione	l'examen d'entrée
la tesi di laurea	le mémoire de licence/de master
la tesi di dottorato	la thèse de doctorat
la discussione della tesi	la soutenance de thèse
il primo/secondo anno fuoricorso	la première/deuxième année d'études supplémentaires [d'un étudiant *fuoricorso*]

Gli studenti universitari | Les étudiants (universitaires)

lo studente di giurisprudenza/di medicina *l'étudiant en droit/en médecine*

la matricola	l'étudiant de première année
lo studente (di)	l'étudiant (en)
il laureando	*l'étudiant qui doit présenter son mémoire de licence/de master*
il dottorando	le doctorant
il fuoricorso	*l'étudiant qui, n'ayant pas réussi toutes les épreuves de son cursus, s'est réinscrit pour achever sa formation*

essere iscritto a filosofia *être inscrit en philosophie*

seguire un corso *suivre un cours*

andare all'università	aller à l'université
fare l'università	être à l'université
iscriversi	s'inscrire
seguire i corsi	suivre les cours, assister aux cours
frequentare come libero uditore	suivre les cours en auditeur libre
specializzarsi	se spécialiser
essere fuoricorso	*être de nouveau inscrit car en retard dans son cursus d'études*
discutere la tesi	soutenir son mémoire/sa thèse

I titoli di studio universitari | Les diplômes universitaires

il laureato *le diplômé*

la laurea	le diplôme universitaire
la laurea breve	le diplôme d'enseignement supérieur [après deux ou trois ans d'études]

	• **la laurea di primo livello**	• la licence, le BAC + 3
	• **la laurea specialistica**	• le master, le BAC + 5
	• **il master**	• le master spécialisé
il dottore/la dottoressa titulaire d'un mastère ou d'un doctorat	• **il dottorato**	• le doctorat
aussi conseguire la laurea	• **laurearsi**	• obtenir son diplôme universitaire
	a pieni voti	avec mention très bien
	con 110 e lode	avec les félicitations du jury
	• **fare il dottorato**	• préparer un doctorat
	• **conseguire il dottorato**	• passer son doctorat

6 La formazione per adulti / La formation pour adultes

	• **la formazione permanente**	• la formation continue
prononcer ['staʒ] ou ['stejdʒ]	• **lo stage di formazione, il tirocinio**	• le stage de formation
prononcer [sta'dʒista]	• **lo stagista**	• le stagiaire
	• **l'insegnamento a distanza, l'e-learning**	• l'enseignement à distance, l'e-learning
	• **il corso di aggiornamento professionale**	• le stage de mise à jour des compétences professionnelles
	• **la riconversione**	• la reconversion
	• **il formatore**	• le formateur
	• **la formazione in alternanza**	• la formation en alternance
	• **il congedo di formazione**	• le congé de formation
	• **i corsi serali**	• les cours du soir
	• **seguire corsi serali**	• suivre des cours du soir
	• **formarsi**	• se former
	• **riconvertirsi**	• se reconvertir

METTERE IN PRATICA

7 **Dal verbo al sostantivo** Du verbe au substantif

1. leggere
2. scrivere
3. formare
4. comprendere
5. valutare
6. promuovere
7. studiare
8. punire
9. commentare
10. riassumere
11. tradurre
12. analizzare

8 **Formare il contrario dei seguenti aggettivi scegliendo il prefisso giusto : mal-, im-, in-, dis-, il-, ir-.**

Former le contraire des adjectifs suivants en choisissant le préfixe adéquat : *mal-, im-, in-, dis-, ir-.*

1. preparato
2. educato
3. obbediente
4. disciplinato
5. maturo
6. rispettoso
7. attento
8. ordinato

9 **Leggere e tradurre** Lire et traduire

Sediamo in una classe brutta e triste, dieci o dodici ragazze insieme, il grembiule nero* che copre il vestito, in mezzo a trenta ragazzi. Le lezioni sono noiose e anonime. Consistono generalmente nell'interrogazione alla lavagna di uno studente che espone all'insegnante la lezione imparata a casa, poi il professore annota in gran segreto un voto sul registro di classe. Tutti trattengono il respiro finché non viene letto il nome dello studente, poi si abbandonano a fantasticare fino alla fine dell'interrogazione. Il tempo che l'insegnante dedica all'insegnare o allo spiegare, o al leggere, o al comunicare con i ragazzi è il più breve possibile. E' una relazione basata sulla minaccia di quel piccolo voto scritto su quel registro misterioso. [...] Odio la scuola, le lezioni, i compiti, la mancanza di interesse e di amore. Odio il nero.

Susanna Agnelli, *Vestivamo alla marinara*, © Éditions Mondadori, 1975

* *Le tablier noir*. Autrefois, les écoliers portaient un tablier, noir pour les garçons et blanc pour les filles. Au collège et au lycée, seules les filles portaient un tablier noir.

corrigés page 419

Il contesto culturale

La scuola elementare e media
L'école primaire et le collège

- Dans le système scolaire italien (**il sistema scolastico italiano**), l'école primaire publique dépend de chaque commune et dure cinq ans comme en France. Les classes vont de **la prima elementare** (*le cours préparatoire*) à **la quinta elementare** (*le cours moyen 2*). En Italie, l'école privée peut être reconnue par l'État (**scuola parificata**).
- **La scuola Montessori**, *l'école Montessori* : école privée, connue dans le monde entier, dont la méthode pédagogique, développée par Maria Montessori (1870-1952), est axée sur le libre développement de la personnalité de l'enfant (**il libero sviluppo della personalità del bambino**), dans un environnement stimulant et adapté. Ainsi, par exemple, c'est à Maria Montessori que l'on doit le concept du mobilier d'école adapté à la taille de l'enfant.
- Le collège public (**la scuola media statale**) dépend de l'État et dure trois ans : **la prima, la seconda e la terza media** (la 6e, 5e et 4e).

La scuola superiore
Le lycée

- Les lycées proposent un cursus de cinq ans d'études (de la **prima liceo** à la **quinta liceo**) qui se termine par **l'esame di Stato**, ou **esame di maturità** (l'équivalent du baccalauréat). Il existe huit séries différentes :
  il liceo classico : enseignement littéraire axé sur le latin, le grec, la philosophie et l'histoire de l'art. Les deux premières années, appelées **prima ginnasio** et **seconda ginnasio**, correspondent à la 3e du collège et à la 2de du lycée ; puis **la prima, la seconda, la terza liceo classico** correspondent aux deux années de 1re et terminale.
  il liceo scientifico : enseignement scientifique axé sur les mathématiques, la physique, la chimie, le latin et la philosophie des sciences.
  il liceo linguistico : enseignement axé sur les langues vivantes et leurs littératures.
  il liceo artistico : enseignement artistique axé sur le dessin, les beaux-arts et les mathématiques.
  il liceo sociopsicopedagogico ou **delle scienze umane** : enseignement pour la formation des professeurs des écoles.
  il liceo economico et **il liceo tecnologico** : enseignement axé sur l'économie et la technique.
  il liceo musicale : enseignement musical.
- Les lycées professionnels délivrent le diplôme de **perito** (*expert*), qui permet, comme le bac, de s'inscrire à l'université.

Le università più prestigiose
Les universités les plus prestigieuses

- En Italie, pour des raisons historiques, toutes les villes, grandes et moyennes, et parfois aussi les petites villes, possèdent chacune leur université. Les plus anciennes et les plus prestigieuses sont : **l'Università degli studi di Bologna**, fondée en 1158, **l'università di Padova** (1222), **di Napoli** (1234), l'università **La Sapienza di Roma** (1303). **Il Politecnico** de Turin (1859), **l'università Bocconi** de Milan (1902), spécialisée en économie et la **Scuola Normale Superiore di Pisa** (*l'École normale supérieure de Pise*) sont toutes les trois également très cotées.

Espressioni idiomatiche

saperla lunga	en savoir long
sapere qualcosa a menadito	savoir quelque chose sur le bout des doigts
studiarle tutte	faire tout ce que l'on peut
saperne una più del diavolo	avoir plus d'un tour dans son sac
essere un pozzo di scienza	être un puits de science
avere la scienza infusa	avoir la science infuse
non capire un'acca	ne rien comprendre
tenere cattedra	tenir le crachoir

Proverbi

Impara l'arte e mettila da parte.	Ce qui a été bien appris servira tôt ou tard.
La matematica non è un'opinione.	Les chiffres sont les chiffres.
Sapere è potere.	Savoir, c'est pouvoir.
Sbagliando s'impara.	C'est en forgeant qu'on devient forgeron.

4

La salute e la medicina
La santé et la médecine

1 Il corpo umano — Le corps humain

Remarque	Il corpo umano	Le corps humain
	lo scheletro	le squelette
	il cranio	le crâne
	la colonna vertebrale	la colonne vertébrale
	il midollo spinale	la moelle épinière
	le vertebre	les vertèbres
(!) pluriel féminin le ossa	**l'osso**	l'os
(!) féminin	**la cartilagine**	le cartilage
l'arto superiore/inferiore *le membre supérieur/inférieur*	**l'arto**	le membre
	il tronco	le tronc
	il busto	le buste
(!) féminin	**l'epidermide**	l'épiderme
	la carnagione	le teint
le lentiggini *les tâches de rousseur*	**la pelle**	la peau
(!) masculin	**il sudore**	la sueur, la transpiration
	il neo	le grain de beauté
	il pelo	le poil
autre sens *la viande*	**la carne**	la chair
	il tessuto	le tissu
	la cellula	la cellule
	il muscolo	le muscle
	il nervo	le nerf
	il tendine	le tendon
	la ghiandola	la glande

La testa — La tête

Remarque	La testa	La tête
	il cervello	le cerveau
i visi pallidi *les visages pâles*	**il viso, il volto**	le visage
	la faccia	la figure
il cuoio capelluto *le cuir chevelu* perdere i capelli *perdre ses cheveux*	**i capelli**	les cheveux
	la barba	la barbe
(!) toujours pluriel	**i baffi**	les moustaches, la moustache
(!) féminin	**la fronte**	le front
	la tempia	la tempe
pluriel gli occhi	**l'occhio**	l'œil
	la palpebra	la paupière
(!) pluriel féminin le ciglia	**il ciglio**	le cil

(!) pluriel féminin le sopracciglia	il sopracciglio	le sourcil
(!) masculin La forme féminine, surtout au pluriel (le orecchie), est commune en Italie du Nord.	l'orecchio	l'oreille
	il lobo	le lobe
	il timpano	le tympan
	lo zigomo	la pommette
	il naso	le nez
	la narice	la narine
	la bocca	la bouche
(!) pluriel féminin le labbra	il labbro	la lèvre
	la lingua	la langue
(!) masculin	il dente	la dent
	la gengiva	la gencive
	la saliva	la salive
	il palato	le palais
pluriel le guance aussi la gota	la guancia	la joue
il doppiomento *le double menton*	il mento	le menton
	la mascella	la mâchoire
	il collo	le cou
	la nuca	la nuque
il mal di gola *le mal de gorge*	la gola	la gorge

Il tronco — Le tronc

	la spalla	l'épaule
	il torso	le torse
	la schiena	le dos
(!) pluriel féminin le braccia Le pluriel masculin s'utilise au sens figuré i bracci della croce/di un fiume *les bras de la croix/d'un fleuve*	il braccio	le bras
	l'avanbraccio	l'avant-bras
	l'ascella	l'aisselle
	il gomito	le coude
autre sens *le pouls*	il polso	le poignet
(!) pluriel le mani	la mano	la main
(!) pluriel féminin le dita	il dito	le doigt
	l'indice	l'index
	il medio	le majeur
	l'anulare	l'annulaire
	il mignolo	l'auriculaire
	il pollice	le pouce
(!) féminin	l'unghia	l'ongle
	l'apparato respiratorio	l'appareil respiratoire
	i bronchi	les bronches
	i polmoni	les poumons
	il torace	le thorax
aussi la cassa toracica	la gabbia toracica	la cage thoracique
	le costole	les côtes
	il respiro	la respiration
mozzafiato *à couper le souffle*	il fiato	le souffle
(!) masculin	l'alito	l'haleine
essere malato di cuore *être malade du cœur*	il cuore	le cœur
	il battito cardiaco	le battement du cœur
	il petto	la poitrine
utilisé le plus souvent comme singulier collectif	il seno	le sein
	l'apparato digerente e urinario	l'appareil digestif et urinaire
	lo stomaco	l'estomac

la milza	la rate
il fegato	le foie
il pancreas	le pancréas
i reni	les reins
l'intestino	l'intestin
la vescica	la vessie
la pancia	le ventre
l'addome, il ventre	l'abdomen
l'ombelico	le nombril
la vita	la taille
l'anca	la hanche
il bacino	le bassin
l'inguine	l'aine
l'organo genitale	l'organe génital

il fegato: il mal di fegato *le mal de foie*

il bacino: autre sens *le bisou,* diminutif de il bacio *le baiser*

l'inguine: (!) masculin

respirare	respirer
inspirare/espirare	inspirer/expirer
ansimare	haleter
sudare	transpirer
digerire	digérer
avere mal di milza/ malle alla milza	avoir un point de côté

Gli arti inferiori / Les membres inférieurs

la gamba	la jambe
la coscia	la cuisse
il polpaccio	le mollet
lo stinco	le tibia
il ginocchio	le genou
la caviglia	la cheville
il piede	le pied
le dita del piede	les orteils

la coscia: (!) pluriel le cosce

il ginocchio: (!) pluriel féminin le ginocchia

il piede: il calcagno, il tallone *le talon*

le dita del piede: l'alluce *le gros orteil*

piegare	plier
chinarsi	se baisser
stare in piedi	être debout
rizzarsi	se redresser
inginocchiarsi	s'agenouiller
sedersi	s'asseoir

Il sangue / Le sang

la circolazione sanguigna / venosa / arteriosa	la circulation sanguine / veineuse / artérielle
i globuli rossi	les globules rouges
i globuli bianchi	les globules blancs
le piastrine	les plaquettes
il plasma	le plasma
il gruppo sanguigno	le groupe sanguin
il fattore RH positivo / negativo	le facteur RH positif / négatif
la vena	la veine
l'arteria	l'artère

I cinque sensi	Les cinq sens
la vista	la vue
l'udito	l'ouïe
il tatto	le toucher
il gusto	le goût
l'olfatto	l'odorat

2 Lo stato di salute / L'état de santé

Generalità	Généralités
una buona/cattiva salute	une bonne/mauvaise santé
una costituzione robusta	une constitution robuste
una costituzione gracile	une constitution fragile
la malattia	la maladie
il sintomo	le symptôme
l'indisposizione	l'indisposition
il disturbo di salute	le trouble de santé
il male	le mal
il dolore	la douleur
la sofferenza	la souffrance
la fitta	l'élancement
il malore, il malessere	le malaise
il malanno	l'ennui de santé, la maladie
l'acciacco	le petit ennui (de santé)
lo svenimento	l'évanouissement
godere di una buona salute	jouir d'une bonne santé
avere una buona cera	avoir bonne mine
essere sofferente	être souffrant
far male	faire mal
stare male	être malade
ammalarsi	tomber malade
prendersi un malanno	attraper une maladie
stare bene	aller bien
sentirsi bene/male	se sentir bien/mal
svenire	s'évanouir
perdere i sensi	perdre connaissance

Notes:
- una buona/cattiva salute: essere in buona salute — *être en bonne santé*; avere dei problemi di salute — *avoir des problèmes de santé*
- il dolore: (!) masculin
- la fitta: la fitta al fianco — *le point de côté*
- il malore: avere un malore — *avoir un malaise*
- l'acciacco: pluriel gli acciacchi
- avere una buona cera: la cera *la cire*
- far male: Mi fanno male i piedi. — *J'ai mal aux pieds.*
- sentirsi bene/male: sentirsi poco bene — *ne pas se sentir bien*

I difetti della vista	Les défauts de la vue
la miopia	la myopie
il miope	le myope
la presbiopia, il presbitismo	la presbytie
il presbite	le presbyte
l'ipermetropia	l'hypermétropie
l'ipermetrope	l'hypermétrope
l'astigmatismo	l'astigmatisme
l'astigmatico	l'astigmatico
lo strabismo	le strabisme
lo strabico	le strabique
il daltonismo	le daltonisme
il daltonico	le daltonien

	vederci male da lontano/ da vicino	voir mal de loin/ de près
gli occhiali da vista *les lunettes de vue*	**portare gli occhiali**	porter des lunettes
	portare le lenti (a contatto)	porter des lentilles (de contact)
	essere strabico	loucher

I piccoli disturbi di salute / Les petits troubles de santé

	l'allergia	l'allergie
	l'orticaria	l'urticaire
	l'acne giovanile	l'acné juvénile
	l'herpes labiale, la febbre	l'herpès labial, le bouton de fièvre
	l'eczema	l'eczéma
aussi il porro	**la verruca**	la verrue
autre sens *la vessie*	**la vescica**	l'ampoule
(!) masculin	**il crampo**	la crampe
	il torcicollo	le torticolis
avere la febbre alta *avoir beaucoup de fièvre*	**la febbre**	la fièvre
	la temperatura	la température
	l'influenza	la grippe
	i brividi	les frissons
	i dolori muscolari	les courbatures
il raffreddore da fieno *le rhume des foins*	**il raffreddore**	le rhume
	il naso chiuso	le nez bouché
	la sinusite	la sinusite
	la tosse grassa/secca	la toux grasse/sèche
	l'emicrania	la migraine
	l'indigestione	l'indigestion
la gastrite *la gastrite*	**l'acidità di stomaco**	les brûlures d'estomac
	il mal di stomaco	le mal d'estomac
avere la nausea *avoir mal au cœur*	**la nausea**	la nausée
	il vomito	le vomi
	l'infiammazione	l'inflammation
	l'infezione	l'infection
autre sens *le sanglot*	**il singhiozzo**	le hoquet
	l'otite	l'otite
	la diarrea	la diarrhée
	la stitichezza	la constipation
	la cistite	la cystite
	l'artrosi	l'arthrose
	i reumatismi	les rhumatismes
	l'ulcera	l'ulcère
	l'artrite	l'arthrite
	l'anemia	l'anémie
	i geloni	les engelures
	il mal di denti	le mal de dents
	la carie	la carie
	l'ascesso	l'abcès
	il mal di schiena	le mal de dos
avere il mal d'auto *être malade en voiture*	**il mal di mare/d'auto**	le mal de mer/de voiture
	essere allergico	être allergique
	essere febbricitante	être fiévreux
	starnutire	éternuer
	tossire	tousser

- soffiarsi il naso *se moucher*
- avere mal di testa *avoir mal à la tête*

essere raffreddato	être enrhumé
essere influenzato, avere l'influenza	avoir la grippe
essere artritico	souffrir d'arthrite
soffrire di vertigini	souffrir de vertiges
avere un capogiro	avoir la tête qui tourne, avoir des vertiges
soffrire di emicrania	souffrir de migraines
misurare la temperatura	prendre la température
avere mal di pancia	avoir mal au ventre
vomitare	vomir

Le malattie contagiose e infettive / Les maladies contagieuses et infectieuses

- sindrome da immunodeficienza acquisita
- virus dell'immuno-deficienza umana
- (!) masculin
- la febbre tifoide *la fièvre typhoïde*
- le malattie sessualmente trasmissibili *les maladies sexuellement transmissibles*

le malattie infantili	les maladies infantiles
le malattie virali	les maladies virales
il virus	le virus
il vaiolo	la variole
la poliomielite	la poliomyélite
la rabbia	la rage
l'epatite A/B/C/	l'hépatite A/B/C
l'herpes zoster	le zona
l'AIDS	le SIDA
l'HIV	le virus HIV
il portatore di HIV	le porteur du virus HIV
il sistema immunitario	le système immunitaire
il sieropositivo	le séropositif
le malattie batteriche	les maladies bactériennes
il batterio	la bactérie
il bacillo	le bacille
il tifo	le typhus
il tifo addominale, la tifoide	la typhoïde
la tubercolosi	la tuberculose
la lebbra	la lèpre
il colera	le choléra
la peste	la peste
la malaria	la malaria, le paludisme
il tetano	le tétanos
la meningite	la méningite
la difterite	la diphtérie
la salmonellosi	la salmonellose
le malattie veneree	les maladies vénériennes
il microbo	le microbe
il germe	le germe
l'epidemia	l'épidémie
la pandemia	la pandémie
il contagio	la contagion
il focolaio	le foyer

contagiare	contaminer
trasmettere un virus	transmettre un virus
infettare/infettarsi	infecter/s'infecter
propagarsi	se propager

essere esposto al contagio	être exposé à la contagion
arrestare un'epidemia	enrayer une épidémie
immunizzarsi	s'immuniser
prendere precauzioni igieniche	prendre des précautions d'hygiène
disinfettare/disinfettarsi	désinfecter/se désinfecter

Le malattie non infettive / Les maladies non infectieuses

(!) masculin

ancien il morbo *la maladie*

prendere la polmonite *attraper une pneumonie*

il cancro	le cancer
il tumore maligno	la tumeur maligne
la metastasi	la métastase
la cellula cancerogena	la cellule cancérigène
il linfonodo	le ganglion lymphatique
la leucemia	la leucémie
la cardiopatia	la maladie cardiaque
l'infarto	l'infarctus
l'angina pectoris	l'angine de poitrine
l'ictus cerebrale	l'accident vasculaire cérébral
la sclerosi a placche	la sclérose en plaques
la miopatia	la myopathie
il morbo di Alzheimer	la maladie d'Alzheimer
il morbo di Parkinson	la maladie de Parkinson
il morbo di Kreutzfeld Jacob	la maladie de Kreutzfeld-Jacob
la cirrosi epatica	la cirrhose du foie
il diabete	le diabète
la polmonite	la pneumonie
la bronchite	la bronchite
la broncopolmonite	la bronchopneumonie
l'asma	l'asthme
l'arteriosclerosi	l'artériosclérose
l'epilessia	l'épilepsie
il glaucoma	le glaucome
la cataratta	la cataracte

avere l'Alzheimer *avoir la maladie d'Alzheimer*

avere un tumore/il morbo di Parkinson	avoir un cancer/la maladie de Parkinson
essere colpito da Alzheimer	être atteint de la maladie d'Alzheimer
essere cardiopatico	être cardiaque
avere un ictus	avoir un accident vasculaire
avere una crisi epilettica	avoir une crise d'épilepsie

Le malattie genetiche e cromosomiche / Les maladies génétiques et chromosomiques

la malattia ereditaria	la maladie héréditaire
la malformazione congenita	la malformation congénitale
l'anomalia genetica	l'anomalie génétique
l'anomalia cromosomica	l'anomalie chromosomique
l'emofilia	l'hémophilie
l'emofiliaco	l'hémophile
la trisomia 21	la trisomie 21
il trisomico	le trisomique

essere Down *être atteint du syndrome de Down*	**la sindrome di Down**	le syndrome de Down
	il mongolismo	le mongolisme
	il mongoloide	le mongolien
	il nanismo	le nanisme
	il nano	le nain
	la mucoviscidosi	la mucoviscidose
	la distrofia muscolare	la distrophie musculaire
aussi l'anemia mediterranea	**la talassemia**	la thalassémie
	la malattia celiaca	la maladie cœliaque
il cariotipo *le caryotype*	**il gene**	le gène
	il cromosoma	le chromosome
	il codice genetico	le code génétique
	fare l'amniocentesi	faire une amniocentèse
	essere affetto da una malattia genetica	être atteint d'une maladie génétique
	essere emofiliaco	être hémophile
	essere trisomico/mongoloide	être trisomique/mongolien

L'evoluzione della malattia / L'évolution de la maladie

	l'incubazione	l'incubation
	lo stato stazionario/critico	l'état stationnaire/critique
(!) masculin	**l'aggravamento, il peggioramento**	l'aggravation
	la ricaduta	la rechute
	la complicazione	la complication
	la convalescenza	la convalescence
	la cicatrizzazione	la cicatrisation
(!) masculin	**il miglioramento**	l'amélioration
	la guarigione	la guérison
soffrire le pene dell'inferno *souffrir le martyre*	**soffrire, patire**	souffrir
	urlare dal dolore	hurler de douleur
	entrare/essere in coma	tomber/être dans le coma
	essere in fase terminale	être en phase terminale
	fare una ricaduta	faire une rechute, rechuter
	migliorare	aller mieux
rimettersi *se remettre*	**ristabilirsi**	se rétablir
	entrare in convalescenza	entrer en convalescence
	guarire	guérir

Gli handicap fisici / Les handicaps physiques

	l'handicappato, il disabile	le handicapé
	il portatore di handicap	le porteur d'un handicap
	l'invalido	l'invalide
	l'infermo	l'infirme
	il paraplegico	le paraplégique
la paralisi *la paralysie*	**il paralitico**	le paralytique
	la cecità	la cécité
	il cieco	l'aveugle
	il non vedente	le non-voyant
	l'ipovedente	le malvoyant
	la sordità	la surdité
	il sordo	le sourd

il non udente	le malentendant
il sordomuto	le sourd-muet
il mutismo	le mutisme
il muto	le muet
la malformazione congenita	la malformation congénitale
il labbro leporino	le bec-de-lièvre
la gobba	la bosse
il gobbo	le bossu
lo storpio, lo sciancato	l'estropié
lo zoppo	le boiteux
essere su una sedia a rotelle	être dans un fauteuil roulant
essere invalido	être invalide
essere paralizzato	être paralysé
non vederci	ne pas voir
non sentirci	ne pas entendre
leggere il braille	lire le braille
parlare col linguaggio dei segni	parler avec la langue des signes
zoppicare	boiter

Le turbe psichiche / Les troubles psychiques

l'angoscia	l'angoisse
l'ansia	l'anxiété
l'attacco di panico	l'attaque de panique
la depressione	la dépression
il trauma psichico	le traumatisme psychique
l'esaurimento nervoso	la dépression nerveuse
la nevrastenia	la neurasthénie
l'anoressia	l'anorexie
la bulimia	la boulimie
la fobia	la phobie
l'ossessione	l'obsession
la mania di persecuzione	la manie de persécution
il maniaco	le maniaque
la mitomania	la mythomanie
il mitomane	le mythomane
la nevrosi	la névrose
il nevrotico	le névrosé
la psicosi	la psychose
lo psicotico	le psychotique
l'isteria	l'hystérie
l'isterico	l'hystérique
la malattia mentale	la maladie mentale
la schizofrenia	la schizophrénie
lo schizofrenico	le schizophrène
la paranoia	la paranoïa
il paranoico	le paranoïaque
la follia, la pazzia	la folie
il folle, il pazzo	le fou
lo squilibrato	le déséquilibré
la demenza	la démence
il delirio	le délire
l'autismo	l'autisme

la crisi d'ansia
la crise d'anxiété

pluriel i traumi psichici

essere esaurito
être en dépression

la camicia di forza
la camisole de force

(!) faux ami l'autista *le chauffeur*

pluriel gli psicologi

autre sens *la table d'examen médical*

• **l'autistico**	• l'autiste
• **la psicoterapia**	• la psychothérapie
lo psicologo	le psychologue
lo psicoterapeuta	le psychothérapeute
• **lo psichiatra**	• le psychiatre
• **la psicanalisi**	• la psychanalyse
lo psicanalista	le psychanalyste
il lettino	le divan
il transfert	le transfert
• **la terapia di gruppo**	• la thérapie de groupe
• **la cura del sonno**	• la cure de sommeil
• **avere l'esaurimento nervoso**	• faire une dépression nerveuse
• **fare un'analisi**	• faire une analyse
• **andare dallo psicanalista**	• aller chez un psychanalyste
• **seguire una psicoterapia**	• suivre une psychothérapie
• **internare**	• interner
• **rinchiudere in manicomio**	• enfermer dans un asile

Gli incidenti corporali / Les accidents corporels

(!) le labbra *les lèvres (de la bouche)*

l'ustionato *le brûlé*

• **l'infortunio sul lavoro**	• l'accident du travail
• **l'incidente domestico**	• l'accident domestique
• **l'incidente automobilistico**	• l'accident de voiture
• **il taglio**	• la coupure, l'entaille
• **il ferito**	• le blessé
• **la ferita**	• la blessure
• **i labbri della ferita**	• les lèvres de la blessure
• **i punti di sutura**	• les points de suture
• **la piaga**	• la plaie
• **l'infezione**	• l'infection
il pus	le pus
• **l'emorragia**	• l'hémorragie
• **la contusione**	• la contusion
• **il bernoccolo**	• la bosse
• **il trauma cranico**	• le traumatisme crânien
• **la commozione cerebrale**	• la commotion cérébrale
• **la lesione**	• la lésion
• **l'ematoma**	• l'hématome
• **il livido**	• le bleu
• **il graffio**	• l'égratignure
• **la puntura d'insetto**	• la piqûre d'insecte
• **l'insolazione**	• l'insolation
• **la bruciatura, la scottatura**	• la brûlure
• **l'ustione**	• la brûlure [grave]
• **la cicatrice**	• la cicatrice
• **la storta**	• l'entorse
• **la lussazione**	• la luxation
• **la slogatura**	• la foulure
• **lo strappo muscolare**	• la déchirure musculaire
• **la frattura**	• la fracture
un osso rotto	un os cassé
l'ingessatura	le plâtre

la stampella	la béquille
la stecca	l'attelle
la sedia a rotelle	le fauteuil roulant

i mutilati di guerra
les mutilés de guerre

autre sens de scottarsi
attraper un coup de soleil

avere un braccio ingessato
avoir un bras dans le plâtre

rimanere ferito in un incidente	être blessé dans un accident
rimanere mutilato	être mutilé
ferirsi accidentalmente	se blesser accidentellement
sanguinare dal naso	saigner du nez
tagliarsi, farsi un taglio	se couper
ustionarsi	se brûler [gravement]
scottarsi, bruciarsi	se brûler
slogarsi la caviglia	se fouler la cheville
lussarsi l'anca	se luxer la hanche
rompersi un osso	se casser un os
suturare una ferita	suturer une blessure
medicare una ferita	panser une blessure
cicatrizzarsi	cicatriser
ingessare un arto	plâtrer un membre
togliere l'ingessatura, il gesso	retirer le plâtre

sanguinante
sanglant

ferito	blessé
tagliato	coupé
insanguinato	ensanglanté
piagato	couvert de plaies
sfigurato	défiguré
infetto	infecté
purulento	purulent
esanime	inanimé
rotto	cassé
slogato	foulé
lussato	luxé
ingessato	plâtré

3 La tossicomania e il tabagismo / La toxicomanie et le tabagisme

aussi la tossicodipendenza

La tossicomania / La toxicomanie

la droga leggera/pesante	la drogue douce/dure
gli stupefacenti	les stupéfiants
il tossicodipendente, il tossicomane	le toxicomane
il drogato	le drogué
lo spacciatore	le dealer
l'eroina	l'héroïne
l'eroinomane	l'héroïnomane
l'ecstasy	l'ecstasy
la cocaina	la cocaïne
il cocainomane	le cocaïnomane
l'LSD	le LSD
l'allucinogeno	l'hallucinogène

	l'amfetamina	l'amphétamine
	la marijuana	la marijuana
	l'erba	l'herbe
il fumo *le shit*	**l'haschisch**	le haschisch
	lo spinello, la canna	le joint
(!) masculin	**il metadone**	la métadone
	lo psicofarmaco	le psycholeptique
	la crisi di astinenza	l'état de manque
	la siringa	la seringue
	l'overdose	l'overdose
	l'assuefazione	l'accoutumance
fare una cura di disintossicazione *suivre une cure de désintoxication*	**la cura di disintossicazione**	la cure de désintoxication

	drogarsi	se droguer
	essere fatto	être défoncé
	fumare	fumer
	farsi uno spinello	se rouler un joint
	sniffare	sniffer
	bucarsi	se piquer
	farsi una pera	se shooter
	essere assuefatto all'eroina	être dépendant à l'héroïne
	impasticcarsi	*se droguer aux psycholeptiques*
	disintossicarsi	se désintoxiquer

Il tabagismo / Le tabagisme

	il tabacco	le tabac
	il vizio del fumo	l'addiction au tabac
respirare il fumo *avaler la fumée*	**il fumo**	la fumée
vietato fumare *interdiction de fumer*	**il divieto di fumare**	l'interdiction de fumer
	il fumo passivo	le tabagisme passif
	il fumatore/il non fumatore	le fumeur/le non-fumeur
	la sigaretta con/senza filtro	la cigarette avec/sans filtre
la stecca *la cartouche*	**il pacchetto di sigarette**	le paquet de cigarettes
	il sigaro	le cigare
caricare la pipa *bourrer sa pipe*	**la pipa**	la pipe
	la nicotina	la nicotine
	il catrame	le goudron
il portacenere *le cendrier*	**la cenere**	la cendre
	il mozzicone, la cicca	le mégot
	l'accendino	le briquet
	il fiammifero	l'allumette

ricominciare a fumare *recommencer à fumer*	**fumare**	fumer
	vietare di fumare, proibire di fumare	interdir de fumer
	accendere/spegnere una sigaretta	allumer/éteindre une cigarette
	tirare una boccata	tirer une bouffée
	smettere di fumare	arrêter de fumer
mettersi il cerotto antifumo *mettre un patch anti tabac*	**cercare di smettere**	essayer d'arrêter

4 Curarsi — Se soigner

Il sistema sanitario — Le système sanitaire

Note	Italiano	Français
	la pubblica sanità	la santé publique
dénomination officielle	**la previdenza sociale**	la Sécurité sociale
familier	**la mutua**	la Sécu
	l'assicurazione malattia complementare	l'assurance-maladie complémentaire
il medico di famiglia *le médecin de famille*	**il medico**	le médecin
	il medico generico	le généraliste
	lo specialista	le spécialiste
	il medico della mutua	le médecin conventionné
	lo studio medico	le cabinet médical
	l'ambulatorio	le cabinet [de plusieurs médecins]
	il pronto intervento	le Samu
	la guardia medica	le service de garde, ≈ *SOS médecins*
	il ticket	le ticket modérateur
	le medicine alternative	les médecines douces
	l'omeopatia	l'homéopathie
	l'osteopatia	l'osthéopathie
	la sofrologia	la sophrologie
	l'agopuntura	l'acupuncture
	la chiropratica	la chiropraxie

avere la mutua	avoir la Sécu
essere in mutua	être en congé maladie
andare dal medico	aller chez le médecin
chiamare il medico	appeler le médecin
prendere appuntamento dal medico	prendre rendez-vous chez le médecin
seguire una cura	suivre un traitement
pagare il ticket	payer le ticket modérateur

Il personale medico e paramedico — Le personnel médical et paramédical

Note	Italiano	Français
	l'ordine dei medici	l'ordre des médecins
iscritto all'albo *inscrit à l'ordre* radiato dall'albo *radié de l'ordre*	**l'albo**	le tableau de l'ordre
	l'anestesista	l'anesthésiste
	il chirurgo	le chirurgien
	il chirurgo plastico	le chirurgien esthétique
pluriel i cardiologi	**il cardiologo**	le cardiologue
pluriel i dermatologi	**il dermatologo**	le dermatologue
	il pediatra	le pédiatre
pluriel i ginecologi	**il ginecologo**	le gynécologue
	l'otorino(laringoiatra)	l'oto-rhino(-laryngologiste)
	il geriatra	le gériatre
pluriel gli oncologi	**l'oncologo**	l'oncologue
pluriel i radiologi	**il radiologo**	le radiologue
	l'ostetrico	l'obstétricien
pluriel i neurologi	**il neurologo**	le neurologue

l'odontotecnico	l'orthodontiste
il dentista	le dentiste
l'oculista	l'ophtalmo(logue)
l'ortopedico	l'orthopédiste
il chiropratico	le chiropracteur
il fisioterapista	le kinésithérapeute
l'omeopata	l'homéopathe
l'osteopata	l'osthéopathe
l'agopuntore	l'acupuncteur

La visita medica / La visite médicale

	La visita medica	La visite médicale
	la visita a domicilio	la visite à domicile
consultare un medico *consulter un médecin*	**la consultazione**	la consultation
	il consulto	la consultation [entre médecins]
(!) singulier	**l'onorario**	les honoraires
	il paziente	le patient
(!) féminin	**la diagnosi**	le diagnostic
(!) féminin	**la prognosi**	le pronostic
autre sens *la recette de cuisine*	**la ricetta**	l'ordonnance
	la prescrizione	la prescription
	la cura	le traitement
	la terapia	la thérapie
	il polso	le pouls
	la pressione	la tension
	l'analisi del sangue	l'analyse du sang
	il prelievo di sangue	la prise de sang
	l'iniezione	l'injection
	la puntura	la piqûre
	l'analisi delle urine	l'analyse d'urine
	l'ecografia	l'échographie
	la radiografia	la radiographie
	la mammografia	la mammographie
	la colonscopia	la coloscopie
	il check-up	le check-up

	visitare un paziente	examiner un patient
	prescrivere una cura	prescrire un traitement
	farsi visitare da uno specialista	se faire examiner par un spécialiste
	misurare la pressione	prendre la tension
	sentire il polso	prendre le pouls
	avere la pressione alta/bassa	avoir une tension élevée/basse
	curare	soigner
	auscultare con lo stetoscopio	ausculter avec le stéthoscope
	fare un prelievo	faire un prélèvement
	diagnosticare	diagnostiquer
riservare la prognosi *réserver son pronostic*	**emettere una prognosi**	émettre un pronostic
	fare una lastra, fare i raggi	faire une radio
	fare una TAC/ una risonanza magnetica	faire un scanner/ un IRM

	Le medicine	Les médicaments
	la farmacia	la pharmacie
	il farmacista	le pharmacien
	il prodotto farmaceutico	le produit pharmaceutique
autre sens de la medicina *la médecine*	**la medicina, il medicinale, il farmaco**	le médicament
	la confezione, la scatola	l'emballage, la boîte
	il foglietto illustrativo	la notice (explicative)
	le precauzioni d'impiego	les précautions d'emploi
	la posologia	la posologie
	la dose	la dose
	la controindicazione	la contre-indication
	l'effetto collaterale	l'effet secondaire
	la data di scadenza	la date de péremption
	le medicine omeopatiche	les médicaments homéopathiques
	i farmaci generici, i medicinali generici	les médicaments génériques
	gli psicofarmaci	les neuroleptiques
	la panacea, il toccasana	la panacée, le remède miracle
	il placebo	le placebo
	l'automedicazione	l'automédication
	il cerotto	le sparadrap *ou* le pansement
	la medicazione	le pansement [imbibé d'un produit]
	la garza sterile	la gaze stérile
	la benda	le bandage
(!) féminin et faux ami *la compresse* l'impacco	**la compressa**	le comprimé
	la pastiglia	la pastille
	la pillola	le cachet
la pillola del giorno dopo *la pilule du lendemain*	**la pillola (anticoncezionale)**	la pilule (contraceptive)
	la capsula	la gélule
	la fiala	l'ampoule
far sciogliere i granuli sotto la lingua *faire fondre les granules sous la langue*	**i granuli**	les granules
	la pomata	la pommade
	lo sciroppo	le sirop
il collirio *le collyre*	**le gocce**	les gouttes
(!) féminin	**la supposta**	le suppositoire
	la penicillina	la pénicilline
	l'analgesico	l'analgésique
	l'antibiotico	l'antibiotique
	l'antinfiammatorio	l'anti-inflammatoire
	l'antistaminico	l'antihistaminique
il ricostituente *le fortifiant*	**la vitamina**	la vitamine
	il sonnifero	le somnifère
	l'antidepressivo	l'antidépresseur
	il sedativo	le sédatif
	il calmante	le calmant
	il tranquillante	le tranquillisant
	andare in farmacia	aller à la pharmacie
	prendere le medicine	prendre ses médicaments
	inghiottire una pillola	avaler un cachet

Gli interventi chirurgici	Les interventions chirurgicales	
la sala operatoria	la salle d'opération	
il blocco operatorio	le bloc opératoire	
il bisturi	le bistouri	
l'operazione	l'opération	
a cuore aperto	à cœur ouvert	
sotto anestesia locale/totale	sous anesthésie locale/générale	
l'anestesia peridurale	l'anesthésie péridurale	
il catetere	le cathéter	
l'estrazione dei calcoli renali/ dei calcoli al fegato	l'ablation des calculs rénaux/ des calculs du foie	
l'ablazione	l'ablation	
delle tonsille	des amygdales	
delle adenoidi	des végétations	
dell'appendice	de l'appendice	l'appendicite *l'appendicite*
l'amputazione	l'amputation	
il trapianto	la greffe	
il rigetto	le rejet	
il pacemaker	le pacemaker	prononcer [pejs'mɛker]
la banca di organi	la banque d'organes	
il donatore di organi	le donneur d'organes	
la trasfusione di sangue	la transfusion de sang	
la flebo	la perfusion	apocope de fleboclisi
farsi operare di ernia del disco	se faire opérer d'une hernie discale	
operare	opérer	
anestetizzare	anesthésier	
trapiantare un organo	greffer un organe	
amputare un arto	amputer un membre	
mettere sotto flebo il paziente	mettre le patient sous perfusion	

L'ospedale e il ricovero	L'hôpital et l'hospitalisation	
l'ente ospedaliero	l'institution hospitalière	
il centro ospedaliero	le centre hospitalier	
la clinica privata	la clinique privée	
il policlinico	la polyclinique	(!) masculin
l'ospedale psichiatrico	l'hôpital psychiatrique	
il manicomio	l'asile	
il pronto soccorso	les urgences	l'ambulanza *l'ambulance* la barella *la civière*
il reparto	le service	
rianimazione	de réanimation	
cure intensive	de soins intensifs	
maternità	maternité	
la corsia	la salle commune	
la camera d'ospedale	la chambre d'hôpital	
la cartella clinica	le dossier médical	
il referto medico	le rapport médical	
il primario	le médecin-chef, le chef de clinique	
l'interno	l'interne	
il medico ospedaliero	le médecin hospitalier	
il medico di turno	le médecin de garde	
l'infermiere	l'infirmier	l'infermiera *l'infirmière*

il caposala	l'infirmier en chef
la degenza	l'hospitalisation [durée]
il degente	le malade [hospitalisé]
il ricovero	l'hospitalisation
il day hospital	l'hospitalisation de jour
l'obitorio	la morgue
l'autopsia	l'autopsie

prononcer [dej'ɔspital]

andare all'ospedale	aller à l'hôpital
essere ricoverato	être hospitalisé
ricoverare	hospitaliser
ricoverarsi	entrer à l'hôpital
essere tenuto in osservazione	être gardé en observation
dimettere dall'ospedale	autoriser à quitter l'hôpital

essere dimesso *être autorisé à quitter l'hôpital*

5 La riproduzione assistita, la ricerca el'etica / La reproduction assistée, la recherche et l'éthique

La riproduzione assistita / La reproduction assistée

la banca del seme	la banque du sperme
la fecondazione in vitro/ assistita	la fécondation in vitro/ assistée
l'inseminazione artificiale	l'insémination artificielle
l'embrione	l'embryon
la provetta	l'éprouvette
l'utero in affitto	la mère porteuse
il concepimento	la conception
la crioconservazione	la cryoconservation
la finalità terapeutica	la finalité thérapeutique
la procreazione medicalmente assistita	la procréation médicalement assistée
i test genetici	les tests génétiques

il congelamento degli embrioni *la congélation des embryons*

inseminare	inséminer
fecondare	féconder
procreare	procréer
concepire	concevoir
congelare	congeler
crioconservare	cryoconserver

La ricerca e la clonazione / La recherche et le clonage

la scoperta scientifica	la découverte scientifique
la ricerca sui vaccini	la recherche sur les vaccins
la ricerca sulle cellule staminali	la recherche sur les cellules staminales
la cavia	le cobaye
l'esperimento	l'expérience
la clonazione riproduttiva/ terapeutica	le clonage reproductif/ thérapeutique
il clone	le clone

(!) féminin

(!) masculin
la sperimentazione sull'embrione *les expériences sur l'embryon*

la manipolazione genetica	la manipulation génétique
la normativa in vigore	la réglementation en vigueur
scoprire un vaccino	découvrir un vaccin
clonare	cloner
sperimentare	expérimenter
manipolare geneticamente	manipuler génétiquement

L'etica / L'éthique

la deontologia	la déontologie
il segreto professionale	le secret professionnel
il giuramento di Ippocrate	le serment d'Hippocrate
il comitato per la bioetica	la commission de bioéthique
il caso di coscienza	le cas de conscience
l'accanimento terapeutico	l'acharnement thérapeutique
l'eutanasia (attiva/passiva)	l'euthanasie (active/passive)
il malato terminale	le malade en phase terminale
le cure palliative	les soins palliatifs
l'inseminazione post mortem	l'insémination post-mortem
l'eugenetica	l'eugénétique
mantenere in vita	maintenir en vie
alleviare le sofferenze	soulager les souffrances
porre fine alle sofferenze	mettre fin aux souffrances
praticare l'eutanasia	pratiquer l'euthanasie

METTERE IN PRATICA

10 Mettere al plurale Mettre au pluriel

1. il labbro
2. il dito
3. il ciglio
4. la mano
5. il ginocchio
6. il braccio
7. l'occhio
8. il sopracciglio
9. la guancia
10. il dente
11. la coscia
12. il polpaccio
13. l'osso
14. l'orecchio

11 Come si chiama... ? Comment s'appelle... ?

1. chi vende le medicine
2. chi cura i denti
3. chi cura la pelle
4. chi cura il cuore
5. chi opera
6. chi cura i bambini
7. chi fa le radiografie
8. chi cura gli occhi
9. chi fa l'anestesia
10. chi fa nascere un bambino
11. chi cura le donne

12 Leggere e tradurre Lire et traduire

Il medico ideale

Mai, mai che un medico, dopo un'accurata visita ci dica: "Caro signore, mi dispiace, non andiamo niente bene. Se lei continua così, scusi la sincerità, ma le do pochi mesi di vita. Perciò è mio dovere parlarle chiaro. Qui si impone un rigoroso regime di vita. Per cominciare una dieta di ferro: verdure, latte, frutta cotta, carni bianche, sono veleno per lei. Neanche sentirne parlare. Il suo vitto si baserà sui salumi, la selvaggina, le papriche, le mostarde. Molto pepe, molto sale. [...] In quanto al bere, mi duole darle una cattiva notizia, ma acqua e succhi di frutta vanno banditi. Vino, questo sì. E soprattutto whisky. [...] Il whisky è per lei il toccasana.

Dino Buzzati, *Siamo spiacenti di...*, © Éditions Mondadori, 1999

corrigés page 420

Altre Parole

Il contesto culturale

Qualche sigla del mondo medico
Quelques sigles du monde médical

- **OMS (Organizzazione Mondiale della Sanità)** : OMS (Organisation mondiale de la santé)
- **INPS (Istituto Nazionale di Previdenza Sociale)** ≈ la sécurité sociale italienne
- **ASL (Azienda Sanitaria Locale)** : centre de sécurité sociale
- **AVIS (Associazione Volontari Italiani del Sangue)** : association nationale des donneurs de sang
- **RSA (Residenza Sanitaria Assistenziale)** : maison de retraite médicalisée pour personnes non autonomes.
- **DNA (acido desossiribonucleico)** : ADN
- **RNA (acido ribonucleico)** : ARN
- **AIRC (Associazione Italiana per la Ricerca sul Cancro)** ≈ ARC (association pour la recherche sur le cancer)

Espressioni idiomatiche

avere la testa fra le nuvole	être dans les nuages
avere grilli per la testa	avoir des lubies
avere un cervello da gallina	avoir une cervelle de moineau
a occhio e croce	à vue de nez
costare un occhio della testa	coûter les yeux de la tête
far orecchio da mercante	faire la sourde oreille
acqua in bocca	motus et bouche cousue
di bocca in bocca	de bouche à oreille
rimanere a bocca aperta	rester bouche bée
non avere peli sulla lingua	ne pas mâcher ses mots
essere una malalingua	être une mauvaise langue
restare con un palmo di naso	rester tout penaud
ficcare il naso negli affari altrui	fourrer son nez dans les affaires des autres
averne fin sopra i capelli	en avoir par-dessus la tête
avere il dente avvelenato contro qualcuno	avoir une dent contre quelqu'un
avere l'acqua alla gola	avoir le couteau sous la gorge
rompersi l'osso del collo	se casser le cou
mettere qualcuno con le spalle al muro	mettre quelqu'un au pied du mur
vivere alle spalle di qualcuno	vivre aux crochets de quelqu'un
avere le mani bucate	être un panier percé
mettere le mani avanti	prendre ses précautions
starsene con le mani in mano	se tourner les pouces
metterci la mano sul fuoco	mettre sa main au feu
avere un piede nella fossa	avoir un pied dans la tombe
su due piedi	au pied levé
darsi la zappa sui piedi	scier la branche sur laquelle on est assis
andarci con i piedi di piombo	y aller prudemment
fare il passo più lungo della gamba	voir trop grand
avere fegato	avoir du cran
rodersi il fegato	se ronger les sangs
essere sordo come una campana	être sourd comme un pot

essere muto come un pesce	être muet comme une carpe
essere un osso duro	être un dur à cuire
avere la pelle d'oca	avoir la chair de poule
cercare il pelo nell'uovo	chercher la petite bête
fumare come un turco	fumer comme un pompier

Proverbi

Chi ha orecchie per intendere, intenda!	À bon entendeur, salut !
Lontano dagli occhi, lontano dal cuore.	Loin des yeux, loin du cœur.
Occhio per occhio, dente per dente.	Œil pour œil, dent pour dent.
La lingua batte dove il dente duole.	Du mal de cœur la bouche parle.
Anche l'occhio vuole la sua parte.	Il faut aussi savoir flatter l'œil.
Non c'è peggior sordo di chi non vuol sentire.	Il n'est pire sourd que celui qui ne veut pas entendre.
Non tutti i mali vengono per nuocere.	À quelque chose malheur est bon.
Quando c'è la salute, c'è tutto.	Quand la santé va, tout va.

5

I pasti e il cibo

Les repas et la nourriture

1 I pasti — Les repas

Remarque	La (prima) colazione	Le petit déjeuner
(!) faux ami *les biscottes* le fette biscottate	**i biscotti**	les gâteaux secs
	la fetta di pane tostato	la tranche de pain grillé
prononcer *brioche* à la française	**la brioche, il cornetto**	le croissant
	i cereali	les céréales
	la marmellata	la confiture
	la gelatina di frutta	la gelée de fruits
	il succo di frutta	le jus de fruit
	il tè	le thé
	il caffè	le café
	decaffeinato	décaféiné
	ristretto/lungo	serré/allongé
	macchiato	noisette
	corretto	arrosé
	il cappuccino	le cappuccino
	il caffe(l)latte	le café au lait
(!) féminin	**la cioccolata calda**	le chocolat chaud
	fare colazione	prendre son petit déjeuner

Remarque	Lo spuntino e la merenda	Le casse-croûte et le goûter
la paninoteca *la sandwicherie*	**il panino (imbottito)**	le sandwich *ou* le panini
	il tramezzino	le sandwich club
	il toast	≈ le croque-monsieur
	la merendina	*en-cas sucré industriel*
	la focaccia	la fougasse, *pain à l'huile d'olive et au sel, spécialité de Gênes*
	(la fetta) di pane e marmellata	la tartine de confiture
	la tavoletta di cioccolato	la tablette de chocolat

Il pranzo e la cena	Le déjeuner et le dîner
il pranzo domenicale	le repas dominical
il cenone natalizio/ di Capodanno	le réveillon de Noël/ du nouvel an
il banchetto nuziale	le banquet nuptial

	• **le portate**	• les plats
	• **l'antipasto**	• le hors-d'œuvre
	i sottaceti	les pickles
	la bruschetta	*pain grillé à l'ail et à l'huile*
	gli affettati	la charcuterie
lo scaldavivande *le chauffe-plat*	• **la vivanda, la pietanza**	• le mets, le plat
	• **il primo (piatto)**	• l'entrée
singulier collectif	**la pastasciutta, la pasta**	les pâtes
	la pasta corta	*les pâtes de forme courte*
	la pasta lunga	*les pâtes de forme longue*
	la pasta fatta in casa	les pâtes fait maison
il dente *la dent*	**la pasta al dente**	les pâtes « al dente »
	la pastina	les pâtes à potage
	la pasta fresca	les pâtes fraîches
	la pasta all'uovo	les pâtes aux œufs
il sugo *la sauce* autre sens *le jus*	**la pasta al sugo**	les pâtes en sauce
il ragù alla bolognese *la sauce bolognaise*	**la pasta al ragù**	les pâtes à la sauce à la viande
	la pasta al pesto	les pâtes au pesto
	la pasta al forno	les pâtes au four
	la pasta al burro	les pâtes au beurre
	la pasta in bianco	les pâtes à l'huile *ou* au beurre
il brodo *le bouillon*	**la pasta in brodo,**	le bouillon de pâtes
	la minestrina	
	la minestra	la soupe, le potage
	il minestrone	le minestrone, *soupe de légumes*
	il riso	le riz
	il risotto	le risotto
la polenta *la polenta*	**il semolino**	la semoule
	• **il secondo (piatto)**	• le plat principal
	• **il contorno**	• la garniture

	• **apparecchiare**	• dresser la table
	• **sparecchiare**	• débarrasser la table
	• **alzarsi da tavola**	• se lever de table
servire a tavola *servir à table*	• **servirsi**	• se servir
	• **andare a pranzo/a cena fuori**	• aller déjeuner/dîner dehors
	• **saltare un pasto/il primo/ il secondo**	• sauter un repas/l'entrée/ le plat principal
il boccone *la bouchée*	• **mangiare un boccone**	• manger un morceau
	• **mangiucchiare**	• grignoter
A tavola! *À table !*	• **sedersi a tavola**	• s'asseoir à table

2 Il cibo — La nourriture

Il pane — Le pain

	• **la farina**	• la farine
(!) masculin	• **il lievito**	• la levure
	• **il pane**	• le pain
	all'olio	à l'huile
	integrale	complet
	di segale	de seigle
	di crusca	de son
	• **il pan grattato**	• la chapelure

La pasta
Les pâtes

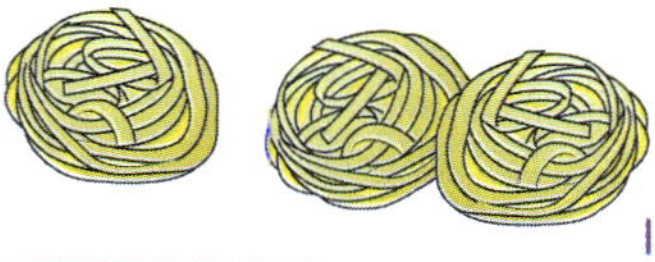

le tagliatelle

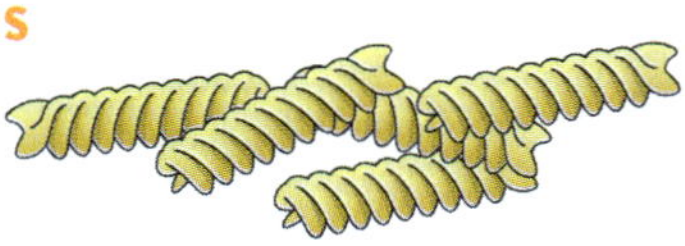

i fusilli

le pappardelle

le pipe

i capelli d'angelo

le orecchiette

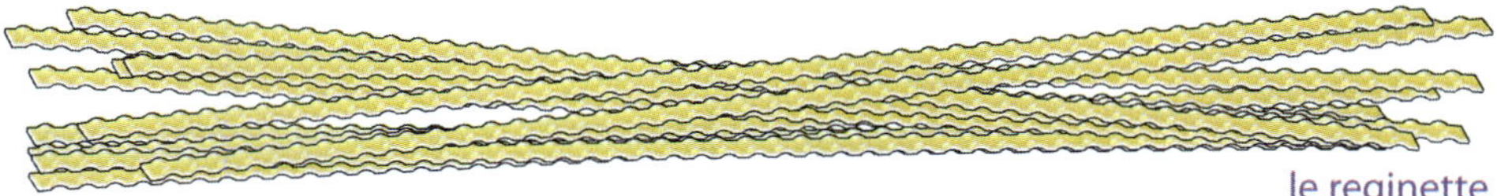

le reginette

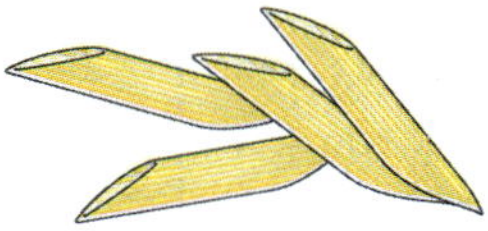

le penne

le conchiglie

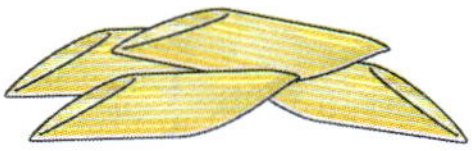

le mezze penne

gli gnocchetti sardi

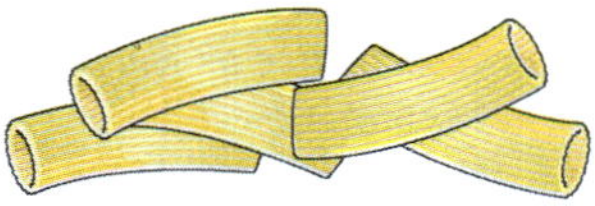

i rigatoni

le ruote

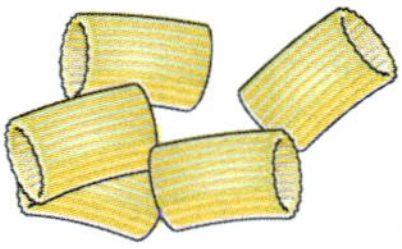

le mezze maniche

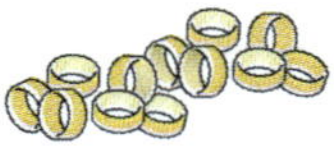

i ditalini

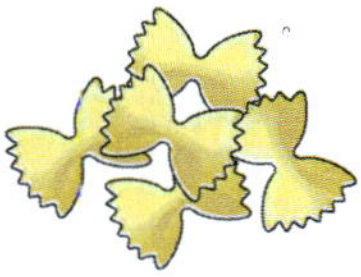

le farfalle

gli anellini

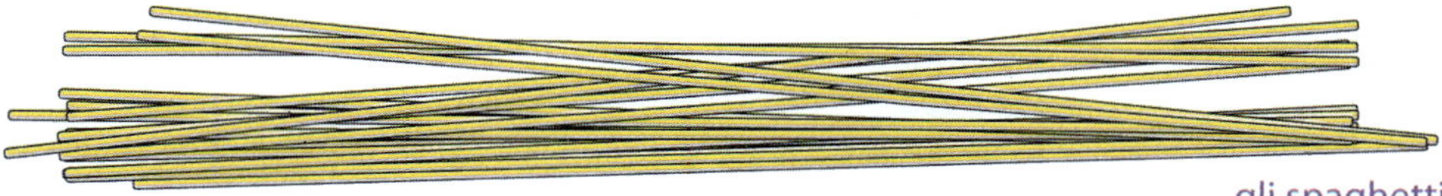

gli spaghetti

	il panino	le petit pain
	la micca, la pagnotta	la miche
	il grissino	le gressin
aussi il pane in cassetta	**il pancarré**	le pain de mie
	il tostapane	le grille-pain
aussi stantio	**raffermo**	rassis

La pizza / La pizza

	la margherita	*la pizza mozzarella et sauce tomate*
	la napoletana	*la pizza avec anchois, olives et câpres*
la stagione *la saison*	**la quattro stagioni**	*la pizza avec jambon cuit, artichauts et champignons*
	il calzone	*la pizza en chausson*
	la pizza bianca	*la pizza sans sauce tomate*
	la pizza al taglio	*la pizza à la coupe*

La carne / La viande

	la carne	la viande
	tritata, macinata	hachée
(!) *le bœuf* *[la viande]* il manzo *[l'animal]* il bue	**di manzo**	de bœuf
il vitello da latte *le veau de lait*	**di vitello**	de veau
	d'agnello	d'agneau
	di pecora	de mouton
	di maiale	de porc
	di tacchino	de dinde
il petto di pollo *le blanc de poulet*	**di pollo**	de poulet
	il pollo arrosto	le poulet rôti
	l'anatra all'arancia	le canard à l'orange
(!) féminin	**la lepre in salmì**	le civet de lièvre
	la fettina	*tranche fine de viande*
	la cotoletta, la costoletta	la côtelette
	la scaloppina	l'escalope
	la braciola	la côte
	la polpetta	la boulette
	l'involtino	la paupiette
l'hamburger/la svizzera *le hamburger/le steak haché*	**la bistecca**	le steak
	lo spiedino	la brochette
	lo spezzatino	le ragoût
	il cappone	le chapon

I salumi, gli insaccati / La charcuterie

(!) masculin pluriel

	la salsiccia	la saucisse
	il prosciutto cotto/crudo	le jambon cuit/cru
	la pancetta	la pancetta, *lard maigre*
la fettina di salame *la rondelle de saucisson*	**il salame**	le saucisson
	la coppa	la coppa
	la bresaola	la bresaola, *sorte de viande des grisons*

la zampa *la patte*	• **lo zampone**	• le pied de porc
	• **il cotechino**	• le saucisson cuit
	• **la mortadella**	• la mortadelle
	• **lo speck**	• *jambon cru fumé du Haut Adige*

Note	Il pesce	Le poisson
È un pesce pieno di spine. *C'est un poisson plein d'arêtes.*	• **la lisca, la spina**	• l'arête
	• **il filetto di pesce**	• le filet de poisson
	• **il pesce alla griglia**	• le poisson grillé
	• **il pesce in carpione**	• *le poisson mariné dans le vinaigre*
il mugnaio *le meunier*	• **la sogliola alla mugnaia**	• la sole meunière
	• **il fritto misto di pesce**	• la friture de poisson
	• **i frutti di mare**	• les fruits de mer
	• **le cozze alla marinara**	• les moules marinière
(!) féminin	• **le acciughe marinate**	• les anchois marinés

Note	Le uova	Les œufs
(!) pluriel féminin le uova	• **l'uovo**	• l'œuf
	al tegamino	au plat
	sodo	dur
prononcer à la française	**alla coque**	à la coque
	strapazzato	brouillé
la camicia *la chemise*	**in camicia**	poché
	sbattuto	battu au sucre
	• **la frittata**	• l'omelette
	• **l'albume, la chiara**	• le blanc d'œuf
	• **il tuorlo, il rosso**	• le jaune d'œuf

Note	I latticini	Les produits laitiers
scremato/parzialmente scremato/intero *écrémé/demi-écrémé/entier*	• **il latte**	• le lait
	fresco	frais
	• **il burro**	• le beurre
la panna montata *la crème fouettée ou la chantilly*	• **la panna**	• la crème fraîche
	• **lo yogurt**	• le yaourt
	• **il formaggio**	• le fromage
	il caprino	le chèvre
	il pecorino	le brebis
	lo stracchino	*fromage de vache à pâte molle*
	la scamorza	*fromage de vache à pâte molle*
	il provolone	*fromage de vache à pâte dure*
	il taleggio	*fromage de vache à pâte molle*
grattugiato *râpé*	**il parmigiano**	le parmesan
(!) masculin	**il grana**	*sorte de parmesan*
	il gorgonzola	le gorgonzola
	la mozzarella	la mozzarella
aussi la groviera (féminin)	**il groviera**	le gruyère
	• **la ricotta**	• la ricotta
	• **il formaggino**	• *fromage à tartiner en parts*
	• **la sottiletta**	• *tranche de fromage fondu*

Le spezie, gli aromi e il condimento / Les épices, les aromates et l'assaisonnement

	Le spezie, gli aromi e il condimento	Les épices, les aromates et l'assaisonnement
	• **le erbe aromatiche**	• les herbes aromatiques
	• **lo zafferano**	• le safran
	• **la noce moscata**	• la noix de muscade
	• **il chiodo di garofano**	• le clou de girofle
la testa d'aglio *la tête d'ail*	• **lo spicchio d'aglio**	• la gousse d'ail
	• **il pepe**	• le poivre
	• **lo zenzero**	• le gingembre
	• **il peperoncino**	• le piment
(!) la mostarda *la moutarde violette*	• **la senape**	• la moutarde
(!) masculin	• **l'olio d'oliva/ di semi (di girasole)**	• l'huile d'olive/ de tournesol
lo strutto *le saindoux*	• **la margarina**	• la margarine
l'aceto balsamico *le vinaigre balsamique*	• **l'aceto**	• le vinaigre
	• **il sale grosso/il sale fino**	• le gros sel/le sel fin
(!) pour les pâtes, *sauce* se dit sugo.	• **la salsa**	• la sauce
	• **la maionese**	• la mayonnaise

La frutta / Les fruits

	La frutta	Les fruits
(!) *les fruits* [d'un arbre ou d'un travail] i frutti	• **il frutto**	• le fruit
	• **la buccia**	• la peau
	• **il seme**	• le pépin, la graine, le grain
	• **il succo**	• le jus
	• **la polpa**	• la chair
il nocciolo *le noisetier*	• **il nocciolo**	• le noyau
	• **gli agrumi**	• les agrumes
lo spicchio d'arancia *le quartier d'orange*	**l'arancia**	l'orange
	il pompelmo	le pamplemousse
(!) masculin	**il mandarino**	la mandarine
	il limone	le citron
	• **i frutti di bosco**	• les fruits des bois
	la fragola	la fraise
	la mora	la mûre
(!) masculin	**il mirtillo**	la myrtille
(!) masculin	**il lampone**	la framboise
	il ribes	le cassis
	• **la frutta di stagione**	• les fruits de saison
	la pesca	la pêche
	la ciliegia	la cerise
(!) féminin il chicco d'uva *le grain de raisin*	**l'uva**	le raisin
	la prugna	la prune
	la mela	la pomme
	la pera	la poire
(!) féminin	**l'albicocca**	l'abricot
	l'anguria, il cocomero	la pastèque
(!) masculin	**il fico**	la figue
	• **la frutta esotica**	• les fruits exotiques
	l'ananas	l'ananas
la buccia di banana *la peau de banane*	**la banana**	la banane
	la noce di cocco	la noix de coco
(!) masculin	**il mango**	la mangue

	la frutta secca	les fruits secs
la nocciola *la noisette*	**la noce**	la noix
	la mandorla	l'amande
	la bacca	la baie
la raccolta delle olive *la cueillette des olives*	**raccogliere**	cueillir
	maturare	mûrir
marcio, marcito *pourri*	**marcire**	pourrir
	sbucciare	peler
	snocciolare	dénoyauter
una spremuta d'arancia *une orange pressée*	**spremere**	presser
	succoso	juteux
	polposo	pulpeux
	maturo	mûr
	acerbo	vert, pas mûr
	mezzo marcio	blet
	aspro	âpre, acide
il verme, il baco *le ver*	**bacato**	véreux

La verdura / Les légumes

(!) faux ami i legumi *les légumes secs, les légumineuses*

	la melanzana	l'aubergine
	lo zucchino, la zucchina	la courgette
	la zucca	la courge, le potiron
(!) féminin	**la rapa**	le navet
	il carciofo	l'artichaut
	il finocchio	le fenouil
	il pisello	le petit pois
	il fagiolo	le haricot
	il fagiolino	le haricot vert
	la patata	la pomme de terre
	il pomodoro	la tomate
	il peperone	le poivron
il cavolino di Bruxelles *le chou de Bruxelles*	**il cavolo**	le chou
	il cavolfiore	le chou-fleur
	il broccolo	le brocolis
	il sedano	le céleri
	gli spinaci	les épinards
	il porro	le poireau
(!) masculin	**l'asparago**	l'asperge
(!) féminin	**la cipolla**	l'oignon
la lattuga *la laitue*	**l'insalata**	la salade
	il ravanello	le radis

Il dolce / Le dessert

autre sens *les pâtes*	**la pasta**	la viennoiserie, la pâtisserie
	la torta	le gâteau
	la crostata	la tarte sablée
(!) masculin	**il sorbetto**	le sorbet
gelati di tutti i gusti *des glaces à tous les parfums*	**il gelato**	la glace
affogato *noyé*	**l'affogato al caffè**	*glace avec du café chaud*
	la cassata siciliana	*gâteau sicilien fourré à la ricotta et aux fruits confits*

	la zuppa inglese	*dessert à la crème anglaise*
la macédoine de légumes la giardiniera di verdure, l'insalata russa [avec mayonnaise]	**la macedonia**	la salade de fruits
	il pasticcino	le petit-four
	la meringa	la meringue
	la frittella	le beignet
	il torrone	le nougat
	il panettone	*brioche de Noël aux fruits confits*
	il pandoro	*brioche de Noël au sucre glace*
	il panforte di Siena	*nougat mou aux épices*
	la torta nuziale	la pièce montée
(!) faux ami *les confettis* i coriandoli	**i confetti**	les dragées

3 La preparazione dei pasti / La préparation des repas

Le stoviglie e gli utensili da cucina / La vaisselle et les ustensiles de cuisine

	la batteria da cucina	la batterie de cuisine
	la pentola	la casserole, la marmite
la pentola a pressione *la cocotte-minute*	**il pentolino**	la petite casserole
	il coperchio	le couvercle
	la padella	la poêle
	il tegame	*la casserole basse à deux anses*
	la teglia	le plat à four
	lo scolapasta	la passoire (à pâtes)
	il mestolo, il ramaiolo	la louche
	la schiumarola	l'écumoire
la schiuma *l'écume*	**il tagliere**	la planche à découper
	il frullatore	le mixer
	il tritacarne	le hachoir à viande
	la cucina a gas/elettrica	la cuisinière à gaz/électrique
	il forno	le four
	il forno a microonde	le four à micro-ondes
	i fornelli	les feux
	la cappo (aspirante)	la hotte (aspirante)
	le piastre	les plaques
	il frigorifero	le réfrigérateur
prononcer ['fʀidzɛr]	**il freezer**	le freezer
i surgelati *les surgelés*	**il congelatore**	le congélateur
(!) féminin aussi la lavapiatti (familier)	**la lavastoviglie**	le lave-vaisselle
	lo scolapiatti	l'égouttoir (à vaisselle)
	le stoviglie	la vaisselle
	il piatto da portata	le plat
lavare i piatti *faire la vaisselle*	**il piatto piano/fondo**	l'assiette plate/creuse
	il piattino	l'assiette à dessert, la soucoupe
	le posate	les couverts
	la forchetta	la fourchette
	il coltello	le couteau
(!) masculin	**il cucchiaio**	la cuillère
(!) masculin	**il cucchiaino**	la petite cuillère

il bicchiere da vino/da acqua	le verre à vin/à eau
il calice	le verre à pied
la coppa	la coupe
la bottiglia	la bouteille
il collo	le goulot
la caraffa	la carafe, le pichet
la tazza	la tasse
la tazzina	la tasse à café
la ciotola, la scodella	le bol
la caffettiera	la cafetière
la teiera	la théière
il servizio da caffè/da tè	le service à café/à thé
la zuccheriera	le sucrier
la tovaglia	la nappe
il tovagliolo	la serviette (de table)
il portatovagliolo	le rond de serviette

L'esecuzione di una ricetta culinaria / La réalisation d'une recette de cuisine

la ricetta	la recette
gli ingredienti	les ingrédients
un pizzico	une pincée
una manciata, un pugno	une poignée
la dose	la dose
la fetta	la tranche
la bilancia da cucina	la balance de cuisine
il misurino	le doseur
la cottura	la cuisson

autre sens *l'ordonnance médicale*

fare da mangiare	faire à manger
cucinare	cuisiner
cuocere	(faire) cuire
bollire, lessare	(faire) bouillir
friggere	(faire) frire
soffriggere	(faire) revenir
rosolare	(faire) rissoler
arrostire	rôtir
abbrustolire	griller
tostare	griller [le pain ou le café]
mescolare	mélanger
tritare	hacher
frullare	mixer
tagliare	couper
a pezzetti	en petits morceaux
a fette	en tranches
a dadini	en petits dés
versare	verser
pesare	peser
dosare	doser
salare	saler
pepare	poivrer
impanare	paner

preparare il pranzo/la cena *préparer le repas*

il soffritto *fines herbes finement hachées que l'on fait revenir*

il pezzo *le morceau*

aussi affettare

zuccherare	sucrer
condire	assaisonner
servire	servir
(ri)scaldare	(ré)chauffer
sciogliere	(faire) fondre
amalgamare	lier
scolare la pasta	égoutter les pâtes

sciogliere : participe passé sciolto

cotto	cuit
crudo	cru
lesso, bollito	cuit à l'eau, bouilli
brasato	braisé
stufato	à l'étouffée
fritto	frit
impanato	pané
ripieno	farci
arrosto	rôti
ai ferri	grillé [cuit sur le gril]
allo spiedo	à la broche
al cartoccio	en papillote
in pinzimonio	crus à la vinaigrette [légumes]
(s)condito	(pas) assaisonné
tostato	grillé [pain, café]
bruciato	brûlé

cotto : ben cotto *bien cuit, à point* ; al sangue *saignant*

stufato : lo stufato *la daube*

Il gusto e il sapore dei cibi / Le goût et la saveur des aliments

(!) il sapore est masculin, comme tous les noms en *-ore*, sauf la folgore

salato	salé
dolce	sucré
amaro	amer
aspro	âpre, aigre
acido	acide
insipido	fade
saporito	savoureux
piccante	piquant, épicé
agrodolce	aigre-doux
speziato	parfumé
acre	aigre
buono	bon
ottimo	excellent
squisito, prelibato	exquis
delizioso	délicieux
succulento	succulent
appetitoso	appétissant
raffinato	raffiné
delicato	délicat
forte	fort
cattivo	mauvais
disgustoso, schifoso	dégoûtant
rancido	rance
nauseabondo	nauséabond
stomachevole	écœurant
immangiabile	immangeable

dolce : zuccherato *additionné de sucre* ; lo zucchero *le sucre*

insipido : non sapere di niente *ne pas avoir de goût*

speziato : le spezie *les épices*

nauseabondo : la nausea *la nausée*

4 La fame e la sete / La faim et la soif

	avere fame/sete	avoir faim/soif
Buon appetito! *Bon appétit !*	avere appetito	avoir de l'appétit
	avere l'acquolina in bocca	avoir l'eau à la bouche
	assaggiare	goûter
	gustare, assaporare	savourer
	nutrirsi	se nourrir
	sfamarsi	apaiser sa faim
la sazietà *la satiété*	saziarsi	se rassasier
	rifocillarsi	se restaurer
	inghiottire	avaler
	masticare	mâcher
la digestione *la digestion*	digerire	digérer
	dissetarsi	se désaltérer
il sorso *la gorgée*	sorseggiare, centellinare	siroter
	brindare	trinquer
	tracannare	lamper
il digiuno *le jeûne*	(a) digiuno	à jeun
Sono sazio. *Je n'ai plus faim.*	sazio	rassasié
	affamato	affamé
	assetato	assoiffé
Sono astemio. *Je ne bois pas d'alcool.*	astemio	non buveur

5 Le bevande / Les boissons

Le bevande analcoliche / Les boissons sans alcool

	la bibita	la boisson
	l'analcolico	la boisson sans alcool
	l'acqua minerale naturale liscia/gassata/frizzante	l'eau minérale naturelle plate/gazeuse/pétillante
	l'aranciata	l'orangeade
	la granita	le granité
il frullato di frutta *le milk-shake* [à base de fruits]	il frappè	le milk-shake

Il vino e le altre bevande alcoliche / Le vin et les autres boissons alcoolisées

l'enologo *l'œnologue*	l'enologia	l'œnologie
	gli alcolici	les boissons alcoolisées
	il vino da tavola	le vin de table
	il vinello	le petit vin
	il vino d'annata	le vin millésimé
	il vino giovane/invecchiato	le vin jeune/vieux
	la bottiglia di vino	la bouteille de vin
	il tappo	le bouchon
	il cavatappi	le tire-bouchon
(!) faux ami *la cantine* la mensa	la cantina	la cave (à vin)
denominazione d'origine controllata *appellation d'origine contrôlée*	il vino DOC	le vin AOC
	il vitigno	le cépage
	l'aroma, il profumo	le bouquet
	il vino rosso/bianco/rosato	le vin rouge/blanc/rosé

• **il vino secco/dolce**	• le vin sec/doux
• **il vino amabile**	• le vin moelleux
• **il vino frizzante**	• le vin pétillant
• **il vino passito**	• le vin doux naturel
• **lo spumante secco/dolce**	• le vin mousseux brut/doux
• **il barolo**	• le barolo, *vin du Piémont*
• **il valpolicella**	• le valpolicella, *vin de Vénétie*
• **il lambrusco**	• le lambrusco, *vin d'Émilie*
• **il chianti**	• le chianti, *vin de Toscane*
• **il frascati**	• le frascati, *vin du Latium*
• **il cannonau**	• le cannonau, *vin de Sardaigne*
• **la malvasia**	• le malvoisie, *vin de Sicile*
• **il lacrima christi**	• le lacrima-christi, *vin du Vésuve*
• **i superalcolici**	• les alcools forts
• **la grappa**	• la grappa
• **l'acquavite**	• l'eau-de-vie
• **il liquore**	• la liqueur
• **il digestivo**	• le digestif
• **l'amaro**	• l'amer, le bitter
• **la sambuca**	• la sambuca, *digestif à l'anis*
• **l'amaretto**	• l'amaretto, *liqueur à l'amande*
• **il limoncello**	• le limoncello, *liqueur au citron*
• **il marsala**	• le marsala
• **la birra chiara/scura/rossa alla spina**	• la bière blonde/brune/rousse pression

Notes: lo spumante — il prosecco *le prosecco,* vin mousseux de Trévise; il liquore — i liquori *les alcools, les spiritueux*; l'amaro — l'ammazzacaffè *le pousse-café*; la birra — il boccale *la chope*

• **imbottigliare il vino**	• mettre le vin en bouteille
• **stappare**	• déboucher
• **degustare**	• déguster
• **sapere di tappo**	• être bouchonné

• **pregiato**	• fin
• **asprigno**	• aigrelet
• **a temperatura ambiente**	• chambré
• **ghiacciato**	• frappé
• **barriccoto**	• vieilli en barrique

6 Il locali dove bere e mangiare / Les endroits où boire et manger

Il bar	Le café, le bar
• **il bar tabacchi**	• le bar-tabac
• **l'enoteca**	• le bar à vin
• **la birreria**	• le pub, la brasserie
• **il pub**	• le pub
• **la sala da tè**	• le salon de thé
• **l'osteria**	• l'auberge
• **il banco, il bancone**	• le comptoir
• **il barman**	• le barman
• **il cameriere, la cameriera**	• le garçon (de café), la serveuse

Note: il pub — (!) invariable prononcer [pab]

	la consumazione	la consommation
	il tavolino e la sedia	la table et la chaise
	i tavolini all'aperto	la terrasse
	la bustina di zucchero	le sachet de sucre
l'aspartame *l'aspartame*	**il dolcificante**	le faux sucre, la sucrette
	l'aperitivo	l'apéritif
	la lattina	la canette
	il cocktail	le cocktail
salato *salé*	**il salatino**	le biscuit apéritif
stuzzicare l'appetito *aiguiser l'appétit*	**lo stuzzichino**	l'amuse-gueule
	le noccioline	les cacahuètes
	le patatine	les chips
	prendere il caffè al banco	prendre le café au comptoir
	chiamare il cameriere	appeler le garçon
	sedersi a tavolino	s'asseoir à une table

Il ristorante / Le restaurant

	il ristorante	le restaurant
	vegetariano	végétarien
	cinese	chinois
	indiano	indien
	giapponese	japonais
	greco	grec
	marocchino	marocain
	la cucina casalinga	la cuisine familiale
	la trattoria	la trattoria, *le petit restaurant de cuisine familiale*
	la pizzeria	la pizzeria
	la tavola calda	le snack
	la tavola fredda	le buffet
	il fast-food	le fast-food
	il self-service	le self-service
l'azienda *l'entreprise*	**la mensa aziendale**	le restaurant d'entreprise
	il vagone ristorante	la voiture-restaurant
	l'autogrill	le restoroute
	la caffetteria	la cafétéria
il menu turistico *le menu touristique* il menu a prezzo fisso *le menu à prix fixe*	**il menu**	la carte
	la carta dei vini	la carte des vins
	il coperto	le couvert
	la prenotazione	la réservation
	il servizio	le service
	l'ordine, l'ordinazione	la commande
	il giorno di chiusura	le jour de fermeture
	il cuoco	le cuisinier
	il gestore	le gérant
	il cameriere	le serveur
	il conto	l'addition
	il buono-pasto	le chèque-restaurant
	prenotare un tavolo	réserver une table
	scegliere un piatto	choisir un plat
	ordinare	commander

chiedere/pagare il conto	demander/payer l'addition
lasciare la mancia	laisser un pourboire
invitare qualcuno a pranzo/a cena	inviter quelqu'un à déjeuner/à dîner
da asporto	à emporter
fatto in casa	fait maison

l'invito *l'invitation* (!) masculin

La cucina internazionale / La cuisine internationale

la cucina esotica	la cuisine exotique
il piatto tipico	le plat typique
gli involtini primavera	les rouleaux de printemps
il riso alla cantonese	le riz cantonais
l'anatra laccata	le canard laqué
il pollo al curry	le poulet au curry
il pesce crudo	le poisson cru
il sushi	le sushi
il cuscus	le couscous

le bacchette *les baguettes*

prononcer ['kɛrri]

7 I prodotti alimentari e la loro qualità / Les produits alimentaires et leur qualité

I cibi industriali e le conserve / Les aliments industriels et les conserves

il piatto pronto	le plat cuisiné
il surgelato	le surgelé
la conserva	la conserve
la scatoletta	la boîte de conserve
il barattolo, il vasetto	le pot, le bocal
il prodotto liofilizzato	le produit lyophilisé
il prodotto sotto vuoto	le produit sous vide
l'insalata prelavata	la salade en sachets
il latte	le lait
in polvere	en poudre
condensato	concentré
pastorizzato	pasteurisé
sterilizzato	stérilisé
a lunga conservazione	longue conservation
il conservante	le conservateur
il colorante	le colorant
l'emulsionante	l'émulsifiant
l'esaltatore di sapidità	l'exhausteur de goût
il dolcificante	l'édulcorant
la data di scadenza	la date de péremption
la composizione	la composition
la provenienza	la provenance
(s)congelare	(dé)congéler
surgelare	surgeler
liofilizzare	lyophiliser
conservare	conserver
inscatolare	mettre en conserve

i pelati in scatola *les tomates pelées en boîte*

La qualità del cibo	La qualité de la nourriture
il marchio di qualità	le label de qualité
l'origine controllata	l'origine contrôlée
il prodotto naturale, genuino	le produit naturel
gli alimenti transgenici	les aliments transgéniques
gli organismi geneticamente modificati	les organismes génétiquement modifiés
di prima qualità	de première qualité
non trattato chimicamente	non traité chimiquement
biologico	biologique
fresco	frais
genuino	naturel
dietetico	diététique
senza coloranti/conservanti	sans colorants/conservateurs
senza additivi	sans additifs
scadente	de mauvaise qualité
avariato	avarié
andato a male, guasto	gâté
ammuffito	moisi
tossico	toxique
nocivo	nocif
velenoso	vénéneux
pericoloso per la salute	dangereux pour la santé
cancerogeno	cancérigène

il cancro *le cancer*

8 Gli squilibri alimentari e le diete — Les déséquilibres alimentaires et les régimes

L'eccesso di cibo	L'excès de nourriture
la golosità, la gola	la gourmandise
il goloso	le gourmand
il ghiottone	le glouton
l'ingordigia	la goinfrerie
l'ingordo	le goinfre
la voracità	la voracité
rimpinzarsi	se gaver
divorare	dévorer
stramangiare	manger trop
ingrassare	grossir
metter su pancia	prendre du ventre
pesare troppo	peser trop
essere una buona forchetta	être une bonne fourchette
goloso, ghiotto	gourmand, friand
ingordo	goinfre
insaziabile	insatiable
bulimico	boulimique
grasso	gros
obeso	obèse

il peccato di gola *le péché de gourmandise*

un mangione *un gros mangeur*

se conjugue avec essere

la pancia *le ventre*

una ghiottoneria *une gourmandise*

	L'abuso di alcolici	L'abus d'alcool
la disintossicazione *le sevrage*	**l'alcolismo**	l'alcoolisme
(!) faux ami *alcoolisé* alcolico	**l'alcolizzato**	l'alcoolique
	l'ubriacone	l'ivrogne
	le gran bevitore	le gros buveur
	la sbornia, la sbronza	la cuite
	ubriacarsi	se soûler
	mettersi a bere	se mettre à boire
	smettere di bere	arrêter de boire
	moderarsi nel bere	réduire sa consommation
	restare sobrio	rester sobre
	smaltire lo sbornia	cuver son vin
	brillo	gai, éméché
	sbronzo	soûl
ubriaco fradicio *ivre mort*	**ubriaco**	ivre

	Le carenze alimentari	Les carences alimentaires
malnutrito *malnourri*	**la malnutrizione**	la malnutrition
	la denutrizione	la sous-alimentation
	la disidratazione	la déshydratation
	patire la fame	souffrir de la faim
se conjugue avec essere	**dimagrire**	maigrir
	essere pelle e ossa	n'avoir que la peau sur les os
	morire di fame	mourir de faim
	denutrito	sous-alimenté
	scarno	décharné
lo scheletro *le squelette*	**scheletrico**	squelettique
	anoressico	anorexique

	Le diete	Les régimes
	la cura dimagrante	le régime amaigrissant
	la cura ricostituente	le régime fortifiant
	il dietologo	le diététicien
	il nutrizionista	le nutritionniste
	i prodotti dietetici / dimagranti / light	les produits diététiques / amincissants / light
	gli integratori alimentari	les intégrateurs alimentaires
	la linea	la ligne
	il peso forma	le poids de forme
	la dieta ipocalorica	le régime hypocalorique
	i farinacei	les féculents
	i prodotti senza glutine	les produits sans gluten
la cellulite *la cellulite*	**i lipidi, i grassi**	les lipides, les graisses
	i glucidi	les glucides
	le proteine	les protéines
	i carboidrati	les hydrates de carbone

- **i sali minerali** — les sels minéraux
- **gli oligoelementi** — les oligoéléments
- **le fibre** — les fibres
- **la caloria** — la calorie
- **il tenore** — la teneur

(!) masculin

- **mettersi a dieta** — se mettre au régime
- **fare/seguire una dieta** — faire/suivre un régime
- **pesarsi** — se peser
- **mantenere la linea** — garder la ligne
- **tenere alla linea** — faire attention à sa ligne
- **restare snello** — rester mince
- **digiunare** — jeûner
- **perdere peso** — perdre du poids
- **mangiare leggero** — manger léger

la bilancia *la balance*

- **dietetico** — diététique
- **leggero** — léger
- **pesante** — lourd
- **digesto** — digeste
- **indigesto** — indigeste
- **ipocalorico** — hypocalorique
- **ipercalorico** — hypercalorique
- **ricco** — riche
- **povero di** — pauvre en
- **vario** — varié
- **equilibrato** — équilibré
- **senza grassi** — sans matières grasses
- **senza colesterolo** — sans cholestérol

METTERE IN PRATICA

13 Scrivere i contrari Écrire le contraire

1. cotto
2. caldo
3. alcolico
4. aperitivo
5. condito
6. buono
7. amaro
8. insipido
9. mangiare
10. apparecchiare

14 Trovare l'abbinamento giusto Trouver la paire

1. il risotto
2. gli spaghetti
3. la pizza
4. il pollo
5. la bistecca
6. prosciutto
7. il caffè
8. pomodoro
9. le uova
10. le lasagne

a. macchiato
b. al forno
c. alla milanese
d. e mozzarella
e. al tegamino
f. alla carbonara
g. margherita
h. e melone
i. ai ferri
j. allo spiedo

15 Leggere e tradurre Lire et traduire

Trenette al pesto

Preparare il pesto: lavare le foglie di basilico e asciugarle delicatamente. Mettere nel frullatore gli spicchi d'aglio sbucciati e tagliati a fettine, i pinoli, le foglie di basilico e il sale. Versare l'olio e frullare fino ad ottenere una salsa morbida. Aggiungere infine il parmigiano e il pecorino grattugiati. Versare il pesto in una ciotola e tenerlo da parte.

Pulire, lavare e tagliare i fagiolini a pezzetti di 3 cm circa. Sbucciare una patata, tagliarla a fette. Nel frattempo far bollire l'acqua, salarla e far cuocere le trenette al dente. Unire i fagiolini e le fette di patata 7-8 minuti prima del termine della cottura.

Aggiungere al pesto 2 o 3 cucchiai dell'acqua di cottura della pasta e mescolare accuratamente.

Scolare le trenette, condirle con il pesto e servirle subito.

Buon appetito!

corrigés page 420

Il contesto culturale

La pasta: sughi celebri in tutto il mondo
Les pâtes : des sauces célèbres dans le monde entier

- **I bucatini all'amatriciana :** les **bucatini** sont des sortes de gros spaghettis avec des petits trous, servis traditionnellement avec la sauce à l'**amatriciana**, c'est-à-dire à la façon de la ville d'Amatrice, petit bourg du Latium. C'est une préparation à base des cinq « p » : pâtes, tomates, lard maigre, piment et fromage de brebis (**pasta, pomodoro, pancetta, peperoncino e pecorino**).
- **Gli spaghetti alla puttanesca** : sauce à base de tomates, anchois, câpres, ail et olives noires (**pomodori, acciughe, capperi, aglio e olive nere**). Le nom un peu osé de ce plat serait dû à ses prétendues vertus aphrodisiaques.
- **Le penne all'arrabbiata :** le nom de cette sauce tomate, qui signifie « enragée », s'explique par ses composants, le piment et l'ail, qui lui confèrent son côté piquant.
- **I rigatoni alla boscaiola :** la particularité de cette sauce tomate, dont la préparation varie selon les régions, est de contenir toujours des cèpes (**funghi porcini**) ; **boscaiola** vient de **bosco** (bois) et de **boscaiolo** (bûcheron).

Voir planche sur les pâtes p. 73

Storici caffè italiani
Des cafés historiques italiens

Le café Florian de Venise

Presque aussi connu que la basilique Saint-Marc ou le palais des Doges, le **café Florian** est devenu au fil des siècles un des symboles de Venise. Ouvert en 1720 sous les arcades de la place Saint-Marc, il est le plus ancien de la ville et d'Italie.
À l'origine, il s'appelait **Alla Venezia Trionfante**, mais prit rapidement le nom de son propriétaire : Floriano Francesconi. Il devint aussitôt la **botega da caffè** la plus célèbre de Venise. C'est là que se réunissaient les plus illustres personnages de l'époque : doges, ambassadeurs, riches marchands mais aussi artistes, hommes de lettres et nobles italiens. Casanova y avait ses habitudes puisque seul le **Florian** admettait les femmes. Carlo Goldoni s'en est beaucoup inspiré pour décrire l'ambiance des cafés dans ses pièces de théâtre.

Le café Greco de Rome

Le plus vieux café de Rome, aux tapisseries de couleur pourpre et aux fauteuils bordeaux, a accueilli de célèbres personnages tels que Stendhal, Leopardi, Ungaretti, Guttuso, etc. Les premiers documents que l'on trouve sur le **café Greco** datent du XVIIIe siècle. Dans ses *Mémoires*, Giacomo Casanova dit qu'il est entré pour la première fois dans le « café de la rue Condotti » en 1742, avec ses amis romains.
En 1953, le ministère de la Culture a déclaré le **café Greco** monument d'intérêt historique et national.

Le Gambrinus de Naples

Situé au cœur de Naples, sur la place du Plébiscite, ce café créé en 1860 et décoré de peintures, stucs dorés et larges glaces, a été dépeint par les critiques de l'époque comme « une authentique galerie d'art ». Après l'unité italienne, il devient le lieu de réunion des chefs d'État, des hommes politiques et des intellectuels. Des personnalités telles que Gabriele D'Annunzio, Oscar Wilde ou Edoardo De Filippo, ont contribué, par un poème, une photo ou une dédicace, à l'immortalité du lieu.

Espressioni idiomatiche

capitare come il cacio sui maccheroni	tomber à pic
cadere dalla padella nella brace	tomber de Charybde en Scylla
qualcosa bolle in pentola	il y a anguille sous roche
mangiar pane a tradimento	être un pique-assiette
rendere pan per focaccia	rendre à quelqu'un la monnaie de sa pièce
sputare nel piatto dove si mangia	cracher dans la soupe
non essere né carne né pesce	être ni chèvre ni chou
entrarci come i cavoli a merenda	tomber comme un cheveu dans la soupe
salvare capra e cavoli	ménager la chèvre et le chou
dire pane al pane, vino al vino	appeler un chat un chat
farne di cotte e di crude	en faire des vertes et des pas mûres
trovare pane per i propri denti	trouver un ennemi à sa taille
darla a bere a qualcuno	faire gober quelque chose à quelqu'un
andare a tutta birra	aller à toute allure
rimanere a bocca asciutta	rester les mains vides
avere una fame da lupi	avoir une faim de loup

Proverbi

Una mela al giorno toglie il medico di torno.	Une pomme par jour éloigne le médecin.
Gallina vecchia fa buon brodo.	Une vieille poule donne un bon bouillon.
Chi non lavora non mangia.	Qui ne travaille pas ne mange pas.
Chi non risica non rosica.	Qui ne risque rien n'a rien.
Nelle botti piccole c'è il vino buono.	Tout ce qui est petit est mignon.
O mangi la minestra o salti dalla finestra.	C'est à prendre ou à laisser.
Se non è zuppa è pan bagnato.	C'est bonnet blanc et blanc bonnet.
L'appetito vien mangiando.	L'appétit vient en mangeant.

6

L'abbigliamento, i gioielli e il mondo della moda

L'habillement, les bijoux et le monde de la mode

1 L'abbigliamento — L'habillement

Remarque	Il guardaroba di base	La garde-robe de base
(!) masculin autres sens *l'armoire-penderie* ou *le vestiaire*	• **il guardaroba**	• la garde-robe
	• **il vestito, l'indumento**	• le vêtement
gli abiti usati, i vestiti usati *les vêtements usagés*	• **l'abito**	• l'habit
	• **il vestito (da donna)**	• la robe
	• **il vestito (da uomo)**	• le costume
	• **il capo d'abbigliamento**	• la pièce d'habillement
	• **il tailleur**	• le tailleur
	• **il tailleur pantalone**	• le tailleur-pantalon
(!) pluriel	• **i pantaloni**	• le pantalon
prononcer à la française	**con le pinces**	à pinces
	alla zuava	de golf
	a sigaretta, a tubo	cigarette
	• **i pantaloni alla pescatora**	• le pantacourt
prononcer à la française (!) pluriel	• **i pinocchietto**	• le corsaire
	• **i fuseau**	• le fuseau
(!) pluriel prononcer [dʒins]	• **i jeans**	• le jean
	scoloriti	délavé
	a vita alta/bassa	à taille haute/basse
prononcer à la française	• **la salopette**	• la salopette
	• **la gonna**	• la jupe
	a pieghe	plissée
	a balze	à volants
	dritta	droite
	svasata, scampanata	évasée
	• **la gonna pantalone**	• la jupe-culotte
	• **la minigonna**	• la mini-jupe
	• **il kilt**	• le kilt
(!) féminin	• **la maglietta**	• le tee-shirt
	con le maniche corte/lunghe	à manches courtes/longues
	senza maniche	sans manches
(!) féminin	• **la polo**	• le polo
	• **la camicia**	• la chemise
	il colletto	le col

	il colletto alla coreana	le col mao
(!) féminin	**la camicetta**	le chemisier
	la casacca	la tunique
(!) féminin	**la maglia**	le tricot
	il golf, il golfino, il pullover	le pull
	il cardigan	le cardigan
a dolcevita, a collo alto *à col roulé*	**il, la dolcevita**	le col roulé
aussi la maglia a girocollo	**il girocollo**	le ras du cou
	il twin-set	le twin-set
	la felpa	le sweat-shirt
	con il cappuccio	à capuche
	la scollatura, lo scollo	le décolleté, l'encolure
	a vu	en V
	a barchetta	bateau
la giacca a doppio petto *la veste croisée*	**la giacca**	la veste
	il completo	le complet
	il gilet, il panciotto	le gilet
	la cravatta	la cravate
prononcer papillon à la française	**il farfallino, il papillon**	le nœud papillon
	vestirsi/svestirsi, spogliarsi	s'habiller/se déshabiller
verbe réfléchi	**mettersi un vestito**	mettre un vêtement
	portare la cravatta	porter la cravate
	farsi il nodo alla cravatta	nouer sa cravate
verbe réfléchi	**mettersi addosso**	mettre
	avere addosso	avoir sur soi
verbe réfléchi	**togliersi un vestito**	enlever, ôter un vêtement
	indossare un vestito, portare un vestito	porter un vêtement
verbe réfléchi	**infilarsi un vestito**	enfiler un vêtement
	provare	essayer
	cambiarsi	se changer
imbacuccato *emmitouflé*	**imbacuccarsi**	s'emmitoufler
	abbottonare/sbottonare	boutonner/déboutonner
	agganciare/sganciare	agrafer/dégrafer
verbe réfléchi	**tirarsi su le maniche**	retrousser ses manches
	calzare a pennello	aller comme un gant
Il bianco ti sta bene. *Le blanc te va bien.*	**stare bene/male a qualcuno**	aller bien/mal à quelqu'un
Quell'abito non gli va bene. *Cet habit ne lui va pas bien.*	**andare bene/male a qualcuno**	aller bien/mal à quelqu'un [être de la bonne/mauvaise taille]
	nudo	nu
	a schiena nuda	dos nu
	vestito/svestito	habillé/déshabillé
	vestito pesante/leggero	habillé chaudement/légèrement
	ben coperto	bien couvert
	ampio	ample
	striminzito	étriqué
	troppo largo/stretto	trop large/serré
	troppo lungo/corto	trop long/court
	attillato, aderente	moulant
	accollato	montant jusqu'au cou
	scollato	décolleté

	Gli abiti e gli accessori estivi	Les vêtements et les accessoires d'été
(!) pluriel	**i pantaloncini (corti), gli short**	le short
(!) pluriel	**i bermuda**	le bermuda
	il vestitino	la petite robe (légère)
	la giacchetta	la veste (courte et légère)
mettersi in costume *mettre son maillot*	**il costume (da bagno)**	le maillot (de bain)
	il costume intero	le maillot une pièce
il monokini *le monokini*	**il due pezzi**	le (maillot) deux-pièces
	il bikini	le bikini
	il tanga	le string
	il pareo	le paréo
	il top	le top
la borsa da mare *le sac de plage*	**il telo da mare**	le drap de plage
	il cappello di paglia	le chapeau de paille
	il berretto (a visiera)	la casquette
(!) féminin	**la bandana**	le bandana
	gli occhiali da sole	les lunettes de soleil
sventagliarsi *s'éventer*	**il ventaglio**	l'éventail

	Gli abiti e gli accessori invernali e di mezza stagione	Les vêtements et les accessoires d'hiver et de demi-saison
(!) faux ami *la cape* la mantella	**il cappotto**	le manteau
	il soprabito	le pardessus
	il loden	le loden
	il montgomery	le duffle-coat
il collo di pelliccia *le col de fourrure*	**la pelliccia**	le manteau de fourrure
	la pelliccia di visone	le manteau de vison
	il montone	le manteau en mouton retourné
	la giacca a vento	l'anorak
il giaccone *le gros blouson*	**il giubbotto**	le blouson
	il piumino	la doudoune
	l'impermeabile	l'imperméable
prononcer ['trɛntʃ]	**il trench**	le trench, le trench-coat
	il maglione	le gros pull
prononcer ['pajl]	**il pile**	le,la polaire
	la sciarpa	l'écharpe
	il foulard	le foulard
	i guanti	les gants
	le muffole	les moufles
	il berretto (di lana)	le bonnet (de laine)
il colbacco *la chapka*	**il cappello**	le chapeau

	I vestiti da sera e da cerimonia	Les vêtements de soirée et de cérémonie
	l'abito da sera/di gala	la tenue de soirée/de cérémonie
il corredo *le trousseau*	**l'abito da sposa, il vestito da sposa**	la robe de mariée
	il velo bianco	le voile blanc
	lo strascico	la traîne

	Italiano	Français
	il vestito da sera	la robe de soirée
	lo spacco	la fente [d'une jupe fendue]
	lo scialle	le châle
essere in smoking / *être en smoking*	**lo smoking**	le smoking
	il frac	le frac, la queue-de-pie
	i gemelli	les boutons de manchette
	il cilindro	le haut-de-forme
	la bombetta	le chapeau melon
	mettersi in ghingheri	se mettre sur son trente-et-un
	essere ben vestito	être bien habillé
	distinto	distingué
prononcer chic à la française	**raffinato, chic**	raffiné, chic
	sfarzoso	fastueux
	sontuoso	somptueux

Gli abiti e gli accessori per lo sport / Les vêtements et les accessoires de sport

	Italiano	Français
	la tuta (da ginnastica)	le survêtement
	le scarpe da ginnastica	les baskets
	le scarpe da tennis	les tennis
(!) pluriel	**i calzoncini**	le short
	la maglia (sportiva)	le maillot (de sport)
le scarpe coi tacchetti / *les chaussures à crampons*	**le scarpe da calcio**	les chaussures de foot
	la tuta da sci	la combinaison de ski
	gli occhiali da sci	les lunettes de ski
	il passamontagna	la cagoule
(!) pluriel	**i pantaloni da sci**	le pantalon de ski
	gli scarponi da sci	les chaussures de ski
	i doposci	les après-ski
	gli scarponi da montagna	les chaussures de randonnée
	i calzettoni	les chaussettes montantes
	lo zaino	le sac à dos
	il tutù	le tutu
	il body	le body
	la calzamaglia	le collant
	gli scarpini, le scarpette	les chaussons (de danse)
	il kimono	le kimono
	l'accappatoio	le peignoir (de bain)
(!) le cuffie / *le casque stéréophonique*	**la cuffia**	le bonnet (de bain)
(!) féminin	**la maschera**	le masque
	le pinne	les palmes

La biancheria intima e da notte / Les sous-vêtements et les vêtements de nuit

	Italiano	Français
la biancheria / *le linge de maison/le blanc*	**la biancheria (da donna)**	la lingerie (féminine)
	la biancheria (da uomo)	les sous-vêtements (masculins)
	il reggiseno	le soutien-gorge
	a balconcino	à balconnet
	senza ferretto	sans armature
	imbottito	rembourré
	senza spalline	sans bretelles

(!) pluriel	**le mutande, le mutandine**	la culotte
	il perizoma, il tanga	le string
(!) pluriel	**gli slip**	le slip
(!) pluriel	**i boxer**	le caleçon
	la guaina, la pancera	la gaine
	la sottoveste	la combinaison
	la sottogonna	le jupon
	la canottiera	le débardeur
	il reggicalze	le porte-jarretelles
le calze a rete *les bas résille*	**le calze**	les bas
	i calzini	les chaussettes
	i gambaletti	les mi-bas
(!) pluriel	**i collant**	le collant
	la camicia da notte	la chemise de nuit
	il pigiama	le pyjama
	la vestaglia	la robe de chambre
	il baby-doll	la nuisette
prononcer à la française	**essere in déshabillé**	être en petite tenue

I vestiti e gli accessori da neonato / Les vêtements et les accessoires de bébé

	il corredino	la layette
	la tutina	la grenouillère
	la cuffia	le bonnet
diminutif de pigiama	**il pigiamino**	le pyjama
	il bavaglino	le bavoir
	il coprifasce	la brassière
	il pagliaccetto	la barboteuse
	il pannolino	la couche
	il marsupio	le porte-bébé
	la sdraietta	le transat
	il seggiolino auto	le siège-auto

Altri accessori / Autres accessoires

allacciare/slacciare la cintura *attacher/détacher sa ceinture*	**la cintura**	la ceinture
	il cinturone	le ceinturon
	le bretelle	les bretelles
autre sens *le foulard*	**il fazzoletto**	le mouchoir
	il fazzoletto (da taschino)	la pochette
aprire/chiudere l'ombrello *ouvrir/fermer son parapluie*	**l'ombrello**	le parapluie
	la borsa, la borsetta	le sac à main
	lo zainetto	le sac à dos [de ville]
	il portafoglio	le portefeuille
	il borsellino, il portamonete	le porte-monnaie

I vestiti da lavoro / Les vêtements de travail

	la tuta da lavoro	le bleu de travail
	la tuta da meccanico	le bleu de garagiste
i camici bianchi *les blouses blanches*	**il camice**	la blouse [de médecin]
	il grembiule	le tablier [de cuisine] *ou* la blouse [de peintre, d'écolier]

mettersi in borghese *se mettre en civil*

• **l'uniforme, la divisa**	• l'uniforme, la tenue
le spalline	les épaulettes
• **la toga del magistrato**	• la toge du magistrat

Gli abiti e i paramenti ecclesiastici	Les habits et les ornements ecclésiastiques
• **l'abito talare, la tonaca**	• la soutane
• **il camice**	• l'aube
• **la pianeta**	• la chasuble
• **la cotta**	• le surplis
• **la stola**	• l'étole
• **la papalina, lo zucchetto**	• la calotte
• **il cappello cardinalizio**	• le chapeau de cardinal
• **la tunica**	• la tunique
• **la mitra**	• la mitre

il travestito *le travesti*

(!) féminin le maschere della commedia dell'arte *les personnages de la commedia dell'arte*

I costumi e i travestimenti	Les costumes et les déguisements
• **il costume di carnevale**	• le costume de carnaval
• **i costumi tradizionali/regionali**	• les costumes traditionnels/régionaux
• **la maschera di carnevale**	• le masque de carnaval
• **la mascherina**	• le loup
• **mascherarsi**	• se déguiser
• **travestirsi da donna/da uomo**	• se déguiser en femme/en homme
• **vestirsi da**	• s'habiller en

(!) masculin au singulier pluriel féminin le paia

lo Stivale *l'Italie, la Botte*

Le calzature	Les chaussures
• **il paio di scarpe**	• la paire de chaussures
• **le scarpe**	• les chaussures
col tacco alto/basso	à talons hauts/plats
coi tacchi a spillo	à talons aiguille
senza tacco	plates
con la zeppa	compensées
con le stringhe, con i lacci	à lacets
con la suola di cuoio	à semelle de cuir
con la suola di gomma	à semelle de caoutchouc
• **i mocassini**	• les mocassins
• **le ballerine**	• les ballerines
• **le scarpe di vernice**	• les chaussures vernies
• **i sandali**	• les sandales
• **gli zoccoli**	• les sabots
• **gli stivali**	• les bottes
• **gli stivali di gomma**	• les bottes en caoutchouc
• **gli stivaletti**	• les bottines
• **gli stivali alla coscia**	• les cuissardes
• **gli zoccoli da mare**	• les sandales de plage [à semelle de bois]
• **le ciabattine di gomma**	• les sandales de plage [en caoutchouc]

aussi gli infradito	**le infradito**	les tongs
aussi le ciabatte	**le pantofole**	les chaussons, les pantoufles
	il lucido da scarpe	le cirage
	il calzascarpe	le chausse-pied
Che numero porti? – Porto il 40. *Quelle est ta pointure? – Je fais du 40.*	**il numero**	la pointure
verbes réfléchis	**mettersi/togliersi le scarpe**	mettre/enlever ses chaussures
	lucidare le scarpe	cirer ses chaussures
	fare risuolare le scarpe	faire ressemeler ses chaussures
	allacciare/slacciare le scarpe	faire/défaire ses lacets
	calzare	chausser
	essere/camminare scalzo	être/marcher pieds nus

Gli stili d'abbigliamento — Les styles d'habillement

	vestirsi bene/vestirsi male	bien s'habiller/mal s'habiller
	avere buon gusto	avoir du goût
	non avere gusto	ne pas avoir de goût
	avere cattivo gusto	avoir mauvais goût
	elegante, chic	élégant, chic
	di buon/cattivo gusto	de bon/mauvais goût
	dimesso	sobre
	classico	classique
	semplice	simple
	discreto	discret
prononcer ['kɛʒual]	**casual**	informel
	sportivo	sport
	moderno	moderne
	alternativo	alternatif
	eccentrico	excentrique
	sexy	sexy
	provocante	provoquant
	osé	osé
	volgare	vulgaire
	snob	snob
	giovane	jeune
	di tendenza	branché
all'ultima moda *dernier cri*	**di moda**	à la mode
	in voga	en vogue
prononcer ['pank]	**punk**	punk
	dark	gothique
	trendy	trendy
	trasandato, trascurato	négligé, débraillé
	retrò	rétro
	fuori moda	démodé
	antiquato	vieillot
	kitsch	kitsch

2 I tessuti — Les tissus

di cotone *en coton, de coton*	**il cotone**	le coton
	la spugna	le tissu éponge
	la seta	la soie

	la lana	la laine
	la pura lana vergine	la pure laine vierge
	il cachemire	le cachemire
	il lino	le lin
	il raso	le satin
prononcer ['tulle]	**il tulle**	le tulle
	la canapa	le chanvre
	il velluto a coste	le velours côtelé
	la flanella	la flanelle
	la tela	la toile
prononcer ['najlɔn]	**il nylon**	le nylon
	la viscosa	la viscose
(!) féminin	**la lycra**	le lycra
	il feltro	le feutre
	il panno	le drap
	la pelle	le cuir
	lo scamosciato	le daim
	lo skai, la similpelle	le skaï, le similicuir
	la maglia	le tricot
	il pizzo, il merletto	la dentelle
	il tweed	le tweed
prononcer ['dʒɛrsi]	**il jersey**	le jersey

sgualcirsi, stropicciarsi, spiegazzarsi	se froisser
scolorire	se décolorer
sbiadire	se ternir
stingere	déteindre
restringersi	rétrécir

acrilico	acrylique
sintetico	synthétique
morbido	doux
ruvido	rêche
rigido	raide
liscio	lisse
grezzo	brut
impermeabile	imperméable
ingualcibile	infroissable
irrestringibile	irrétrécissable

Motivi e aspetto del tessuto — Motifs et aspects du tissu

	tinta unita	uni
	ricamato	brodé
	stampato	imprimé
	a fiori	à fleurs
prononcer ['pu'a]	**a pois**	à pois
	a righe	à rayures
	a quadri/a quadretti	à carreaux/à petits carreaux
	fantasia	fantaisie
	scozzese	écossais
prononcer à la française	**pied-de-poule**	pied-de-poule
	melangiato	chiné

marezzato	moiré
principe di Galles	prince de Galles
a spina di pesce, spinato, spigato	à chevrons
jacquard (prononcer à la française)	jacquard
trapuntato	matelassé

trasparente	transparent
spesso	épais
leggero	léger
fresco	frais
caldo	chaud
vistoso, sgargiante	voyant
consumato	usé
slavato	délavé
sbiadito	terni *ou* délavé [jean]
stinto	déteint
a brandelli	en lambeaux
sfilacciato	effiloché
stracciato	déchiré
lucido	brillant
delicato	délicat

Il trattamento dei tessuti — Le traitement des tissus

la lavanderia a gettoni *la laverie automatique*

smacchiare *détacher*

inamidato *amidonné*

la tintoria, la lavanderia	la teinturerie, le pressing
il lavaggio a secco	le nettoyage à sec
il lavaggio a mano	le lavage à la main
il lavaggio in lavatrice	le lavage à la machine
il detersivo	la lessive
l'ammorbidente	l'adoucissant
la varichina, la candeggina	l'eau de javel
la stiratura	le repassage
l'appretto	l'apprêt
la smacchiatura	le détachage
lo smacchiatore	le détachant
l'amido	l'amidon
la tintura	la teinture

lavabile *lavable à sec*

portare qualcosa in tintoria	porter quelque chose au pressing
lavare a secco/a mano/in lavatrice	laver à sec /à la main/ à la machine
lavare a freddo	laver à froid
stirare	repasser
tingere	teindre
impermeabilizzare	imperméabiliser
inamidare	amidonner

La sartoria e il cucito — La couture

il sarto/la sarta	le tailleur/la couturière
il vestito su misura	le vêtement sur mesure
la macchina da cucire	la machine à coudre
il filo (da cucito)	le fil (à coudre)
l'ago	l'aiguille
le cruna dell'ago	le chas de l'aiguille

	il rocchetto, la spagnoletta	la bobine
il porta-spilli *le porte-épingle*	**lo spillo**	l'épingle
	la spilla da balia	l'épingle de nourrice
	il ditale	le dé à coudre
	le forbici	les ciseaux
	il bottone	le bouton
	il bottoncino	le bouton de chemise
	l'automatico	le bouton pression
all'occhiello *à la boutonnière*	**l'asola, l'occhiello**	la boutonnière
	il gancetto	l'agrafe
	la spallina	l'épaulette
	la tasca	la poche
	il taschino	la poche de poitrine
	il nastro	le ruban
	il cartamodello	le patron
	il punto	le point
cucire a mano/a macchina *coudre à la main/à la machine*	**la cucitura**	la couture
	l'imbastitura	le bâti, le faufilage
fare un'impuntura *surpiquer*	**l'impuntura**	la surpiqûre
	il rammendo	le raccommodage
	la toppa, la pezza	la pièce de tissu
	lo strappo	la déchirure
	il buco	le trou
	la cerniera, la chiusura lampo	la fermeture éclair
	il velcro	le velcro
	l'orlo	l'ourlet
	il cavallo dei pantaloni	l'entrejambe du pantalon
	il risvolto	le revers
foderato *doublé*	**la fodera**	la doublure
tagliare *couper*	**il taglio**	la coupe
	la misura, la taglia	la taille
	la prova, la misura	l'essayage
	la modifica	la retouche
	il gomitolo di lana	la pelote de laine
il punto dritto/rovescio *le point endroit/envers*	**i ferri da maglia**	les aiguilles à tricoter
	l'uncinetto	le crochet
	il ricamo	la broderie

	cucire/scucire	coudre/découdre
	prendere le misure	prendre les mesures
	misurare	mesurer
	rammendare, raccomodare	repriser, raccommoder
	rattoppare	rapiécer
	mettere le toppe ai gomiti	mettre des pièces aux coudes
	accorciare/allungare	raccourcir/rallonger
	fare l'orlo	faire un ourlet
	foderare	doubler [un vêtement]
	scucirsi	se découdre [pour une couture]
	staccarsi	se découdre [pour un bouton]
	attaccare un bottone	coudre un bouton
aumentare/diminuire le maglie *augmenter/diminuer les mailles*	**lavorare a maglia**	tricoter
	lavorare all'uncinetto	faire du crochet
	ricamare	broder

3 I gioielli — Les bijoux

	I gioielli	Les bijoux
	il gioielliere	le bijoutier
	la gioielleria	la bijouterie *ou* la joaillerie
	la bigiotteria	les bijoux fantaisie *ou* le magasin de bijoux fantaisie
	il gioiello	le bijou
dorato *doré*	**d'oro bianco/giallo**	en or blanc/jaune
argentato *argenté*	**d'argento**	en argent
	di platino	en platine
	placcato oro	plaqué or
	d'oro a 18 carati	en or de 18 carats
l'anello nuziale *l'anneau nuptial*	**l'anello di fidanzamento**	la bague de fiançailles
	la fede	l'alliance
	il diamante	le diamant
	il brillante	le brillant
	il solitario	le solitaire
	la collana	le collier
prononcer à la française	**la parure**	la parure
	la catenina	la chaînette
	il ciondolo	le pendentif
	la medaglietta	la médaille
	il medaglione	le médaillon
	gli orecchini a clip	les boucles d'oreilles à clip
	i pendenti	les pendants (d'oreille)
prononcer ['pirsing]	**il piercing**	le piercing
	il braccialetto, il bracciale	le bracelet
	la spilla	la broche
	la spilla da cravatta	l'épingle de cravate
	il cammeo	le camée
	la pietra preziosa, la gemma	la pierre précieuse
	lo smeraldo	l'émeraude
	lo zaffiro	le saphir
	il rubino	le rubis
	l'ametista	l'améthyste
	l'acquamarina	l'aigue-marine
(!) féminin	**la giada**	le jade
	il corallo	le corail
	l'avorio	l'ivoire
	la perla	la perle
	la madreperla	la nacre
(!) féminin	**l'ambra**	l'ambre
(!) féminin	**la filigrana**	le filigrane
	il taglio	la coupe
	l'incastonatura	le sertissage
	lo scrigno / il portagioie	l'écrin / la boîte à bijoux
	mettersi / togliersi un gioiello	mettre / enlever un bijou
	infilarsi / sfilarsi un anello	mettre / enlever une bague
	brillare, luccicare	briller
incastonato *serti*	**incastonare**	sertir
	tagliare	tailler

ingioiellato	couvert de bijoux	
vero/falso, finto	vrai/faux	
di valore	de valeur	
di poco valore	de peu de valeur	
prezioso	précieux	
di valore inestimabile	d'une valeur inestimable	

4 Il mondo della moda — Le monde de la mode

La pettinatura	La coiffure	Note
l'acconciatura	la coiffure [apprêtée]	
il parrucchiere	le coiffeur	
la parrucchiera	la coiffeuse	aussi la pettinatrice
il barbiere	le coiffeur [pour homme]	
il pettine	le peigne	
la spazzola	la brosse	spazzolare/spazzolarsi *brosser/se brosser*
l'arricciacapelli	le fer à friser	
il fon, l'asciugacapelli	le sèche-cheveux	
la piastra	le lisseur	
la messa in piega	la mise en plis, le brushing	
il casco	le casque	
i bigodini	les bigoudis	
la permanente	la permanente	
la tinta/il colore	la teinture/la couleur	
i colpi di sole	le balayage	
le meches	les mèches	prononcer à la française
il taglio	la coupe	(!) masculin
la ciocca di capelli	la mèche de cheveux	
il ciuffo	la touffe, la mèche	
la frangia, la frangetta	la frange	
la riga	la raie	
la coda di cavallo	la queue de cheval	farsi la coda *faire une queue de cheval*
lo chignon	le chignon	
i codini	les couettes	
le trecce	les nattes, les tresses	farsi le trecce *se faire des tresses, des nattes*
l'extension	l'extension	prononcer [ek'stɛnʃən]
la molletta, la pinza	la pince	
la forcina	l'épingle	
il fermaglio, il fermacapelli	la barrette	
il cerchietto	le serre-tête	
la fascia	le bandeau	
la parrucca	la perruque	
il parrucchino	la perruque [pour homme]	
lo shampoo	le shampoing	prononcer ['ʃampo]
il gel	le gel	
la lacca	la laque	
lavare/lavarsi i capelli	laver/se laver les cheveux	aussi lavare/lavarsi la testa
pettinare/pettinarsi	coiffer/se coiffer, peigner/se peigner	
tagliare/tagliarsi i capelli	couper/se couper les cheveux	tagliarsi i capelli a zero *se raser les cheveux*
spuntare i capelli	couper les pointes	
tingere/tingersi i capelli	teindre/se teindre les cheveux	
farsi il colore/la tinta	se faire une couleur	

	farsi le meches/i colpi di sole	se faire des mèches/un balayage
aussi legarsi i capelli	**tirarsi su i capelli**	s'attacher les cheveux
	farsi i boccoli	se faire des boucles
	stirarsi i capelli	se lisser les cheveux
	corti/lunghi	courts/longs
	ondulati, mossi	ondulés
	ricci	bouclés, frisés
	crespi	crépus
	lisci, dritti	raides
	a spazzola	en brosse
	a caschetto	au carré
	scalati	dégradés
	sfilzati	effilés
	alla maschietta	à la garçonne
	scarmigliati, arruffati	ébouriffés, en bataille

Il trucco / Le maquillage

mettersi il fondotinta *mettre du fond de teint*	**il fondotinta**	le fond de teint
	il fard	le fard (à joues)
	il rossetto	le rouge à lèvres
	il lucidalabbra	le brillant à lèvres
	il rimmel/il mascara	le rimmel/le mascara
	l'ombretto	le fard à paupières
	la cipria	la poudre
	la matita	le crayon
	l'eye-liner	l'eye-liner
	il latte detergente	le lait de soin, de toilette
le salviettine detergenti/struccanti *les lingettes démaquillantes*	**lo struccante**	le démaquillant
	il tonico	la lotion tonique
	il tatuaggio	le tatouage
(!) le unghie féminin	**lo smalto per unghie**	le vernis à ongles
	il solvente/l'acetone	le dissolvant/l'acétone
	la limetta	la lime à ongles
	le forbicine	les ciseaux à ongles
(!) féminin	**la tronchesina**	le coupe-ongles
	la manicure	la manucure [soins]
la pietra pomice *la pierre ponce*	**la pedicure**	la pédicure [soins]
	truccarsi/struccarsi	se maquiller/se démaquiller
	incipriarsi	se poudrer
farsi la ceretta *s'épiler à la cire*	**depilarsi**	s'épiler
	tagliarsi le unghie	se couper les ongles
	farsi fare la manicure	se faire manucurer, se faire faire les ongles
	limarsi le unghie	se limer les ongles

L'alta moda e il prêt-à-porter / La haute couture et le prêt-à-porter

lo stilista	le styliste
il creatore di moda	le créateur de mode
la casa di moda	la maison de mode
la sfilata di moda	le défilé de mode
la modella, l'indossatrice	le mannequin [femme]

(!) féminin	**la top model**	le top model
	il modello, l'indossatore	le mannequin [homme]
	il modello	le modèle [vêtement]
	la passerella	le podium
	la collezione	la collection
	primavera-estate	printemps-été
	autunno-inverno	automne-hiver
	la linea	la ligne
	la firma	la griffe
	gli abiti firmati	les habits griffés
	la marca, il marchio	la marque
	l'imitazione	l'imitation
	la contraffazione	la contrefaçon
	il logo	le logo
	l'industria della moda	l'industrie de la mode
prononcer à la française	**la boutique**	la boutique (de prêt-à-porter)
	il grande magazzino	le grand magasin
	il reparto	le rayon
	abbigliamento uomo	vêtements homme
	abbigliamento donna	vêtements femme
confezionare *confectionner*	**le confezioni**	le prêt-à-porter
	la cabina di prova, il camerino	la cabine d'essayage
	sfilare	défiler
	lanciare una moda	lancer une mode
	ritornare di moda	revenir à la mode
	seguire la moda	suivre la mode
	cambiare look	changer de look

METTERE IN PRATICA

16 Collegare Relier

1. le scarpe
2. il maglione
3. le calze
4. i pantaloni
5. i guanti

a. di lana
b. di nylon
c. di flanella
d. di pelle
e. di vernice

17 Dal verbo al nome Du verbe au nom

1. cucire
2. tagliare
3. ricamare
4. rammendare
5. rattoppare
6. foderare
7. vestirsi
8. indossare
9. misurare
10. provare
11. inamidare
12. lavare
13. pettinarsi
14. spazzolarsi
15. tingersi
16. truccarsi
17. abbottonare
18. chiudere
19. calzare
20. lucidare

corrigés page 420

Altre Parole

Il contesto culturale

I grandi magazzini italiani
Les grands magasins italiens

- **La Rinascente :** l'histoire du groupe **Rinascente** commence en 1865 à Milan lorsque Ferdinando Bocconi eut l'idée d'ouvrir un grand magasin pour vendre du prêt-à-porter. Quelques années après, face à l'énorme succès de cette entreprise, le petit magasin se déplaça dans la très centrale **piazza Duomo** de Milan. En 1917, il fut racheté et fut rebaptisé **La Rinascente** (*la Renaissante*), nom suggéré par Gabriele D'Annunzio. Depuis, la chaîne conserve son caractère de grand magasin très chic, et est présente dans toutes les grandes villes italiennes.
- **La Standa** : ce grand magasin, fondé en 1931, est, au début de son existence, le concurrent direct de **la Rinascente.** Il a, au fil des années, évolué du grand magasin classique au grand supermarché citadin.
- **L'UPIM** : fondé en 1928 à la veille du krach boursier de Wall Street, ce grand magasin proposait une politique de prix très bas, à l'américaine. Son nom est en effet l'acronyme de **Unico Prezzo Italiano Milano** (*Prix Unique Italien Milan*). Il connut un grand succès auprès du public et une très grande diffusion dans tout le pays. Il propose encore aujourd'hui des prix abordables.

Espressioni idiomatiche

attaccare bottone con qualcuno	tenir la jambe à quelqu'un
fare le scarpe a qualcuno	couper l'herbe sous les pieds de quelqu'un
mettersi nei panni di qualcuno	se mettre dans la peau de quelqu'un
essere nato con la camicia	être né coiffé
sudare sette camicie	suer sang et eau
fare tanto di cappello a qualcuno	tirer son chapeau à quelqu'un
essere di manica larga	être indulgent
avere un asso nella manica	avoir un atout dans son jeu
rimboccarsi le maniche	retrousser ses manches
tirare la cinghia	se serrer la ceinture
essere nudo come un verme	être nu comme un ver
non prendere tutto per oro colato	ne pas tout prendre pour argent comptant

Proverbi

L'abito non fa il monaco.	L'habit ne fait pas le moine.
I panni sporchi si lavano in famiglia.	Le linge sale se lave en famille.
Tutti i nodi vengono al pettine.	À la fin tout se paie.
Non è tutt'oro quel che luccica.	Tout ce qui brille n'est pas or.
L'apparenza inganna.	Il ne faut pas se fier aux apparences.

7

La casa e la città

La maison et la ville

1 La casa — La maison

Note	I tipi di abitazione	Les types d'habitation
	l'edificio	l'édifice, le bâtiment
	la sistemazione	le logement, l'endroit où loger
	il fabbricato	la construction
	il palazzo, lo stabile	l'immeuble
	il condominio	la copropriété
	le case popolari	les HLM
	la palazzina	le petit immeuble
	il grattacielo	la tour, le gratte-ciel
prononcer [ˈʀɛzidɛns] (!) masculin	**il residence**	la résidence [lieu d'habitation]
	la prima/seconda casa	la résidence principale/ secondaire
	il domicilio	le domicile
risiedere *résider*	**la residenza**	le domicile (principal), la résidence
alloggiare qualcuno *loger quelqu'un*	**l'alloggio**	le logement
	l'appartamento	l'appartement
il superattico l'appartement de standing au dernier étage	**l'attico**	*l'appartement situé au dernier étage d'un immeuble*
mansardato *mansardé*	**la mansarda**	la mansarde
	il monolocale, il mini-appartamento	le studio
	la casa al mare/in montagna/ in campagna	la maison à la mer/à la montagne/ à la campagne
	la villa	la villa
	il villino, la villetta	le pavillon
prononcer à la française	**lo chalet (di montagna)**	le chalet (de montagne)
prononcer [ˈkɔttedʒ]	**il cottage**	le cottage
	il rustico	la maison de campagne
	la fattoria, la casa colonica, la cascina	la ferme
	il castello	le château
	il maniero	le manoir
	il padiglione di caccia	le pavillon de chasse
dimorare *demeurer*	**la dimora**	la demeure
	la capanna	la cabane

aussi la topaia, il topo *la souris*	**il tugurio, la stamberga**	le taudis
	la catapecchia	la masure
prononcer ['bungalo]	**il bungalow**	le bungalow
prononcer à la française	**la roulotte**	la caravane
	abitare	habiter
il trasloco *le déménagement*	**traslocare, cambiare casa**	déménager
	sistemarsi	s'installer
	metter su casa	se monter en ménage
	stare di casa	habiter
	monofamiliare, unifamiliare	individuel
	bifamiliare	divisé en deux appartements
	plurifamiliare	divisé en appartements
	indipendente	indépendant
	esposto a nord / a sud / a(d) est / a(d) ovest	exposé au nord / au sud / à l'est / à l'ouest
	ammobiliato	meublé
lussuoso *luxueux*	**signorile**	de standing
	modesto	modeste
	restaurato	restauré
	ristrutturato	rénové
	rimesso a nuovo	remis à neuf
	antico	très ancien
	vecchio/nuovo	ancien/neuf
	recente	récent
	moderno	moderne
in rovina *en ruine*	**decrepito, scalcinato**	décrépit, délabré

L'edificio e le stanze — Le bâtiment et ses pièces

	il tetto	le toit
	la tegola	la tuile
	la grondaia	la gouttière
	il camino, il comignolo	la cheminée [sur le toit]
il retro *l'arrière*	**la facciata**	la façade
	la porta d'ingresso	la porte d'entrée
	la porta blindata	la porte blindée
	la serratura	la serrure
	la chiave	la clé
	la maniglia	la poignée
	il campanello	la sonnette
	il battente	le heurtoir
	il muro	le mur
la parete divisoria *la cloison*	**la parete**	le mur, la paroi
	il soffitto	le plafond
	il pavimento	le sol
	il pavimento di marmo	le dallage de marbre
	il pavimento di piastrelle	le carrelage
prononcer à la française	**il parquet**	le parquet
	la finestra	la fenêtre
	la porta-finestra	la porte-fenêtre
	la vetrata	la baie vitrée
	la stanza, il vano	la pièce
	l'ingresso, l'entrata	l'entrée

	il corridoio	le couloir
	il disimpegno	le dégagement
la cucina americana *la cuisine américaine*	**la cucina**	la cuisine
	l'angolo cottura	le coin cuisine
	il cucinino	la kitchenette
	il lavandino	l'évier
	il tinello, la sala da pranzo	la salle à manger
	il soggiorno	le séjour
il salone da ballo *la salle de bal* il salone delle feste *la salle des fêtes*	**il salotto, il salone**	le salon
	lo studio	le bureau
	la camera da letto	la chambre à coucher
	il bagno	la salle de bains
	la vasca da bagno	la baignoire
	il lavabo	le lavabo
prononcer à la française	**il bidet**	le bidet
	la doccia	la douche
	i servizi (igienici)	la salle de bain *ou* les toilettes
	i doppi servizi	la salle de bains double
	il gabinetto	les toilettes
	il ripostiglio, lo sgabuzzino	le débarras, le cagibi
	la dispensa	le garde-manger
	il balcone, il terrazzo	le balcon
	la terrazza	la terrasse
	la veranda	la véranda
	la pergola, il pergolato	la pergola
	il pianerottolo	le palier
	la scala	l'escalier
	la tromba delle scale	la cage d'escalier
	la rampa di scale	la volée d'escalier
autre sens *la balustrade*	**la ringhiera**	la rampe
	il sottoscala	la soupente
	lo scalino, il gradino	la marche
con/senza ascensore *avec/sans ascenseur*	**l'ascensore**	l'ascenseur
	la soffitta, il solaio	le grenier
	il soppalco	la mezzanine
il primo/secondo piano *le premier/deuxième étage*	**il piano terra, il pianterreno**	le rez-de-chaussée
	l'ultimo piano	le dernier étage
	il seminterrato	le sous-sol [à demi enterré]
	l'interrato	le sous-sol [souterrain]
	il piano ammezzato	l'entresol
	le fondamenta	les fondations
	la cantina	la cave
l'autorimessa *le parking* [public]	**il garage**	le garage, le parking
	il box	le box
	il posto auto	la place de parking
	il portone	la porte (de l'immeuble)
	l'atrio, l'androne	l'entrée (de l'immeuble)
	la portineria	la loge (du gardien)
	il portinaio	le gardien
	il citofono	l'interphone
	il videocitofono	le vidéophone
	il cortile	la cour (de l'immeuble)
	il cancello	le portail
	l'inferriata	la grille

il viale	l'allée	il vialetto *la (petite) allée*
il giardino	le jardin	
il giardino condominiale	le jardin privatif	
il parco	le parc	
l'orto	le potager	
spazioso	spacieux	
grande/piccolo	grand/petit	
vasto	vaste	
immenso, enorme	immense, énorme	
largo/stretto	large/étroit	
esiguo	exigu	
profondo	profond	
alto/basso	haut/bas	
luminoso	lumineux	
chiaro	clair	
buio, scuro	sombre, obscur	
tetro	morne, lugubre	
squallido	minable	
soleggiato	ensoleillé	
affrescato	décoré de fresques	
tappezzato	tapissé	
rumoroso/silenzioso	bruyant/silencieux	
comodo/scomodo	confortable/inconfortable	con tutte le comodità *équipé tout confort*

Gli impianti della casa — Les installations de la maison

l'impianto elettrico	l'installation électrique	
la presa di corrente	la prise de courant	
la spina	la fiche	attaccare/staccare la spina *brancher/débrancher la prise*
la lampadina	l'ampoule	
l'interruttore	l'interrupteur	
il contatore della luce/del gas	le compteur d'électricité/de gaz	
il fusibile	le fusible	sostituire i fusibili *remplacer les fusibles*
l'impianto di riscaldamento	l'installation de chauffage	
il riscaldamento	le chauffage	
centralizzato	central	
autonomo	individuel	
elettrico	électrique	
a gas	au gaz	
il radiatore, il termosifone, il calorifero	le radiateur	
la stufa	le poêle	
il caminetto	la cheminée [foyer]	(!) masculin
l'isolamento termico	l'isolation thermique	
l'insonorizzazione	l'insonorisation	
l'isolamento acustico	l'isolation acoustique	
i doppi vetri	les doubles vitrages	
le persiane	les volets	
la tapparella, l'avvolgibile	le store	la veneziana *le store vénitien*
l'impianto idraulico	la plomberie	
il tubo di scarico	le tuyau d'évacuation	
la tubatura	la tuyauterie	
il rubinetto dell'acqua calda/fredda	le robinet d'eau chaude/froide	
l'aria condizionata	la climatisation	

- **l'impianto telefonico** — l'installation téléphonique
  - **la presa telefonica** — la prise téléphonique
  - **il collegamento a internet** — le branchement Internet
- **l'antenna televisiva** — l'antenne de télévision
- **l'antenna parabolica** — l'antenne parabolique
- **l'antifurto, l'allarme** — l'alarme

- **accendere/spegnere** — allumer/éteindre (participe passé acceso/spento)
- **aprire/chiudere** — ouvrir/fermer (participe passé aperto/chiuso)
- **prendere la scossa** — recevoir une décharge
- **isolare** — isoler
- **insonorizzare** — insonoriser
- **inserire l'antifurto** — mettre l'alarme

- **attaccato** — branché
- **staccato** — débranché
- **isolato** — isolé
- **insonorizzato** — insonorisé

La compravendita e l'affitto / La vente et la location

- **il compromesso di vendita** — le compromis de vente
- **la firma del compromesso** — la signature du compromis
- **l'atto di vendita** — l'acte de vente
- **il prezzo al metro quadro** — le prix au mètre carré (aussi al metro quadrato)
- **la caparra** — les arrhes
- **il notaio** — le notaire
- **il proprietario** — le propriétaire
- **l'acquirente** — l'acheteur
- **l'agenzia immobiliare** — l'agence immobilière
- **l'agente immobiliare** — l'agent immobilier
- **l'amministratore di condominio** — le syndic [de copropriété]
- **il condomino** — le copropriétaire
- **l'inserzione sul giornale** — l'annonce dans un journal
- **l'annuncio immobiliare** — l'annonce immobilière
- **il mutuo** — le prêt, l'emprunt, le crédit immobilier
- **la rata** — le versement, l'échéance
- **il tasso d'interesse** — le taux d'intérêt
- **il contratto d'affitto** — le bail (firmare il contratto d'affitto *signer le bail*)
- **la cauzione, il deposito** — la caution
- **l'affitto** — le loyer, la location
- **l'inquilino** — le locataire
- **le spese condominiali** — les charges de copropriété
- **lo sfratto** — l'expulsion
- **l'equo canone** — le loyer équitable, *fixé par l'État*
- **la scadenza del contratto** — l'expiration du bail

- **mettere un'inserzione** — mettre une annonce
- **vendere** — vendre (vendesi *à vendre*)
- **comprare** — acheter (comprasi *à acheter*)
- **visitare un appartamento** — visiter un appartement
- **affittare un appartamento** — louer un appartement (affittasi *à louer*)

subaffittare	sous-louer
farsi garante	se porter garant
sfrattare	expulser

dare lo sfratto a qualcuno *envoyer l'avis d'expulsion à quelqu'un*

libero/occupato	libre/occupé
sgombro, vuoto	vide
sfitto	non loué
in vitalizio	en viager

Il mobilio — Le mobilier

aussi *la mobilia*

Il mobilio	Le mobilier
il mobile	le meuble
il tavolo, la tavola	la table
il tavolino	la table basse, la petite table
la sedia, la seggiola	la chaise
lo sgabello	le tabouret
la poltrona	le fauteuil
il divano, il sofà	le canapé
il letto	le lit
a una piazza, singolo	à une place, simple
a due piazze, matrimoniale	à deux places, double
a castello	superposé
a soppalco	en mezzanine
a baldacchino	à baldaquin
il materasso	le matelas
la rete	le sommier
il comodino	la table de nuit
l'armadio	l'armoire
a due/quattro ante	à deux/quatre portes
a specchio	à glace
quattro stagioni	à deux niveaux
l'armadio a muro	le placard
la gruccia	le cintre
il guardaroba	l'armoire-penderie
l'attaccapanni	le portemanteau
il cassettone, il comò	la commode
il cassetto	le tiroir
la libreria	la bibliothèque
lo scaffale	l'étagère
la scrivania	le bureau
il portariviste	le porte-revues
il portaombrelli	le porte-parapluie
la cassapanca	le coffre
la credenza	le buffet
l'armadietto (pensile)	l'armoire (suspendue)
lo zerbino	le paillasson

- il tavolo, la tavola: la prolunga *la rallonge*
- il tavolino: désigne aussi la table d'un café
- il divano: il divano-letto *le canapé-lit*
- il letto: fare il letto *faire son lit*
- la rete: la doga *la latte*
- l'armadio a muro: (!) masculin
- il guardaroba: (!) masculin
- l'attaccapanni: i panni *les habits*
- la libreria: autre sens *la librairie*
- lo scaffale: la mensola *la tablette*

ammobiliare	meubler
allungare	allonger
montare	monter
smontare	démonter
ribaltare	rabattre

allungabile	à rallonges
componibile	modulable, modulaire
ribaltabile	rabattable

Note	L'arredamento e la biancheria domestica	La décoration intérieure et le linge de maison
	gli arredi	les objets de décoration
	le tende	les rideaux
	i tendoni	les doubles rideaux
au théâtre il sipario	**la tenda, la tendina**	le rideau
	i tendaggi	les tentures
	il cuscino	le coussin
	il centrino	le napperon
	l'arazzo	la tapisserie [panneau]
	la tappezzeria	le papier peint
	il quadro	le tableau
il portaritratti, il portafoto *le cadre* (pour photos)	**la cornice**	le cadre
	lo specchio	le miroir, la glace
	il soprammobile, il ninnolo	le bibelot
	l'argenteria	l'argenterie
	il tappeto	le tapis
	lo scendiletto	la descente de lit
	la lampada **alogena** **a sospensione**	la lampe halogène à suspension
	la lampada a stelo	le lampadaire [de salon]
(!) faux ami	**il lampadario** **di cristallo**	le lustre de cristal
(!) faux ami prononcer à la française	**l'abat-jour**	la lampe de chevet
	il paralume	l'abat-jour
	la plafoniera	le plafonnier
prononcer à la française	**l'applique**	l'applique
	la pianta decorativa	la plante verte
	il vaso	le vase
cambiare le lenzuola *changer les draps* il lenzuolo *le drap*	**le lenzuola**	les draps
	la federa	la taie (d'oreiller)
la guancia *la joue*	**il guanciale**	l'oreiller
	la coperta	la couverture
prononcer ['plɛjd]	**il plaid**	le plaid
	il copriletto	le couvre-lit
	il piumone	la couette, l'édredon
	la trapunta	la courtepointe
	l'asciugamano	la serviette (de toilette)
	lo strofinaccio	le torchon
	arredare la casa	décorer *ou* meubler la maison
	tappezzare le pareti	tapisser les murs, poser du papier peint sur les murs

Voir aussi chapitre 5, p. 78.

Note	Gli elettrodomestici	Les appareils électroménagers
	il robot da cucina	le robot ménager
	l'apriscatole elettrico	l'ouvre-boîte électrique
	la grattugia elettrica	la râpe à fromage électrique
lavare *laver*	**la lavatrice**	la machine à laver
	l'asciugabiancheria, **l'asciugatrice**	le sèche-linge, le séchoir
	l'aspirapolvere	l'aspirateur

la lucidatrice	la cireuse
il ferro da stiro	le fer à repasser
asciugare	sécher
stirare	repasser
pulire	nettoyer
aspirare	aspirer
lucidare	faire briller, cirer [parquet, chaussures]

I materiali da costruzione / Les matériaux de construction

il cemento armato *le béton armé*

il mattone	la brique
la mattonella, la piastrella	le carreau
il calcestruzzo	le béton
la calce	la chaux
il gesso	le plâtre
l'ardesia	l'ardoise
l'argilla	l'argile
il marmo di Carrara	le marbre de Carrare
il granito	le granit
la pietra	la pierre
il legno	le bois
il ferro (battuto)	le fer (forgé)
il vetro	le verre
la ceramica	la céramique
dare il bianco	peindre
intonacare	enduire, plâtrer
verniciare	vernir *ou* peindre
piastrellare	carreler

2 La città / La ville

L'agglomerato urbano / L'agglomération urbaine

cittadino *citadin*

comunale *communal*

municipale *municipal*

la cittadina	la petite ville
il comune	la commune
la frazione	le hameau
il borgo	le bourg
il municipio	l'hôtel de ville, la mairie
il capoluogo di provincia	le chef-lieu de province
il capoluogo di regione	le chef-lieu de région
la capitale	la capitale
la metropoli	la métropole
la megalopoli	la mégalopole
la periferia	la périphérie, la banlieue
il sobborgo	le faubourg
i sobborghi	les faubourgs, la banlieue
i dintorni, i paraggi	les environs
le mura	l'enceinte, les remparts
il bastione	le bastion, le rempart
il quartiere, il rione	le quartier
il caseggiato	le pâté de maisons
il centro	le centre-ville

il centro storico	la vieille ville
il giardino pubblico	le jardin public
la fontana	la fontaine
la statua	la statue
il monumento	le monument
il mercato	le marché
l'isola pedonale	la zone piétonne
la zona industriale	la zone industrielle

turistico	touristique
popoloso, popolato	peuplé
sovrappopolato/spopolato	surpeuplé/dépeuplé

La strada — La route, la rue, le chemin

> attraversare la strada *traverser la rue*
> per strada *dans la rue*

La strada	La route, la rue, le chemin
la strada	la route
statale	nationale
provinciale	provinciale, *départementale*
a doppia corsia	à deux voies
a quattro corsie	à quatre voies
a doppio senso	à double sens
a senso unico	à sens unique
asfaltata	goudronnée
lastricata	pavée
privata	privée
carrozzabile	carrossable
l'autostrada	l'autoroute
la strada maestra	la grande route
la strada ferrata	la voie ferrée
la tangenziale, il raccordo anulare	le (boulevard) périphérique
la circonvallazione	la rocade
il cavalcavia	le viaduc, la passerelle
il ponte	le pont
il ciglio della strada	le bord de la route
il lampione	le réverbère, le lampadaire
la via	la rue
il selciato	le pavé
il canale di scolo	le caniveau
la carreggiata	la chaussée
il vicolo	la ruelle
il vicolo cieco	l'impasse
il viale, il corso	le boulevard, l'avenue
la piazza, il largo	la place
il piazzale	l'esplanade
la salita	la montée
la discesa	la pente
la scalinata	les marches, le grand escalier
l'incrocio	le carrefour
la rotonda	le rond-point
la traversa	la (rue) transversale
il marciapiede	le trottoir
la pista ciclabile	la piste cyclable
i portici	les arcades
la galleria, il tunnel	le tunnel
il lungofiume	les quais [d'un fleuve]

> la corsia di emergenza *la bande d'arrêt d'urgence*

> la (strada) panoramica *la route panoramique*

> il rigagnolo *la rigole*

> il lungotevere *les quais du Tibre*
> il lungarno *les quais de l'Arno*

percorrere	parcourir
recarsi	se rendre
passeggiare	se promener
andare in giro, andare a spasso	se balader
andare a zonzo	flâner
fare shopping	faire du shopping

animato	animé
affollato	bondé
frequentato/deserto	fréquenté/désert
calmo, quieto, tranquillo	calme, tranquille

Il traffico urbano / La circulation urbaine

Il traffico urbano	La circulation urbaine
il traffico	la circulation, le trafic
il vigile (urbano)	l'agent de la circulation
il limite di velocità	la limite de vitesse
l'infrazione	l'infraction
il codice della strada	le code de la route
la multa, la contravvenzione	l'amende, la contravention
l'automobilista	l'automobiliste
il motociclista	le motocycliste
il ciclista	le cycliste
il passaggio pedonale, l'attraversamento pedonale	le passage pour piétons
le strisce (pedonali)	les clous, le passage clouté
la corsia preferenziale	le couloir de bus
l'ingorgo	le bouchon, l'embouteillage
la coda	la queue
la segnaletica stradale	la signalisation routière
il semaforo	le feu (tricolore)
giallo/rosso/verde	orange/rouge/vert
il cartello stradale	le panneau de signalisation
lo stop	le stop
la precedenza a destra	la priorité à droite
il sottopassaggio	le passage souterrain
il divieto di sosta	l'interdiction de stationner
il parchimetro	le parcmètre, l'horodateur
il parcheggio, il posteggio	le parking
a pagamento	payant
custodito	surveillé
riservato ai disabili	réservé aux handicapés
per residenti	pour les résidents
vietato	interdit
la zona merci	le parking livraisons
la zona blu	la zone bleue
i lavori in corso	les travaux en cours
il cantiere	le chantier
la betoniera	la bétonneuse
l'impalcatura	l'échafaudage
i lavori di riparazione	les travaux de réfection
la transenna	la barrière
il carro attrezzi	la dépanneuse

regolare il traffico
régler la circulation

superare i limiti di velocità
dépasser les limites de vitesse

prendere una multa
avoir une amende

l'ora di punta
l'heure de pointe

passare col rosso
passer au rouge

posteggiare, parcheggiare
se garer

la zona a traffico limitato
la zone à circulation limitée

	circolare	circuler
	guidare	conduire
	fermarsi	s'arrêter
	accelerare/frenare	accélérer/freiner
in doppia fila *en double file*	**trovare un posto**	trouver une place
	rallentare	ralentir
	andare in bicicletta	faire du vélo *ou* aller à vélo
	avere un incidente	avoir un accident
	tamponare una macchina	tamponner une voiture
il sorpasso *le dépassement*	**sorpassare una macchina**	doubler une voiture

L'edilizia urbana / Le bâtiment

il piano urbanistico *le plan d'urbanisme*	**l'urbanistica**	l'urbanisme
	il catasto	le cadastre
	la planimetria	la planimétrie, le plan
	i lavori pubblici	les travaux publics
	il cantiere edile	le chantier de construction
	l'imprenditore edile, il costruttore edile	l'entrepreneur du bâtiment, le promoteur immobilier
	la concessione edilizia	le permis de construire
	il terreno edificabile	le terrain constructible
	l'appalto	l'adjudication
	la gara d'appalto	l'appel d'offres
	il complesso edilizio	le complexe immobilier
	il muratore	le maçon
	l'operaio	l'ouvrier
	la gru	la grue
	il martello pneumatico	le marteau piqueur
	costruire, edificare	construire
	erigere	ériger
	ristrutturare	rénover
	restaurare	restaurer
	ingrandire	agrandir
	demolire, buttare giù	démolir
	radere al suolo	raser
	asfaltare	goudronner
	rifare una facciata	ravaler une façade
	scavare	creuser

I mali della città / Les maux de la ville

	l'inquinamento atmosferico acustico	la pollution atmosphérique sonore
	i gas di scarico	les gaz d'échappement
la cappa di smog *la couche de pollution*	**lo smog**	le smog
	l'insicurezza	l'insécurité
	la violenza	la violence
	il vandalismo	le vandalisme
	i graffiti, i murales	les tags, les graffs
prononcer ['rajting]	**il writing**	le tagage
prononcer ['rajtɛr]	**il writer**	le tagueur

il mendicante *le mendiant*	**la mendicità**	la mendicité
	il vagabondo	le vagabond
il senzatetto *le sans-abri*	**il senza fissa dimora**	le SDF
	il barbone	le clochard
	lo squatter	le squatteur
	il ghetto	le ghetto
(!) féminin prononcer à la française	**la bidonville**	le bidonville
	inquinare	polluer
	fare murales	taguer, peindre des graffs
	chiedere l'elemosina	demander l'aumône

METTERE IN PRATICA

18 Scrivere i contrari Écrire les contraires

1. comodo
2. buio
3. rumoroso
4. lussuoso
5. ammobiliato
6. sfitto
7. moderno
8. affollato
9. aperto
10. acceso

19 Cercare l'intruso Chercher l'intrus

1. la via; la piazza; la strada; il vicolo; la traversa
2. la parete; la soffitta; il pavimento; il soffitto; il muro
3. la casa; il palazzo; l'edificio; il box; lo stabile
4. il vano; il locale; la stanza; l'alloggio; la camera

20 Leggere e tradurre gli annunci immobiliari
Lire et traduire les annonces immobilières

1. Vendesi attico recentissimo, signorile, salone, 2 camere, cucina americana, doppi servizi, ampio e mansardato, box e posto auto, zona centrale. Ottime condizioni.
2. Affittasi villa bifamiliare su due piani, 240 mq, più giardino, 1200 mq, 4000 euro mensili, spese non comprese.
3. Cerco in affitto monolocale, 40/50 mq, ammobiliato, piano alto, buona esposizione, riscaldamento autonomo, affitto modico. Telefonare allo 010 31 37 46 20 ore pasti.

corrigés page 420

Altre Parole

Il contesto culturale

Piazze e strade del passato
Places et rues du passé

- **la contrada**, *le quartier* : le mot **contrada** désignait autrefois une région ou un territoire alors qu'aujourd'hui, il ne désigne plus que les quartiers de la ville de Sienne.
- **il sestiere**, *le quartier* : ce terme désignait chacune des six parties composant certaines villes. Il est aujourd'hui encore utilisé pour les six quartiers de Venise.
- **la calle**, *la rue* : terme utilisé aujourd'hui pour désigner les rues à Venise. Il servait à nommer autrefois des rues plutôt étroites.
- **il campo**, *la petite place* : désigne les petites places de Venise.
- **il carrugio**, *la ruelle* : désigne les rues étroites de la vieille ville de Gênes et des autres centres ligures.
- **il basso**, *le bas* : logement misérable situé au-dessous du niveau de la rue, typique de la vieille ville de Naples.

Case e abitazioni del passato
Maisons et habitations du passé

- **i trulli di Alberobello** (dans les Pouilles) : ce sont des agglomérations de petites constructions en pierre blanchie à la chaux de forme cylindrique et ayant chacune un toit conique recouvert de lauzes (de fines dalles de pierre). L'ensemble évoque une influence orientale. À Alberobello, les **trulli** occupent tout un quartier et abritent des magasins de souvenirs et des restaurants.
- **i sassi di Matera** (en Basilicate) : ce sont des habitations troglodytiques, qui forment le vieux quartier de la ville de Matera.
- **i nuraghi sardi** (en Sardaigne) : ce sont des tours (il y en a environ 7000) qui témoignent d'une civilisation sarde ancienne dite **nuragica** (IIIe millénaire av. J.-C.). On suppose encore aujourd'hui qu'elles n'étaient pas à proprement parler des habitations, mais plutôt des tours de garde.

I « salotti » d'Italia: le Gallerie
Les « salons » d'Italie : les galeries

- **la Galleria Vittorio Emanuele II di Milano** : la plus célèbre des galeries marchandes italiennes, située à côté du **Duomo** et de **La Scala** de Milan, en forme de croix latine, est dotée d'une imposante coupole en verre et abrite les boutiques et les cafés les plus chic de la ville.
- **la Galleria Umberto I° di Napoli** : inspirée de la galerie précédente, en face du célèbre théâtre lyrique **San Carlo** à Naples, elle possède une vaste et belle verrière qui abrite les magasins les plus luxueux.

Scioglilingua
Virelangue

- **Porta aperta per chi porta, chi non porta parta pur, che non importa.**
  La porte est ouverte pour celui qui apporte quelque chose, celui qui n'apporte rien, qu'il parte, peu importe.

Espressioni idiomatiche

grande come una casa	grand comme une maison
essere tutto casa e chiesa	être une grenouille de bénitier
essere di casa	être un habitué
essere sulla buona strada	être sur la bonne voie
essere fuori strada	être à côté de la question
fare strada	faire du chemin
farsi strada	se frayer un chemin
una donna di strada	une fille des rues
non avere via di scampo	ne pas avoir d'issues
cercare una via di mezzo	chercher un moyen terme
dare il via libera	donner le feu vert
scendere in piazza	descendre dans la rue
fare piazza pulita	faire place nette

Proverbi

La casa nasconde ma non ruba.	La maison cache mais ne vole pas (*on finit par retrouver ce que l'on égare à la maison*).
Chi lascia la strada vecchia per la nuova, sa quel che perde ma non sa quel che trova.	Qui quitte l'ancienne route pour la nouvelle sait ce qu'il quitte, mais ne sait pas ce qu'il va trouver.
Casa mia, casa mia, per piccina che tu sia, tu mi sembri una badia.	Ma maison, ma maison, pour petite que tu sois, tu me sembles une abbaye.
Casa, dolce casa.	*C'est l'équivalent de « home, sweet home ».*
Le vie del Signore sono infinite.	Les voies du Seigneur sont impénétrables.
Tutte le strade portano a Roma.	Tous les chemins mènent à Rome.

Lo sport e l'agonismo
Le sport et la compétition

1 L'attività sportiva — L'activité sportive

Note	L'attività sportiva	L'activité sportive
	la disciplina sportiva	la discipline sportive
	l'esercizio fisico	l'exercice physique
	lo sforzo fisico	l'effort physique
	il campo sportivo	le terrain de sport
	lo stadio	le stade
	la tribuna	la tribune
	la gradinata	les gradins
la sportività *la sportivité, l'esprit sportif*	**lo sportivo**	le sportif
	l'atleta	l'athlète
	il giocatore professionista	le joueur professionnel
	il giocatore dilettante	le joueur amateur
	il dilettantismo	l'amateurisme
il principio *le début*	**il principiante**	le débutant
	lo sport di squadra	le sport d'équipe
	la squadra	l'équipe
	l'allenatore, il mister	l'entraîneur, le coach
aussi il c.t.	**il commissario tecnico**	le sélectionneur
	il capitano della squadra	le capitaine de l'équipe
invariable un fuoriclasse del calcio *un as, un génie du football*	**il fuoriclasse**	l'as
	la prodezza	la prouesse, l'exploit
	praticare uno sport	pratiquer un sport
	fare sport	faire du sport
	giocare	jouer
	allenarsi	s'entraîner
	fare allenamento	suivre un entraînement
(!) verbe pronominal participe passé mosso	**muoversi**	bouger
	comportarsi sportivamente	se comporter sportivement, avec fair-play
essere fuori forma/giù di forma *ne pas être en forme*	**essere in forma**	être en forme
	mantenersi in forma	se maintenir en forme
	atletico	athlétique
	agile	agile
	scattante	rapide
	sciolto, elastico	souple

abile	habile
muscoloso	musclé
resistente	endurant
instancabile	infatigable
sfinito	épuisé
allenato	entraîné

2 Gli sport con la palla — Les sports de balle

Il calcio — Le football

	Italiano	Français
	il campo di calcio	le terrain de football
	il calciatore	le footballeur
	il portiere	le gardien de but *ou* le but, le goal
	il difensore	le défenseur
	l'attaccante	l'attaquant
il centrocampo *le milieu du terrain*	**il centrocampista**	le milieu de terrain
	la riserva	le remplaçant
essere in panchina *être sur le banc de touche*	**la panchina**	le banc de touche
	il calcio d'inizio	le coup d'envoi
	il (calcio di) rigore	le penalty, le tir au but
	il calcio d'angolo	le corner
	il calcio di punizione	le coup franc
	il fuorigioco	le hors-jeu
l'autogo(a)l *l'autogoal,* le but marqué contre son camp	**il go(a)l, la rete**	le goal, le but
	la porta	le but, la cage
	l'area di rigore	la surface de réparation
	l'arbitro	l'arbitre
	il guardalinee	l'arbitre assistant, l'arbitre de touche
il fallo di mano *la faute de main* il fallo laterale *la touche*	**il fallo**	la faute
	il cartellino giallo/rosso	le carton jaune/rouge
	l'ammonizione	l'avertissement
	l'espulsione	l'expulsion
	la sostituzione	le remplacement
giocare a pallone *jouer au ballon*	**il pallone**	le ballon
	il dribbling	le dribble
fare finta (di) *faire semblant (de)*	**la finta**	la feinte
	il colpo di testa	la tête
	la rimessa in gioco	la remise en jeu
il derby *le derby*	**la partita di calcio di andata/di ritorno**	le match de football aller/retour
	il primo tempo	la première mi-temps
	il secondo tempo	la deuxième mi-temps
	l'intervallo	la mi-temps
	i tempi supplementari	les prolongations
	la serie A/B/C	la première/deuxième/troisième division
Pronostic sur le résultat (nul, victoire ou défaite) des 14 matchs inscrits	**il totocalcio**	le loto sportif
Pronostic sur le nombre de buts marqués au cours des 14 matchs inscrits	**il totogol**	le loto sportif
	la schedina	la grille du loto sportif

giocare a calcio	jouer au football
arbitrare una partita	arbitrer un match

	dare un calcio al pallone	donner un coup de pied dans le ballon
	mandare la palla fuori campo	envoyer la balle en touche
	colpire il palo, prendere il palo	frapper le poteau
	scartare	dribbler
	segnare un go(a)l, segnare una rete	marquer un but
	marcare un giocatore	marquer un joueur
la parata *l'arrêt*	**parare la palla**	stopper le ballon
	passare la palla	passer le ballon
	difendere/attaccare	défendre/attaquer
	tirare in porta	tirer au but
	giocare la schedina	jouer au loto sportif

Il tennis / Le tennis

	il campo da tennis	le court, le terrain de tennis
	il tennista	le joueur de tennis
	il raccattapalle	le ramasseur de balles
	il giudice di sedia	le juge de chaise
il net *le net, le let*	**la rete**	le filet
	la racchetta	la raquette
	la palla, la pallina	la balle de tennis
	il singolo	le simple
	il doppio	le double
	il set	le set
	il gioco, il game	le jeu
	il vantaggio	l'avantage
	il tie-break, lo spareggio	le tie-break
servire, battere *servir*	**il servizio, la battuta**	le service
prononcer ['ejs]	**l'ace**	l'ace
	lo smash, la schiacciata	le smash
	il dritto	le coup droit
	il rovescio	le revers
	il doppio fallo	la double faute
	il grande slam	le grand chelem
	la testa di serie	la tête de série
	giocare a tennis	jouer au tennis
il palleggio *l'échange de balles*	**palleggiare**	faire des échanges
	segnare un punto	marquer un point
	andare a rete	aller au filet

Il rugby / Le rugby

Italiano	Français
il rugbista	le rugbyman, le joueur de rugby
la palla ovale	le ballon ovale
la meta	l'essai
la trasformazione	la transformation
la mischia aperta/chiusa	la mêlée ouverte/fermée
il placcaggio	le plaquage
il calcio piazzato	la punition
il calcio di rimbalzo, il drop	le drop
il calcio fermo	le coup de pied arrêté

l'in avanti	l'en-avant
il tallonatore	le talonneur
il pilone	le pilier
l'ala	l'ailier
gli avanti	les avants
i mediani	les demis
il torneo delle sei nazioni	le tournoi des six nations
introdurre la palla nella mischia	introduire le ballon dans la mêlée
battere una touche	lancer en touche
schiacciare la palla	aplatir le ballon
andare in meta	marquer un essai
trasformare la meta	transformer un essai

Altri sport con la palla	Autres sports de balle
la pallavolo	le volley-ball
il beach volley	le beach-volley
la pallacanestro, il basket	le basket-ball
il canestro	le panier
la pallamano	le hand-ball
la pallanuoto	le water-polo
il ping-pong	le ping-pong
lo squash	le squash
il golf	le golf
la mazza da golf	le club de golf
la buca	le trou
il campo da golf	le terrain de golf
il percorso	le parcours
il golfista	le golfeur, le joueur de golf
il cricket	le cricket
il baseball	le base-ball
la mazza	la batte
il football americano	le football américain

il tennis da tavolo *le tennis de table*

autre sens *le pull-over*

prononcer ['bejsbol]

3 Gli sport di montagna — Les sports de montagne

Gli sport invernali	Les sports d'hiver
lo sciatore	le skieur
lo sci	le ski
alpino	alpin, de descente
di fondo	de fond
nordico	nordique
alpinismo	de randonnée
gli sci	les skis
gli attacchi	les fixations
le racchette (da sci)	les bâtons (de ski)
lo ski-stopper	le frein
la sciolina	le fart
la tavola, lo snowboard	le snow-board
lo skipass	le forfait
il comprensorio sciistico	le domaine skiable

sciare *faire du ski, skier*

	• gli impianti di risalita	• les remontées mécaniques
	la seggiovia	le télésiège
	la funivia, la teleferica	le téléphérique
il fuori pista *le hors-piste*	**• la pista**	• la piste
	• la neve fresca/farinosa	• la neige fraîche/poudreuse
	• la neve ghiacciata	• la neige gelée
	• lo spazzaneve	• le chasse-neige
	• l'apripista	• l'ouvreur (de piste)
	• la discesa (libera)	• la descente (libre)
	• lo slalom (gigante)	• le slalom (géant)
	i paletti	les piquets
	• il bob	• le bobsleigh
andare in slitta *faire de la luge*	**• la slitta, lo slittino**	• le traîneau, la luge
	• la racchetta (da neve)	• la raquette (de neige)

Note	L'alpinismo	L'alpinisme
	• lo scalatore	• le grimpeur, l'ascensionniste
	• l'alpinista	• l'alpiniste
	• la scalata	• l'escalade
autre sens *le rocher*	**• la roccia**	• la varappe
salire in cordata *monter en cordée*	**la cordata**	la cordée
	il moschettone	le mousqueton
	la picozza	le piolet
	i ramponi	les crampons
	• la vetta	• le sommet
(!) masculin	**• il crepaccio**	• la crevasse
	• lo strapiombo	• le surplomb
	• il ghiacciaio	• le glacier
	• il rifugio	• le refuge
bivaccare *bivouaquer*	**• il bivacco**	• le bivouac
	• fare alpinismo	• faire de l'alpinisme
scalare il Cervino *faire l'ascension du Cervin*	**• scalare**	• escalader
	• fare roccia	• faire de la varappe
	• precipitare	• dévisser
	• aggrapparsi a una parete	• s'accrocher à une paroi

4 Gli sport nautici — Les sports nautiques

Italiano	Français
• il nuoto	• la natation
• la piscina	• la piscine
la piscina olimpionica	la piscine olympique
• il nuotatore	• le nageur
• lo stile libero, il crawl	• le crawl
• la rana	• la brasse
• la farfalla	• le papillon, la brasse papillon
• il dorso	• le dos (crawlé)
• il tuffo	• le plongeon
• il tuffatore	• le plongeur [du tremplin]
• il trampolino	• le tremplin, le plongeoir
• l'immersione	• la plongée
• il sub, il sommozzatore	• le plongeur
• la bombola dell'ossigeno	• la bouteille d'oxygène

	la muta	la combinaison (de plongée)
	le pinne	les palmes
(!) féminin	**la maschera**	le masque
	lo sci nautico	le ski nautique
	l'acquaplano	l'aquaplane
prononcer [win'sɛrf]	**il windsurf**	la planche à voile
	il surf	le surf
prononcer ['sɛrf]	**la tavola da surf**	la planche de surf
	il catamarano	le catamaran
fare vela *faire de la voile*	**la vela**	la voile
	la barca a vela	le voilier
	il rafting	le rafting
	la regata	la régate
	il canottaggio	l'aviron [activité]
	l'equipaggio	l'équipage
	la canoa	le canoë
	il kayak	le kayak
	il remo	l'aviron, la rame
	la pagaia	la pagaie
	il vogatore	le pagayeur

nuotare sott'acqua *nager sous l'eau*	**nuotare**	nager
	fare il morto	faire la planche
	stare a galla	flotter
	toccare	avoir pied
	fare una vasca	faire une longueur
	tuffarsi in acqua	plonger
	fare sub, fare immersione	faire de la plongée
	tuffarsi dal trampolino	sauter du plongeoir
	fare surf	faire du surf
	remare, vogare	ramer, pagayer

5 Altri sport / Autres sports

L'atletica / L'athlétisme

	la corsa	la course
	il mezzofondo/il fondo	le demi-fond/le fond
	la corsa a ostacoli	la course de haies
il testimone *le témoin*	**la staffetta**	le relais
	la falcata	la foulée
	lo scatto finale	le sprint final
	la marcia	la marche
(!) féminin	**la maratona**	le marathon
	il triathlon	le triathlon
	il decathlon	le décathlon
	il corridore	le coureur
	il maratoneta	le marathonien
	il footing	le footing
	il jogging	le jogging
	il salto	le saut
	in alto	en hauteur
	in lungo	en longueur
saltare con l'asta *sauter à la perche*	**con l'asta**	à la perche

• **il lancio**	• le lancer	il discobolo *le lanceur de disque*
del peso	du poids	
del disco	du disque	
del giavellotto	du javelot	
del martello	du marteau	
• **il culturismo**	• la musculation	
• **il sollevamento pesi**	• l'haltérophilie	
• **correre i cento metri**	• courir le cent mètres	
• **prendere la rincorsa**	• prendre son élan	
• **fare salto in lungo**	• faire du saut en longueur	
• **fare salto in alto**	• faire du saut en hauteur	
• **saltare**	• sauter	
• **lanciare**	• lancer	

La ginnastica / La gymnastique

• **il ginnasta**	• le gymnaste	
• **la ginnastica**	• la gymnastique	l'esercizio ginnico *l'exercice de gymnastique*
artistica	artistique	
ritmica	rythmique	
• **l'acquagym**	• l'aquagym	
• **l'acrobatica**	• la gymnastique acrobatique	
• **l'aerobica**	• l'aérobic	
• **il corpo libero**	• la gymnastique au sol	gli esercizi a corpo libero *les exercices au sol*
• **il trampolino**	• le tremplin	
• **il salto mortale**	• le saut périlleux	
• **la palestra**	• le gymnase	(!) faux-ami ginnasio correspond au premier cycle du liceo classico.
• **gli anelli**	• les anneaux	
• **l'asse d'equilibrio, la trave**	• la poutre	
• **il cavallo**	• le cheval d'arçon	
• **le parallele**	• les barres parallèles	
• **gli attrezzi ginnici**	• les agrès	gli esercizi agli attrezzi *les exercices aux agrès*
• **fare ginnastica**	• faire de la gymnastique	
• **fare la spaccata**	• faire le grand écart	
• **fare acrobazie**	• faire des acrobaties	

La scherma / L'escrime

• **il maestro di scherma**	• le maître d'armes	
• **la sala da scherma**	• la salle d'armes	
• **il duello**	• le duel	
• **il guanto e la maschera**	• le gant et le masque	
• **la spada**	• l'épée	lo spadaccino *le spadassin*; un buon spadaccino *une fine lame*
• **il fioretto**	• le fleuret	
• **la sciabola**	• le sabre	
• **la botta e la parata**	• le coup et la parade	
• **l'assalto**	• l'assaut	
• **tirar di scherma**	• faire de l'escrime	
• **sfidare a duello**	• provoquer en duel	
• **mettersi in guardia**	• se mettre en garde	In guardia! *En garde !*
• **alzare/abbassare la guardia**	• hausser/baisser la garde	
• **attaccare**	• attaquer	

Gli sport equestri	Les sports équestres	Notes
l'equitazione	l'équitation	
il cavaliere	le cavalier	autre sens *le chevalier*
il polo	le polo	
l'ippica	l'hippisme	
il fantino	le jockey	
l'ippodromo	l'hippodrome	
il frustino	la cravache	frustare *cravacher*
l'andatura	l'allure	
il passo	le pas	
il trotto	le trot	
il galoppo	le galop	
il cavallo da corsa	le cheval de course	
il purosangue	le pur-sang	
la bardatura	le harnachement	bardare *harnacher*
la sella	la selle	
le staffe	les étriers	
le redini	les rênes	
il morso	le mors	
gli speroni	les éperons	
la corsa di cavalli	la course de chevaux	il totip *le pmu*; puntare su un cavallo *miser sur un cheval*
la scuderia	l'écurie	
il box	le box, la stalle	
cavalcare	monter, faire du cheval	cavalcare senza sella *monter sans selle*
andare/montare a cavallo	monter à cheval	
andare al passo	aller au pas	
trottare/galoppare	trotter/galoper	
impennarsi	se cabrer	
disarcionare	désarçonner	
cadere da cavallo	tomber de cheval	
scommettere alle corse	parier aux courses	
ippico	hippique	
equestre	équestre	
equino	chevalin, de cheval	macelleria equina *boucherie chevaline*; carne equina *viande de cheval*; allevamento equino *élevage de chevaux*

Il ciclismo	Le cyclisme	Notes
la bicicletta da corsa	le vélo de course	
la mountain-bike	le VTT	prononcer [montɛn'bajk]
il manubrio	le guidon	
il pedale	la pédale	(!) masculin
il sellino	la selle	
le marce	les vitesses	
il cambio	le dérailleur	
la catena	la chaîne	
la ruota	la roue	la camera d'aria *la chambre à air*
i raggi	les rayons	
la gomma	le pneu	bucare (una gomma) *crever (un pneu)*
il ciclista	le cycliste	
la corsa ciclistica	la course cycliste	
la tappa	l'étape	aussi la gara ciclistica
il plotone	le peloton	
la volata, lo sprint finale	le sprint final	il plotone di testa/di coda *le peloton de tête/de queue*

	correre in bicicletta	courir à vélo
	pedalare	pédaler
	battere in volata	battre au sprint

L'automobilismo e il motociclismo / La course automobile et le motocyclisme

	L'automobilismo e il motociclismo	La course automobile et le motocyclisme
	la Formula Uno	la Formule 1
	la macchina da corsa	la voiture de course
	l'asso del volante	l'as du volant
aussi il motoGP	**il Gran Premio motociclistico**	le Grand Prix de moto
aussi la motocicletta	**la moto**	la moto
	la grossa cilindrata	la grosse cylindrée
l'automobilista *l'automobiliste*	**il pilota automobilistico**	le pilote automobile
	il motociclista	le motocycliste
	il circuito	le circuit
	il motocross	le motocross
prononcer ['trajal]	**il trial**	le trial
	il testa-coda	le tête-à-queue
sorpassare *dépasser*	**il sorpasso**	le dépassement
pole position prononcer ['polpo'ziʃon]	**partire in pole position**	partir en pole position
	uscire di strada	sortir de la piste
	automobilistico	automobile, de voiture
	motociclistico	motocycliste, de moto

L'aviazione e gli sport aerei / L'aviation et les sports aériens

	L'aviazione e gli sport aerei	L'aviation et les sports aériens
	l'aereo da turismo	l'avion de tourisme
	il pilota d'aereo	le pilote d'avion
	l'aliante	le planeur
	il paracadutismo	le parachutisme
i parà *les paras*	**il paracadutista**	le parachutiste
	il paracadute	le parachute
	il deltaplano	le deltaplane
	il parapendio	le parapente
	volare	voler
	pilotare un aereo	piloter un avion
	lanciarsi con il paracadute	sauter en parachute

Gli sport da tiro / Le tir

	Gli sport da tiro	Le tir
	il tiro con l'arco	le tir à l'arc
	l'arciere	l'archet
	il tiro al piattello	le tir au pigeon d'argile
	il tiro con la pistola/con il fucile	le tir au pistolet/au fusil
	tendere l'arco	bander son arc
	tirare con l'arco	tirer à l'arc
	scoccare una freccia	décocher une flèche
	sparare	tirer [un coup de feu]
Il mio fucile ha fatto cilecca. *Mon fusil s'est enrayé.* Il progetto ha fatto cilecca. *Le projet a échoué.*	**fare cilecca**	s'enrayer

Il pattinaggio	Le patinage
• **il pattinatore**	• le patineur
• **la pista da pattinaggio**	• la patinoire, la piste de patinage
• **i pattini a rotelle**	• les patins à roulettes
• **i pattini da ghiaccio**	• les patins à glace
• **i rollerblade** (aussi i pattini in linea)	• les rollers
• **lo skateboard**	• le skate-board
• **il monopattino** (andare in monopattino *faire de la patinette*)	• la trottinette, la patinette
• **il pattinaggio artistico/ su ghiaccio**	• le patinage artistique/ sur glace
• **l'hockey su ghiaccio**	• le hockey sur glace
• **pattinare**	• patiner

Le arti marziali e gli sport da combattimento	Les arts martiaux et les sports de combat
• **il judo**	• le judo
• **il judoka**	• le judoka
• **la presa di judo**	• la prise de judo
• **il karate**	• le karaté
• **la mossa di karate**	• le coup de karaté
• **il karateka**	• le karatéka
• **la cintura nera**	• la ceinture noire
• **il kimono**	• le kimono
• **il sumo**	• le sumo
• **la lotta (libera)**	• la lutte (libre)
• **il lottatore**	• le lutteur
• **il catch**	• le catch
• **il pugilato, la boxe**	• la boxe
• **l'incontro di pugilato**	• le combat de boxe
• **il pugile**	• le boxeur
• **il peso**	• le poids
massimo	lourd
medio	moyen
leggero	léger
piuma	plume
mosca	mouche
gallo	coq
• **il ring**	• le ring
• **il round** (prononcer ['rawnd])	• le round
• **i guantoni da boxe**	• les gants de boxe
• **il pugno**	• le coup de poing
• **il gancio**	• le crochet
• **il diretto**	• le direct
• **lottare**	• lutter
• **fare la lotta**	• faire de la lutte
• **fare pugilato**	• faire de la boxe
• **combattere**	• combattre
• **sferrare un colpo**	• décocher un coup
• **mandare al tappeto**	• envoyer au tapis
• **mettere ko** (aussi mettere kappaò)	• mettre ko

6 L'agonismo — La compétition

L'agonismo	La compétition	
lo sport agonistico	le sport de compétition	
la gara	l'épreuve	la gara di ballo *le concours de danse*; la gara di nuoto *l'épreuve de natation*
il concorrente	le concurrent	
il pettorale	le dossard	
il numero (di gara)	le numéro de dossard	
il traguardo	la ligne d'arrivée	
il record, il primato	le record	battere il record *battre le record*
l'abbandono	l'abandon	
l'eliminazione	l'élimination	
il ritiro	le retrait	ritirarsi *se retirer*
la squalifica	la disqualification	
la sfida	le défi	
lo sfidante	le challenger	
l'avversario	l'adversaire	
la competizione	la compétition	
il campionato	le championnat	
il campione	le champion	
il campionissimo	le super champion	
la classifica	le classement	
la partita	la partie *ou* le match	fare una partita (a) *jouer, faire un match (de), faire une partie (de)*
la partita amichevole	le match amical	
l'incontro	la rencontre	(!) masculin
la vittoria	la victoire	
il vincitore	le vainqueur, le gagnant	
la sconfitta	la défaite	
lo sconfitto, il perdente	le vaincu, le perdant	
il pareggio	le match nul	
il risultato	le résultat	
il punteggio	le score	
il punto	le point	segnare un punto *marquer un point*
il torneo	le tournoi	
la qualificazione	la qualification	
gli ottavi di finale	les huitièmes de finale	
i quarti di finale	les quarts de finale	
la semifinale	la demi-finale	
la finale	la finale	il finalista *le finaliste*
le olimpiadi	les Jeux olympiques	
la fiamma olimpica	la flamme olympique	
la medaglia d'oro/d'argento/di bronzo	la médaille d'or/d'argent/de bronze	
il podio	le podium	
la premiazione	la remise des prix	
il premio	le prix	il primo premio *le premier prix*
la coppa	la coupe	
il trofeo	le trophée	
il titolo mondiale	le titre mondial	
fare agonistica/agonismo	faire de la compétition	
partecipare	participer	
concorrere	concourir	
gareggiare	s'affronter	
sfidare	défier	

giocare in casa	jouer à domicile	
giocare in trasferta	jouer en déplacement, à l'extérieur	
essere in testa	être en tête	
tagliare il traguardo	franchir la ligne d'arrivée	
vincere/perdere	gagner/perdre	
salire sul podio	monter sur le podium	
battere, sconfiggere	battre	
pareggiare	faire match nul	autre sens *égaliser*
andare in vantaggio	prendre l'avantage (au score)	
dare forfait	déclarer forfait	
abbandonare	abandonner	
essere squalificato	être disqualifié	
conservare il titolo di campione del mondo	conserver son titre de champion du monde	
passare al professionismo	passer professionnel	
fare il tifo per una squadra	supporter une équipe	

7 Frode, violenza e corruzione sportiva / Fraude, violence et corruption sportive

il doping	le dopage	
il controllo/test antidoping	le contrôle/test antidopage	
la commissione antidoping	la commission antidopage	
la positività ai test	le résultat positif aux tests	
le sostanze illecite	les produits interdits	
i farmaci dopanti	les produits dopants	
gli anabolizzanti	les anabolisants	
gli ormoni	les hormones	
gli steroidi	les stéroïdes	
la sanzione per doping	la sanction pour dopage	
la sospensione	la suspension	
la squalifica a vita	la suspension à vie	
l'invasione di campo	l'envahissement du terrain	
la rissa	la bagarre	
gli scontri fra tifosi	les heurts entre supporters	
l'ultrà	le hooligan	
la partita truccata	le match truqué	
l'arbitro venduto	l'arbitre vendu	
la tangente	le pot-de-vin	
doparsi	se doper	
risultare positivo ai test	être positif aux tests	
sfuggire al controllo antidoping	échapper au contrôle antidopage	
invadere il campo	envahir le terrain	
truccare una partita	truquer un match	
corrotto	corrompu	corrompere *corrompre*
sleale	déloyal	
illegale	illégal	

METTERE IN PRATICA

21 Scrivere il nome corrispondente alla definizione
Écrire le nom correspondant à la définition

1. Chi pratica lo sci è uno ...
2. Chi pratica il calcio è un ...
3. Chi pratica il tennis è un ...
4. Chi pratica il ciclismo è un ...
5. Chi pratica la ginnastica è un ...
6. Chi pratica il pugilato è un ...
7. Chi pratica il nuoto è un ...
8. Chi pratica la corsa è un ...
9. Chi pratica l'alpinismo è un ...
10. Chi pratica la scalata è uno ...

22 Abbinare attrezzi e sport Associer les équipements et les sports

1. il pallone	a. pattinaggio
2. la pallina	b. ciclismo
3. il fioretto	c. calcio
4. il cavallo	d. ping pong
5. i pattini	e. scherma
6. la bicicletta	f. equitazione

23 Leggere e tradurre Lire et traduire

Il calcio risale al tempo dei Greci. Nel mondo romano prende il nome di *piede–palla*. Nel periodo rinascimentale era molto praticato e giocato nelle piazze di Firenze, perciò veniva chiamato *calcio fiorentino*, anche se molte testimonianze provano che veniva giocato anche a Bologna, Padova, ecc. In alcune città viene proibito perché si era trasformato in un gioco violento: la violenza scoppiava tra i giocatori ma anche tra i tifosi. Questo antico gioco della palla era molto diverso dal calcio moderno: le sue caratteristiche lo rendevano più simile al rugby. Con regole più vicine all'attuale gioco, comincia ad essere praticato in Inghilterra solo verso il Settecento. Ma le regole non erano ancora ben definite, e accesa era ancora la disputa se si dovesse giocare solo con i piedi o anche con le mani. Lo scontro porta a due correnti: quella dell'Università di Rugby impone il suo regolamento "mani e piedi" e un contatto violento, mentre l'altra impone il calcio con i piedi e lo chiama *foot-ball*, traduzione di *piede-palla*.

corrigés page 421

Altre Parole

Il contesto culturale

Tutto sul calcio Italiano Tout sur le football italien

Le football est le sport le plus populaire en Italie. Le premier championnat italien a été joué en 1898, avec 4 équipes participantes. Presque toutes les grandes villes italiennes ont leur équipe de football, les plus importantes en ont même deux. Rome, par exemple, est partagée entre les supporters de l'AS Rome (**la Roma**) et de la Lazio de Rome (**la Lazio**).

- **uno juventino** : un supporter de la Juventus de Turin
- **i bianconeri** : les joueurs de la Juventus, *dont le maillot est noir et blanc*
- **un interista** : un supporter de l'Inter de Milan
- **i neroazzurri** : les joueurs de l'Inter, *dont le maillot est bleu et noir*
- **un milanista** : un supporter du Milan AC
- **i rossoneri** : les joueurs du Milan AC, *dont le maillot est rouge et noir*
- **il capocannoniere** : le meilleur buteur du championnat
- **il pallone d'oro** : le Ballon d'or, *prix pour le meilleur buteur, attribué par un jury de journalistes européens*
- **la coppa Italia** : la coupe d'Italie
- **la coppa Uefa** : la coupe de l'UEFA
- **la Champions League** : la Ligue des champions
- **la coppa del Mondo, i mondiali di calcio** : la Coupe du monde, le mondial de football
- **il campionato di calcio** : le championnat de football
- **lo scudetto** : le titre de champion d'Italie
- **la squadra azzurra** : *l'équipe nationale italienne*
- **la maglia azzurra** : *le maillot de l'équipe nationale italienne. Le bleu était la couleur de la maison de Savoie.*
- **gli azzurri** : *les joueurs de l'équipe nationale italienne. Il ne faut pas confondre* **gli azzurri** *avec* **i blu** *(les Bleus) de l'équipe française.*

Il Giro d'Italia e la maglia rosa Le tour d'Italie et le maillot rose

- Le premier tour d'Italie date de 1909 et était composé de 8 étapes. Il était disputé par 127 coureurs. C'est en 1931 que le journal sportif ***la Gazzetta dello sport*** institue le maillot rose (**la maglia rosa**), rose comme la couleur de ses pages, porté depuis lors par le coureur en tête du classement.
- Le maillot jaune (**la maglia gialla**) récompense le leader du tour de France.

Qualche sigla del mondo sportivo Quelques sigles du monde du sport

- **la FIFA (Federazione Internazionale delle Associazioni Calcistiche)** : la FIFA (Fédération International de Football Association)
- **la FIGC (Federazione Italiana del Gioco del Calcio)** ≈ la FFF (Fédération française de football)
- **la FCI (Federazione Ciclistica Italiana)** ≈ la FFC (Fédération française de cyclisme)
- **il CAI (Club Alpino Italiano)** ≈ le CAF (Club alpin français)
- **la FIV (Federazione Italiana di Vela)** ≈ la FFV (Fédération française de voile)
- **la FISE (Federazione Italiana di Sport Equestre)** ≈ la FFE (Fédération française d'équitation)
- **la FIT (Federazione Italiana del Tennis)** ≈ la FFT (Fédération française de tennis)
- **il CONI (Comitato Olimpico Nazionale Italiano)** ≈ le CNOSF (Comité national olympique et sportif français)

Espressioni idiomatiche

fare una cosa per sport	faire une chose pour son plaisir
cogliere la palla al balzo	saisir la balle au bond
essere una palla al piede	être un boulet
essere un pallone gonfiato	être une baudruche
avere la testa come un pallone	avoir une tête comme ça
andare nel pallone	perdre la boussole
il rovescio della medaglia	le revers de la médaille
nuotare come un pesce	nager comme un poisson
nuotare nell'oro	rouler sur l'or
Vinca il migliore!	Que le meilleur gagne !
avere la vittoria in pugno	avoir la victoire en main
cantare vittoria	crier victoire
non avere nulla da perdere	n'avoir rien à perdre
l'importante è partecipare	l'important est de participer
avere molte frecce al proprio arco	avoir plus d'une corde à son arc
perdere le staffe	sortir de ses gonds

9

Il tempo libero e il turismo

Les loisirs et le tourisme

1 Gli hobby e il tempo libero — Les hobbies et les loisirs

	Italiano	Français
	lo svago	la distraction, le loisir
	il divertimento	le divertissement, l'amusement
	la distrazione	la distraction
	l'attività ricreativa	l'activité récréative
il centro ricreativo *le centre de loisirs*	**il circolo ricreativo**	le club de loisirs
aussi gli svaghi all'aria aperta	**gli svaghi all'aperto**	les loisirs en plein air
	la gita, l'escursione	l'excursion
	l'escursione (a piedi)	la randonnée
	la scampagnata	la partie de campagne
	il picnic	le pique-nique
andare in giro per la città *se balader en ville*	**il giro**	le tour, la balade
	la passeggiata	la promenade
avere un passatempo preferito *avoir un passe-temps préféré*	**il passatempo**	le passe-temps
	svagarsi	se distraire
	fare un'escursione	faire une randonnée
	fare un giro	faire un tour

Gli hobby — Les hobbies

(l'hobby *le hobby* invariable)

	Italiano	Français
	il collezionismo	le hobby de la collection
	il collezionista	le collectionneur
	la collezione	la collection
	di francobolli	de timbres
	di farfalle	de papillons
	di monete	de monnaies
	la numismatica	la numismatique
	la fotografia	la photographie
il modellino *le modèle réduit*	**il modellismo**	le modélisme
	l'aeromodellismo	l'aéromodélisme
	il fai da te, il bricolage	le bricolage
	la ceramica	la poterie
	il giardinaggio	le jardinage
i ferri da maglia *les aiguilles à tricoter*	**il lavoro a maglia**	le tricot
	l'uncinetto	le crochet
	il ricamo	la broderie
l'ago e il ditale *l'aiguille et le dé (à coudre)*	**il cucito**	la couture

	il patchwork	le patchwork
il fitness *le fitness*	**l'attività sportiva**	l'activité sportive
	l'attività artistica	l'activité artistique
	il disegno	le dessin
	la pittura	la peinture
	la scultura	la sculpture
recitare una parte *jouer un rôle*	**il teatro amatoriale**	le théâtre amateur
suonare uno strumento *jouer d'un instrument*	**la musica**	la musique
	il canto	le chant
	il coro	la chorale, le chœur
	l'attività culturale	l'activité culturelle
	la lettura	la lecture
essere un appassionato di cinema *être un passionné de cinéma*	**il cinema**	le cinéma
	l'enigmistica	les jeux d'esprit
risolvere un cruciverba *résoudre des mots croisés*	**le parole (in)crociate, il cruciverba**	les mots croisés
	il rebus	le rébus
	l'indovinello	la devinette
	la sciarada	la charade
	il sudoku	le sudoku
	collezionare	collectionner
	fare collezione di	faire collection de

I giochi di società / Les jeux de société

il gioco di ruolo *le jeu de rôle*	**il gioco**	le jeu
	il giocatore	le joueur
	le regole del gioco	les règles du jeu
	lo scopo del gioco	le but du jeu
	lo scarabeo	le scrabble
	il paroliere	le boggle
	il monopoli	le monopoly
	il domino	les dominos
	la tombola	le loto
	il gioco dell'oca	le jeu de l'oie
colpito e affondato *touché et coulé*	**la battaglia navale**	la bataille navale
	i dadi	les dés
fare dama *faire une dame*	**la dama**	les dames
scacco matto *échec et mat*	**gli scacchi**	les échecs
	la scacchiera	l'échiquier
	la pedina	le pion
	la mossa	le coup
	giocare a dama/a scacchi	jouer aux dames/aux échecs
	muovere una pedina	avancer un pion
	fare una mossa	jouer un coup
	tirare i dadi	lancer les dés
participe passé vinto	**vincere**	gagner
participe passé perso	**perdere**	perdre
	non saper perdere	être mauvais perdant

I giochi di carte / Les jeux de cartes

il mazzo di carte	le jeu de cartes [le paquet]
il jolly, la matta	le joker
l'asso	l'as

	il seme	la couleur
	cuori	cœur
	quadri, denari, ori	carreau
	fiori	trèfle
	picche	pique
	la partita	la partie
	la mano	la main *ou* la manche
	la presa	le pli
	la dichiarazione	l'annonce
	la rivincita	la revanche
	la bella	la belle
	il solitario	la réussite
	il bridge	le bridge
utilisés en Italie pour la cartomancie	**i tarocchi**	les tarots
	il ramino	le rami
il poker d'assi *le carré d'as*	**il poker**	le poker
	il cip	le jeton, la mise minimum
	il colore	la couleur
la scala reale *la quinte flush*	**la scala**	la quinte
	il full/il tris	le full/le brelan
la doppia coppia *la double paire*	**la coppia**	la paire
	il bluff	le bluff
	la canasta	la canasta
fare una partita a carte *faire une partie de cartes*	**giocare a carte**	jouer aux cartes
	calare le carte	abattre les cartes
	essere di mano, essere il mazziere	être le donneur
	mescolare	battre
	alzare, tagliare (il mazzo)	couper (les cartes)
	dare le carte	distribuer
	pescare	piocher
	perdere/passare la mano	perdre/passer la main
	scartare	se défausser de
	dichiarare	annoncer
	segnare i punti	marquer les points
il baro *le tricheur*	**barare**	tricher
	bluffare	bluffer
	fare la rivincita	faire la revanche
	fare la bella	faire la belle

I giochi d'azzardo — Les jeux de hasard

	il tappeto verde	le tapis vert
	il tavolo da gioco	la table de jeu
Puntate! *Faites vos jeux !* Fine delle puntate! *Rien ne va plus !*	**la roulette**	la roulette
	pari/dispari	pair/impair
	rosso/nero	rouge/noir
prononcer à la française	**il croupier**	le croupier
	il gettone	le jeton
	la puntata	la mise
(!) il casino *le bordel*	**il casinò**	le casino
prononcer [blɛk'dzɛk]	**il black jack**	le black jack

prononcer à la française	lo chemin de fer	le chemin de fer
	il baccarà	le baccara
prononcer [zlɔtma'ʃin]	la slot machine	la machine à sous
	il jackpot	le jackpot
	giocare a soldi	jouer à des jeux d'argent
raddoppiare la posta *doubler la mise*	puntare	miser
	rischiare	risquer

I giochi da bar / Les jeux de café

	il biliardo	le billard
	la stecca	la queue
	la palla da biliardo	la bille de billard
aussi il calcetto	il calcio-balilla, il biliardino	le baby-foot
	il flipper	le flipper
la sala giochi *la salle de jeux*	il videogioco	le jeu vidéo
	le freccette	les fléchettes
	il bersaglio	la cible

Le lotterie / Les loteries

	il lotto/il superenalotto	le loto
	l'estrazione del lotto	le tirage du loto
	la lotteria di Capodanno	la loterie du jour de l'an
	il biglietto della lotteria	le billet de loterie
	il montepremi	la cagnotte
	il primo premio	le gros lot
	il gratta e vinci	le jeu à gratter
	il bingo	le bingo
	la vincita/la perdita	le gain/la perte
	fare a testa o croce	jouer à pile ou face
participe passé estratto	estrarre un numero	tirer un numéro

Il luna park / La fête foraine

aussi i baracconi		
	il parco dei divertimenti	le parc d'attractions
	la fiera	la foire
	le attrazioni	les attractions
	la ruota panoramica	la grande roue
	la giostra	le manège
il premio *le lot*	il tirassegno	le tir à la cible
	gli autoscontri	les autos tamponneuses
	l'otto volante	le grand huit
	le montagne russe	les montagnes russes
	la galleria degli orrori	le train fantôme
farsi fare le carte *se faire tirer les cartes*	la cartomante	la tireuse de cartes
	la chiaroveggente	la voyante
farsi leggere la mano *se faire lire les lignes de la main*	la chiromante	la chiromancienne
	il teatro dei burattini	le théâtre de marionnettes
	il burattinaio	le marionnettiste
	lo zucchero filato	la barbe à papa
	andare al luna park/ai baracconi	aller à la fête foraine
	fare un giro di giostra	faire un tour de manège
	tirare al bersaglio	tirer à la cible

Le feste popolari / Les fêtes populaires

il liscio danses de salon (tango, mazurka, polka, valse) qui se dansent à pas glissés, accompagnées de l'accordéon

la sfilata dei carri *le défilé des chars*

(!) faux ami i confetti *les dragées*

far scoppiare un petardo *lancer un pétard*

la sagra	la fête, la kermesse
la banda	la fanfare
i suonatori	les musiciens
la pista da ballo	la piste de danse
il ballo in costume/ in maschera	le bal costumé/ masqué
il carnevale	le carnaval
il carro di carnevale	le char de carnaval
le stelle filanti	les serpentins
i coriandoli	les confettis
i fuochi d'artificio	les feux d'artifice
i mortaretti, i petardi	les pétards
la processione	la procession
la festa del patrono	la fête patronale, du saint patron
la rievocazione storica	la reconstitution historique

mascherarsi *se déguiser*

andare a un ballo in maschera	aller à un bal masqué
festeggiare	fêter
tirare i coriandoli	lancer des confettis
andare in processione	se rendre en procession

La vita notturna / La vie nocturne

andare in discoteca *aller en boîte*

prononcer ['najt]

la discoteca	la discothèque
il locale notturno	la boîte de nuit
il night	le night-club
la balera, la sala da ballo	le dancing
il nottambulo	le noctambule
il buttafuori	le videur
invitare qualcuno a ballare	inviter quelqu'un à danser

2 La caccia e la pesca / La chasse et la pêche

La caccia / La chasse

la doppietta *le fusil à canon double*

il fucile a pallini *le fusil à plomb*

l'apertura/la chiusura della (stagione di) caccia *l'ouverture/la fermeture de la chasse*

la caccia alla volpe *la chasse au renard*

aussi la partita di caccia

il cacciatore	le chasseur
il fucile	le fusil
la cartuccia	la cartouche
la cartucciera	la cartouchière
il pallino	le plomb
la riserva di caccia	la réserve de chasse
la stagione di caccia	la saison de la chasse
la licenza di caccia	le permis de chasse
il divieto di caccia	l'interdiction de chasser
il guardiacaccia	le garde-chasse
la caccia a cavallo	la chasse à courre
la muta	la meute
la battuta	la battue
la selvaggina, la cacciagione	le gibier
il carniere	la gibecière
la trappola, la tagliola	le piège

Italiano	Français
la caccia grossa	la chasse aux fauves
il safari	le safari
la preda	la proie
il bracconaggio	le braconnage
andare a caccia	aller à la chasse
cacciare	chasser
prendere la mira	viser
mirare a qualcosa	viser quelque chose
sparare a qualcosa	tirer sur quelque chose
inseguire	poursuivre
colpire	atteindre
fallire il colpo	rater son coup
ferire	blesser
uccidere	tuer
fiutare la selvaggina	flairer le gibier
puntare	tomber en arrêt
stanare, scovare	dénicher, débusquer
venatorio	de la chasse

il bracconiere *le braconnier*

premere il grilletto *presser la gâchette*

participe passé ucciso

il cane da punta *le chien d'arrêt*

La pesca	La pêche
la pesca	la pêche
sportiva	sportive
subacquea	sous-marine
d'altura	hauturière
costiera	cotière
a strascico/con la lenza	à la traîne/à la ligne
la fiocina, il rampone	le harpon
la canna da pesca	la canne à pêche
il mulinello	le moulinet
la lenza	la ligne
il galleggiante	le flotteur
il sughero	le bouchon
l'amo	l'hameçon
l'esca	l'appât
la rete	le filet
il retino	l'épuisette
il pescatore	le pêcheur
la riserva di pesca	la réserve de pêche
la licenza di pesca	le permis de pêche
il divieto di pesca	l'interdiction de pêcher
pescare	pêcher
andare a pesca	aller à la pêche
abboccare	mordre à l'hameçon
guizzare	frétiller

galleggiare *flotter*

autre sens *le liège*

autre sens *le réseau*

3 Il turismo / Le tourisme

Le vacanze	Les vacances
le ferie	les vacances, les congés
le vacanze estive	les vacances d'été
la settimana bianca	les vacances à la neige

fare la settimana bianca *partir une semaine à la neige*

fare il ponte *faire le pont*

la località balneare/termale/montana *la station balnéaire/thermale/de montagne*

Italiano	Français
il ponte	le pont
l'alta/la bassa stagione	la haute/la basse saison
il turista	le touriste
il villeggiante	le vacancier, l'estivant
il gitante	le randonneur, l'excursionniste
il giramondo	le globe-trotter
la località turistica	la station touristique
il villaggio turistico	le village touristique
la stazione climatica	la station climatique
le infrastrutture turistiche	les infrastructures touristiques
l'ufficio del turismo	l'office du tourisme
la pro loco	le syndicat d'initiative
l'Azienda autonoma di soggiorno e turismo	≈ l'office du tourisme [local, départemental ou régional]
partire per le vacanze	partir en vacances
andare in vacanza	aller en vacances
essere in vacanza	être en vacances
essere in ferie	être en congé
girare il mondo	faire le tour du monde
viaggiare	voyager
visitare	visiter

Le vacanze al mare / Les vacances à la mer

La località balneare / La station balnéaire

(!) masculin

il lungomare *le bord de mer* [promenade]

Italiano	Français
il porticciolo	le petit port (de pêche *ou* de plaisance)
il mare	la mer
l'onda	la vague
la medusa	la méduse
l'alga	l'algue
la conchiglia	le coquillage
lo stabilimento balneare	l'établissement balnéaire
la spiaggia libera	la plage publique
la sabbia	le sable
il sasso	le galet
la riva del mare	le bord de mer, le rivage
la battigia, il bagnasciuga	le bord de l'eau
la scogliera	les rochers *ou* la falaise
lo scoglio	le rocher
l'entroterra	l'arrière-pays

In spiaggia / À la plage

il fattore di protezione *l'indice de protection*

gonfiare il materassino *gonfler le matelas*

Italiano	Français
il bagnino	le maître nageur
il bagnante	le baigneur
la cabina, lo spogliatoio	la cabine
la sedia a sdraio	la chaise longue, le transat
il telo da mare	le drap de plage
l'ombrellone	le parasol
l'olio solare/la crema solare	l'huile solaire/la crème solaire
l'abbronzatura	le bronzage
il materassino (gonfiabile)	le matelas (gonflable)

	• **il salvagente**	• la bouée de sauvetage
	• **i bràccioli**	• les brassards
	• **il bagno**	• la baignade
	• **il gommone**	• le canot pneumatique
	• **il moscone, il pattino**	• *barque à rames formée de deux flotteurs*
fare un giro in pedalò *faire un tour en pédalo*	• **il pedalò**	• le pédalo
	• **la boa**	• la balise, la bouée
	• **andare al mare/in spiaggia**	• aller à la mer/à la plage
	• **affittare una casa al mare**	• louer une maison à la mer
mettersi la crema solare *mettre de la crème solaire*	• **abbronzarsi**	• bronzer
	• **stare all'ombra**	• rester à l'ombre
	• **fare il bagno**	• se baigner
aussi fare una nuotata	• **nuotare**	• nager
	• **prendere il sole**	• prendre le soleil

Le vacanze in montagna / Les vacances à la montagne

l'alta montagna *la haute montagne* la mezza montagna *la moyenne montagne*	• **la montagna**	• la montagne
	• **il paesino di montagna**	• le village de montagne
	• **il parco naturale**	• le parc naturel
	il camoscio	le chamois
	lo stambecco	le bouquetin
	• **la fauna e la flora montane**	• la faune et la flore de montagne
	• **il torrente di montagna**	• le torrent de montagne
	• **la pineta**	• la pinède
	• **la località sciistica**	• la station de ski
	• **lo sci estivo**	• le ski d'été
	• **le piste**	• les pistes
	• **lo ski-lift**	• le remonte-pente
(!) féminin	• **la teleferica**	• le téléphérique
(!) féminin	• **la funicolare**	• le funiculaire
	• **la cabinovia, l'ovovia**	• la télécabine, l'œuf
	• **il trekking**	• le trekking
la carta dei sentieri *la carte des chemins (de randonnée)*	• **il sentiero**	• le chemin, le sentier
	• **l'alta via**	• le sentier d'altitude
	• **il rifugio alpino**	• le refuge alpin
la cura termale *la cure thermale*	• **la stazione termale**	• la station thermale
	• **andare in montagna**	• aller à la montagne
(!) aria est féminin	• **respirare aria pura**	• respirer de l'air pur
	• **ossigenarsi**	• s'oxygéner
	• **andare a sciare**	• aller skier
	• **fare trekking**	• faire du trekking

Le vacanze in campagna / Les vacances à la campagne

	• **il paesino**	• le petit village
	• **l'agriturismo**	• l'agrotourisme, le tourisme rural
	• **la casa in campagna**	• la maison de campagne
	• **la vita campestre**	• la vie à la campagne
prononcer [barbe'k(j)u]	• **il barbecue in giardino**	• le barbecue au jardin
	• **la passeggiata a piedi/a cavallo**	• la promenade à pied/à cheval
	• **la gita in bicicletta**	• la promenade à vélo

Italiano	Français
• **riposarsi**	• se reposer
• **fare passeggiate**	• faire des promenades
• **fare un barbecue**	• faire un barbecue
• **andare per funghi**	• aller aux champignons
• **raccogliere i funghi**	• cueillir des champignons

Il campeggio / Le camping

Il campeggio	Le camping
• **il campeggiatore**	• le campeur
• **il campeggio libero**	• le camping sauvage
• **la tenda**	• la tente
il picchetto	le piquet
il sacco a pelo	le sac de couchage
la brandina	le lit de camp
• **la roulotte**	• la caravane
• **il camper**	• le camping-car
• **la piazzola**	• l'emplacement [pour la tente]
• **i servizi igienici**	• les sanitaires
• **il fornello**	• le réchaud
la ricarica	la recharge
• **andare in campeggio**	• faire du camping
• **montare/smontare la tenda**	• monter/démonter la tente
• **agganciare/sganciare**	• accrocher/décrocher
• **sistemarsi**	• s'installer

piantare i picchetti
planter les piquets

L'albergo / L'hôtel

L'albergo	L'hôtel
• **l'industria alberghiera**	• l'hôtellerie
• **il complesso alberghiero**	• le complexe hôtelier
• **l'albergo**	• l'hôtel
due/tre/quattro stelle	deux/trois/quatre étoiles
• **l'albergo con piscina**	• l'hôtel avec piscine
• **il motel**	• le motel
• **l'ostello della gioventù**	• l'auberge de jeunesse
• **la pensione**	• la pension (de famille)
• **la pensione completa**	• la pension complète
• **la mezza pensione**	• la demi-pension
• **la reception**	• la réception
• **l'albergatore**	• l'hôtelier
• **la prenotazione**	• la réservation
• **la camera**	• la chambre
singola/doppia/tripla	simple/double/triple
matrimoniale	double
con/senza bagno	avec/sans salle de bains
con/senza doccia	avec/sans douche
con vista	avec vue
con l'aria condizionata	climatisée
• **il prezzo a persona**	• le prix par personne
prima colazione compresa	petit déjeuner inclus
• **il supplemento bar**	• le supplément pour le bar
• **prenotare una camera**	• réserver une chambre
• **presentare un documento**	• présenter une pièce d'identité
• **pernottare in albergo**	• passer la nuit à l'hôtel

prononcer [re'sɛpʃon]

fare colazione in camera
prendre le petit déjeuner dans la chambre

	liberare la camera	libérer la chambre
	domandare il servizio sveglia	demander le service réveil
	fare un reclamo	faire une réclamation
	lussuoso	luxueux
	scadente	de mauvaise qualité
	modesto	modeste
	caro/economico	cher/bon marché
	completo	complet

Il viaggio / Le voyage

	Il viaggio	Le voyage
	l'agenzia (di) viaggi	l'agence de voyages
prononcer [turope'retor]	**il tour operator**	le tour opérateur, le voyagiste
	il viaggio organizzato	le voyage organisé
	l'itinerario	le circuit, l'itinéraire
(!) féminin	**la guida turistica**	le guide touristique
	il gruppo	le groupe
	l'accompagnatore	l'accompagnateur
	l'escursione	l'excursion
	la visita guidata	la visite guidée
	l'interprete	l'interprète
	la crociera	la croisière
	la traversata	la traversée
il giro del mondo *le tour du monde*	**il giro**	le tour
	la partenza/l'arrivo	le départ/l'arrivée
	il percorso	le parcours
	la tappa	l'étape
	il soggiorno	le séjour
	i bagagli	les bagages
fare le valigie *faire ses valises*	**la valigia**	la valise
	lo zaino	le sac à dos
	la borsa da viaggio	le sac de voyage
	il bagaglio a mano	le bagage à main
prononcer ['bjuti'kejs]	**il beauty-case**	le vanity-case, le beauty-case
	il volo	le vol
prononcer [tʃɛk'kin]	**il check-in**	l'enregistrement des bagages
	l'assicurazione annullamento	l'assurance annulation
	i documenti (d'identità)	les papiers (d'identité)
	il passaporto	le passeport
	il visto	le visa
	la carta d'identità	la carte d'identité
	la patente	le permis de conduire
	la validità	la validité
la data di scadenza *la date d'expiration*	**la scadenza**	l'expiration
	le formalità	les formalités
vaccinarsi *se faire vacciner*	**il vaccino**	le vaccin
	la tassa di soggiorno	la taxe de séjour
	la tassa aeroportuale	la taxe d'aéroport
il doganiere *le douanier*	**la dogana**	la douane
	la frontiera, il confine	la frontière
	la guardia di finanza	la brigade financière
	l'ufficio del cambio	le bureau de change
	il travellers' cheque	le chèque de voyage

organizzare un viaggio	organiser un voyage
fare un viaggio all'estero	faire un voyage à l'étranger
partire con un viaggio organizzato	partir en voyage organisé
visitare una città	visiter une ville
fare una crociera	faire une croisière
passare la frontiera	passer la frontière
fare il check-in	faire enregistrer ses bagages
prendere l'aereo	prendre l'avion
cambiare fuso orario	changer de fuseau horaire
soggiornare in un paese	séjourner dans un pays

andare in crociera
partir en croisière

METTERE IN PRATICA

24 Completare con la preposizione giusta, semplice o articolata
Compléter avec la bonne préposition, avec ou sans l'article

1. giocare ... scacchi
2. andare ... vacanza
3. andare ... montagna
4. andare .... mare
5. giocare ... carte
6. andare ... campeggio
7. le regole ... gioco
8. andare .... luna park
9. il ballo ... maschera
10. partire ... le vacanze
11. pernottare ... albergo
12. fare colazione ... camera
13. una camera ... bagno
14. la borsa ... viaggio
15. fare un viaggio ... estero
16. il costume ... bagno
17. l'ostello ... gioventù
18. l'agenzia ... viaggi

25 Dal verbo al sostantivo Du verbe au substantif

1. collezionare
2. giocare
3. cacciare
4. barare
5. puntare
6. leggere
7. pescare
8. viaggiare
9. abbronzarsi
10. vaccinarsi
11. visitare
12. prenotare
13. svegliarsi
14. reclamare
15. girare
16. soggiornare
17. partire
18. ballare

26 Cercare l'intruso Chercher l'intrus

1. la spiaggia; il mare; il sole; il bagno; l'ombrello
2. la canasta; il ramino; gli scacchi; il poker; i tarocchi
3. gli autoscontri; la caccia; il tirassegno; le giostre; l'ottovolante
4. l'albergo; la pensione; l'hotel; la tenda; l'ostello della gioventù

corrigés page 421

Altre Parole

Il contesto culturale

Feste tradizionali e folclore italiano
Fêtes traditionnelles et folklore italien

- **La partita di scacchi viventi di Marostica** : partie d'échecs sur la place publique de Marostica (Vicenza), qui se joue avec des pièces (**pezzi**) vivantes : des êtres humains habillés en costume d'époque. Elle se joue les années paires, le deuxième week-end du mois de septembre.
- **Il Palio di Siena** : course de chevaux qui se tient deux fois par an (2 juillet et 16 août) sur la **piazza del Campo** de Sienne, dont les cavaliers, habillés en costume du Moyen Âge, représentent les différentes quartiers (**contrade**) de la ville. La lutte est acharnée pour la conquête du **Palio**, étendard richement brodé qui est le prix, très symbolique, remis au vainqueur. De là vient l'expression **mettere in palio**, *mettre en jeu.*
- **La regata storica di Venezia**, *la régate historique de Venise* : le premier dimanche de septembre sur le **Canal Grande** de Venise. Régate au cours de laquelle s'opposent les quatre Républiques maritimes (**Repubbliche marinare**) historiques : Pise, Gênes, Amalfi et Venise.
- **La Giostra del Saracino** : tournoi (**torneo**) au cours duquel des cavaliers habillés en costume médiéval et armés d'une lance doivent toucher au galop une cible mobile (**un bersaglio mobile**). Il a lieu depuis le XIIIe siècle dans la ville d'**Arezzo** (Toscane), le premier dimanche de septembre.

Le carte da gioco e i giochi tradizionali
Les cartes à jouer et les jeux de cartes traditionnels

- Les plus célèbres jeux de cartes sont les cartes napolitaines (**le carte napoletane**), qui possèdent les couleurs (**i semi**) suivantes : **denari** (*l'or*), **spade** (*les épées*), **coppe** (*les coupes*), **bastoni** (*les bâtons*). Avec ces cartes traditionnelles (jeu de 40 cartes), on joue à **la scopa**, et à sa variante, **lo scopone scientifico**, signifiant *balai* et *gros balai.* Jeu national sans équivalent en France, il s'est fait connaître au-delà des frontières grâce au succès du film de Luigi Comencini *L'argent de la vieille* dont le titre original est *Lo scopone scientifico* (1972).

Il gioco del Lotto
Le jeu du loto

- Le loto italien est basé sur le tirage (**l'estrazione**) de 5 numéros entre 1 et 90, qui s'effectue sur 10 roues (**ruote**) identifiées par les noms de dix villes (Bari, Cagliari, Florence, Gênes, Milan, Naples, Palerme, Rome, Turin, Venise) ; une onzième « roue » a été créee plus récemment : **la ruota nazionale.** On joue ses numéros dans les bureaux de loterie (**le ricevitorie del lotto**). Selon la **Smorfia** napolitaine, ancien système cabalistique de divination, chaque élément d'un rêve (**un sogno**) peut être interprété et associé à l'un des quatre-vingt-dix numéros du loto. Il existe de nombreux manuels pour tirer les numéros gagnants de ses rêves. Une variante plus récente du loto est **il Superenalotto** et ressemble davantage au loto français : il s'agit de deviner les six premiers numéros tirés dans six villes italiennes.

Il gioco della Morra
Le jeu de la Morra

- La **Morra** est un jeu de hasard (**un gioco d'azzardo**) très populaire en Italie et très ancien, qui date de l'époque romaine et qui a été diffusé en Europe par les armées romaines conquérantes. Deux joueurs (**giocatori**) debout, face à face, doivent ouvrir en même temps leur main droite (**la mano destra**) en indiquant avec leurs doigts un chiffre de zéro à cinq et en prononçant à voix haute leur pronostic sur le total indiqué par leurs doigts. Le gagnant est celui qui devine la somme des doigts. Les paris (**le scommesse**) que ce jeu entraîne ont justifié son classement parmi les jeux de hasard et provoqué son interdiction dans les lieux publics.

Espressioni idiomatiche

avere un asso nella manica	avoir tous les atouts dans son jeu
piantare in asso qualcuno	laisser quelqu'un en carafe
rispondere picche	refuser catégoriquement
mettere le carte in tavola	jouer cartes sur table
avere le carte in regola	avoir toutes les cartes en main
cambiare le carte in tavola	brouiller les cartes
dare i numeri	travailler du chapeau
il dado è tratto	les dés sont jetés
prendersi gioco di qualcuno	se moquer de quelqu'un
giocare con il fuoco	jouer avec le feu
giocare un brutto tiro a qualcuno	jouer un mauvais tour à quelqu'un
non sapere che pesci pigliare	ne pas savoir sur quel pied danser
sentirsi un pesce fuor d'acqua	ne pas être dans son élément

Proverbi

Chi fa da sé fa per tre.	*On n'est jamais mieux servi que par soi-même.*
Ogni promessa è debito.	*Chose promise, chose due.*
Fortunato al gioco, sfortunato in amore.	Chance au jeu, malchance en amour.
Un bel gioco dura poco.	*Tout a une fin.*
Fare buon viso a cattivo gioco.	Faire contre mauvaise fortune bon cœur.
Gioco di mano, gioco di villano.	Jeu de mains, jeu de vilains.
Chi dorme non piglia pesci.	Qui dort ne prend pas de poissons.
A carnevale ogni scherzo vale.	Pour carnaval tout est permis.

10

La vita affettiva e sociale

La vie affective et sociale

1 I rapporti con gli altri — Les rapports avec les autres

	uno sconosciuto	un inconnu
	un estraneo	un étranger
	un conoscente	une connaissance
	una vecchia conoscenza	une vieille connaissance
la cerchia familiare *le cercle familial*	la cerchia di amici	le cercle d'amis
	l'incontro	la rencontre
	l'appuntamento	le rendez-vous
	il saluto	le salut
	i saluti	les salutations
Piacere! *Enchanté !*	le presentazioni	les présentations
	la stretta di mano	la poignée de main
(!) masculin	l'invito	l'invitation
	l'ospite	l'invité, l'hôte
pluriel i colleghi, le colleghe	il collega	le collègue
	fare conoscenza	faire connaissance
	darsi appuntamento	se donner rendez-vous
	incontrarsi	se rencontrer
	vedersi	se voir
	frequentarsi	se fréquenter
	invitare	inviter
	ricevere	recevoir
	salutare/salutarsi	saluer/se saluer
	presentare/presentarsi	présenter/se présenter
participe passé stretto	stringersi la mano	se serrer la main
	accomiatarsi	prendre congé
	provare simpatia/antipatia per qualcuno	éprouver de la sympathie/de l'antipathie pour quelqu'un

I buoni rapporti — Les bonnes relations

Per cortesia! *S'il vous plaît !* ou *S'il te plaît !*	la cortesia	la courtoisie
	la gentilezza	la gentillesse
	l'educazione	la politesse
	il tatto	le tact
	la delicatezza	la délicatesse

la dolcezza	la douceur
la sensibilità	la sensibilité
le buone maniere	les bonnes manières
la galanteria	la galanterie
l'ospitalità	l'hospitalité
la benevolenza	la bienveillance
l'indulgenza	l'indulgence
la pazienza	la patience
la costanza	la constance
la generosità	la générosité
l'altruismo	l'altruisme
la modestia	la modestie
l'umiltà	l'humilité
la tolleranza	la tolérance
la solidarietà	la solidarité
l'onestà	l'honnêteté
la lealtà	la loyauté
la sincerità	la sincérité
la franchezza	la franchise
il rispetto	le respect
la stima	l'estime
la misura	la mesure
la ponderatezza	la pondération
stringere buoni rapporti	nouer de bonnes relations
mantenere i rapporti	entretenir les relations
socievole	sociable
aperto	ouvert
accogliente	accueillant
ospitale	hospitalier
leale	loyal
onesto	honnête
beneducato	bien élevé, poli
gentile	gentil
cortese	courtois
sincero	sincère
generoso	généreux
paziente	patient
modesto	modeste
umile	humble
altruista	altruiste
dolce	doux
delicato	délicat
indulgente	indulgent
tollerante	tolérant
galante	galant

I cattivi rapporti / Les mauvaises relations

l'ostilità	l'hostilité
l'indifferenza	l'indifférence
la diffidenza	la méfiance
la delusione	la déception

	l'antipatia	l'antipathie
	l'egoismo	l'égoïsme
	la rivalità	la rivalité
(!) masculin	**l'odio**	la haine
(!) masculin	**il rancore**	la rancune
	il risentimento	le ressentiment
	la vendetta	la vengeance
offensivo *vexant, offensant*	**l'offesa**	l'offense
	la gelosia	la jalousie
	l'invidia	l'envie
	l'ipocrisia	l'hypocrisie
	la falsità	la fausseté
	l'inganno	la tromperie
	la slealtà	la déloyauté
	la cattiveria	la méchanceté
	la crudeltà	la cruauté
	la malignità	la malveillance
(!) masculin	**l'insulto**	l'insulte
	la violenza	la violence
	la brutalità	la brutalité
	il disprezzo	le mépris
Ce l'hai con me? *Tu m'en veux ?*	**avercela con qualcuno**	en vouloir à quelqu'un
	vendicarsi	se venger
	disprezzare	mépriser
participe passé offeso	**offendere**	vexer, offenser
	offendersi	se vexer
	prendere in giro qualcuno	se moquer de quelqu'un
	invidiare	envier, jalouser
	insultare	insulter
	essere insultante	être insultant
i maltrattamenti *la maltraitance, les mauvais traitements*	**maltrattare, trattare male**	maltraiter
	aggredire	agresser
	cattivo	méchant
il Maligno *le Malin*	**maligno**	malveillant, méchant
	crudele	cruel
	sleale	déloyal
	egoista	égoïste
	ipocrita	hypocrite
	odioso	odieux
	antipatico	antipathique
	diffidente	méfiant
	insultante	insultant
	arrogante	arrogant
	sarcastico	sarcastique
	aggressivo	agressif
	violento	violent
	invidioso	envieux
	presuntuoso	présomptueux
	superbo	fier
	testardo	têtu

2 L'espressione degli stati d'animo / L'expression des états d'âme

La felicità	Le bonheur
la gioia	la joie
l'ilarità	l'hilarité
il riso	le rire
il sorriso	le sourire
il buonumore	la bonne humeur
la serenità	la sérénité
la tranquillità	la tranquillité
l'ottimismo	l'optimisme
la spensieratezza	l'insouciance
l'allegria	l'allégresse, la gaieté
la contentezza	la joie, la satisfaction
la rilassatezza	la décontraction
il benessere	le bien-être
gioire di/per qualcosa	se réjouir de quelque chose
essere di buonumore	être de bonne humeur
avere l'animo sereno	avoir l'esprit serein
essere rilassato	être détendu
essere ottimista	être optimiste
essere spensierato	être insouciant
ridere	rire
scoppiare a ridere, farsi una risata	éclater de rire
sorridere	sourire

piangere di gioia — *pleurer de joie*

il buonumore : (!) masculin

avere il sorriso sulle labbra — *avoir le sourire aux lèvres*

L'infelicità	Le malheur
la tristezza	la tristesse
la malinconia	la mélancolie
la nostalgia	la nostalgie
il dolore	la douleur
la pena	la peine
il gemito	le gémissement
il lamento	la plainte
la depressione	la dépression
il pessimismo	le pessimisme
lo stress	le stress
la sofferenza	la souffrance
l'insofferenza	l'intolérance
l'angoscia	l'angoisse
il tormento	le tourment
l'ansia	l'anxiété
la preoccupazione	le souci
l'inquietudine	l'inquiétude
sospirare	soupirer
soffrire	souffrir
essere depresso	être déprimé
essere pessimista	être pessimiste
stressarsi	stresser

il dolore : (!) masculin

avere l'esaurimento nervoso — *faire une dépression nerveuse*

essere sotto stress — *être stressé*

	gemere	gémir
	lamentarsi	se plaindre, se lamenter
piagnucolare *pleurnicher*	**piangere**	pleurer
scoppiare a piangere *fondre en larmes*	**essere in lacrime**	être en larmes
	singhiozzare	sangloter
	malinconico	mélancolique
	nostalgico	nostalgique
	doloroso	douloureux
	sofferente	souffrant
	penoso	pénible
	insofferente	intolérant
	lamentoso	plaintif

L'insoddisfazione e la collera / L'insatisfaction et la colère

	il malumore	la mauvaise humeur
	la rabbia	la colère, la rage
	l'ira, la collera	la colère
	lo scontento	le mécontentement
	il malessere	le mal-être
	la recriminazione	la récrimination
calunnioso *calomnieux*	**la calunnia**	la calomnie
	l'imprecazione	le juron
il bestemmiatore *le blasphémateur*	**la bestemmia**	le blasphème
ingiurioso *injurieux*	**l'ingiuria**	l'injure
	essere di cattivo umore	être de mauvaise humeur
	arrabbiarsi, infuriarsi	se fâcher
	adirarsi	se mettre en colère
	essere arrabbiato/adirato	être fâché/en colère
	fare arrabbiare	mettre en colère
il brontolone *le ronchon*	**brontolare**	ronchonner, bougonner
	recriminare	récriminer
	imprecare	jurer
	bestemmiare	blasphémer
	ingiuriare	injurier
	assillare	harceler
	insoddisfatto	insatisfait
	irascibile	irascible
	collerico	coléreux

3 L'amicizia / L'amitié

pluriel gli amici, le amiche	**l'amico**	l'ami
	l'amico intimo	l'ami intime
	l'amico del cuore	l'ami de cœur
	il migliore amico	le meilleur ami
	il caro amico	l'ami cher
	il vecchio amico	le vieil ami
	l'amico d'infanzia	l'ami d'enfance
	l'amico di penna	le correspondant
il compagno di scuola *le camarade de classe*	**il compagno**	le camarade

la compagnia	la bande
la simpatia	la sympathie
l'intesa	l'entente
la complicità	la complicité
la fiducia	la confiance
la comprensione	la compréhension
l'affinità	l'affinité
simpatizzare	sympathiser
essere amici	être amis
fare amicizia (aussi stringere amicizia)	se lier d'amitié
contare su un amico	compter sur un ami
andare d'accordo	bien s'entendre
essere affezionato	être attaché
volere bene a qualcuno ((!) faux ami — Ti voglio bene. *Je t'aime (beaucoup).*)	aimer quelqu'un [avoir de l'affection]
condividere le idee	partager les idées
fidarsi di qualcuno	faire confiance à quelqu'un
avere fiducia	avoir confiance
stimare qualcuno	estimer quelqu'un
amichevole	amical
cordiale	cordial
caloroso	chaleureux
affettuoso	affectueux
vicino	proche
simpatico	sympathique
piacevole	agréable
affezionato	attaché
devoto	dévoué
fedele	fidèle
comprensivo	compréhensif
fidato	fiable

4 L'amore e il matrimonio / L'amour et le mariage

L'amore / L'amour

l'amore materno/paterno (l'amore filiale *l'amour filial*)	l'amour maternel/paternel
l'amore fraterno	l'amour fraternel
l'amor proprio	l'amour propre
l'amore platonico	l'amour platonique
l'innamoramento (la storia d'amore *l'histoire d'amour*)	*le fait de tomber amoureux*
l'infatuazione	l'engouement
la passione	la passion
l'adorazione	l'adoration
la venerazione	la vénération
l'avventura	l'aventure
la relazione	la liaison
il flirt	le flirt
l'idillio ((!) masculin)	l'idylle
il rapporto (il rapporto di coppia *la relation de couple*)	la relation

(!) féminin	**la coppia**	le couple
	eterosessuale	hétérosexuel
	omosessuale	homosexuel
	l'innamorato	l'amoureux
	il ragazzo	le copain, le petit ami
	l'amichetto	le petit ami
	il partner	le partenaire
	il fidanzato	le fiancé
lo spasimante *le soupirant*	**il corteggiatore**	le prétendant
	l'ammiratore	l'admirateur
	il seduttore	le séducteur
	il dongiovanni	le don Juan
rubare *voler*	**il rubacuori**	le bourreau des cœurs
	il donnaiolo	le coureur de jupons
	l'amante	l'amant *ou* la maîtresse
essere innamorato *être amoureux*	**innamorarsi**	tomber amoureux
	infatuarsi di qualcuno	s'enticher de quelqu'un
	adorare	adorer
	venerare	vénérer
	ammirare	admirer
	avere un debole per qualcuno	avoir un faible pour quelqu'un
	avere una cotta per qualcuno	avoir le béguin pour quelqu'un
	corteggiare	courtiser
	fare la corte a qualcuno	faire la cour à quelqu'un
	stare dietro a qualcuno	courir après quelqu'un
	sedurre	séduire
	affascinare	fasciner, charmer
	attirare, attrarre	attirer
	stare con qualcuno	être avec quelqu'un
	romantico	romantique
	sentimentale	sentimental
	appassionato	passionné
	adorabile	adorable
	tenero	tendre
	attraente	attirant
	seducente	séduisant
	affascinante	charmant

Il matrimonio e la coppia / Le mariage et le couple

	il marito	le mari, l'époux
	la moglie	la femme, l'épouse
	la domanda di matrimonio	la demande en mariage
	lo sposo e la sposa	le marié et la mariée
	gli sposini	les jeunes mariés
	il coniuge	le conjoint
	i signori Rossi	M. et Mme Rossi
il viaggio di nozze *le voyage de noces* la lista/il regalo di nozze *le cadeau de mariage*	**le nozze**	les noces
	lo sposalizio	le mariage [la cérémonie]
	il matrimonio	le mariage
	civile	civil
	religioso	religieux

d'amore	d'amour
d'interesse	d'intérêt
bianco	blanc
combinato	arrangé
l'unione civile	l'union civile
il testimone	le témoin
la damigella d'onore	la demoiselle d'honneur
l'ufficiale di stato civile	l'officier d'état civil
il certificato di matrimonio	le certificat de mariage
il contratto matrimoniale	le contrat de mariage
il regime matrimoniale	le régime matrimonial
la separazione dei beni	la séparation de biens
la comunione dei beni	la communauté de biens
il libretto di famiglia	le livret de famille
la fede, la vera	l'alliance
la luna di miele	la lune de miel
la convivenza	la vie en commun
il convivente, il compagno	l'ami, le compagnon
il concubino	le concubin
l'agenzia matrimoniale	l'agence matrimoniale

il PACS (Patto Civile di Solidarietà) *le PACS (Pacte civil de solidarité)*

lo scambio degli anelli *l'échange des alliances*

cercare l'anima gemella	chercher l'âme soeur
chiedere la mano di qualcuno	demander la main de quelqu'un
fare la dichiarazione	faire sa déclaration
fare le pubblicazioni	publier les bans
sposarsi in chiesa/ in comune	se marier à l'église/ à la mairie
sposarsi in bianco	se marier en blanc
dire di sì	dire oui
unirsi in matrimonio	s'unir par les liens du mariage
scambiare gli anelli	échanger les alliances
convivere	vivre ensemble

convivere con qualcuno *vivre avec quelqu'un*

coniugale	conjugal
sposato, coniugato	marié
legittimo/illegittimo	légitime/illégitime
non consumato	non consommé

Il divorzio e la separazione / Le divorce et la séparation

la crisi coniugale	la crise conjugale
il tradimento	la trahison
l'infedeltà	l'infidélité
l'incomprensione	l'incompréhension
l'incompatibilità di carattere	l'incompatibilité de caractère
l'adulterio	l'adultère
la relazione extraconiugale	la liaison extraconjugale
l'abbandono del tetto coniugale	l'abandon du domicile conjugal
la bugia, la menzogna	le mensonge
la scenata	la scène (de ménage)
la litigata, la lite	la dispute
la rottura	la rupture
la separazione legale/di fatto	la séparation légale/de corps

de rompere *rompre* participe passé rotto

• **il divorzio**	• le divorce
per colpa	pour faute
consensuale	par consentement mutuel
• **il giudice matrimoniale**	• le juge matrimonial
• **la sentenza di divorzio**	• le jugement de divorce
• **l'assegno alimentare**	• la pension alimentaire
• **il diritto di custodia**	• le droit de garde
• **il diritto di visita**	• le droit de visite
• **l'affidamento dei figli**	• la garde des enfants
alternato, congiunto	alternée
esclusivo	exclusive

(!) verbes non pronominaux

• **litigare, bisticciare**	• se disputer
• **non andare d'accordo**	• ne pas s'entendre
• **tradire**	• tromper
• **mentire**	• mentir
• **separarsi**	• se séparer
• **lasciarsi**	• se quitter
• **divorziare**	• divorcer
• **ottenere l'affidamento dei figli**	• obtenir la garde des enfants
• **versare gli assegni alimentari**	• verser la pension alimentaire
• **risposarsi**	• se remarier

• **divorziato**	• divorcé
• **separato**	• séparé
• **tradito**	• trompé
• **adultero**	• adultère

adulterino *adultérin*

5 La sessualità — La sexualité

L'espressione della sessualità — L'expression de la sexualité

• **il sesso**	• le sexe
• **l'amore fisico**	• l'amour physique
• **l'attrazione fisica**	• l'attirance physique
• **il desiderio**	• le désir
• **l'erotismo**	• l'érotisme
• **la sensualità**	• la sensualité
• **l'eccitazione**	• l'excitation
• **la pulsione**	• la pulsion
• **la voluttà**	• la volupté
• **il bacio**	• le baiser
• **l'abbraccio**	• l'étreinte
• **la carezza**	• la caresse
• **i preliminari**	• les préliminaires
• **il rapporto sessuale**	• le rapport sexuel
• **il coito**	• le coït
• **la verginità**	• la virginité
• **l'orgasmo**	• l'orgasme
• **la frigidità**	• la frigidité
• **l'impotenza**	• l'impuissance

baciare/baciarsi	embrasser/s'embrasser
sbaciucchiarsi	se bécoter
abbracciare	enlacer, étreindre
abbracciarsi	s'enlacer, s'étreindre
accarezzare/accarezzarsi	caresser/se caresser
fare l'amore, fare sesso	faire l'amour
avere rapporti sessuali	avoir des rapports sexuels
andare a letto con qualcuno	coucher avec quelqu'un
masturbarsi	se masturber
godere	jouir

sensuale	sensuel
erotico	érotique
passionale	passionnel
virile	viril
virgineo	virginal
desiderabile	désirable
eccitato	excité
vergine	vierge
impotente	impuissant
frigido	frigide

I diversi tipi di sessualità / Les différents types de sexualité

l'eterosessualità	l'hétérosexualité
l'eterosessuale	l'hétérosexuel
l'omosessualità	l'homosexualité
l'omosessuale, il gay (il Gay Pride *la Gay Pride*)	l'homosexuel
la lesbica	la lesbienne
l'amore di gruppo	la sexualité de groupe
l'orgia	l'orgie
lo scambismo	l'échangisme
la sodomia	la sodomie
la ninfomania	la nymphomanie
la ninfomane	la nymphomane
il travestito	le travesti
il transessuale	le transsexuel
la prostituzione	la prostitution
la prostituta	la prostituée
la ragazza squillo	la call-girl
il protettore (il magnaccia *le maquereau*)	le souteneur
la deviazione sessuale	la déviation sexuelle
il maniaco sessuale	l'obsédé sexuel
lo stupro	le viol
l'esibizionismo	l'exhibitionnisme
l'esibizionista	l'exhibitionniste
il voyeurismo (prononcer à la française)	le voyeurisme
il guardone	le voyeur
la perversione	la perversion
il perverso	le pervers
il sadismo	le sadisme
il sadico	le sadique
il masochismo	le masochisme

il masochista	le masochiste
il sadomasochismo	le sadomasochisme
il sadomasochista	le sadomasochiste
il feticismo	le fétichisme
il feticista	le fétichiste
violentare, stuprare	violer
abusare di qualcuno	abuser de quelqu'un
adescare	racoler
prostituirsi	se prostituer
battere il marciapiede	faire le trottoir
cambiare sesso	changer de sexe

Sessualità e contraccezione / Sexualité et contraception

il ciclo mestruale	le cycle menstruel
le mestruazioni	les règles
l'ovulazione	l'ovulation
la fecondità	la fécondité
le precauzioni	les précautions
la contraccezione	la contraception
la pillola	la pilule
il blister	la plaquette, le blister
il contraccettivo	le contraceptif
il preservativo, il profilattico	le préservatif
il diaframma	le diaphragme
la spirale	le stérilet
l'ovulo spermicida	l'ovule spermicide
l'aborto	l'avortement
prendere la pillola	prendre la pilule
dimenticare la pillola	oublier sa pilule
avere le mestruazioni	avoir ses règles
rimanere incinta	tomber enceinte
abortire	avorter

la pillola del giorno dopo
la pilule du lendemain

participe passé rimasto

METTERE IN PRATICA

27 Dal sostantivo all'aggettivo Du substantif à l'adjectif

1. amico
2. coniuge
3. cortesia
4. altruismo
5. tolleranza
6. sensibilità
7. onestà
8. umiltà
9. galanteria
10. invidia
11. ira
12. ipocrisia
13. cattiveria
14. violenza
15. lealtà
16. dolcezza
17. pazienza
18. sincerità
19. educazione
20. generosità

28 Dal verbo al sostantivo Du verbe au substantif

1. amare
2. fidanzarsi
3. odiare
4. separarsi
5. tradire
6. divorziare
7. convivere
8. affezionarsi
9. baciare
10. sedurre
11. rompere
12. litigare
13. innamorarsi
14. abbandonare
15. accarezzare
16. attrarre
17. eccitare

29 Leggere e tradurre Lire et traduire

San Valentino, patrono di Terni e protettore degli innamorati di tutto il mondo, rinnova il 14 febbraio i suoi miracoli d'amore.
Pochi però conoscono la vera storia del vescovo e martire di cui Terni conserva le spoglie mortali.
San Valentino fu il primo vescovo della città. Perseguitato dal Senato romano cadde martire il 14 febbraio del 273, sotto l'impero di Aureliano. Ma è per aver celebrato il matrimonio tra una giovane cristiana ed un legionario pagano che divenne il protettore degli innamorati.
Ogni anno, nella basilica dedicata a san Valentino, centinaia di futuri sposi partecipano a una cerimonia in cui si scambiano una promessa d'amore, insieme anche a quegli sposi che, raggiunto un traguardo d'argento e d'oro, vogliono rinnovare l'impegno della loro unione.
Durante le manifestazioni valentiniane, per tutto il mese di febbraio Terni si fa romantica ed accogliente meritandosi la fama di "città dell'amore".

Extrait et adapté du site internet *www.comune.terni.it*

corrigés page 421

Altre Parole

Il contesto culturale

Scambio di convenevoli
Échange de politesses

- **I saluti**, *les salutations* :

buongiorno	bonjour
buonasera	bonsoir
salve	bonjour *ou* bonsoir
ciao	salut

- **Le formule di congedo**, *les formules d'adieu* :

arrivederci	au revoir
ciao	salut, tchao
addio	adieu
a presto	à bientôt
a domani	à demain
a più tardi	à plus tard, à tout à l'heure

- **Le formule di cortesia**, *les formules de politesse :*

– **Come sta?**	– Comment allez-vous ?
– **Bene grazie, e Lei?**	– Bien, merci, et vous?
– **Permesso?** – **Prego, si accomodi!**	– Je peux entrer ? – Je vous en prie, entrez !
– **Grazie mille!**	– Merci beaucoup !
– **Prego! Non c'è di che!**	– Je vous en prie ! Il n'y a pas de quoi !
– **Mi dispiace!** – **Non fa niente.**	– Je suis désolé(e) ! – Ce n'est pas grave.

Le paroline dolci
Les mots doux

Tesoro! Mon trésor !
Amore mio! Mon amour !
Cara! Chérie !
Caro! Chéri !
Gioia mia! Mon bijou !
Pulcino mio! Mon poussin !
Ciccio mio! Mon chou !

Gli anniversari di matrimonio
Les anniversaires de mariage

- **Le nozze d'argento**, *les noces d'argent* : 25 anni di matrimonio, *25 ans de mariage*
- **Le nozze d'oro**, *les noces d'or* : 50 anni di matrimonio, *50 ans de mariage*
- **Le nozze di diamante**, *les noces de diamant* : 60 anni di matrimonio, *60 ans de mariage*

Espressioni idiomatiche

amici per la pelle	des amis inséparables
Amici come prima?	On fait la paix ?
Bell'amico!	Tu parles d'un ami !
andare d'amore e d'accordo	s'entendre à merveille
per amore o per forza	de gré ou de force
due cuori e una capanna	deux cœurs et une chaumière
essere la (dolce) metà di qualcuno	être la (douce) moitié de quelqu'un
sognare il principe azzurro	rêver du prince charmant
il gentil sesso	le beau sexe
ambo i sessi	les deux sexes

Proverbi

Chi trova un amico trova un tesoro.	Qui trouve un ami trouve un trésor.
Amico con tutti e schiavo di nessuno.	Ami de tous, esclave de personne.
Chi disprezza ama.	Qui méprise aime.
Chi mi ama mi segua.	Qui m'aime me suive.
Tra moglie e marito non mettere il dito.	Entre l'arbre et l'écorce, il ne faut pas mettre le doigt.
Sposa bagnata, sposa fortunata.	Mariage pluvieux, mariage heureux.
Fra i due litiganti il terzo gode.	*L'huître est pour le juge, les écailles pour les plaideurs.*
Un vero amico si riconosce nei momenti del bisogno.	C'est dans l'épreuve qu'on reconnaît ses amis.
Morto un Papa se ne fa un altro.	Un de perdu, dix de retrouvés.

11

Le belle arti
Les beaux-arts

1 Il mondo dell'arte — Le monde de l'art

L'artista e la creazione artistica	L'artiste et la création artistique
(!) féminin — **l'arte**	l'art
l'opera d'arte	l'œuvre d'art
l'oggetto d'arte	l'objet d'art
il capolavoro	le chef-d'œuvre
lo studio, l'atelier	l'atelier
la scuola d'arte	l'école d'art
l'Accademia di belle arti	l'Académie des beaux-arts
la Sovrintendenza alle belle arti	la Direction des beaux-arts
il sovrintendente alle belle arti	le directeur des Beaux-Arts
il critico d'arte	le critique d'art
la tecnica	la technique
l'ispirazione	l'inspiration
lo stile	le style
la creatività	la créativité
il talento	le talent
il genio	le génie
creativo	créatif
geniale	génial
ispirato	inspiré
inventivo	inventif
originale	original

Mostre e musei	Expositions et musées
il museo	le musée
il conservatore	le conservateur
il custode	le gardien
(!) féminin — **la guida**	le guide
la sala d'esposizione	la salle d'exposition
la collezione permanente	la collection permanente
la collezione privata	la collection privée
il lascito	le legs

la mostra	l'exposition
il curatore della mostra	le commissaire de l'exposition
il catalogo della mostra	le catalogue de l'exposition
la retrospettiva	la rétrospective
visitare	visiter
esporre (participe passé esposto)	exposer
allestire una mostra	organiser une exposition

Il mercato dell'arte / Le marché de l'art

il mercante d'arte	le marchand d'art
l'antiquario	l'antiquaire
l'antiquariato	les antiquités
il pezzo d'antiquariato	la pièce d'antiquité
il collezionista	le collectionneur
la collezione	la collection
il pezzo da collezione	la pièce de collection
l'intenditore d'arte	le connaisseur
l'appassionato d'arte	l'amateur d'art
il mecenate (il mecenatismo *le mécénat*)	le mécène
la galleria d'arte	la galerie d'art
il salone dell'arte	le salon d'art
la personale	l'exposition personnelle
il vernissage (prononcer à la française)	le vernissage
la vendita all'asta	la vente aux enchères
l'asta	les enchères
la sala d'aste	la salle de vente
il banditore d'asta	le commissaire-priseur
la stima	l'estimation, l'expertise
la valutazione	l'évaluation
l'offerta	l'offre, l'enchère
la firma	la signature
l'originale	l'original
la copia	la copie
la riproduzione	la reproduction
il falso	le faux
il restauro	la restauration
vendere	vendre
acquistare, comprare	acheter
mettere all'asta	mettre aux enchères
aggiudicare (aggiudicare al migliore offerente *adjuger au plus offrant*)	adjuger
stimare	expertiser
autenticare	authentifier
copiare	copier
riprodurre (participe passé riprodotto)	reproduire
restaurare	restaurer

Stili e epoche / Styles et époques

la scuola	l'école
la corrente ((!) féminin)	le courant
il movimento	le mouvement

	l'arte rupestre	l'art rupestre
	l'arte antica	l'art antique
l'arte romana *l'art romain* / l'arte romanica *l'art roman*	**il romanico**	le roman
	il gotico fiammeggiante	le gothique flamboyant
lo stile rinascimentale *le style Renaissance*	**il Rinascimento**	la Renaissance
	il manierismo	le maniérisme
	il barocco	le baroque
classico *classique*	**il classicismo**	le classicisme
	il rococò	le rococo
	il romanticismo	le romantisme
	il neoclassicismo	le néoclassicisme
	il realismo	le réalisme
	il naturalismo	le naturalisme
	l'arte moderna	l'art moderne
	l'impressionismo	l'impressionnisme
	l'espressionismo	l'expressionnisme
	l'arte naif	l'art naïf
prononcer à la française	**l'art nouveau**	l'Art nouveau
	lo stile liberty	le style Liberty, *l'art nouveau italien*
	lo stile Impero	le style Empire
	lo stile bizantino	le style byzantin
	lo stile moresco	le style mauresque
prononcer [fo'vizmo]	**il fauvismo**	le fauvisme
	il cubismo	le cubisme
	il futurismo	le futurisme
	il dadaismo	le dadaïsme
	il surrealismo	le surréalisme
(!) féminin	**la pop art**	le pop art
	l'arte contemporanea	l'art contemporain
	l'arte concettuale	l'art conceptuel
	l'arte povera	l'Arte povera
	l'arte astratta	l'art abstrait
	l'arte sacra	l'art sacré
	le arti figurative	les arts figuratifs
	le arti decorative	les arts décoratifs
	le arti plastiche	les arts plastiques
	le arti grafiche	les arts graphiques

realistico	réaliste
impressionista	impressionniste
espressionista	expressionniste
cubista	cubiste
futurista	futuriste
dadaista	dadaïste
surrealista	surréaliste
astratto	abstrait
figurativo	figuratif
accademico	académique
decadente	décadent

2 Il disegno, la pittura e l'incisione — Le dessin, la peinture et la gravure

Il disegno e la pittura — Le dessin et la peinture

il disegnatore	le dessinateur
l'illustratore	l'illustrateur
l'illustrazione	l'illustration
la vignetta umoristica	le dessin humoristique
la caricatura	la caricature
il caricaturista	le caricaturiste
lo schizzo, il bozzetto	l'esquisse, l'ébauche
il fumetto	la bande dessinée
il pittore	le peintre
la tela	la toile
il dipinto	la peinture [tableau]
il quadro	le tableau
il quadro d'autore	le tableau de maître
il ritratto	le portrait
l'autoritratto	l'autoportrait
il profilo	le profil
il nudo	le nu
il paesaggio	le paysage
la marina	la marine
la natura morta	la nature morte
l'affresco	la fresque
lo studio	l'étude
la miniatura	la miniature *ou* l'enluminure
l'icona	l'icône
il dittico	le diptyque
la pala (d'altare)	le retable
la pittura ad olio/ad acqua	la peinture à l'huile/à l'eau
l'acquerello, l'acquarello	l'aquarelle

(!) l'imbianchino *le peintre* (en bâtiment) [→ il pittore]

(!) faux ami *le cadre* la cornice; appendere un quadro *accrocher un tableau* [→ il quadro]

il trittico *le triptyque* [→ il dittico]

(!) masculin [→ l'acquerello]

disegnare	dessiner
tracciare	tracer
cancellare	effacer
illustrare	illustrer
ricalcare	calquer, décalquer
abbozzare	ébaucher
schizzare	esquisser
risaltare, spiccare	ressortir
dipingere	peindre
affrescare un soffitto	décorer un plafond de fresques
miniare	orner de miniatures *ou* enluminer
dare l'ultimo tocco	donner la dernière touche
incorniciare	encadrer

Il materiale da disegno e da pittura — Le matériel de dessin et de peinture

la carta da disegno/da lucidi	le papier à dessin/calque
la cartella (portadisegni)	le carton à dessin

il blocco da disegno	le bloc à dessin
la matita	le crayon
la mina	la mine
la gomma	la gomme
il carboncino	le fusain
lo sfumino	l'estompe
il pastello (il pastello a cera *le pastel gras*)	le pastel
il pennino	la plume
la china, l'inchiostro di china	l'encre de Chine
il cavalletto	le chevalet
la tavolozza	la palette
il pennello ((!) la pennellessa *la brosse* [du peintre en bâtiment])	le pinceau
la ciotolina	le godet
la vernice (a spruzzo)	la peinture (en bombe)
i colori	les couleurs
a(d) olio	à l'huile
acrilici	acryliques
a tempera	à la détrempe
gli acquarelli	les aquarelles
il tubetto di colore	le tube de peinture
il diluente	le diluant
l'acquaragia	l'essence de térébenthine

I colori / Les couleurs

la tinta	la teinte
il tono, la tonalità	le ton, la tonalité
il colore ((!) masculin)	la couleur
i colori dell'arcobaleno	les couleurs de l'arc-en-ciel
i colori primari	les couleurs primaires
i colori secondari	les couleurs secondaires
i colori complementari	les couleurs complémentaires
la sfumatura	la nuance
la gamma	la gamme
il giallo	le jaune
limone	citron
oro	d'or
canarino	canari
zafferano	safran
paglierino	paille
il verde	le vert
acqua	d'eau
pisello	tendre
mela	pomme
oliva	olive
bottiglia	bouteille
smeraldo	émeraude
militare	kaki
il rosso	le rouge
ciliegia	cerise
sangue	sang
scarlatto	écarlate
vermiglio	vermeil
il porpora	le pourpre

	il malva	le mauve
invariable	**il viola**	le violet
invariable	**il blu**	le bleu (foncé)
	di Prussia	de Prusse
	oltremare	outremer
	petrolio	pétrole
	l'azzurro	le bleu (clair)
de la couleur du papier qui servait autrefois à emballer le sucre	**carta da zucchero**	gris-bleu
	il celeste	le bleu ciel
	il turchese	le turquoise
	l'indaco	l'indigo
	il bianco	le blanc
	latte	de lait
	sporco	sale
	avorio	ivoire
	l'ocra	l'ocre
prononcer à la française	**il beige**	le beige
	il nero	le noir
	corvino	corbeau
	il grigio	le gris
	argento	argent
	perla	perle
	topo	souris
	fumo	de fumée
	l'antracite	l'anthracite
invariable	**il rosa**	le rose
	confetto	bonbon
	shocking	vif
	il rosa antico	le vieux rose
	l'arancione	l'orange
	il marrone	le marron
	testa di moro	tête de nègre

- **chiaro/scuro** — clair/ foncé
- **vivace** — vif
- **sgargiante** — voyant, criard
- **smorto** — pâle, fade
- **cupo, tetro** — sombre
- **freddo/caldo** — froid/chaud
- **intenso** — intense
- **luminoso** — lumineux
- **sbiadito, scolorito, stinto** — déteint, passé
- **screziato** — bigarré
- **biancastro** — blanchâtre
- **grigiastro** — grisâtre
- **giallino** — jaune clair

La tecnica — La technique

- **la prospettiva** — la perspective
- **lo sfondo** — le fond
- **il primo piano** — le premier plan
- **il secondo piano** — l'arrière-plan
- **il chiaroscuro** — le clair-obscur

lo sfumato	le dégradé
il tratteggio	la hachure
il contorno a china	le contour à l'encre de Chine
lo stampino	le pochoir
la pennellata	la touche, le coup de pinceau
sfumare	estomper
ombreggiare	ombrer
tratteggiare	hachurer
diluire	diluer
spennellare	badigeonner
fissare il colore	fixer la couleur
verniciare	vernir

mescolare *mélanger*

L'incisione	La gravure
l'incisore	le graveur
la fotoincisione	la photogravure
la stampa	l'estampe
la xilografia	la xylographie
la pirografia	la pyrographie
la calcografia	la chalcographie
la litografia	la lithographie
il bulino	le burin
l'acido	l'acide
l'acquaforte	l'eau-forte
la lastra di rame	la planche de cuivre
la punta d'acciaio	la pointe d'acier
incidere	graver
inchiostrare	encrer

3 La scultura e le arti decorative / La sculpture et les arts décoratifs

La scultura	La sculpture
lo scultore	le sculpteur
il bronzista	le bronzier
il marmista	le sculpteur sur marbre
l'intagliatore	le sculpteur sur bois *ou* sur pierre
il fonditore	le fondeur
lo scalpello	le ciseau
il cesello	le ciselet
la martellina	la marteline
il monumento	le monument
la statua	la statue
il busto	le buste
la statuina, la statuetta	la statuette, la figurine
il piedistallo	le piédestal
il bassorilievo	le bas-relief
l'altorilievo	le haut-relief

lo scalpellino *le tailleur de pierre*

il martello *le marteau*

il bronzo	le bronze
il marmo	le marbre
la pietra	la pierre
la terracotta	la terre cuite
l'argilla, la creta	l'argile
il gesso (autre sens *la craie* [pour écrire])	le plâtre
lo stampo	le moule
il calco	le moulage
il modello	le modèle
scolpire (intagliare il legno *sculpter le bois*)	sculpter
scalpellare	ciseler [au ciseau]
cesellare	ciseler [au ciselet]
foggiare	façonner, mouler
modellare	modeler
sbozzare un blocco di marmo	ébaucher un bloc de marbre
fondere	fondre
colare	couler
marmoreo	de marbre
bronzeo	de bronze
scultoreo	sculptural
statuario (una bellezza statuaria *une beauté sculpturale*)	statuaire

Le arti decorative e l'artigianato artistico / Les arts décoratifs et l'artisanat d'art

il prodotto artigianale	le produit artisanal
l'artigiano (il laboratorio dell'artigiano *l'atelier de l'artisan*)	l'artisan
il maestro d'arte	le maître artisan
l'oreficeria	l'orfèvrerie
l'orefice, l'orafo	l'orfèvre
il marchio	le poinçon [la marque]
il punzone	le poinçon [l'outil]
il tagliatore di diamanti	le tailleur de diamants
la lavorazione del legno	le travail du bois
l'ebanisteria	l'ébénisterie
l'ebanista (il falegname *le menuisier*)	l'ébéniste
l'intarsio (i mobili intarsiati *les meubles marquetés*)	la marqueterie
la lavorazione delle pietre	le travail des pierres
il tagliapietre	le tailleur de pierres
la lavorazione della terracotta	le travail de la terre cuite
la fabbricazione di terrecotte	la poterie
il vasaio	le potier
il tornio	le tour
il forno, la fornace	le four
la ceramica (le piastrelle *les carreaux*)	la céramique
la porcellana	la porcelaine
la maiolica	la faïence
l'arenaria	le grès
la lavorazione del vetro	le travail du verre

la fabbricazione del vetro	la verrerie
le vetrerie	les verreries
il vetro soffiato	le verre soufflé
il soffiatore di vetro	le souffleur de verre
la pittura vetraria	la peinture sur verre
il pittore su vetro	le verrier, le peintre sur verre
l'artigianato tessile	l'artisanat textile
la tessitura	le tissage
il telaio	le métier à tisser
il tessitore	le tisserand
il merletto (aussi il pizzo, la trina)	la dentelle
il ricamo	la broderie
la ricamatrice	la brodeuse
la lavorazione della pelle	le travail du cuir
la pelle ((!) la suola di cuoio *la semelle de cuir*)	le cuir
la conciatura	le tannage
la pelletteria	la maroquinerie
la lavorazione del ferro battuto	la ferronnerie d'art
il ferro battuto	le fer forgé
il fabbro	le forgeron
la fucina	la forge
tagliare	tailler
incastonare	sertir
lavorare il legno	travailler le bois
segare	scier
piallare	raboter
inchiodare	clouer
avvitare	visser
intarsiare	marqueter
passare al tornio	façonner au tour
soffiare il vetro	souffler le verre
dipingere su vetro/ su ceramica (participe passé dipinto)	peindre sur verre/ sur céramique
tessere	tisser
ricamare (lavorare a maglia *tricoter*)	broder
conciare	tanner
tingere (participe passé tinto)	teindre
artigianale	artisanal
fatto a mano	fait main, fait à la main
tradizionale	traditionnel
originale	original
tipico	typique
unico	unique

4 La fotografia / La photographie

il fotografo	le photographe
la macchina fotografica	l'appareil photo(graphique)
digitale (aussi la fotocamera digitale)	numérique
reflex	reflex

	automatica	automatique
	usa e getta, monouso	jetable
	panoramica	panoramique
	istantanea	instantané
(!) féminin	• **la polaroid**	• le polaroïd
	• **la custodia**	• l'étui
	• **il treppiedi**	• le trépied
	• **la lente**	• la lentille
il teleobiettivo *le téléobjectif*	• **l'obiettivo**	• l'objectif
	• **l'autoscatto**	• le retardateur
	• **lo zoom**	• le zoom
	• **il monitor**	• l'écran
	• **il grandangolo**	• le grand angle
	• **l'inquadratura**	• le cadrage
	• **il diaframma**	• le diaphragme
	• **l'esposizione**	• l'exposition
	• **il tempo di esposizione**	• le temps d'exposition
	• **l'otturatore**	• l'obturateur
	• **la messa a fuoco**	• la mise au point
	• **l'autofocus**	• l'autofocus
	• **la profondità di campo**	• la profondeur de champ
	• **il controluce**	• le contre-jour
	• **il contrasto**	• le contraste
cambiare il rullino *changer la pellicule*	• **il rullino**	• la pellicule
	• **la pellicola**	• le film
	• **la sensibilità**	• la sensibilité
	• **il negativo**	• le négatif
	• **il fotogramma**	• le photogramme
	• **il mirino**	• le viseur
prononcer [flɛʃ]	• **il flash**	• le flash
	• **il filtro (ottico)**	• le filtre (optique)
	• **la sottoesposizione**	• la sous-exposition
	• **la sovresposizione**	• la surexposition
	• **la batteria**	• la batterie
	• **il caricabatteria**	• le chargeur
	• **la memoria**	• la mémoire
	• **la memory card**	• la carte mémoire
	• **la stampa**	• le tirage *ou* l'impression
	• **il ritocco**	• la retouche
	• **il fotomontaggio**	• le photomontage
	• **la foto(grafia)**	• la photo(graphie)
	a colori	(en) couleur
	in bianco e nero	(en) noir et blanc
	su carta lucida	sur papier brillant
	su carta opaca	sur papier mat
	• **la diapositiva**	• la diapositive
	• **la risoluzione, la definizione**	• la résolution, la définition
	• **i pixel**	• les pixels
	• **l'ingrandimento**	• l'agrandissement
	• **la foto tessera**	• la photo d'identité
	• **l'album fotografico**	• l'album photo
	• **il book**	• le book

la camera oscura	la chambre noire
lo sviluppo	le développement
il bagno di sviluppo	le bain révélateur
la grana	le grain
fotografare	photographier
fare una foto(grafia) a qualcuno	faire une photo de quelqu'un
posare	poser
essere fotogenico	être photogénique
essere controluce	être à contre-jour
mettere a fuoco	mettre au point
inquadrare	cadrer
zumare, zoomare	zoomer
sviluppare	développer
esporre	exposer
stampare	tirer *ou* imprimer
fissare	fixer
ingrandire	agrandir
ritoccare	retoucher
brillante/opaco	brillant/mat
nitido/mosso, sfocato	net/flou

scattare una foto(grafia) *prendre une photo(graphie)*

mettersi in posa *prendre la pose*

il fissaggio *le fixage*

6 L'architettura — L'architecture

Generalità — Généralités

l'architetto	l'architecte
il geometra	le géomètre
il progetto	le projet
la pianta	le plan
la planimetria	la planimétrie
il plastico	la maquette
lo spaccato	la coupe
i lavori	les travaux
il cantiere	le chantier
la costruzione	la construction
le fondamenta	les fondations

Gli elementi architettonici — Les éléments architecturaux

il tempio greco/romano	le temple grec/romain
l'acropoli	l'acropole
la colonna	la colonne
il basamento	le soubassement
il capitello	le chapiteau
dorico	dorique
ionico	ionique
corinzio	corinthien
toscano	toscan
composito	composite
la modanatura	la moulure
la scanalatura	la cannelure
la voluta	la volute

il tempietto *le petit temple*

(!) masculin

il colonnato	la colonnade
il pilastro	le pilier
il fregio	la frise
il frontone	le fronton
l'architrave	l'architrave
la cariatide	la cariatide
la chiesa	l'église
il duomo	le dôme
la cattedrale	la cathédrale
la basilica	la basilique
il convento	le couvent
il monastero	le monastère
l'abbazia	l'abbaye
l'arco	l'arc
a tutto sesto	en plein cintre
(a sesto) ribassato	surbaissé
(a sesto) rialzato	surhaussé
a sesto acuto	en ogive, en tiers-point
l'arco di sostegno	l'arc-boutant
il contrafforte	le contrefort
l'arcata	l'arcade
la volta	la voûte
la cupola	la coupole
il portico	le porche
i portici	les arcades
il porticato	le portique
il portale	le portail
la facciata	la façade
il sagrato	le parvis
la scalinata	les marches, le grand escalier
la scalinata (esterna)	le perron
lo scalone	le grand escalier
il coro	le chœur
la tribuna	la tribune
la navata	la nef
il transetto	le transept
la cripta	la crypte
l'altare	l'autel
la cappella	la chapelle
l'abside	l'abside
il timpano	le tympan
la bifora	la fenêtre géminée
la trifora	la fenêtre ternée
il pulpito	la chaire
la transenna	la transenne
il campanile	le clocher *ou* le campanile
la torre campanaria	le clocher *ou* le beffroi
la guglia	la flèche
il doccione	la gargouille
il rosone	la rosace
la vetrata	le vitrail
il castello	le château
la rocca	le château fort

l'altare maggiore
le maître-autel

la fortezza, la roccaforte	la forteresse
la cittadella	la citadelle
il bastione	le bastion
le mura	l'enceinte, les remparts
il ponte levatoio	le pont-levis
il torrione	le donjon
la torre	la tour
il merlo	le créneau
le terme	les thermes
il frigidario	le frigidarium
il tepidario	le tépidarium
il calidario	le caldarium

la merlatura *la crénelure*

L'architettura archeologica	L'archéologie monumentale
i ruderi	les ruines
il dolmen	le dolmen
il menhir	le menhir
la catacomba	la catacombe
la necropoli	la nécropole
il tumulo	le tumulus
l'ossario	l'ossuaire
la piramide	la pyramide
progettare	concevoir
misurare	mesurer
costruire	construire
erigere	ériger
edificare	édifier
innalzare	élever
architettonico	architectural
dentellato	dentelé
frastagliato	découpé
traforato	ajouré
in rilievo	en relief
sporgente	saillant
incavato	en creux
simmetrico	symétrique
asimmetrico	asymétrique
orizzontale	horizontal
verticale	vertical
egizio	égyptien
grecoromano	gréco-romain
carico	chargé
sobrio	sobre

METTERE IN PRATICA

30 Dal sostantivo al verbo Du substantif au verbe

1. il pittore
2. lo scultore
3. il fotografo
4. il disegnatore
5. l'incisore
6. l'illustratore
7. la stampa
8. l'intaglio
9. lo scalpello
10. la miniatura
11. l'affresco
12. il ritocco
13. la sfumatura
14. la riproduzione
15. lo sviluppo
16. l'esposizione
17. l'inquadratura

31 Che cosa usa? Qu'est-ce qu'il utilise ?

a. Il fotografo?
b. Il pittore?
c. Il disegnatore?
d. Lo scultore?

1. il pennello 2. lo zoom 3. lo scalpello 4. la tavolozza 5. il grandangolo 6. la tela 7. il cavalletto 8. la camera oscura 9. la matita 10. il rullino 11. il marmo 12. la gomma

32 Trovare l'intruso Trouver l'intrus

1. il diaframma; l'obiettivo; il mirino; il flash, la tavolozza
2. la tela; i colori; il pennello; lo schermo; il cavalletto
3. il rinascimentale; il barocco; il trittico; il gotico; il rococò

corrigés page 422

Il contesto culturale

L'arte del vetro soffiato di Murano
L'art du verre soufflé de Murano

- L'art du verre soufflé est traditionnel à Venise : très célèbre dans le monde entier pour les lustres (**i lampadari**) vénitiens ainsi que pour toutes sortes de pièces de verrerie. La fabrication de cet artisanat typique depuis le XIIIe siècle s'est installée dans l'île vénitienne de **Murano** pour éviter les incendies en plein centre ville.

I maggiori esponenti del Rinascimento italiano
Les grands représentants de la Renaissance italienne

- **Leonardo da Vinci** (1452-1519) : né à Vinci, en Toscane, il est tout à la fois peintre, sculpteur, orfèvre, architecte, physicien, ingénieur, inventeur, philosophe et homme de science. Homme d'esprit universel, il incarne l'esprit de la Renaissance. Sa célèbre Joconde (***Gioconda*** ou ***Ritratto di Monna Lisa***) est conservée à Paris au Louvre et sa fresque ***L'ultima cena*** dans l'église **Santa Maria delle Grazie** à Milan.

- **Raffaello Sanzio** (1483-1520) : peintre et architecte né à Urbino, plus connu sous le nom de Raphaël (**Raffaello**), il a longtemps été considéré comme le plus grand peintre qui ait jamais existé. Ce mythe apparaît du vivant de l'artiste et est renforcé par sa mort précoce, à l'âge de 37 ans. Il est resté célèbre pour ses fresques du palais du Vatican à Rome, ses peintures aux Offices (**gli Uffizi**) de Florence et à la pinacothèque de Brera à Milan.

- **Michelangelo Buonarroti** (1475-1564) : sculpteur, peintre, architecte et poète connu sous le prénom de Michel-Ange. Parmi ses œuvres célèbres, on compte la ***Pietà*** (conservée à la basilique Saint-Pierre de Rome) et les fresques de la chapelle Sixtine (**la Cappella Sistina**).

- **Tiziano Vecellio** (1488?-1576) : peintre vénitien, dit **Tiziano** (Titien). Il est considéré comme un des deux plus grands portraitistes de son époque notamment par son habileté à faire ressortir les traits de caractère des personnages. Il a laissé à la postérité une couleur particulière de chevelure, blond roux, dite **rosso tiziano**.

- **Tintoretto** (Jacopo Robusti, dit **Tintoretto**) [1518-1594] : peintre vénitien. Il doit son surnom (*le petit teinturier*) à son père, qui travaillait dans une teinturerie. Élève de Titien, il est réputé pour avoir dépassé son professeur dans la maîtrise des couleurs et des ombres, du rendu de la matière, s'inscrivant parmi les grands du style vénitien. Sa production est particulièrement associée à la ville de Venise où il élabore un langage original basé sur le contraste des lumières et du mouvement.

Espressioni idiomatiche

a regola d'arte	selon les règles de l'art
stare a pennello	aller comme un gant
essere tutto il ritratto di qualcuno	être le portrait craché de quelqu'un
essere il ritratto della salute	respirer la santé
essere senza arte né parte	être sans le sou et bon à rien

sui colori

farne/dirne di tutti i colori	en faire/en dire de toutes les couleurs
bianco come la neve	blanc comme neige
nero come il carbone	noir comme du charbon
rosso come un peperone	rouge comme une tomate
azzurro come il cielo	bleu comme le ciel
essere al verde	être fauché
essere in rosso	être dans le rouge
un film a luci rosse	un film X
il mercato nero	le marché noir
lavorare in nero	travailler au noir
passare una notte in bianco	passer une nuit blanche

Proverbi

Il diavolo non è brutto come lo si dipinge.	Le diable n'est pas si noir qu'on le dit.

12

Le arti dello spettacolo

Les arts du spectacle

1 I mestieri del teatro e del cinema — Les métiers du théâtre et du cinéma

	I mestieri del teatro e del cinema	Les métiers du théâtre et du cinéma
	l'attore teatrale / cinematografico	l'acteur de théâtre / de cinéma
	l'attore tragico	le tragédien
	il cast	la distribution
la parte da protagonista *le premier rôle* il ruolo principale *le rôle principal*	**la parte, il ruolo**	le rôle
	il casting	le casting
aussi il divo, la diva autre sens de la stella *l'étoile*	**la star, la stella**	la star
	la celebrità	la célébrité
	il caratterista	l'acteur de genre
	la comparsa	le figurant
prononcer ['stantmɛn]	**lo stunt-man, il cascatore**	le cascadeur
	la controfigura	la doublure
	i lavoratori a contratto dello spettacolo	les intermittents du spectacle
	il regista	le metteur en scène *ou* le réalisateur
	la regia	la mise en scène *ou* la réalisation
	il cineasta	le cinéaste
	l'aiuto regista	l'assistant de plateau
prononcer ['kameʀamɛn]	**il cameraman**	le caméraman
	lo scenografo	le scénographe, le décorateur
	la scenografia	la scénographie, les décors
	lo sceneggiatore	le scénariste
	la sceneggiatura	le scénario
	il copione	le script
	il trovarobe	l'accessoiriste
	la costumista	l'habilleuse
	i costumi di scena	les costumes de scène
	il truccatore	le maquilleur
	il trucco	le maquillage
	il produttore	le producteur
	il segretario di produzione	le scripte
la coproduzione *la coproduction*	**la produzione**	la production

la recitazione *le jeu*	**recitare**	jouer
	interpretare il ruolo/la parte	interpréter le rôle
fare la parte del cattivo *jouer le rôle du méchant*	**fare la parte di**	jouer le rôle de
	mimare	mimer
aussi fare un'audizione	**fare un provino**	passer une audition
	esordire	débuter
	mettere in scena	mettre en scène
	girare	tourner
	filmare, riprendere	filmer
	produrre un film/ una rappresentazione teatrale	produire un film/ une pièce de théâtre

2 Il teatro — Le théâtre

La sala teatrale — La salle de théâtre

il teatro stabile *le théâtre de la ville*	**il teatro**	le théâtre
	il palco(scenico)	la scène
	la paura del palcoscenico, il panico da palcoscenico	le trac
(!) faux ami *le scénario* la sceneggiatura	**lo scenario**	le décor
Sipario! *Rideau !*	**il sipario**	le rideau
	la ribalta	la rampe
	le luci della ribalta	les feux de la rampe
	il proscenio	l'avant-scène
	la barcaccia	la baignoire
la fossa dell'orchestra *la fosse d'orchestre*	**l'orchestra**	l'orchestre
	il palco	la loge
	il palchetto	la petite loge
	la platea	le parterre
aussi la balconata	**la galleria**	le balcon
	il camerino	la loge (de l'artiste)
dietro le quinte *dans les coulisses*	**le quinte**	les coulisses
	il loggione, la piccionaia	le pigeonnier
	la poltrona (di platea)	le fauteuil (d'orchestre)
	la poltronissima	*le fauteuil d'orchestre des premiers rangs*
	la poltroncina	*le fauteuil d'orchestre des derniers rangs*
	il posto numerato	la place numérotée
	lo strapuntino	le strapontin
	la fila	le rang
	il botteghino	le guichet, la billetterie
	la prevendita	la location
	il bagarino	le revendeur de billets [au marché noir]
autre sens le masque	**la maschera**	l'ouvreuse
	il guardaroba	le vestiaire
	la guardarobiera	la préposée au vestiaire
	la contromarca	la contremarque

I generi teatrali	Les genres théâtraux
la commedia	la comédie
il commediografo	l'auteur comique
il musical, la commedia musicale	la comédie musicale
la commedia dell'arte	la commedia dell'arte
la tragedia	la tragédie
il tragediografo	l'auteur tragique
la drammaturgia	la dramaturgie, l'art dramatique
il dramma	le drame
il drammaturgo	le dramaturge, l'auteur dramatique
la farsa	la farce
la pantomima	la pantomime
teatrale	théâtral, de théâtre
drammatico	dramatique
tragico	tragique
comico	comique
farsesco	burlesque

musical à prononcer ['mjuzikol]

Il teatro lirico	Le théâtre lyrique
l'opera buffa, seria	l'opéra bouffe, seria
l'operetta	l'opérette
il melodramma	le mélodrame
il libretto d'opera	le livret d'opéra
il cantante lirico	le chanteur d'opéra
la cantante lirica	la chanteuse d'opéra/la cantatrice
il bel canto	le bel canto
il virtuoso	le virtuose
il soprano	le soprano
il mezzo soprano	le mezzo soprano
l'alto	l'alto
il contralto	le contralto
il tenore	le ténor
il baritono	le baryton
il basso	la basse
l'aria	l'air, l'aria
l'arietta	l'ariette
il recitativo	le récitatif

l'opera: (!) féminin

il virtuosismo *la virtuosité*

L'opera teatrale	La pièce de théâtre
l'atto	l'acte
la scena	la scène
la battuta	la réplique
l'a parte	l'aparté
il prologo	le prologue
il monologo	le monologue
l'unità di tempo, di luogo e di azione	l'unité de temps, de lieu et d'action

l'atto unico *la pièce en un acte*

il colpo di scena *le coup de théâtre*

La rappresentazione teatrale	La représentation théâtrale
la stagione teatrale	la saison théâtrale
la compagnia teatrale	la compagnie de théâtre, la troupe de théâtre
l'impresario	l'imprésario
il direttore di scena	le régisseur
il suggeritore	le souffleur
la prova (generale)	la répétition (générale)
il programma	le programme
l'anteprima	l'avant-première
la prima	la première
la replica, la recita	la représentation
la matinée	la matinée
l'intervallo	l'entracte
lo spettatore	le spectateur
il pubblico	le public
il successo	le succès
il fiasco	l'échec, le fiasco
l'applauso	les applaudissements
il fischio	le sifflet
andare a teatro	aller au théâtre
assistere a	assister à
allestire uno spettacolo teatrale	monter un spectacle de théâtre
suggerire	souffler
applaudire	applaudir
chiedere un bis	demander un bis, bisser
fare il pienone	faire salle comble
fischiare	siffler
rappresentare	représenter, mettre en scène
alzare/abbassare il sipario	lever/baisser le rideau

fare le prove *répéter*

la recita di fine anno *la représentation de fin d'année*

l'apertura del sipario *le lever du rideau*

3 Il cinema — Le cinéma

La sala cinematografica	La salle de cinéma
il cinema	le cinéma
il cinema multisale	le cinéma multiplex
il cinema d'essai	le cinéma d'art et d'essai
il cinema all'aperto	le cinéma en plein air
la cineteca	la cinémathèque
il cinefilo	le cinéphile
lo spettacolo (cinematografico)	la séance (de cinéma)
lo schermo panoramico	l'écran panoramique
la proiezione	la projection
il film in prima visione	le nouveau film, le film en exclusivité
il film a colori	le film en couleur
il film in bianco e nero	le film en noir et blanc
il film muto	le film muet
il film parlato	le film parlant

(!) invariable il cine *le ciné*

il grande schermo *le grand écran*
il piccolo schermo *le petit écran*

	dare un film al cinema	passer un film au cinéma
	proiettare un film	projeter un film

I generi cinematografici / Les genres cinématographiques

il western all'italiana *le western spaghetti*	**il (film) western**	le (film) western
	il (film) giallo/ il (film) poliziesco	le film policier
	il thriller	le thriller
	il film d'avventura	le film d'aventures
la spia (féminin) *l'espion*	**il film di spionaggio**	le film d'espionnage
	il film di fantascienza	le film de science-fiction
	il film horror, il film dell'orrore	le film d'horreur
	la commedia all'italiana	la comédie à l'italienne
	la commedia sentimentale	la comédie sentimentale
musical à prononcer ['mjuzikol]	**il musical, il film musicale**	la comédie musicale
	il film porno(grafico)	le film porno(graphique)
	il film erotico	le film érotique
	il film drammatico	le film dramatique
	il film comico	le film comique
	il film a sketch	le film à sketches
	il cartone animato	le dessin animé
	il film d'animazione	le film d'animation
	il cortometraggio	le court métrage
	il lungometraggio	le long métrage
	il documentario	le documentaire
prononcer ['trejlɛr]	**il trailer**	la bande annonce
	il film d'autore	le film d'auteur
aussi il film di cassetta	**il film commerciale**	le film commercial, le film grand public
	il film di culto, il cult	le film culte
il festival di Cannes *le festival de Cannes*	**il festival cinematografico**	le festival de cinéma
	la mostra del cinema di Venezia	le festival de cinéma de Venise
prononcer [nomi'neʃon]	**la nomination, la candidatura**	la nomination
	il premio	le prix
	il leone d'oro	le lion d'or
	la palma d'oro	la palme d'or
	l'oscar	l'oscar
l'équivalent du César français	**il David di Donatello**	le David de Donatello
	i titoli di testa/di coda	le générique de début/de fin
	i sottotitoli	les sous-titres
	la versione originale con i sottotitoli	la version originale sous-titrée
	la versione doppiata	la version doublée
	il doppiaggio	le doublage
	il doppiatore	le doubleur
	la colonna sonora	la bande son

	andare al cinema	aller au cinéma
	guardare un film	regarder un film
	premiare	primer
	vincere un premio	remporter un prix

bello/brutto	bon/mauvais
appassionante	passionnant
mozzafiato	à couper le souffle
commovente	émouvant
strappalacrime	à fendre le cœur
divertente	amusant
noioso	ennuyeux
satirico	satirique
vietato ai minori di 18 anni	interdit aux moins de 18 ans
candidato a un festival	nominé à un festival

una pizza (familier) *un navet*, un film ennuyeux

La realizzazione di un film e le tecniche cinematografiche / La réalisation d'un film et les techniques cinématographique

il set	le plateau
il ciak, il ciac	la claquette, le clap
la ripresa	la prise de vue
la macchina da presa	la caméra
la ripresa dall'alto	la plongée
la ripresa dal basso	la contre-plongée
le riprese esterne/interne	le tournage en extérieur/en intérieur
l'inquadratura	le cadrage
il campo	le champ
la profondità di campo	la profondeur de champ
il controcampo	le contrechamp
la dissolvenza	le fondu
il piano	le plan
il primo piano	le gros plan, le plan rapproché
il piano americano	le plan américain
la carrellata	le travelling
l'angolo di ripresa	l'angle de vue
il montaggio	le montage
la pellicola (cinematografica)	la bande, la pellicule (cinématographique)
il taglio	la coupe
la registrazione	l'enregistrement
la presa diretta	la prise directe
il play-back	le play-back
la sincronizzazione	la synchronisation
la voce fuori campo	la voix off
gli effetti speciali	les effets spéciaux

la dissolvenza incrociata *le fondu enchaîné*

doppiare	doubler
montare	monter
zoomare	zoomer
inquadrare	cadrer
tagliare	couper
adattare un romanzo per lo schermo	adapter un roman à l'écran
far cassetta	faire recette
essere un successo al box-office	être un succès au box-office

4 La musica — La musique

Gli strumenti musicali — Les instruments de musique

Gli strumenti a corde — Les instruments à cordes

il violino (il primo violino / *le premier violon*)	le violon
il violinista	le violoniste
l'archetto	l'archet
la viola	la viole *ou* l'alto
il violista	le violiste *ou* l'altiste
il violoncello	le violoncelle
il violoncellista	le violoncelliste
il contrabbasso ((!) masculin)	la contrebasse
il contrabbassista	le contrebassiste
il mandolino ((!) masculin)	la mandoline
il suonatore di mandolino	le joueur de mandoline
la chitarra	la guitare
classica	classique
acustica, folk	acoustique, folk
elettrica	électrique
il chitarrista	le guitariste
il plettro	le médiator, le plectre
la cetra	la cithare
il liuto	le luth
il liutista	le luthiste
il liutaio	le luthier
la lira	la lyre
l'arpa	la harpe
l'arpista	le harpiste

Gli strumenti a tastiera — Les instruments à clavier

il pianoforte	le piano
a coda/verticale	à queue/droit
il pianista	le pianiste
l'accordatore	l'accordeur
l'accordatura	l'accordage, l'accordement
la spinetta	l'épinette
il clavicembalo	le clavecin
l'organo	l'orgue
l'organista	l'organiste
il sintetizzatore	le synthétiseur
l'armonium	l'harmonium
la tastiera	le clavier
il tastierista	le claviériste
il tasto ((!) masculin)	la touche
il pedale ((!) masculin)	la pédale
la sordina	la sourdine

Gli strumenti a fiato — Les instruments à vent

il flauto ((!) masculin)	la flûte
dolce	droite
traverso	traversière
a becco	à bec

	il flauto di Pan	la flûte de Pan
	il flautista	le flûtiste
	il piffero	le fifre
	il pifferaio	le joueur de fifre
	la cornamusa, la zampogna	la cornemuse
	lo zampognaro	le joueur de cornemuse
	la fisarmonica	l'accordéon
(!) féminin	**l'armonica**	l'harmonica
	lo scacciapensieri	la guimbarde
(!) féminin	**l'ocarina**	l'ocarina

I legni / Les bois

(!) masculin	**il clarinetto**	la clarinette
	il clarinettista	le clarinettiste
	il fagotto	le basson
	il controfagotto	le contrebasson
	l'oboe	le hautbois

Gli ottoni / Les cuivres

	la tromba	la trompette, le clairon
strombazzare *claironner*	**il trombettista**	le trompettiste
	il trombettiere	la trompette, le clairon [l'instrumentaliste]
	il sassofono	le saxophone
	il sassofonista	le saxophoniste
	il trombone	le trombone
aussi le corne	**il corno**	le cor
(!) féminin	**la tuba**	le tuba

Gli strumenti a percussione / Les instruments à percussion

	la batteria	la batterie
	il batterista	le batteur
	il percussionista	le percussionniste
	il tamburo	le tambour
	il temburello	le tambourin
il tamburino *le joueur de tambour* [à l'armée]	**il suonature di tamburo**	le joueur de tambour
	la grancassa	la grosse caisse
	il timpano	la timbale
	il triangolo	le triangle
	i piatti	les cymbales
	le nacchere	les castagnettes
	la raganella	la crécelle
	lo xilofono	le xylophone
	lo xilofonista	le xylophoniste

	studiare musica	étudier la musique
	andare al conservatorio	aller au conservatoire
	seguire corsi di solfeggio	suivre des cours de solfège
	frequentare una scuola di musica	fréquenter une école de musique
suonare il piano *jouer du piano*	**suonare**	jouer de la musique

	imparare a suonare uno strumento	apprendre à jouer d'un instrument
	suonare a orecchio	jouer à l'oreille, jouer d'oreille
	avere orecchio	avoir de l'oreille
	strimpellare il piano	pianoter
	strimpellare la chitarra	gratter de la guitare
	fare una stonatura	faire une fausse note
	accordare uno strumento	accorder un instrument
	accompagnare	accompagner
	orchestrare	orchestrer
l'arrangiamento *l'arrangement*	**arrangiare**	arranger
	musicare	mettre en musique
	leggere uno spartito	déchiffrer une partition
	battere la misura	battre la mesure
	dare il la	donner le la
	eseguire un brano	exécuter un morceau
	pizzicare le corde	pincer les cordes
	accordato/scordato	accordé/désaccordé

I generi musicali / Les genres musicaux

	la musica antica	la musique ancienne
	la musica barocca	la musique baroque
	la musica classica	la musique classique
	la musica sacra	la musique sacrée
	la musica da camera	la musique de chambre
	la musica sinfonica	la musique symphonique
	la musica contemporanea	la musique contemporaine
	la musica leggera	la variété, la musique légère
	la musica folk	la musique folk
	la world music	la world music
	la musica etnica	la musique ethnique
	il gospel	le gospel
	il blues	le blues
(!) masculin	**il soul**	la soul
	il funk	le funk
	il jazz	le jazz
	il rock (and roll)	le rock (and roll)
	l'hard rock	le hard rock
il pop (!) masculin *la pop*	**la musica pop**	la musique pop
	il reggae	le reggae
	il rap	le rap
la tecno *la techno*	**la musica elettronica**	la musique électronique
	la musica new age	la musique New Age
	trascinante	entraînant
	orecchiabile	facile à retenir
	assordante	assourdissant
	ballabile	à danser
	dolce	doux
	metallico	métallique

	La terminologia tecnica musicale	La terminologie technique musicale
	il suono	le son
	acuto	aigu
	grave	grave
	il tono	le ton
	il semitono	le demi-ton
	la tonalità	la tonalité
	maggiore/minore	majeure/mineure
fare le scale *faire ses gammes*	**la scala, la gamma**	la gamme
	l'intensità	l'intensité
	il timbro	le timbre
	il ritmo	le rythme
	il diapason	le diapason
	il metronomo	le métronome
	la diteggiatura	le doigté
	il tocco	le toucher
	il fraseggio	le phrasé
	l'arpeggio	l'arpège
	il solfeggio	le solfège
	la nota	la note
	il rigo, il pentagramma	la portée
	il diesis	le dièse
	il bemolle	le bémol
	il bequadro	le bécarre
la chiave di violino *la clef de sol* la chiave di basso *la clef de fa*	**la chiave**	la clef
	la misura, la battuta	la mesure
aussi la partitura	**lo spartito**	la partition
	l'accordo	l'accord
	la pausa	le soupir
	il trillo	le trille

	La composizione	La composition
comporre *composer*	**il compositore**	le compositeur
	il brano musicale	le morceau de musique
prononcer à la française	**l'ouverture**	l'ouverture
	il preludio	le prélude
	l'intermezzo	l'interlude
	il movimento	le mouvement
	la fuga	la fugue
autre sens le concert	**il concerto**	le concerto
	il concertino	le concertino
	il concerto grosso	le concerto grosso
prononcer à la française	**la suite**	la suite
	la sonata	la sonate
	la messa	la messe
	l'oratorio	l'oratorio
	il requiem, la messa da requiem	le requiem, la messe de requiem
	la cantata	la cantate
	la sinfonia	la symphonie
	la rapsodia	la rhapsodie
	la pastorale	la pastorale
la marcia funebre *la marche funèbre* la marcia nuziale *la marche nuptiale*	**la marcia**	la marche

L'interpretazione musicale	L'interprétation musicale
il musicista	le musicien
l'interprete	l'interprète
l'esecuzione	l'exécution
l'orchestra	l'orchestre
il direttore d'orchestra	le chef d'orchestre
la bacchetta	la baguette
il leggio	le pupitre
il podio	le podium (du chef d'orchestre)
la banda	la fanfare
l'orchestrina	l'orchestre de danse
il duo, il duetto	le duo
il trio, il terzetto	le trio
il quartetto	le quatuor *ou* le quartette
il complesso (musicale)	le groupe (de musique) *ou* l'ensemble (musical)
il concerto dal vivo	le concert live
il recital	le récital
eseguire	exécuter
interpretare	interpréter
dirigere (participe passé diretto)	diriger
esibirsi	se produire

5 Il canto — Le chant

Il mondo del canto	Le monde du chant
il coro	la chorale, le chœur
il corista	le choriste
il solista	le soliste
l'assolo, l'a solo	le solo
il falsetto	le fausset
il vocalizzo ((!) masculin)	la vocalise
la voce intonata/stonata	la voix juste/fausse
la stecca	le couac
il cantante	le chanteur
il cantautore	le chanteur-auteur-compositeur
il registro	le registre
la serenata	la sérénade
la mattinata	l'aubade
la ninnananna	la berceuse
la strofa	la strophe, le couplet
il ritornello	le refrain
cantare (autre sens *cracher le morceau*)	chanter
a mezza voce	à mi-voix
a squarciagola	à tue-tête
a gola spiegata	à gorge déployée
in play back	en play back
dal vivo	en direct
canterellare, canticchiare	chantonner, fredonner
intonare	entonner

stonare	chanter faux [occasionnellement]
essere stonato	chanter faux [par incapacité naturelle]
essere intonato	chanter juste

un concorso canoro *un concours de chant*

canoro	de chant
melodioso	mélodieux
armonioso	harmonieux
intonato	juste, dans le ton
stonato	faux, désaccordé
a cappella	a capella
corale	choral

L'industria della canzone / L'industrie de la chanson

(!) féminin → la hit parade

la casa discografica	la maison de disques
l'alta fedeltà	la haute fidélité
il CD, il compact disc	le CD, le disque compact
il disco	le disque
il singolo	le single
la cassetta	la cassette
il titolo	le titre
la canzone	la chanson
il testo, le parole	le texte, les paroles
il paroliere	le parolier
la canzonetta	la chanson de variété
la hit parade	le hit parade
il disco d'oro	le disque d'or
il videoclip	le clip vidéo
il tormentone dell'estate	le tube de l'été
il classico	le classique
lo stereo	la chaîne (stéréo)
il festival di Sanremo	le festival de Sanremo

participe passé inciso

incidere un disco	graver un disque
mixare	mixer
fare un remix	remixer
lanciare un disco	lancer un disque

6 La danza / La danse

La danza classica / La danse classique

il ballerino *le danseur*

ballare sulle punte *faire des pointes*

la ballerina	la danseuse
la prima ballerina	la danseuse étoile
il corpo di ballo	le corps de ballet
il maestro di ballo	le maître de danse
il coreografo	le chorégraphe
la coreografia	la chorégraphie
il balletto	le ballet
il passo di danza	le pas de danse
la giravolta, la piroetta	la pirouette
le punte	les pointes

	la posizione	la position
fare la spaccata *faire le grand écart*	**la spaccata**	le grand écart
	la sbarra	la barre
	danzare, ballare	danser
	mettersi in prima/seconda posizione	se mettre en première/seconde position
	esercitarsi alla sbarra	s'exercer à la barre

	I balli e le danze	Les danses
	la gara di ballo	le concours de danse
	il compagno (di ballo), il partner	le partenaire (de danse)
	la coppia	le couple
	il lento	le slow
ballare il valzer/il tango *danser la valse/le tango*	**il valzer**	la valse
	il tango	le tango
	la mazurka	la mazurka
	la polka	la polka
	la, il samba	la samba
	la salsa	la salsa
	il merengue	le merengue
	il twist	le twist
ballare il tip-tap *faire des claquettes*	**il tip-tap**	les claquettes
	il can-can	le french cancan
	il flamenco	le flamenco
	la tarantella	la tarantelle
la bajadera *la bayadère* la danza del ventre *la danse du ventre*	**la danza orientale**	la danse orientale
	guidare/seguire	mener/suivre
	invitare a ballare	inviter à danser
	accettare/rifiutare un invito a ballare	accepter/refuser une invitation à danser
participe passé concesso	**concedere un ballo**	accorder une danse
	volteggiare	virevolter
	muoversi a tempo	bouger en rythme

7 Altre forme di spettacolo / Autres formes de spectacles

	Il circo	Le cirque
	il tendone	le chapiteau
	il carrozzone	la roulotte [foraine]
	l'arena, la pista	la piste
	il saltimbanco	le saltimbanque
il gioco di prestigio *le tour de passe-passe*	**il prestigiatore**	le prestidigitateur
	l'illusionista	l'illusionniste
	il contorsionista	le contorsionniste
	il trapezista	le trapéziste
	l'acrobata	l'acrobate
	l'acrobazia	l'acrobatie
	l'equilibrista	l'équilibriste

l'equilibrismo	l'équilibrisme
il funambolo	le funambule
il trampoliere	l'échassier
il domatore	le dompteur
il ventriloquo	le ventriloque
il pagliaccio, il clown	le clown
il giocoliere	le jongleur
il cavallerizzo	le cavalier
il mangiatore di fuoco	le cracheur de feu
domare	dompter
fare giochi di destrezza	jongler
camminare sul filo	marcher sur le fil

clown à prononcer ['klaun]

destreggiarsi *jongler avec les difficultés*

Il varietà / Les variétés

Il varietà	Les variétés
lo show	le spectacle
il cabaret	le cabaret
il cabarettista	l'artiste de cabaret
il teatro di varietà	le théâtre de variétés, le music-hall
l'intrattenitore	l'animateur
il presentatore	le présentateur
il comico	le comique
l'umorista	l'humoriste
la rivista	la revue
il numero	le numéro
l'attrazione	l'attraction
l'ospite d'onore	l'invité d'honneur
lo spogliarello	le streap-tease

prononcer à la française (il cabaret)

METTERE IN PRATICA

33 **Scrivere i contrari** Écrire les contraires

1. un film muto
2. un film a colori
3. un bel film
4. un film noioso
5. essere stonato
6. un pianoforte accordato
7. alzare il sipario
8. accettare un invito a ballare
9. il successo di cassetta
10. il lungometraggio

34 **Trovare la definizione giusta** Trouver la bonne définition

1. la maschera	a. spazio dove vengono girate le riprese di un film
2. il film di cassetta	b. scritte che appaiono all'inizio e alla fine di un film
3. il trailer	c. musica scritta per un film
4. la colonna sonora	d. pubblicità che annuncia un nuovo film in programmazione
5. i titoli di testa o di coda	e. testo scritto di un film
6. la sceneggiatura	f. attore che sostituisce il protagonista nelle scene pericolose
7. il copione	g. volume che contiene il testo scritto della parte di ogni attore
8. la controfigura	h. film che registra una grande affluenza di pubblico
9. il camerino	i. persona che fa sedere gli spettatori al cinema e a teatro
10. il set	j. stanza riservata a un attore per vestirsi e truccarsi

35 **Leggere e tradurre** Lire et traduire

Avanzò sul palcoscenico con un certo imbarazzo, per lui non addetto ai lavori le ballerine erano donne, prima che artiste. [...] Alla ribalta erano sei o sette sedie, per il coreografo Vassilievski, la direttrice della scuola di ballo, il compositore venuto apposta da Parigi, il direttore d'orchestra, il *maître de ballet* e gli altri.
Più in là, a un pianoforte verticale, un maestro sostituto faceva le veci dell'orchestra. Il sipario era aperto ma la sala era immersa nel buio. [...] Il maestro del balletto, però, mentre il maestro al piano attaccava le prime note, gli si avvicinò per dirgli che la Clara Fanti, prima ballerina, voleva chiedergli alcuni schiarimenti sul costume disegnato per lei. [...] Entrò una folata di ballerine, saranno state dieci o dodici, erano le ombre della sera. Nessuna, naturalmente, era in costume, indossavano tutte la calzamaglia nera.

Dino Buzzati, *Un amore*, © Éditions Mondadori, 1963

corrigés page 422

Il contesto culturale

Il cinema italiano
Le cinéma italien

- ***Cinecittà*** : ensemble de studios de cinéma situés sur la via Tuscolana à Rome, fondé en 1937 par Mussolini, l'équivalent de Hollywood. Le studio n° 5 était le studio attribué au grand metteur en scène Federico Fellini, où il a tourné ses films les plus célèbres, et que l'on peut aujourd'hui visiter.
- ***Il Neorealismo*** : ce terme désigne le courant du cinéma italien d'après 1946, qui reflète la réalité du pays sorti de la guerre et de la Résistance (***la Resistenza***). Le film qui consacre la naissance officielle du néoréalisme est ***Roma città aperta*** de Roberto Rossellini. Il est suivi de ***Paisà, Germania anno zero***, réalisés par le même metteur en scène, ainsi que ***La terra trema*** et ***Bellissima***, de Luchino Visconti puis de ***Sciuscià, Ladri di biciclette*** et ***Umberto D***, de Vittorio De Sica.
- ***La dolce vita*** : c'est à partir du titre du film éponyme de Federico Fellini que cette expression est devenue proverbiale pour indiquer la douceur de vivre à l'italienne, au même titre que le ***dolce farniente***. Au personnage de ce film, appelé ***Paparazzo***, on doit le terme ***il paparazzo, i paparazzi***, couramment employé, en français comme en italien, pour indiquer le photographe people toujours à l'affût d'un scoop.

Il teatro popolare: burattini e maschere
Le théâtre populaire : marionnettes et masques

- **Il teatro dei Pupi siciliani** : très célèbre théâtre de marionnettes (les **pupi** sont des marionnettes d'un mètre de haut, en bois et en métal) en langue italienne mais le plus souvent en dialecte sicilien, qui met en scène les exploits des chevaliers du cycle carolingien revus avec les yeux du roman et du poème chevaleresque des XVIe et XVIIe siècles.
- **Celebri maschere della commedia dell'arte**, les masques célèbres de la Commedia dell'arte : *Arlequin*, **Arlecchino**, le serviteur rusé mais bête, *Pantalon*, **Pantalone**, le vieux marchand vénitien avare, *Colombine*, **Colombina**, la servante amoureuse, *Polichinelle*, **Pulcinella**, le serviteur napolitain glouton, *Pierrot*, **Pedrolino**, le masque triste et lunaire.

Espressioni idiomatiche

mettere in ballo	mettre en cause
tirare in ballo	mettre sur le tapis
d'altro canto	d'un autre côté
dal canto mio/suo	de mon/son côté
cantare vittoria	crier victoire
far cantare qualcuno	faire cracher le morceau à quelqu'un
Buona notte suonatori!	Bien le bonsoir ! N'en parlons plus !
suonarle a qualcuno	flanquer une râclée à quelqu'un
è sempre la stessa musica	c'est toujours la même chanson
è sempre la stessa solfa	c'est toujours la même rengaine
cambiare disco	changer de disque
cambiare tono	changer de ton
parlare in sordina	parler doucement
toccare il tasto giusto	toucher la corde sensible
tornare con le pive nel sacco	revenir bredouille
fare una sviolinata	donner des coups d'encensoir
avere il ritmo nel sangue	avoir le rythme dans le sang
è tutta scena	c'est du cinéma
fare una scena madre a qualcuno	jouer la grande scène du deux à quelqu'un
calcare le scene	monter sur les planches
ritirarsi dalla scena	quitter la scène

Proverbi

Quando il gatto non c'è i topi ballano	Quand le chat n'est pas là, les souris dansent.
Quando si è in ballo, bisogna ballare	Quand le vin est tiré, il faut le boire.

13

I libri e la creazione letteraria

Les livres et la création littéraire

1 Lo scrittore e le sue opere — L'écrivain et ses œuvres

Lo scrittore — L'écrivain

féminin la scrittrice	**lo scrittore**	l'écrivain
	per ragazzi	pour la jeunesse
	impegnato	engagé
féminin l'autrice	**l'autore**	l'auteur
féminin la romanziera	**il romanziere**	le romancier
	il saggista	l'essayiste
	il novelliere	le nouvelliste
	il drammaturgo	le dramaturge, l'auteur dramatique
	il commediografo	l'auteur comique
	il tragediografo	l'auteur tragique
il libello *le pamphlet*	**il libellista**	le pamphlétaire
	il biografo	le biographe
	il negro	le nègre
	lo pseudonimo	le pseudonyme
	scrivere	écrire
participe passé redatto	**redigere**	rédiger
	immaginare	imaginer
	inventare	inventer
raccontare una favola, una storia *raconter une histoire*	**raccontare, narrare**	raconter, narrer
	rimaneggiare	remanier
avere l'ispirazione di fare qualcosa *avoir l'inspiration de faire quelque chose*	**avere l'ispirazione**	avoir de l'inspiration
	classico	classique
	moderno	moderne
	contemporaneo	contemporain
	satirico	satirique
	maggiore/minore	majeur/mineur
	d'avanguardia	d'avant-garde

Le opere in prosa — Les œuvres en prose

il romanzo	le roman
breve	court
epistolare	épistolaire

la saga *la saga*	**il romanzo fiume**	le roman-fleuve
	il romanzo giallo	le roman policier, le polar
un racconto per bambini *un conte pour enfants* una raccolta di racconti *un recueil de nouvelles*	**il racconto**	le récit
	la novella	la nouvelle
	le memorie	les mémoires
	il diario	le journal (intime)
	la cronaca	la chronique
	la biografia	la biographie
la confessione *la confession*	**l'autobiografia**	l'autobiographie
	la parodia	la parodie
	il saggio	l'essai
	il trattato	le traité
	realistico	réaliste
	psicologico	psychologique
	melodrammatico	mélodramatique
	fiabesco	féerique, merveilleux

Le parti di un'opera letteraria / Les parties d'une œuvre littéraire

	il titolo	le titre
il primo/secondo tomo *le premier/deuxième tome*	**il primo/secondo volume**	le premier/deuxième volume
	la dedica	la dédicace
	i ringraziamenti	les remerciements
	l'introduzione	l'introduction
	l'epigrafe	l'épigraphe, l'exergue
	la prefazione	la préface, l'avant-propos
	la postfazione	la postface
l'avviso al lettore *l'avis au lecteur*	**il prologo**	le prologue
	la parte	la partie
	il capitolo	le chapitre
il capoverso *l'alinéa*	**il paragrafo**	le paragraphe
	il rimando	le renvoi
	l'epilogo	l'épilogue
il lieto fine *le happy end*	**la fine**	la fin
	la conclusione	la conclusion
	intitolare	titrer
	dedicare	dédicacer
scrivere la postfazione di *postfacer*	**scrivere la prefazione di**	préfacer

Gli elementi di un romanzo / Les éléments d'un roman

	la trama/l'intreccio	la trame/l'intrigue
	lo scioglimento della trama	le dénouement de l'intrigue
	l'azione	l'action
	lo svolgimento dell'azione	le déroulement de l'action
	l'ambiente, il luogo, l'ambientazione	le lieu
l'io narrante *le « je » du narrateur*	**il narratore**	le narrateur
	il personaggio	le personnage
	il protagonista	le héros, le personnage principal
	l'argomento	le sujet
	il tema ricorrente	le thème récurrent

il leitmotiv	le leitmotiv
la descrizione	la description
il monologo/il dialogo (il soliloquio *le soliloque*)	le monologue/le dialogue
la narrazione	la narration, le récit
la digressione	la digression
le peripezie	les péripéties
il quiproquo (invariable)	le quiproquo
gli sviluppi della storia	les rebondissements de l'histoire
l'episodio	l'épisode
il riassunto	le résumé
la rievocazione	l'évocation
ambientare l'azione/la storia	situer l'action/l'histoire
descrivere	décrire
dialogare	dialoguer
rievocare	évoquer

La fiaba e la favola / Le conte de fées et la fable

la favola (le favole di La Fontaine *les fables de La Fontaine*; le favole di Andersen *les contes d'Andersen*)	la fable
la fiaba (le fiabe dei fratelli Grimm *les contes des frères Grimm*; C'era una volta… *Il était une fois…*; E vissero felici e contenti. *Et ils vécurent heureux.*)	le conte (de fées)
un libro di fiabe	un livre de contes
la fata	la fée
l'eroe/l'eroina	le héros/l'héroïne
la strega	la sorcière
il mago	le magicien
l'incantesimo	le sort, le charme
la magia	la magie
la pozione magica	la potion magique
la bacchetta magica	la baguette magique
il drago	le dragon
il genio	le génie
il folletto	le lutin
l'elfo	l'elfe
lo gnomo	le gnome
il gigante/il nano	le géant/le nain
l'orco	l'ogre
il lupo mannaro	le loup-garou

La scrittura e il testo / L'écriture et le texte

la concisione	la concision
la prolissità	la prolixité
l'espressività	l'expressivité
la chiarezza	la clarté
la costruzione	la construction, la tournure
l'espressione	l'expression
l'immagine	l'image
il campo lessicale	le champ lexical
il registro	le registre de langue
il gioco di parole	le jeu de mots
la scrittura, la calligrafia (autre sens de la calligrafia *la calligraphie* [art])	l'écriture
il periodo ((!) masculin)	la période
la frase	la phrase

	• **la riga**	• la ligne
	• **la punteggiatura**	• la ponctuation
	il punto	le point
	la virgola	la virgule
	il punto e virgola	le point-virgule
	i due punti	les deux-points
	i puntini di sospensione	les points de suspension
	il trattino	le tiret *ou* le trait d'union
tra parentesi *entre parenthèses*	**la parentesi (tonda)**	la parenthèse
	la parentesi quadra	le crochet
	la parentesi graffa	l'accolade
(!) masculin	**l'apostrofo**	l'apostrophe
tra virgolette *entre guillemets*	**le virgolette**	les guillemets
	il punto esclamativo	le point d'exclamation
	il punto interrogativo	le point d'interrogation
	l'asterisco	l'astérisque
(!) masculin	• **l'inciso**	• l'incise
	• **il testo**	• le texte
	dattiloscritto	dactylographié
	manoscritto	manuscrit
	• **il manoscritto**	• le manuscrit
	• **il brano, il passaggio, il passo**	• le passage
	• **l'estratto**	• l'extrait
	• **la citazione**	• la citation
	• **la raccolta**	• le recueil
	• **aprire/chiudere le parentesi**	• ouvrir/fermer les parenthèses
	• **mettere tra parentesi/ tra virgolette**	• mettre entre parenthèses/ entre guillemets
	• **aprire/chiudere le virgolette**	• ouvrir/fermer les guillemets
	• **andare a capo**	• aller à la ligne
battere a macchina *taper à la machine*	• **dattilografare**	• dactylographier
	• **scrivere**	• écrire
	a mano	à la main
	al computer	à l'ordinateur

2 Il poeta e le sue opere Le poète et ses œuvre

Il poeta, la poesia e i generi poetici / Le poète, la poésie et les genres poétiques

féminin la poetessa	• **il poeta**	• le poète
	• **il rimatore**	• le rimeur, *le faiseur de rimes*
	• **il versificatore, il verseggiatore**	• le versificateur, *le faiseur de vers*
autre sens *le poème* [l'œuvre poétique de petite dimension]	• **la poesia**	• la poésie
	lirica	lyrique
	bucolica	bucolique
	dialettale	dialectale
	elegiaca	élégiaque
	eroica	héroïque
	satirica	satirique
	• **la poetica**	• l'art poétique

	• **il poema**	• le poème [l'œuvre poétique de grande dimension]
	epico	épique
	cavalleresco	chevaleresque
	• **il proemio**	• le proème
	• **il sonetto**	• le sonnet
	• **l'ode**	• l'ode
	• **l'idillio**	• l'idylle
	• **il madrigale**	• le madrigal
	• **l'epigramma**	• l'épigramme
	• **la ballata**	• la ballade
	• **l'epopea**	• l'épopée
	• **l'elegia**	• l'élégie
la composizione *la composition*	• **comporre poesie**	• composer des poèmes
	• **scrivere versi**	• écrire des vers
	• **mettere in versi/in rima**	• mettre en vers/en rimes
morire (fa) rima con partire *mourir* rime avec *partir*	• **rimare, fare rima**	• rimer [constituer une rime]
	• **versificare, verseggiare**	• versifier
	• **scandire le sillabe**	• scander les syllabes
	• **declamare/recitare una poesia**	• déclamer/réciter un poème

La metrica — La métrique

	• **la versificazione**	• la versification
	• **il metro, lo schema metrico**	• le mètre
	• **il piede**	• le pied
i versi liberi *les vers libres*	• **il verso**	• le vers
	• **la cesura**	• la césure
	• **l'accento tonico**	• l'accent tonique
prononcer à la française	• **l'enjambement**	• l'enjambement
	• **il ritmo**	• le rythme
	• **l'emistichio**	• l'hémistiche
c'est le vers classique italien (onze pieds)	• **l'endecasillabo**	• l'hendécasyllabe
	• **l'alessandrino**	• l'alexandrin
	• **il settenario/l'ottonario/il novenario**	• l'heptasyllabe/l'octosyllabe/le vers de neuf syllabes
	• **la rima**	• la rime
	baciata	plate [aabb]
	alternata	croisée, alternée [abab]
	incrociata	embrassée [abba]
	incatenata	enchaînée
	• **la strofa**	• la strophe
(!) féminin	• **la terzina**	• le tercet
(!) féminin	• **la quartina**	• le quatrain
(!) féminin	• **la sestina**	• le sizain

3 Le figure retoriche — Les figures de style

	• **l'allitterazione**	• l'allitération
	• **l'assonanza**	• l'assonance
	• **l'onomatopea**	• l'onomatopée
la circonlocuzione *la circonlocution*	• **la perifrasi**	• la périphrase

	la metafora	la métaphore
	la similitudine	la similitude
	il paragone	la comparaison
	la litote	la litote
	l'eufemismo	l'euphémisme
	la personificazione	la personnification
	l'allegoria	l'allégorie
	l'iperbole	l'hyperbole
	l'ellissi	l'ellipse
l'anafora *l'anaphore*	la ripetizione	la répétition
	l'antitesi	l'antithèse
	l'ossimoro	l'oxymore, l'oxymoron
	la sinestesia	la synesthésie
	il pleonasmo	le pléonasme
	la tautologia	la tautologie
la sineddoche *la synecdoque*	la metonimia	la métonymie
	il chiasmo	le chiasme
	l'antonomasia	l'antonomase
	lo zeugma	le zeugme
(!) ne pas confondre avec l'apostrofo (masculin) : le signe de ponctuation	l'apostrofe	l'apostrophe
(!) masculin	l'anacoluto	l'anacoluthe

4 La lettura e la critica letteraria / La lecture et la critique littéraire

La lettura / La lecture

féminin la lettrice	il lettore occasionale / abituale	le lecteur occasionnel / habituel
	il topo di biblioteca	le rat de bibliothèque
	il piacere/la passione della lettura	le plaisir/la passion de la lecture
	la lettura veloce	la lecture rapide
participe passé letto	leggere ad alta voce / mentalmente	lire à haute voix / mentalement
dare una scorsa al giornale *lire le journal en diagonale*	dare una scorsa	lire en diagonale
	percorrere	parcourir
	sfogliare	feuilleter
saltare delle pagine *sauter des pages*	girare pagina	tourner la page
	sorvolare un testo	survoler un texte
	rileggere da capo	relire depuis le début
	fare le orecchie alle pagine	corner les pages
	perdere il segno	perdre la page
	annotare a margine	annoter dans la marge
	divorare un libro	dévorer un livre

La critica letteraria / La critique littéraire

il critico letterario	le critique littéraire
la critica	la critique
la recensione	le compte rendu, *l'article de critique littéraire*

l'analisi testuale	l'analyse textuelle
il commento	le commentaire
l'interpretazione	l'interprétation
la valutazione	l'évaluation
la stroncatura	l'éreintement, *la mauvaise critique*
l'elogio	l'éloge
il giudizio	l'avis, le compte rendu
il premio letterario	le prix littéraire

dare un giudizio positivo/negativo *donner un avis positif/négatif*

citare	citer
riassumere	résumer
riepilogare, ricapitolare	récapituler
interpretare	interpréter
analizzare	analyser
valutare	apprécier, estimer
elogiare qualcuno/qualcosa	faire l'éloge de quelqu'un/de quelque chose
criticare un libro	critiquer un livre [négativement]
denigrare	dénigrer
stroncare	éreinter, démolir
commentare	commenter
spiegare	expliquer
giudicare	juger
esprimere la propria opinione	exprimer son opinion
assegnare un premio letterario	attribuer un prix littéraire

participe passé riassunto

oggettivo/soggettivo	objectif/subjectif
imparziale, obiettivo	impartial

5 L'edizione e la distribuzione / L'édition et la distribution

Il libro come oggetto / Le livre en tant qu'objet

il libro	le livre
tascabile	de poche
d'arte	d'art
inedito	inédit
a grande tiratura	à grand tirage
la copia	l'exemplaire
la traduzione	la traduction
l'edizione	l'édition
integrale	intégrale
ampliata	augmentée
di lusso	de luxe
rilegata	reliée
cartonata	cartonnée
in brossura	brochée
con traduzione a fronte	avec traduction en regard
in folio	in-folio
riveduta e corretta	revue et corrigée

la tasca *la poche*

	in lingua originale	en langue originale
	aggiornata	mise à jour
	illustrata	illustrée
	commentata	commentée
	annotata	annotée
	rara	rare
	fuori commercio	hors commerce
	esaurita	épuisée
	• **la rilegatura**	• la reliure
	• **l'impaginazione**	• la mise en page
	• **la copertina**	• la couverture
	• **la prima/quarta di copertina**	• la première/quatrième de couverture
	• **la sovraccoperta**	• la jaquette
	• **il frontespizio**	• la page de titre
	• **il risvolto (di copertina)**	• le rabat (de couverture)
	• **la pagina**	• la page
	• **il margine**	• la marge
la nota a pié di pagina *la note en bas de page*	• **la nota**	• la note
	• **l'indice**	• l'index *ou* la table des matières
	• **il sommario**	• le sommaire
	• **la tavola illustrata**	• la planche illustrée
	• **l'inserto**	• l'encart
	• **il taglio**	• la tranche
	• **la costa**	• le dos
	• **l'appendice**	• l'appendice

L'edizione / L'édition

	L'edizione	L'édition
	• **l'editoria**	• l'édition [l'industrie du livre]
	• **la casa editrice**	• la maison d'édition
	• **l'editore**	• l'éditeur
	• **la pubblicazione**	• la publication
	lo specimen	le spécimen
	il copyright	le copyright
	i diritti d'autore	les droits d'auteur
	• **la prima edizione**	• la première édition
	• **la riedizione**	• la réédition
	• **la stampa**	• l'impression
	• **la ristampa**	• la réimpression
	• **la tiratura**	• le tirage
	limitata	limité
	su carta patinata	sur papier glacé
	• **la tipografia**	• l'imprimerie
	• **il tipografo**	• l'imprimeur
la fotocomposizione *la photocomposition*	• **la composizione**	• la composition
	• **la bozza**	• l'épreuve
prononcer à la française	• **la maquette**	• la maquette
	• **il refuso (tipografico)**	• la coquille (typographique)
	• **il carattere (tipografico)**	• le caractère (typographique)
	maiuscolo	majuscule
	minuscolo	minuscule
	in stampatello	d'imprimerie
il corsivo *l'italique*	**in corsivo**	en italique

Italiano	Français
il neretto	le gras
il font	la police (de caractère)
la rilettura	la relecture
la correzione	la correction
il correttore	le correcteur
l'errata corrige	l'erratum
la revisione	la révision
il revisore	le réviseur
la censura	la censure

Italiano	Français
pubblicare	publier, éditer
impaginare	mettre en page
fotocomporre	photocomposer
correggere le bozze	corriger les épreuves
stampare	imprimer
ristampare	réimprimer
tirare	tirer
mandare in stampa	mettre sous presse
essere in corso di stampa	être sous presse
rilegare	relier
legare in brossura	brocher

La vendita e la diffusione / La vente et la diffusion

autre sens *la bibliothèque* [le meuble]	**la libreria**	la librairie
la bancarella (di libri usati) *l'éventaire (du bouquiniste)*	**il libraio**	le libraire
	la fiera del libro	le salon, la foire du livre
	l'edicola	le kiosque (à journaux)
	la biblioteca	la bibliothèque [l'édifice]
	universitaria	universitaire
	comunale	municipale
	la sala di lettura	la salle de lecture
(!) masculin singulier	**l'archivio informatizzato**	les archives informatisées
	il catalogo on line	le catalogue en ligne
	la banca dati	la banque de données
il dato (!) masculin *la donnée*	**la banca dati elettronica**	la banque de données électronique
	la sala multimediale	la salle multimédia
	lo schedario	le fichier
	la scheda	la fiche
	lo scaffale	l'étagère
	il prestito	le prêt *ou* l'emprunt
	la classifica dei libri più venduti	le classement des meilleures ventes
	il bestseller	le best-seller

Italiano	Français
prendere in prestito un libro in biblioteca	emprunter un livre à la bibliothèque
prestare	prêter
consultare	consulter

METTERE IN PRATICA

36 Dal verbo al sostantivo Du verbe au substantif

1. pubblicare
2. leggere
3. scrivere
4. comporre
5. narrare
6. raccontare
7. riassumere
8. rievocare
9. commentare
10. analizzare
11. descrivere
12. stampare
13. criticare
14. dialogare
15. annotare

37 Abbinare i titoli italiani delle favole ai titoli francesi corrispondenti Associer les titres italiens des contes avec les titres français correspondants

1. Cappuccetto Rosso 2. Biancaneve e i sette nani 3. Pollicino 4. Il gatto con gli stivali 5. Cenerentola 6. la Bella e la Bestia 7. Il brutto anatroccolo 8. I tre porcellini 9. La Bella addormentata nel bosco 10. La Principessa sul pisello

a. Blanche neige et les sept nains b. La Belle au bois dormant c. Le petit Poucet d. Cendrillon e. La Belle et la Bête f. La princesse et le petit pois g. Le vilain petit canard h. Les trois petits cochons i. Le chat botté j. Le petit Chaperon rouge.

38 Abbinare ogni autore alla sua opera Associer à chaque auteur son œuvre

1. Italo Calvino
2. Dino Buzzati
3. Leonardo Sciascia
4. Umberto Eco
5. Cesare Pavese
6. Vitaliano Brancati
7. Alberto Moravia
8. Elsa Morante
9. Giorgio Bassani
10. Ignazio Silone

a. Il giardino dei Finzi-Contini
b. La Storia
c. Fontamara
d. La Ciociara
e. Il Barone rampante
f. Il deserto dei Tartari
g. Il giorno della civetta
h. Il Bell'Antonio
i. Il nome della rosa
j. La Bella estate

39 Leggere e tradurre Lire et traduire

Ed è subito sera

Ognuno sta solo sul cuor della terra,
trafitto da un raggio di sole.
Ed è subito sera.

Salvatore Quasimodo, *Acque e terre*,
© éditions Solaria, Firenze, 1930

corrigés page 422

Il contesto culturale

I premi letterari italiani
Les prix littéraires italiens

- **Il premio Strega** : le plus prestigieux des prix littéraires italiens, décerné à une œuvre romanesque en prose d'un auteur italien. Créé en 1947, il est l'équivalent du Goncourt français.
- **Il premio Campiello** : créé en 1963 par sept associations industrielles de la Vénétie réunies dans la Fondation Campiello, il récompense la première édition d'une œuvre narrative italienne.
- **Il premio Viareggio** : créé en 1929 par un groupe d'intellectuels, il récompense chaque année trois genres littéraires : le roman, la poésie et l'essai.

Premi Nobel italiani per la letteratura
Prix Nobel italiens de littérature

- **1906** Giosué Carducci (1835 – 1907), poète (**poeta**)
- **1926** Grazia Deledda (1871 – 1936), écrivain (**scrittrice**)
- **1934** Luigi Pirandello (1867 – 1936), écrivain et dramaturge (**scrittore e drammaturgo**)
- **1959** Salvatore Quasimodo (1901 – 1968), poète (**poeta**)
- **1976** Eugenio Montale (1896 – 1981), poète (**poeta**)
- **1997** Dario Fo (1926), dramaturge et auteur comique (**drammaturgo e commediografo**)

Manifestazioni editoriali
Manifestations d'éditeurs

- **La Fiera internazionale del libro di Torino**, *la Foire internationale du livre de Turin* : depuis 1988, le salon du livre a lieu tous les ans au mois de mai dans la ville de Turin, dans le site du Lingotto, siège de l'ancienne usine Fiat située au cœur de la ville et restructurée par Renzo Piano.
- **La Mostra del libro antico di Milano**, *le Salon du livre ancien de Milan* : rendez-vous important pour les amateurs de livres anciens qui a lieu au mois de mars à Milan, au palais de la Permante.
- **La Fiera del libro per ragazzi di Bologna**, *la Foire du livre de la jeunesse de Bologne* : c'est le rendez-vous de la littérature pour la jeunesse qui a lieu au mois de mars.
- **Il Festivaletteratura di Mantova**, *le Salon du livre de Mantoue* : depuis 1997, Mantoue accueille chaque année en septembre ce Festival consacré à la littérature, à la musique et au monde du spectacle. D'une durée de cinq jours, il est le lieu de nombreuses rencontres avec les auteurs, de lectures, de concerts et de spectacles.

Espressioni idiomatiche

parlare come un libro stampato	parler comme un livre
una buona penna	une bonne plume
essere un libro aperto	être un livre ouvert
essere sul libro nero	être sur la liste noire
far versare fiumi d'inchiostro	faire couler beaucoup d'encre
leggere tra le righe	lire entre les lignes
leggere nel pensiero	lire dans les pensées
leggere in fronte	lire sur le front
leggere negli occhi	lire dans les yeux
mettere per iscritto	mettre par écrit
scrivere nero su bianco	écrire noir sur blanc
non saper tenere la penna in mano	avoir deux mains gauches
fare testo	faire autorité
avere un animo da poeta	avoir une âme de poète
non si può vivere di sola poesia	on ne peut pas vivre que de poésie
morale della favola	morale de l'histoire
mettersi all'opera	se mettre au travail
rispondere per le rime	river son clou à quelqu'un
tenere in sospeso	tenir en haleine
Sono tutte favole!	Ce ne sont que des histoires !
avere le mani di fata	avoir des doigts de fée
dare la caccia alle streghe	faire la chasse aux sorcières

Proverbi

Verba volant scripta manent.	Les paroles s'envolent, les écrits restent.

14

La lingua, la parola e il discorso

La langue, la parole et le discours

1 La lingua e la voce — La langue et la voix

La lingua	La langue
• **la lingua**	• la langue
madre	maternelle
straniera	étrangère
moderna	moderne
morta	morte
parlata/scritta	parlée/écrite
• **il dialetto**	• le dialecte
• **l'idioletto**	• l'idiolecte
• **la parlata locale**	• le parler local, le patois
• **il gergo**	• le jargon *ou* l'argot
• **parlare**	• parler
• **esprimersi in una lingua**	• s'exprimer dans une langue
• **padroneggiare una lingua**	• maîtriser une langue
• **parlucchiare una lingua**	• baragouiner une langue
• **parlare in dialetto**	• parler le dialecte

parlare correntemente una lingua *parler couramment une langue*

Il linguaggio	Le langage
• **il linguaggio**	• le langage
infantile	enfantin
letterario	littéraire
elevato	soutenu
aulico, forbito	élevé, noble
solenne	solennel
ricercato	recherché
formale/informale	formel/informel
colloquiale	familier
volgare	vulgaire
tecnico	technique
in codice	codé
dei segni	des signes
dei gesti	des gestes

Il locutore	Le locuteur
• **il parlante nativo/straniero**	• le locuteur natif/étranger
• **l'interlocutore**	• l'interlocuteur

l'interprete	l'interprète
il traduttore (simultaneo)	le traducteur (simultané)
il poliglotta	le polyglotte
bilingue	bilingue
trilingue	trilingue
allofono	allophone
anglofono	anglophone
francofono	francophone
germanofono	germanophone
ispanofono	hispanophone
italofono	italophone

La parola e l'espressione / La parole et l'expression

Note	La parola e l'espressione	La parole et l'expression
	il termine	le terme
la voce *l'entrée (de dictionnaire)*	**la parola**	le mot *ou* la parole
	la parolaccia	le gros mot
	l'espressione idiomatica	l'expression idiomatique
	il proverbio	le proverbe
la frase fatta *la phrase toute faite*	**la frase**	la phrase
	il cliché/il luogo comune	le cliché/le lieu commun
parlare in codice *parler en code*	**il codice**	le code
	l'accento	l'accent
	la pronuncia	la prononciation
	la cadenza regionale, l'inflessione regionale	l'accent régional
	l'intonazione	l'intonation
	pronunciare	prononcer
	avere un'ottima/ una pessima pronuncia	avoir une excellente/ une très mauvaise prononciation
	articolare, scandire	articuler
	accentuare	accentuer
	strascicare le parole	laisser traîner les mots
	dire lettera per lettera, fare lo spelling di	épeler
	fare/prendere una papera	avoir la langue qui fourche
	avere un lapsus	faire un lapsus
	dire una parola	dire un mot
	formulare (una frase)	formuler (une phrase)

La voce / La voix

Note	La voce	La voix
autre sens *la rumeur, le bruit* le voci di corridoio *les bruits de couloir*	**la voce bianca**	la voix blanche
	il tono di voce	le ton de la voix
	le corde vocali	les cordes vocales
	la vocina	la petite voix
	il vocione	la grosse voix
	il timbro	le timbre
(!) pluriel le grida [d'un être humain] i gridi [d'un animal]	**il grido**	le cri
	lo strillo	le braillement
(!) pluriel le urla [d'un être humain] gli urli [d'un animal]	**l'urlo**	le hurlement

(!) pluriel i mormorii

(!) pluriel i brusii

parlare con un filo di voce *parler avec un filet de voix*

sentirci male *entendre mal*

la percezione *la perception*

il mormorio	le murmure
il brusio	le brouhaha
il sussurro, il bisbiglio	le chuchotement
abbassare/alzare (la voce)	baisser/élever (la voix)
parlare sottovoce	parler tout bas
mormorare	murmurer
sussurrare, bisbigliare	susurrer, chuchoter
gridare	crier
urlare	hurler
sbraitare, strillare	brailler
falsare	fausser
imitare	imiter
modulare	moduler
essere senza voce	être sans voix
sentire	entendre
sentirci	entendre [capacité]
ascoltare	écouter
percepire	percevoir
squillante	aigu, claironnant
acuto	aigu
alto/basso	haut/bas
grave	grave
sordo	sourd
tremulo, tremolante	tremblant, tremblotant
energico	énergique
forte	fort
stridulo	strident, perçant
cavernoso	caverneux
chiaro	clair
rauco	rauque
dolce	doux
fievole, fioco	faible
potente	puissant
sommesso	étouffé
sottile	grêle, fluet
profondo	profond
nasale	nasal
strozzato	étranglé
velato	voilé

I problemi di elocuzione / Les troubles de l'élocution

il balbettamento (dei bambini) *le babillage (des enfants)*

Le *r* « à la française » est caractéristique de certains parlers d'Italie du Nord.

il difetto di pronuncia	le défaut de prononciation
la balbuzie	le bégaiement
il balbuziente	le bègue
la blesità	le zézaiement
il mutismo	le mutisme
il muto	le muet
il sordomuto	le sourd-muet
l'ortofonista	l'orthophoniste
avere la erre moscia	grasseyer
balbettare	bégayer, balbutier

essere bleso	zézayer, zozoter
esitare	hésiter
impappinarsi	s'embrouiller
farfugliare	bafouiller

2 Il discorso / Le discours

Generalità / Généralités

	il comunicato	le communiqué
gli annunci economici *les petites annonces*	**l'annuncio**	l'annonce
	l'osservazione	la remarque
	la dichiarazione	la déclaration
	l'affermazione	l'affirmation
	il resoconto	le compte rendu
	il rapporto, la relazione	le rapport
	il riassunto	le résumé
(!) faux ami la questione *l'affaire, le problème*	**la domanda**	la question
	la risposta	la réponse
participe passé rivolto	**rivolgersi a qualcuno**	s'adresser à quelqu'un
	rivolgere la parola a qualcuno	adresser la parole à quelqu'un
	interpellare	interpeller
	comunicare	communiquer
participe passé espresso	**esprimersi**	s'exprimer
	esclamare	s'exclamer
participe passé preso	**prendere la parola**	prendre la parole
participe passé chiesto	**chiedere la parola**	demander la parole
	dichiarare	déclarer
	affermare/sostenere	affirmer/soutenir
notevole *remarquable*	**notare, osservare**	noter, remarquer
	commentare	commenter
	raccontare	raconter
	fare una domanda	poser une question
participe passé risposto rispondere di sì/di no *répondre que oui/que non*	**rispondere (a una domanda)**	répondre (à une question)
	ribattere	rétorquer
	replicare	répliquer
	interrogare	questionner, interroger

L'eloquenza / L'éloquence

	la retorica	la rhétorique
	l'oratore	l'orateur
	la tribuna	la tribune
	il discorso	le discours
	il comizio	le meeting
il conferenziere *le conférencier*	**la conferenza**	la conférence
	l'intervento	l'intervention
	la comunicazione	la communication
	il predicatore	le prédicateur
fare la predica a qualcuno *sermonner quelqu'un*	**il sermone, la predica**	le sermon
	l'arringa	le plaidoyer *ou* la plaidoirie *ou* la harangue

pronunciare un discorso	prononcer un discours
predicare	prêcher
declamare	déclamer
arringare la folla	haranguer la foule
galvanizzare l'uditorio	galvaniser l'auditoire
fare una conferenza	faire une conférence
improvvisare	improviser
fare una pausa	marquer une pause
avere un vuoto di memoria	avoir un trou de mémoire
perdere il filo del discorso	perdre le fil du discours
avere carisma (carismatico *charismatique*)	avoir du charisme
avere la parola facile, avere facilità di parola	avoir la parole facile
eloquente	éloquent
convincente	convaincant
trascinante	entraînant

Il dialogo / Le dialogue

il dialogo	le dialogue
la conversazione (l'argomento della conversazione *le sujet de la conversation*)	la conversation
l'argomento	le sujet *ou* l'argument
il colloquio ((!) faux ami *le colloque* il convegno)	l'entretien
la discussione	la discussion
la chiacchierata (le chiacchiere *les ragots*)	la discussion, la conversation
il dibattito	le débat
lo scontro verbale	l'altercation
la controversia	la controverse
lo scambio di idee	l'échange d'idées
la divergenza di opinioni	la divergence d'opinion
la disputa	le débat, la discussion
il malinteso/l'equivoco	le malentendu/l'équivoque
la polemica	la polémique
la contestazione (il contestatario *le contestataire*)	la contestation
chiacchierare	bavarder
fare due chiacchiere (Poche chiacchiere! *Pas de bavardages !*)	faire un brin de causette
conversare	converser
discutere (participe passé discusso)	discuter
dibattere	débattre
avere uno scambio di idee	échanger des idées
discorrere	discourir
dialogare	dialoguer
affrontarsi	s'affronter
sollevare un problema	soulever un problème
argomentare	argumenter
cadere in contraddizione	se contredire
togliere la parola (participe passé tolto)	couper la parole
interrompere (participe passé interrotto)	interrompre
intervenire (participe passé intervenuto)	intervenir
polemizzare	polémiquer
contestare	contester

controverso	controversé
spinoso	épineux
critico	critique
contraddittorio	contradictoire
polemico	polémique
categorico	catégorique
sicuro di sé	sûr de soi
(in)discutibile	(in)discutable
imperturbabile	imperturbable

Gli scopi di un discorso	Les intentions d'un discours
la dimostrazione	la démonstration
la spiegazione	l'explication
la giustificazione	la justification
l'illustrazione	l'illustration
la confessione	l'aveu
la persuasione	la persuasion
la concessione	la concession
l'informazione	l'information
la rivelazione	la révélation
l'esortazione	l'exhortation
la denuncia	la dénonciation
la condanna	la condamnation
l'adulazione (l'adulatore *le flatteur, le flagorneur*)	l'adulation, la flatterie
l'approvazione	l'approbation
la disapprovazione	la désapprobation
la presa in giro, lo scherno	la moquerie, la raillerie
lo scherzo (la barzelletta *l'histoire drôle, la blague*)	la plaisanterie, la blague
la serietà	le sérieux
l'ironia	l'ironie
il sarcasmo	le sarcasme
l'umorismo (avere il senso dell'umorismo *avoir le sens de l'humour*)	l'humour
la commozione	l'émotion, l'émoi
il consenso (aussi *le consentement* ou *le consensus*)	l'assentiment
il dissenso	le désaccord
dimostrare	démontrer
spiegare	expliquer
annunciare	annoncer
presentare	présenter
informare (l'informatore (della polizia) *l'informateur de la police*)	informer
far sapere	faire savoir
rendere pubblico (participe passé reso)	rendre public
rivelare	révéler
confessare	avouer
riconoscere	reconnaître
sensibilizzare	sensibiliser
giustificare/giustificarsi	justifier/se justifier
persuadere, convincere (participe passé persuaso, convinto)	persuader, convaincre
consigliare (il consiglio *le conseil*)	conseiller
dissuadere (participe passé dissuaso)	dissuader
esortare	exhorter
suscitare	susciter

la maschera *le masque*	**smascherare**	démasquer
	contestare	contester
participe passé rimesso	**rimettere in discussione, rimettere in questione**	remettre en question
	denunciare	dénoncer
le stigmate di Cristo *les stigmates du Christ*	**stigmatizzare**	stigmatiser
	condannare	condamner
	calunniare	calomnier
	diffamare	diffamer
	denigrare	dénigrer
participe passé insorto	**insorgere contro**	s'insurger contre
	complimentarsi con qualcuno	féliciter quelqu'un
participe passé fatto	**fare l'elogio di qualcuno**	faire l'éloge de quelqu'un
	adulare	flatter
	scherzare	plaisanter
	divertire	amuser
participe passé preso	**prendere in giro qualcuno**	se moquer de quelqu'un
	schernire qualcuno	railler quelqu'un
participe passé messo	**ridicolizzare qualcuno, mettere qualcuno in ridicolo**	ridiculiser quelqu'un, tourner quelqu'un en ridicule
fare il verso a qualcuno *singer quelqu'un*	**imitare**	imiter
	assentire	être d'accord
	dissentire da qualcuno	ne pas être d'accord avec quelqu'un

3 Gli atteggiamenti di parola — Les attitudes de parole

(!) faux ami la volubilità *la légèreté* volubile *volage*	**la loquacità**	la loquacité, la volubilité
	il chiacchierone	le bavard
	la maldicenza	la médisance
pluriel le malelingue	**la malalingua**	la mauvaise langue
il pettegolezzo *le commérage, le cancan, le potin*	**il pettegolo**	le concierge [la commère]
	la comare	la commère
	il fanfarone	le fanfaron
autre sens *la confidentialité*	**la riservatezza**	la réserve
	il ritegno	la retenue
	la reticenza	la réticence
(!) masculin	**il riserbo**	la réserve
	la discrezione	la discrétion
	la moderazione	la modération
	la franchezza	la franchise
	la semplicità	la simplicité

dire quello che si pensa	dire ce que l'on pense
andare dritto allo scopo	aller droit au but
parlare male di qualcuno, sparlare di qualcuno	médire de quelqu'un
spettegolare	jaser, cancaner
parlare a vanvera	parler à tort et à travers
vantarsi	se vanter
essere franco	être franc
essere riservato	être réservé

essere (poco) loquace	être (peu) loquace
essere taciturno	être taciturne
tenere a freno la lingua	tenir sa langue
mantenere il massimo riserbo	garder la plus grande discrétion
mantenere il silenzio	garder le silence
tacere	se taire

METTERE IN PRATICA

40 Dal sostantivo al verbo Du substantif au verbe

1. l'espressione
2. la pronuncia
3. il grido
4. il sussurro
5. la percezione
6. la balbuzie
7. la risposta
8. la domanda
9. il discorso
10. la discussione
11. la dichiarazione
12. l'affermazione
13. il comunicato
14. la polemica
15. la persuasione
16. lo scherno
17. lo scherzo
18. le chiacchiere

41 Trovare il sinonimo Trouver le synonyme

1. gridare
2. mormorare
3. scandire
4. domandare
5. sparlare
6. persuadere
7. conversare
8. affermare
9. mettere in ridicolo

42 Leggere e tradurre Lire et traduire

Le Parole

Abbiamo parole per vendere
Parole per comprare
Parole per fare parole
Ma ci servono parole per pensare.

Abbiamo parole per uccidere
Parole per dormire
Parole per fare solletico
Ma ci servono parole per amare.

Abbiamo le macchine
Per scrivere le parole
Dittafoni magnetofoni
Microfoni telefoni.

Abbiamo parole
Per fare rumore
Parole per parlare
Non ne abbiamo più.

Gianni Rodari, *Il secondo libro delle filastrocche*,
© Éditions Einaudi, Torino, 1985

corrigés page 422

Altre Parole

Il contesto culturale

La lingua e i dialetti
La langue et les dialectes

- **L'italien** est la langue officielle (**la lingua ufficiale**) en Italie et dans la République de Saint Marin (**Repubblica di San Marino**). En dehors du territoire italien, c'est la langue officielle du Canton du Tessin (**Canton Ticino**) et d'une partie des Grisons (**i Grigioni**) en Suisse. Par ailleurs, en Corse (**Corsica**), à Monaco et dans la région de Nice (**Nizza**), on parle des dialectes italiens. Quelques minorités de locuteurs en langue italienne sont également localisés en Argentine, au Brésil et en Uruguay.
- **La naissance de l'italien** : l'italien est une langue néolatine (**lingua neolatina**) qui s'est développée autour d'une famille de dialectes toscans, à partir du XIIIe siècle. Le premier ouvrage en langue vulgaire (**lingua volgare**) toscane est *la Divine Comédie* (**la Divina Commedia**) de **Dante Alighieri.** À partir de la fin du XIXe siècle, l'unité politique et la diffusion des moyens de communication ont contribué à former et à imposer sur tout le territoire la langue nationale moderne.
- **L'italien standard d'aujourd'hui** : malgré les réticences séculaires des puristes de l'**Accademia della Crusca** (académie fondée en 1583 pour défendre la pureté de la langue italienne), le toscan d'origine s'est transformé au contact des apports de tous les autres dialectes italiens. L'italien standard d'aujourd'hui a largement subi l'influence du dialecte romain, par la présence de la RAI (dont le siège est à Rome), et du dialecte milanais, par la puissance économique de Milan et par la présence d'un important réseau de télévisions privé milanais à diffusion nationale.
- **L'importance des dialectes** : imposé par l'école, les médias et la presse, l'italien standard est parlé aujourd'hui par toute la population, mais dans la vie quotidienne, il est souvent supplanté par le dialecte local, différent pour chaque ville et région :
  - **il dialetto veneziano** (le dialecte de Venise) : rendu célèbre notamment par les pièces de théâtre du vénitien **Carlo Goldoni.**
  - **il dialetto napoletano** (le dialecte napolitain) : très connu grâce à l'indémodable chanson napolitaine (**la canzone napoletana**) et au théâtre du célèbre auteur, acteur et metteur en scène napolitain **Eduardo De Filippo.**
  - **il sardo** (le sarde) : reclassé au niveau de dialecte par l'essor de l'italien en tant que langue nationale, il a le statut de langue à part entière, tout comme le ladin et le frioulan (**il ladino, il friulano**), parlés dans le Frioul.

Gli scioglilingua
Les virelangues

À prononcer rapidement cinq fois d'affilée !

- **Sopra la panca la capra campa, sotto la panca la capra crepa.**
  Sur le banc la chèvre vit, sous le banc la chèvre crève.
- **Trentatré trentini entrarono in Trento tutti e trentatré trotterellando.**
  Trente-trois Trentins entrèrent à Trente tous les trente-trois en trottinant.
- **Apelle, figlio d'Apollo, fece una palla di pelle di pollo, e tutti i pesci vennero a galla, per vedere la palla di pelle di pollo, fatta da Apelle, figlio di Apollo.**
  Apeaux, fils d'Apollon, fit une balle de peau de poulet, et tous les poissons vinrent à la surface pour voir la balle de peau de poulet faite par Apeaux, fils d'Apollon.

Espressioni idiomatiche

corre voce che...	le bruit court que...
non avere voce in capitolo	ne pas avoir voix au chapitre
gridare ai quattro venti	crier sur tous les toits
essere muto come un pesce	être muet comme une carpe
una persona di poche parole	une personne peu loquace
avere l'ultima parola	avoir le dernier mot
È fuori discussione!	C'est hors de question !
essere bravo solo a parole	être fort en paroles
È una parola!	C'est facile à dire !
togliere la parola di bocca	ôter les mots de la bouche
rimangiarsi la parola	se rétracter
Per me è arabo!	Pour moi, c'est du chinois !

Proverbi

Chi tace acconsente.	Qui ne dit mot consent.
Il silenzio è d'oro e la parola è d'argento.	Le silence est d'or et la parole est d'argent.
Tra il dire e il fare c'è di mezzo il mare.	C'est plus simple à dire qu'à faire.
Il riso abbonda sulla bocca degli stolti.	Trop rire, c'est un signe de bêtise.
Ne uccide più la lingua che la spada.	La langue en tue plus que l'épée.
A buon intenditor poche parole.	À bon entendeur, salut !

15

I media e la pubblicità

Les médias et la publicité

1 La stampa — La presse

	Generalità	Généralités
	la pubblicazione	la publication
	il giornale	le journal
	la rivista	la revue, le magazine
	la prima/l'ultima edizione	la première/la dernière édition
	l'edizione della notte	l'édition de la nuit
	l'edizione straordinaria	l'édition spéciale
	l'edizione regionale	l'édition régionale
unico *unique* doppio *double* speciale *spécial*	**il numero**	le numéro
	l'arretrato	l'ancien numéro
	l'inserto	l'encart
	il supplemento	le supplément
	la copertina	la couverture
	il titolo a caratteri cubitali	la manchette
	la testata	le titre (de journal)
autre sens *journal* La Stampa è una testata torinese. *La Stampa est un journal de Turin.*	**la prima pagina**	la première page, la une
	la terza pagina	la page culturelle
	il trafiletto	l'entrefilet
	la colonna	la colonne
autre sens *la boutonnière*	**l'occhiello**	le faux-titre, le surtitre
	l'errore di stampa	la faute d'impression
	l'articolo di fondo	l'article de fond
	l'editoriale	l'éditorial
	il servizio	le reportage
prononcer à la française	**il fotoreportage**	le photoreportage, le reportage photo
	la cronaca	la chronique
un fatto di cronaca *un fait divers*	**la cronaca nera**	les faits divers
	la cronaca rosa	la rubrique people
	l'inchiesta	l'enquête
	l'elzeviro	l'article littéraire, l'article culturel
curare una rubrica *s'occuper d'une rubrique*	**la rubrica**	la rubrique
l'intervistatore *l'intervieweur*	**l'intervista**	l'interview
	la rassegna stampa	la revue de presse
	la posta dei lettori	le courrier des lecteurs
	l'annuncio (economico), l'inserzione	l'annonce

gli annunci (economici), le inserzioni	les petites annonces
l'annuncio matrimoniale	l'annonce matrimoniale
l'annuncio necrologico	l'annonce nécrologique
il ritaglio di giornale	la coupure de presse
l'abbonamento	l'abonnement
la spedizione	l'expédition
la consegna	la livraison

I tipi di giornali e di riviste / Les types de journaux et de revues

I tipi di giornali e di riviste	Les types de journaux et de revues
il quotidiano	le quotidien
nazionale	national
locale	local
il periodico	le périodique
il settimanale	l'hebdomadaire
il mensile	le mensuel
il bimensile	le bimensuel
il trimestrale	le trimestriel
il giornale	le journal
del mattino/della sera	du matin/du soir
del pomeriggio	de l'après-midi
domenicale	du dimanche
scandalistico	à scandales
sportivo	sportif
economico	économique
satirico	satirique
umoristico	humoristique
l'organo di un partito	l'organe d'un parti
la gazzetta ufficiale	le journal officiel
il giornale d'opposizione	le journal d'opposition
il giornale progovernativo	le journal pro-gouvernemental
il giornale indipendente	le journal indépendant
il giornale cattolico	le journal catholique
il giornalino, il giornaletto	l'illustré
il gazzettino regionale	le journal régional
il rotocalco	le magazine
la rivista femminile	le magazine féminin
la rivista di moda	le magazine de mode
il fotoromanzo	le roman-photo

Il giornalismo / Le journalisme

Il giornalismo	Le journalisme
la redazione	la rédaction
il/la giornalista	le/la journaliste
il redattore	le rédacteur
il caporedattore	le rédacteur en chef
il direttore della redazione	le directeur de la rédaction
il direttore editoriale	le directeur de la publication
il cronista	le chroniqueur
l'articolista	le journaliste, *le rédacteur d'articles de journaux*
il corrispondente	le correspondant

pluriel i giornalisti, le giornaliste

féminin la redattrice

il corrispondente dall'estero *le correspondant à l'étranger*

l'inviato speciale	l'envoyé spécial
il reporter	le reporter
il collaboratore esterno	le collaborateur extérieur, le pigiste
l'agenzia stampa	l'agence de presse
l'addetto stampa	l'attaché de presse
l'ordine dei giornalisti	l'ordre des journalistes
la conferenza stampa	la conférence de presse
il comunicato stampa	le communiqué de presse
la tessera giornalistica	la carte de presse
la deontologia giornalistica, l'etica giornalistica	la déontologie journalistique, l'éthique journalistique

il fotoreporter
le reporter photographe

scrivere un articolo	écrire un article
dare le ultime notizie	donner les dernières informations
informare sugli sviluppi della situazione	informer sur l'évolution de la situation
citare da fonte sicura	citer de source sûre
venire a sapere da fonte non ufficiale	apprendre de source non officielle
realizzare un servizio	réaliser un reportage
fare un'inchiesta	faire une enquête
indagare su qualcosa	enquêter sur quelque chose
pubblicare in esclusiva	publier en exclusivité
sensibilizzare l'opinione pubblica	sensibiliser l'opinion publique
fare uno scoop	faire un scoop
essere in prima pagina	être à la une
rivelare uno scandalo	révéler un scandale
fare notizia	défrayer la chronique

il giornalismo investigativo
le journalisme d'investigation

avere l'esclusività
avoir l'exclusivité

2 La radio — La radio

la radiolina	le transistor
l'autoradio	l'autoradio
l'antenna radio	l'antenne radio
le onde (radio)	les ondes (radio)
le onde lunghe	les grandes ondes
le onde corte/medie	les ondes courtes/moyennes
la modulazione di frequenza	la modulation de fréquence
la stazione radio(fonica)	la station de radio
l'emittente radio(fonica)	l'émetteur de radio
il programma (radiofonico)	le programme (radio)
la trasmissione (radiofonica)	l'émission (radio)
la buona/cattiva ricezione radio	la bonne/mauvaise réception radio
il radioamatore	le radioamateur
il conduttore radiofonico	l'animateur de radio
il presentatore radiofonico	le présentateur de radio
lo speaker/la speaker	le speaker/la speakerine
il disc-jockey	le disc-jockey
il DJ	le DJ

l'interferenza radio
l'interférence radio

(!) féminin (l'emittente)

prononcer [di'dʒej] (il DJ)

	il giornale radio, il notiziario	le journal radio
	l'ascoltatore, il radioascoltatore	l'auditeur, l'auditeur radio
	l'indice d'ascolto	le taux d'écoute
	l'indice di gradimento	l'indice de satisfaction
participe passé acceso/spento	accendere/spegnere la radio	allumer/éteindre la radio
	alzare/abbassare il volume	augmenter/baisser le volume
	sintonizzarsi su	régler son poste sur
	captare una frequenza	capter une fréquence
	cambiare stazione	changer de station
	mandare in onda	diffuser
	andare in onda	passer à l'antenne
	restare in ascolto	rester à l'écoute

3 La televisione — La télévision

Generalità — Généralités

il piccolo schermo *le petit écran*	la tivù, la TV	la télé, la TV
prononcer [pɛjti'vu]	la pay-tv	la télé payante
	la televisione via cavo	le câble
	la televisione digitale terrestre	la télévision numérique terrestre
	il canale, la rete	la chaîne
	il network televisivo	le réseau de télévision
	l'emittente privata	la chaîne de télé privée
	l'emittente locale	la chaîne régionale
	il canone televisivo	la redevance audiovisuelle
	il telespettatore	le téléspectateur

Il televisore — Le téléviseur

	il televisore a colori	le téléviseur couleur
	lo schermo	l'écran
(!) masculin	i comandi	les commandes
(!) masculin	il telecomando	la télécommande
	il tasto, il pulsante	la touche, le bouton
	l'antenna televisiva	l'antenne de télévision
	l'antenna parabolica	l'antenne parabolique
	il decoder	le décodeur
la videocassetta *la cassette vidéo*	il videoregistratore	le magnétoscope
il DVD *le DVD* prononcer [divud'di]	il masterizzatore	le graveur de DVD
participe passé acceso/spento	accendere/spegnere la tivù	allumer/éteindre la télé
	guardare la televisione	regarder la télévision
participe passé messo	mettere l'apparecchio in stand-by	mettre l'appareil en veille
	fare zapping	zapper
	cambiare canale	changer de chaîne
	registrare una videocassetta	enregistrer une cassette vidéo
	masterizzare un DVD	graver un DVD
	programmare una registrazione	programmer un enregistrement

Note	Le trasmissioni televisive	Les émissions de télévision
il palinsesto *la grille des programmes*	**la programmazione**	la programmation
	il programma di prima/di seconda serata della notte	le programme de début/de fin de soirée de la nuit
(!) féminin	**la registrazione in studio**	l'enregistrement en studio
	l'Auditel	l'Audimat
prononcer [ˈodiɛns]	**l'audience**	l'audience
prononcer [ˈʃɛar]	**lo share**	la part d'audience
	la trasmissione (televisiva)	l'émission (de télévision)
	lo spettacolo di intrattenimento	le spectacle de divertissement
	lo spettacolo di varietà, lo show (televisivo)	le spectacle de variétés, le show (télévisuel)
	il programma di attualità	le magazine d'actualités
	il film	le film
	il film TV	le téléfilm
	il telefilm	la série télé
prononcer [ˈfikʃon]	**la fiction**	la fiction
	i cartoni animati	les dessins animés
	lo sceneggiato	le feuilleton
	la soap opera	le soap opera, la série télé
riassunto della puntata precedente *résumé de l'épisode précédent*	**la puntata, l'episodio**	l'épisode
	la serie/la miniserie	la série/la mini-série
	il quiz televisivo, il telequiz	le jeu télévisé
	il concorrente	le candidat
	l'applausometro	l'applaudimètre
	la partecipazione del pubblico	la participation du public
prononcer [rjaliˈtiʃo]	**il reality show**	le reality show
prononcer [tokˈʃo]	**il talk show**	le talk show
	la trasmissione in diretta/ in differita di una partita	la retransmission en direct/ en différé d'un match
	il servizio	le reportage
il TG *le JT*	**il telegiornale**	le journal télévisé
	il telegiornale satirico	le journal satirique
	il documentario	le documentaire
il meteo (!) masculin *la météo*	**le previsioni del tempo, il bollettino meteorologico**	les prévisions du temps, le bulletin météo
	trasmesso via satellite via cavo	retransmis par satellite par câble
	patrocinato da	parrainé par
	con la partecipazione straordinaria di	avec la participation exceptionnelle de
	condotto da	animé par
	presentato da	présenté par
	in collegamento con	en liaison avec

Note	I professionisti della televisione	Les professionnels de la télévision
l'inviato speciale *l'envoyé spécial*	**il giornalista televisivo**	le journaliste de télévision
	il telecronista	le commentateur télé

	Italiano	Français
	il cronista/giornalista sportivo	le chroniqueur/journaliste sportif
féminin la presentatrice	**il presentatore**	le présentateur
féminin l'annunciatrice	**l'annunciatore**	le speaker
féminin la conduttrice	**il conduttore (del telegiornale)**	le présentateur (du journal télévisé)
	la valletta, la velina	*l'assistante de l'animateur de jeux et de variétés*
	presentare il telegiornale, condurre il telegiornale	présenter le journal télévisé
	condurre una trasmissione	animer une émission
	trasmettere un film, dare un film	émettre un film, diffuser un film
	essere in onda	être diffusé
	andare in onda	passer à l'antenne
	mandare in onda	diffuser

4 La libertà dei media e la censura / La liberté des médias et la censure

Informazione e disinformazione / Information et désinformation

	Italiano	Français
	l'indipendenza dei media	l'indépendance des médias
	la libertà di stampa	la liberté de la presse
	la neutralità	la neutralité
	la parzialità	la partialité
	l'imparzialità	l'impartialité
	la strumentalizzazione	l'instrumentalisation
	la manipolazione mediatica	la manipulation médiatique
	l'influenza/il ruolo dei media	l'influence/le rôle des médias
	il monopolio dei media	le monopole des médias
	i rapporti dei media con il potere	les rapports des médias avec le pouvoir
	la lottizzazione politica della televisione	la répartition des chaînes entre les partis politiques
una notizia fresca fresca *une information toute fraîche*	**la notizia**	la nouvelle, l'information
un'informazione falsa *une fausse information*	**l'informazione attendibile/inattendibile, deformata, parziale, tendenziosa, controversa**	l'information fiable/non fiable, déformée, partielle, tendancieuse, controversée
le voci che circolano *les bruits qui courent*	**la voce**	le bruit, la rumeur
	la calunnia	la calomnie
	la controverità	la contrevérité
È una bufala! *C'est de l'intox !*	**la bufala**	le canular
una campagna diffamatoria *une campagne de diffamation*	**la diffamazione**	la diffamation
	la querela per diffamazione	la plainte pour diffamation
	la smentita	le démenti
	informare/disinformare	informer/désinformer
	strumentalizzare l'informazione	instrumentaliser l'information

Italiano	Français
manipolare l'informazione	manipuler l'information
passare qualcosa sotto silenzio	passer quelque chose sous silence
gonfiare una notizia	exagérer une information
(non) verificare le fonti	(ne pas) vérifier ses sources
(non) citare le fonti	(ne pas) citer ses sources
ledere il diritto alla privacy	porter atteinte à la vie privée
soffocare/evitare uno scandalo	étouffer/éviter un scandale

prononcer ['prajvasi]

La censura / La censure

Italiano	Français
la censura di stato	la censure d'État
il censore	le censeur
il taglio	la coupe
le pressioni di una lobby	les pressions d'un lobby
censurare	censurer
essere sottoposto a censura	être soumis à la censure
autocensurarsi	s'autocensurer
subire pressioni	subir des pressions
far pressione su qualcuno	faire pression sur quelqu'un

l'autocensura
l'autocensure

essere censurato
être censuré

5 I giornali su internet / Les journaux sur Internet

Italiano	Français
la testata telematica, il giornale digitale	le journal en ligne, le journal numérique
la pubblicazione elettronica	la publication électronique
la rassegna stampa on line	la revue de presse en ligne
la versione cartacea/internet di un giornale	la version papier/Internet d'un journal
l'abbonamento on line	l'abonnement en ligne
l'archivio delle edizioni precedenti	les archives des éditions précédentes
il sito web giornalistico	le site web journalistique
l'aggiornamento in tempo reale di una notizia	la mise à jour en temps réel d'une information
la webzine	le webzine

(!) masculin singulier

(!) féminin

6 La pubblicità / La publicité

Generalità / Généralités

Italiano	Français
la pubblicità comparativa televisiva radiofonica on line negativa ingannevole	la publicité comparative télévisée radiophonique en ligne négative mensongère
la campagna pubblicitaria	la campagne publicitaire
l'agenzia pubblicitaria	l'agence de publicité
il pubblicitario	le publicitaire
l'inserzionista	l'annonceur
lo sponsor	le sponsor

fare pubblicità
faire de la publicité

la pubblicità progresso
campagnes de sensibilisation sur des thèmes de société

il messaggio pubblicitario	le message publicitaire
lo slogan	le slogan
pubblicizzare un prodotto, reclamizzare un prodotto	faire de la publicité pour un produit
lanciare una campagna pubblicitaria	lancer une campagne publicitaire
lanciare una campagna promozionale	lancer une campagne promotionnelle

I veicoli pubblicitari / Les supports publicitaires

l'affissione muraria (divieto d'affissione – *défense d'afficher*)	l'affichage mural
la cartellonistica	l'affichage publicitaire
lo spazio pubblicitario	l'espace publicitaire
il pannello pubblicitario	le pannonceau publicitaire
il cartellone pubblicitario	le panneau publicitaire
il manifesto pubblicitario	l'affiche publicitaire
l'inserto pubblicitario	l'encart publicitaire
la scritta pubblicitaria	l'écriteau publicitaire
l'insegna luminosa, l'insegna al neon	l'enseigne lumineuse, l'enseigne au néon
la pagina di pubblicità	la page de publicité
l'annuncio pubblicitario	l'annonce publicitaire
il prospetto	le prospectus
l'opuscolo (illustrativo)	la brochure
il volantino	le prospectus [distribué dans la rue]
il depliant	le dépliant
gli (auto)adesivi	les autocollants
lo striscione pubblicitario	la banderole publicitaire
il catalogo promozionale	le catalogue promotionnel
il gadget	le gadget
il campione gratuito	l'échantillon gratuit
il jingle (prononcer ['dʒingol])	le jingle
lo spot pubblicitario	le spot publicitaire

Le strategie pubblicitarie / Les stratégies publicitaires

il mailing	le mailing
il pop-up	le pop up
il banner	la fenêtre publicitaire
la sponsorizzazione	la sponsorisation
il volantinaggio	la distribution de prospectus
la promozione	la promotion
l'offerta speciale	l'offre spéciale
il martellamento pubblicitario	le matraquage publicitaire
incollare manifesti	coller des affiches
distribuire volantini	distribuer des prospectus

METTERE IN PRATICA

43 Dal verbo al sostantivo Du verbe au substantif

1. trasmettere
2. pubblicare
3. abbonarsi
4. presentare
5. annunciare
6. programmare
7. ascoltare
8. registrare
9. condurre
10. informare
11. censurare
12. pubblicizzare
13. lanciare
14. strumentalizzare

44 Trovare l'intruso Trouver l'intrus

a. il telegiornale; il documentario; il telecomando; il telefilm; il bollettino meteorologico
b. la prima pagina; la testata; l'occhiello; il trafiletto; il capitello
c. il reporter; il giornalista; l'elzeviro; l'inviato speciale; il corrispondente

45 A quale media corrispondono?
À quel média correspondent-ils ?

A. radio **B. TV** **C. stampa** **D. pubblicità**

1. il manifesto
2. l'antenna parabolica
3. lo schermo
4. l'editoriale
5. lo slogan
6. la modulazione di frequenza
7. il volantino
8. la miniserie
9. la terza pagina
10. il cartellone

46 Leggere e tradurre Lire et traduire

Il giornale quotidiano

In Italia la tradizione del quotidiano è abbastanza antica, le primissime gazzette risalgono addirittura alla prima metà del Seicento. Il quotidiano si compra giornalmente: si legge e si butta. Ha caratteristiche sue proprie, quali l'articolo di fondo e la terza pagina. L'articolo di fondo o editoriale è il commento ad un fatto politico interno o internazionale, o anche di carattere economico o sociale, che compare in prima pagina. È un pezzo da cui si può capire l'orientamento del quotidiano ed è scritto spesso dallo stesso direttore del giornale.
La terza pagina è la pagina della cultura ed è una caratteristica dei giornali italiani, concepita da A. Bergamini per il Giornale d'Italia agli inizi del secolo scorso. Per quanto la terza pagina sia spesso scaduta in grigi e fumosi articoli culturali di scarso interesse, rimane però famosa la terza pagina affidata a Pier Paolo Pasolini sul Corriere della Sera negli anni '70. Il dibattito culturale, vista la personalità dell'articolista, fu acceso e vivacissimo.

Giulia Grassi et Roberto Tartaglione, *Lingue italiane*,

corrigés page 423

Altre Parole

Il contesto culturale

I principali quotidiani italiani
Les principaux quotidiens italiens

- *Il Corriere della Sera* : le quotidien le plus vendu en Italie, fondé à Milan en 1876.
- *La Repubblica* : le deuxième quotidien italien, fondé à Rome en 1976.
- *La Stampa* : journal de Turin bénéficiant d'une diffusion nationale, fondé en 1895.
- *Il Sole 24 ore* : le quotidien économique de référence.
- *La Gazzetta dello Sport* : quotidien sportif. Fondé en 1896 à Milan et devenu quotidien à partir de 1919, il a été pendant longtemps le seul journal entièrement consacré au sport. Une de ses caractéristiques est la couleur rose de ses pages.
- *L'Osservatore romano* : quotidien du Vatican. Le premier numéro est paru le 1er juillet 1861. La création du journal répondait alors à la nécessité de défendre les positions du Saint-Siège (**la Santa Sede**) au moment où les États pontificaux (**gli Stati Pontifici**) venaient de perdre l'essentiel de leur pouvoir temporel.
- Pour des raisons historiques, liées à la grande autonomie des villes et à leur tradition culturelle propre, l'Italie possède également de très nombreux quotidiens à diffusion locale ou régionale, comme ***Il Mattino*** de Naples, ***La Nazione*** de Florence, ***Il Resto del Carlino*** de Bologne, ***Il Secolo XIX*** de Gênes.

- L'**ANSA**, Associazione Nazionale Stampa Associata ≈ l'AFP

La televisione pubblica e privata
La télévision publique et privée

- En 1975, la réforme de la RAI décrète la fin du monopole de la télévision publique en Italie, et autorise l'arrivée des chaînes privées.
- **RAI UNO, RAI DUE, RAI TRE** : chaînes nationales publiques.
- **Italiauno, Retequattro, Canale 5** : principales chaînes généralistes privées qui émettent sur tout le territoire italien, au même titre que les chaînes publiques.
- Parallèlement, il existe une multitude de télévisions privées à diffusion régionale ou locale.

Le trasmissioni di culto
Les émissions cultes

- **Il Festival di Sanremo** : concours annuel de la chanson italienne (**la canzone italiana**), créé en 1951, qui se déroule dans la petite ville de Sanremo, en Ligurie, célèbre pour sa production de fleurs. Il est diffusé à la télévision pendant une semaine entière avec une audience exceptionnelle. C'est là qu'ont été lancés et connus par le grand public beaucoup de chanteurs (**cantanti**), comme Bobby Solo, Toto Cotugno, Umberto Tozzi, Nec, Tiziano Ferro, Eros Ramazzotti, Giorgia, Laura Pausini…
- **Lo Zecchino d'oro**, *le Sequin d'or* : concours de chansons pour les enfants chantées par de jeunes artistes en herbe accompagnés d'une chorale. Créé en 1959, il est programmé encore aujourd'hui et connaît un vif succès. Le nom du prix gagné par le vainqueur de ce concours fait référence à l'histoire de **Pinocchio** (de Carlo Collodi) et aux pièces d'or (**gli zecchini d'oro**) que Pinocchio se fait dérober par le chat et le renard (**il gatto e la volpe**).

Piccola storia della radio italiana
Petite histoire de la radio italienne

- C'est pendant la période du fascisme que la radio a commencé à exister. Ainsi, après la guerre, la **RAI** (**Radio-Audizioni Italiane**), héritière de l'**EIAR** (**Ente italiano audizioni radiofoniche**) fasciste, ne diffusait que trois stations, mais était un moyen de divertissement important ; en effet, la télévision, introduite pendant les années 50, ne commençait ses programmes qu'en fin d'après midi et les interrompait à minuit, alors que la radio émettait en continu.
- Ensuite, les années 70 ont vu la fin du monopole de la RAI et l'émergence des radios libres (**radio libere**) qui sont vite devenues des radios commerciales. Actuellement, il existe trois radios publiques (**Radio uno, Radio due, Radio tre**) et des centaines de radios privées.

Espressioni idiomatiche

una notizia da prendere con le pinze	une information à prendre avec des pincettes
prendere qualcosa per oro colato	prendre quelque chose pour parole d'Évangile
essere un credulone	être crédule
spararle grosse	en raconter de belles

Proverbi

Fidarsi è bene, non fidarsi è meglio.	La confiance c'est bien, la méfiance c'est mieux. *Prudence est mère de sûreté.*

16

La posta, le telecomunicazioni e l'informatica

La poste, les télécommunications et l'informatique

1 La corrispondenza e il servizio postale / Le courrier et le service postal

La corrispondenza	Le courrier	Note
la corrispondenza	le courrier, la correspondance	
la posta	le courrier *ou* la poste	leggere la posta *lire le courrier*
la lettera	la lettre	
raccomandata	recommandée	
semplice	simple	
con ricevuta di ritorno	avec accusé de réception	aussi con avviso di ricevimento
la busta	l'enveloppe	
la busta preaffrancata	l'enveloppe préaffranchie, *le prêt-à-poster*	
la cartolina	la carte postale	la cartolina virtuale *la carte postale électronique*
il biglietto d'auguri	la carte de vœux	
il plico	le pli	
il pacco, il collo	le colis	porto pagato *port payé*
il pacchetto	le paquet	
il francobollo	le timbre	
l'affrancatura	l'affranchissement	affrancatura a carico del destinatario *port payé par le destinataire*
il mittente	l'expéditeur	
il destinatario	le destinataire	
il timbro postale	le cachet de la poste	fa fede il timbro postale *le cachet de la poste faisant foi*
il timbro	le tampon	
l'indirizzo	l'adresse	(!) masculin
il codice postale	le code postal	
la spedizione	l'envoi	
la posta inevasa	le courrier en souffrance	
corrispondere con qualcuno	correspondre avec quelqu'un	intrattenere una corrispondenza *entretenir une correspondance*
spedire, mandare	expédier, envoyer	
affrancare	affranchir	
imbucare	poster	
ricevere posta/una lettera	recevoir du courrier/une lettre	
ritirare una raccomandata	retirer un recommandé	
rispondere a giro di posta	répondre par retour de courrier	

evadere la posta, sbrigare la posta	faire son courrier
far pesare un pacco	faire peser un colis

Il servizio postale / Le service postal

andare alla posta *aller à la poste*

la posta, l'ufficio postale	la poste, le bureau de poste
lo sportello	le guichet
il modulo	le formulaire
il conto corrente postale	le compte de chèque postal
il vaglia postale	le mandat postal
il postagiro	le virement postal
la buca delle lettere	la boîte aux lettres [de la poste]
la cassetta delle lettere	la boîte aux lettres [d'une maison]
il postino	le facteur
la spedizione, l'invio	l'expédition, l'envoi
la distribuzione	la distribution
la levata	la levée
il ritorno al mittente	le retour à l'expéditeur
il centro di smistamento	le centre de tri
la posta aerea	la poste aérienne
il fermo posta	la poste restante
la casella postale	la boîte postale
compilare un modulo	remplir un formulaire
per posta	par courrier
a mezzo posta	par voie postale

(!) invariable (il vaglia postale)

2 Il telefono / Le téléphone

telefonicamente *par téléphone*

il telefono	le téléphone
l'impianto telefonico	l'installation téléphonique
il cordless, il telefono senza fili	le téléphone sans fil
il videotelefono	le visiotéléphone
il cellulare, il telefonino	le portable
con fotocamera	avec appareil photo
la scheda telefonica	la carte téléphonique
la sim card, la carta sim	la carte sim
il codice pin	le code pin
la suoneria	la sonnerie
lo squillo	la sonnerie [le tintement]
la vibrazione	le vibreur
la configurazione wap	le wap
il telefono pubblico	le téléphone public
la cabina telefonica	la cabine téléphonique
la cornetta, il ricevitore	le combiné
i tasti del telefono	les touches du téléphone
la tastiera	le clavier
la linea telefonica	la ligne téléphonique
l'interferenza	les interférences
il segnale	la tonalité

il codice puk *le code puk* (il codice pin)

il drin *le dring*
fare uno squillo a qualcuno *biper quelqu'un* (lo squillo)

a scheda *à carte* (la cabina telefonica)

È caduta la linea. *On a été coupés.* (la linea telefonica)

La linea è disturbata. *La ligne est brouillée.* (l'interferenza)

la chiamata d'emergenza *l'appel d'urgence*	**la chiamata**	l'appel
	nazionale	national
	internazionale	international
	locale	local
fare un'interurbana *passer une communication interurbaine*	**interurbana**	interurbain
	la doppia chiamata	le double appel
	l'avviso di chiamata	le signal d'appel
	il trasferimento di chiamata	le tranfert d'appel
	la chiamata a carico del destinatario	l'appel en PCV
	la telefonata	le coup de téléphone
	il colpo di telefono	le coup de fil
	la segreteria telefonica	le répondeur
	il segnale acustico	le signal sonore
	il messaggio	le message
il centralinista *le standardiste*	**il centralino**	le standard
	l'abbonato	l'abonné
l'elenco, la lista *la liste* non figurare sull'elenco *ne pas être dans l'annuaire*	**l'elenco telefonico**	l'annuaire téléphonique
	le pagine gialle/bianche	les pages jaunes/blanches
(!) féminin	**la tariffa**	le tarif
	la bolletta telefonica	la facture téléphonique
	il prefisso	l'indicatif
	il numero di telefono	le numéro de téléphone
	il numero verde	le numéro vert
mandare un fax, inviare un fax *envoyer un fax*	**il fax**	le fax, la télécopie

	telefonare	téléphoner
	fare una telefonata	donner un coup de téléphone
	dare un colpo di telefono	passer un coup de fil
	fare il numero, comporre il numero	faire le numéro, composer le numéro
	sbagliare numero	se tromper de numéro
aussi mettere giù familier	**riagganciare**	raccrocher
	rispondere al telefono	répondre au téléphone
	essere al telefono	être au téléphone
	restare in linea	rester en ligne
	essere in linea	être en ligne
	passare la linea	passer la communication
	lasciare un messaggio	laisser un message
	chiamare/richiamare	appeler/rappeler
	interrompere la comunicazione	couper la communication
messaggiare *communiquer par SMS*	**mandare un SMS/un MMS**	envoyer un SMS/un MMS

	libero/occupato	libre/occupé
	guasto	en panne
	fuori servizio	hors service
un numero sbagliato *un faux numéro, un mauvais numéro*	**sbagliato**	faux, mauvais

3 L'informatica — L'informatique

Informatici e programmi — Informaticiens et programmes

l'ingegnere informatico	l'ingénieur informaticien
il programmatore	le programmeur

Remarque	Italiano	Français
prononcer ['databejz]	il database	la base de données
	l'archivio	les archives
la videoscrittura *le traitement de texte*	il software, il programma	le logiciel, le programme
	l'applicazione	l'application
	il correttore ortografico	le correcteur orthographique
prononcer ['ardwɛr]	l'hardware	le hardware, l'équipement informatique
	informatizzare, computerizzare	informatiser
	digitalizzare	numériser
	programmare	programmer
	installare un programma	installer un programme
	configurare	configurer
	aggiornare	mettre à jour
	compatibile	compatible

Il computer / L'ordinateur

prononcer [kom'pjutɛr]

Remarque	Italiano	Français
	la computerizzazione	l'informatisation
	il circuito integrato	le circuit intégré
	il microprocessore	le microprocesseur
	il chip	la puce
	il byte/il megabyte	l'octet/le méga octet
	il bit	le bit
	il PC, il personal computer	le PC, l'ordinateur personnel
	il Mac	le Mac
	l'ambiente PC/Mac	l'environnement PC/Mac
	il computer portatile, il portatile	l'ordinateur portable, le portable
	il sistema operativo	le système d'exploitation
prononcer ['fajl]	il file	le fichier
	la cartella	le dossier
prononcer [di'rɛktori]	la directory	le répertoire
(!) masculin	il dato	la donnée
	il monitor	le moniteur
	lo schermo	l'écran
	piatto	plat
	a cristalli liquidi	à cristaux liquides
	il salvaschermo	l'économiseur d'écran
prononcer ['dɛstɔp]	il desktop	le bureau [de l'écran]
	l'icona	l'icône
	la barra degli strumenti	la barre d'outils
	la barra delle applicazioni	la barre des tâches
	il menù a tendina	le menu déroulant
	la finestra	la fenêtre
	il cursore	le curseur
prononcer [ar'disk]	l'hard disk, il disco rigido	le disque dur
	la memoria	la mémoire
drive à prononcer ['drajv]	il lettore, il drive di dischetti/di CD/di DVD	le lecteur de disquettes/de CD/de DVD
(!) masculin	il dischetto, il floppy disc	la disquette
	il masterizzatore	le graveur

	la tastiera	le clavier
	il tastierino numerico	le pavé numérique
	il tasto	la touche
(!) féminin	**la periferica**	le périphérique
	la chiave USB, la penna USB	la clé USB
(!) masculin prononcer ['mawz]	**il mouse ottico**	la souris optique
	il clic/il doppio clic	le clic/le double clic
prononcer ['tatʃpad]	**il touch pad**	le pavé tactile
	il tappetino per il mouse	le tapis de souris
prononcer ['wɛbkam]	**la webcam**	la webcam
	lo scanner	le scanner
	il modem	le modem
	il cavo di alimentazione	le câble d'alimentation
	la stampante laser/a getto d'inchiostro	l'imprimante laser/à jet d'encre
	il toner	le toner
	la cartuccia	la cartouche
	l'impaginazione	la mise en page
	il salto di pagina	le saut de page
prononcer [bag]	**il bug**	le bug
andare in crash *planter*	**il crash**	le plantage
acceso *allumé*	**avviare il computer, accendere il computer**	démarrer l'ordinateur, allumer l'ordinateur
spento *éteint*	**spegnere il computer**	éteindre l'ordinateur
	avviare, aprire/chiudere un programma	lancer, ouvrir/fermer un programme
	elaborare dati	traiter des données
	inserire dei dati	entrer des données
	formattare	formater
	scaricare	télécharger [extraire des données]
	memorizzare	mettre en mémoire
	digitare	saisir, taper
	creare un nuovo file	créer un nouveau fichier
	selezionare	sélectionner
la rotellina *la roulette*	**premere un tasto del mouse**	cliquer sur la souris
	evidenziare	mettre en surbrillance
	cliccare	cliquer
	tagliare/incollare	couper/coller
	copiare	copier
	spostare	déplacer
	cancellare	supprimer
	editare	éditer
il salvataggio (!) masculin *la sauvegarde*	**salvare**	sauvegarder
	fare il back up, fare una copia di riserva	faire une copie de sauvegarde
	giustificare un testo	justifier un texte
visualizzare l'anteprima (di stampa) *afficher l'aperçu (d'impression)*	**stampare**	imprimer
aussi scannerizzare	**scansionare un documento**	scanner un document
	connettere le periferiche USB	brancher les périphériques USB

Il multimediale off line / Le multimédia off-line

Note	Italiano	Français
	il lettore (di) CD-Rom	le lecteur de CD-Rom
	l'interattività	l'interactivité
	il videogioco	le jeu vidéo
	la console	la console
prononcer ['dʒɔjstik], ['dʒɔjpad]	il joystick , il joypad	la manette (de jeu)
	il pulsante	la touche, le bouton
prononcer ['mɛmori'kard]	la memory card	la carte mémoire
	inserire il disco/ la memory card	insérer le CD/ la carte mémoire
	salvare la partita	sauvegarder la partie

4 Internet / Internet

Il web, la rete / Le web, la toile

Note	Italiano	Français
	il villaggio globale	le village global
aussi écrit cybernauta	il cibernauta	le cybernaute
	l'internauta	l'internaute
aussi écrit cyberspazio	il ciberspazio	le cyberespace
aussi écrit cybercafè	il cibercafè, l'internet café	le cybercafé
	le autostrade informatiche	les autoroutes de l'information
	l'e-commerce, il commercio elettronico	le commerce en ligne, le commerce électronique
la pagina web *la page web*	il sito web	le site web
	il portale	le portail
prononcer ['ompejdʒ]	la home page	la page d'accueil
	la connessione	la connexion
i link utili *les liens utiles*	il link	le lien
il link ipertestuale *le lien hypertexte*	l'ipertesto	l'hypertexte
	la navigazione su internet	la navigation, le surf sur Internet
	l'accesso	l'accès
prononcer [pro'vajdɛr]	il provider	le fournisseur d'accès
	il motore di ricerca	le moteur de recherche
	il server	le serveur
	la password	le mot de passe
	il nome utente	le nom d'utilisateur
prononcer ['juzɛrnejm]	lo username	l'identifiant
prononcer ['lɔgin]	il login	le login
	la posta elettronica	le courrier électronique, le courriel
(!) féminin prononcer [i'mejl], ['mejl]	l' e-mail, la mail	l'e-mail, le mail
	la cartella di posta in arrivo/ di posta inviata	la boîte de réception/ d'envoi
	l'indirizzo e-mail, l'indirizzo di posta elettronica	l'adresse e-mail, l'adresse électronique
	il formato, l'estensione	le format, l'extension
pour l'Italie .*it*	il dominio	le domaine
	la chiocciola, la chiocciolina	l'arobase
(!) féminin	la chat	le chat
	la community	le groupe de discussion

il forum	le forum
la messaggeria istantanea	la messagerie instantanée
la newsletter	la newsletter
lo spam	le spam
il blog (il watch blog — *le blog de surveillance*)	le blog
il blogger	le blogger
il vlog, il video blog	le vidéoblog
il wikiblog, il bliki (il wiki — *les wikis*)	le wikiblog
connettersi (on line, in linea — *en ligne*; off line, non in linea — *hors connexion*)	se connecter
disconnettersi	se déconnecter
essere in rete	être connecté à Internet
navigare su internet	naviguer, surfer sur Internet
chattare (prononcer [tʃat'tare])	chatter
bloggare (creare il proprio blog — *créer son blog*)	bloguer
visitare un sito/un blog	visiter un site/un blog
scaricare un programma da internet	télécharger un programme sur Internet

I delitti informatici e i virus / Les délits informatiques et les virus

la pirateria informatica	le piratage informatique
il cracker	le cracker
l'hacker	le hacker
il pirata informatico	le pirate informatique
il cracking	le cracking, le déplombage
un programma crackato	un programme cracké, déplombé
la malavita hi-tech	la criminalité high-tech
il virus	le virus
l'antivirus	l'antivirus
il cavallo di Troia	le cheval de Troie
l'intrusione di un virus	l'intrusion d'un virus
l'effrazione	l'effraction
infettare un computer con un virus	infecter un ordinateur avec un virus
trasmettere un virus	transmettre un virus
crackare un programma, piratare un programma	cracker un programme, pirater un programme
essere infettato da un virus	être infecté par un virus
rimuovere i virus	éliminer les virus

METTERE IN PRATICA

47 Dal verbo al sostantivo Du verbe au substantif

1. telefonare
2. inviare
3. comunicare
4. connettere
5. programmare
6. stampare
7. copiare
8. informatizzare
9. messaggiare
10. abbonare
11. corrispondere
12. imbucare
13. navigare
14. salvare

48 Collegare la risposta alla domanda corrispondente
Relier la réponse à la question correspondante

1. No, mi dispiace, non c'è.
2. Un attimo, glielo passo subito.
3. Sì, gli dica che richiamo stasera.
4. Sì, sono io. Ciao, Mario!

a. Vuole lasciare un messaggio per Antonio?
b. C'è il Signor Sordi?
c. Pronto, sono Mario, c'è Anna?
d. Mi può passare il direttore, per favore?

49 Leggere e tradurre Lire et traduire

Lettera d'amore

Sono finalmente ritornato tesoro ed ora aspetto che tu mi raggiunga. Nell'ultima tua lettera, che ho avuto un mese fa, dicevi appunto che non potevi più vivere senza di me. Ti credo perché uguale è il sentimento mio. Non è come un'attrazione fatale, quasi un castigo?
Di solito, tra un uomo e una donna, soltanto uno dei due si innamora. L'altro o l'altra accetta o subisce. Nel nostro caso, meravigliosamente, la passione è pari in entrambi. Pazzi tutti e due. Ciò è bellissimo ma fa anche paura. Siamo come due foglie furiosamente sospinte l'una verso l'altra da opposti venti. Che cosa accadrà quando si incontreranno?

Dino Buzzati, *Paura alla scala*, © Éditions Mondadori, 1971

corrigés page 423

Altre Parole

Il contesto culturale

Le formule della corrispondenza
Les formules de correspondance

- **Sulla busta**, *sur l'enveloppe* :

– On fait précéder le nom par un adjectif respectueux :
Egregio Signor Rossi
Gentile Signora Verdi
Spettabile Ditta Martini e Co.
Illustrissimo Professor Bianchi

– Le titre de **dottore** et **dottoressa**, très employé, désigne le diplômé universitaire : **Egregio dottor Rossi, gentile dottoressa Verdi.** On a également l'habitude de mentionner les professions : **Egregio avvocato, ingegnere, architetto**, etc.

- **Formule d'apertura e di saluto**, *formules d'ouverture et de salutation* :

– On s'adresse à un ami avec des formules du type :

Caro/Cara	cher/chère
Carissimo/Carissima	très cher/très chère

Et on conclut par :

Ciao e a presto	salut et à bientôt
Bacioni	grosses bises

– Lorsqu'on s'adresse à un organisme ou à une personne dont on ne connaît pas le nom, on commence la lettre directement, sans utiliser de formules :

Le scrivo per comunicarLe...	Je vous écris pour vous communiquer...
In risposta alla vostra del...	En réponse à votre lettre du...

Et on conclut par des formules assez concises comme :

Distinti saluti	Salutations distinguées
Cordiali saluti	Cordiales salutations

Le abbreviazioni dei titoli
Les abréviations des titres

Sig.re	M.	**Prof., Prof.ssa** (féminin)	Prof.
Sig.ra	Mme	**Ing.**	Ingénieur
Sig.ina	Mlle	**Avv.**	Maître
Dott., Dott.ssa (féminin)	Dr		

Le abbreviazioni della corrispondenza commerciale
Les abréviations de la correspondance commerciale

u.s. (ultimo scorso)	dernier	**il 5 agosto u.s.**	le 5 août dernier
p.v. (prossimo venturo)	prochain	**il 5 agosto p.v.**	le 5 août prochain
c.m. (corrente mese)	de ce mois	**il 5 c.m.**	le 5 de ce mois
c.a. (corrente anno)	de cette année	**il 5 agosto c.a.**	le 5 août de cette année
ns. (nostro)	notre	**il ns. ordine**	notre commande
vs. (vostro)	votre	**la vs. lettera**	votre lettre
p.s. post scriptum	post scriptum		

Parlare al telefono
Parler au téléphone

Pronto?	Allô ?
Chi parla?	Qui est à l'appareil ?
Ha sbagliato numero!	Vous vous êtes trompé de numéro !
Vorrei parlare con il dottore, per favore.	Je voudrais parler au docteur, s'il vous plaît.
Aspetti un attimo!	Attendez un instant !
Glielo passo subito.	Je vous le passe tout de suite.

Il telefono al servizio del cittadino
Le téléphone au service du citoyen

- **Telefono Amico** : ligne téléphonique correspondant à SOS amitié en France, pour les personnes en difficulté, qui cherchent de l'aide et de l'écoute.
- **Telefono Azzurro** : ligne téléphonique réservée aux mineurs subissant des violences physiques ou psychiques.
- **Telefono Rosa** : ligne téléphonique réservée aux femmes subissant des violences physiques ou psychiques.
- **Telefono Rosso** : service d'information et d'aide pour les femmes ayant des difficultés liées à leur grossesse.

17

La storia
L'histoire

1 Dalla preistoria all'Ottocento — De la préhistoire au xxe siècle

Preistoria e antichità — Préhistoire et Antiquité

Note	Italiano	Français
l'uomo delle caverne, il cavernicolo *l'homme des cavernes*	• **la preistoria**	• la préhistoire
	• **l'era glaciale**	• l'ère glaciaire
	• **l'età della pietra**	• l'âge de la pierre
	• **l'età del bronzo**	• l'âge du bronze
	• **l'età del ferro**	• l'âge du fer
	• **l'antichità**	• l'Antiquité
les noms de peuples ne prennent pas de majuscule initiale sauf pour les noms de peuples anciens	• **gli antichi Egizi**	• les anciens Égyptiens
	il faraone	le pharaon
	la mummia	la momie
	il sarcofago	le sarcophage
	la piramide	la pyramide
	• **gli antichi Greci**	• les anciens Grecs
	• **la Magna Grecia**	• la Grande Grèce
gallico *gaulois*, la guerra gallica *la guerre des Gaules*	• **i Galli**	• les Gaulois
	• **i Celti**	• les Celtes
	le civiltà (pre)celtiche	les civilisations (pré)celtiques
	• **le civiltà precolombiane**	• les civilisations précolombiennes
	i Maya	les Mayas
	gli Inca	les Incas
	gli Aztechi	les Aztèques
	• **preistorico/storico**	• préhistorique/historique
	• **leggendario**	• légendaire
	• **mitico**	• mythique
antique [démodé] antiquato	• **antico**	• ancien, antique

L'antica Roma — La Rome antique

Note	Italiano	Français
	• **gli Etruschi**	• les Étrusques
	• **gli antichi Romani**	• les anciens Romains
753 a.C. *753 av. J. C.*	• **la fondazione di Roma**	• la fondation de Rome
	• **il ratto delle Sabine**	• l'enlèvement des Sabines
	• **i sette re di Roma**	• les sept rois de Rome
509 av. J.-C.	• **la Repubblica romana**	• la République romaine
	• **il foro**	• le forum

Note	Italiano	Français
	il senato	le sénat
	il consolato	le consulat
	il console	le consul
il triumvirato *le triumvirat*	**il triumviro**	le triumvir
i plebei *les plébéiens*	**il tribuno della plebe**	le tribun de la plèbe
	i patrizi	les patriciens
	l'Impero romano d'oriente/ d'occidente	l'Empire romain d'Orient/ d'Occident
	l'imperatore	l'empereur
	la conquista	la conquête
(!) masculin	**lo splendore**	la splendeur
	il declino	le déclin
	la decadenza	la décadence
	i giochi circensi	les jeux du cirque

consolare	consulaire
senatoriale	sénatorial
plebeo	plébéien
patrizio	patricien
imperiale	impérial
decadente	décadent

Il Medioevo e il Rinascimento / Le Moyen Âge et la Renaissance

Note	Italiano	Français
	l'era cristiana	l'ère chrétienne
	il Medioevo	le Moyen Âge
	i Barbari	les Barbares
	le invasioni barbariche	les invasions barbares
	i Goti	les Goths
	gli Unni	les Huns
	gli Angli	les Angles
	i Sassoni	les Saxons
	gli Ostrogoti	les Ostrogoths
	i Visigoti	les Wisigoths
	i Vandali	les Vandales
	i Franchi	les Francs
	i Longobardi	les Lombards
	lo Stato della Chiesa	les États de l'Église
il crociato *le croisé*	**la crociata**	la croisade
	la Terra Santa	la Terre sainte
	il feudalesimo	le féodalisme, la féodalité
	il feudo	le fief
	il vassallo	le vassal
	il servo della gleba	le serf de la glèbe
(!) masculin	**il libero Comune**	la commune libre
	la Signoria	la seigneurie
Genova, Venezia, Pisa e Amalfi *Gênes, Venise, Pise et Amalfi*	**la repubblica marinara**	la république maritime
	la guerra di religione	la guerre de religion
	la Riforma	la Réforme
	la scoperta dell'America	la découverte de l'Amérique
il pellerossa *le peau-rouge* l'indio *l'Indien (d'Amérique latine)*	**la colonizzazione dell'America**	la colonisation de l'Amérique

	medievale	médiéval
	trecentesco/quattrocentesco/cinquecentesco/seicentesco	du XIVe/XVe/XVIe/XVIIe siècle
lo stile rinascimentale *le style Renaissance*	**rinascimentale**	de la Renaissance
	feudale	féodal
	cavalleresco	chevaleresque
	papale	papal
	barbarico	barbare
	straniero	étranger
	coloniale	colonial

2 Dall'unità d'Italia alla fine del Novecento / De l'unité italienne à la fin du XXe siècle

	L'unificazione italiana	L'unification italienne
(1821-1861)		
	l'Illuminismo	les Lumières
	il dispotismo illuminato	le despotisme éclairé
	l'assolutismo	l'absolutisme
	la monarchia costituzionale	la monarchie constitutionnelle
	il tiranno	le tyran
1796-1814	**l'epoca napoleonica**	l'époque napoléonienne
1796-1797	**la Repubblica cispadana/cisalpina**	la République cispadane/cisalpine
1815	**la Restaurazione**	la Restauration
1815	**il Congresso di Vienna**	le congrès de Vienne
	il Risorgimento	le Risorgimento
	il moto insurrezionale	le mouvement insurrectionnel
1848-1849	**la prima guerra d'indipendenza**	la première guerre d'indépendance
1859-1861	**la seconda guerra d'indipendenza**	la deuxième guerre d'indépendance
1860	**la spedizione dei Mille**	l'expédition des Mille
11 mai 1860	**lo sbarco a Marsala**	le débarquement à Marsala
1861	**la proclamazione del Regno d'Italia**	la proclamation du royaume d'Italie
1866	**la terza guerra d'indipendenza**	la troisième guerre d'indépendance
1871	**Roma capitale d'Italia**	Rome, capitale d'Italie
1882 : l'alliance entre l'Allemagne, l'Autriche et l'Italie	**la triplice alleanza**	la Triple Alliance
	la rivoluzione industriale	la révolution industrielle
	illuministico	des Lumières
	risorgimentale	du Risorgimento
	patriottico	patriotique
	rivoluzionario	révolutionnaire
	insurrezionale	insurrectionnel
	unitario	unitaire

Il Novecento	Le XXe siècle
la prima guerra mondiale	la Première Guerre mondiale
gli anni Venti	les années vingt

	il (primo) dopoguerra	l'entre-deux-guerres, le premier après-guerre
de 1922 à 1943	**il Ventennio fascista**	la période fasciste
	la dittatura fascista	la dictature fasciste
	il dittatore	le dictateur
	il fascismo	le fascisme
	il fascista	le fasciste
colonies italiennes : l'Eritrea, la Libia, la Somalia e l'Etiopia *l'Érythrée, la Libye, la Somalie* et *l'Éthiopie*	**le guerre coloniali**	les guerres coloniales
	il concordato	le Concordat
1929 : conclus entre l'État italien et le Saint-Siège	**i patti lateranensi**	les accords du Latran
	la seconda guerra mondiale	la Seconde Guerre mondiale
	il nazismo	le nazisme
	il nazista	le nazi
État fondé dans l'Italie du Nord en 1943 par Mussolini	**la Repubblica di Salò**	la république de Salò
25 avril 1945 le 25 avril est férié	**la liberazione**	la Libération
	gli alleati	les Alliés
	la Resistenza	la Résistance
	il partigiano	le partisan
	il mercato nero	le marché noir
2 juin 1946 le 2 juin est le jour de la fête nationale	**il referendum istituzionale**	le référendum institutionnel
1947	**il piano Marshall**	le plan Marshall
1948	**la costituzione italiana**	la Constitution italienne
	il (secondo) dopoguerra	l'après-guerre, le second après-guerre
la vittoria *la victoire*	**il vincitore**	le vainqueur
la sconfitta *la défaite*	**il vinto**	le vaincu
	la guerra fredda	la guerre froide
	il boom economico	le boom économique
	il Sessantotto	mai 68
	la contestazione	la contestation
référendum en 1987	**il rifiuto del nucleare**	le refus du nucléaire
1992	**il trattato di Maastricht**	le traité de Maastricht
1995	**gli accordi di Schengen**	les accords de Schengen
	la zona euro	la zone euro
1999	**la moneta unica**	la monnaie unique

	lottare	lutter
	invadere	envahir
	conquistare	conquérir
	liberare	libérer
	unificare	unifier
	annettere	annexer
essere dominato da *être dominé par*	**dominare**	dominer
	concludere la pace	conclure la paix
participe passé stretto	**stringere un'alleanza**	conclure une alliance
	stipulare un trattato	conclure un traité
	stringere un accordo	nouer un accord
la firma *la signature*	**firmare**	signer
	dichiarare guerra	déclarer la guerre
essere sconfitto *être battu*	**sconfiggere**	battre
participe passé d'insorgere : insorto	**insorgere, sollevarsi**	se soulever
	reprimere un'insurrezione	réprimer une insurrection
	restaurare l'ordine	restaurer l'ordre

se conjugue comme dire

indire un referendum	organiser un référendum
prendere il potere	prendre le pouvoir
rovesciare il governo	renverser le gouvernement
fare un colpo di stato/ la rivoluzione	faire un coup d'État/ la révolution
repubblicano	républicain
ecclesiastico	ecclésiastique
fascista	fasciste
nazista	nazi
dittatoriale	dictatorial

METTERE IN PRATICA

50 Dal sostantivo all'aggettivo Du substantif à l'adjectif

1. Risorgimento
2. Impero
3. Repubblica
4. Barbaro
5. Medioevo
6. antichità
7. leggenda
8. mito
9. patria
10. feudo
11. preistoria
12. decadenza
13. plebe

51 Scegliere nella lista il verbo adatto per completare la frase
Choisir dans la liste le verbe qui convient pour compléter la phrase

combattere – annettere – invadere – stringere – conquistare

Sotto la pressione degli Unni, molti popoli barbarici cominciarono a __________ (1) l'Italia.
Nel cinquecento i francesi, con Carlo VIII, Luigi XII e Francesco I cercarono di _______________ (2) l'Italia con le armi.
Nel 1859 Cavour, il primo ministro del Regno di Piemonte-Sardegna, decise di ________________ (3) un'alleanza con Napoleone III per _____________________ (4) contro l'Austria, perché Cavour voleva ______________ (5) al Piemonte il Regno Lombardo-Veneto austriaco.

corrigés page 424

Altre Parole

Il contesto culturale

La fondazione di Roma La fondation de Rome

- **Romolo e Remo**, *Romulus et Rémus* : fils jumeaux de la princesse Rea Silvia et du dieu Mars, qui ont, selon la légende, fondé la ville de Rome (753 av. J.-C.). Le mythe raconte que les deux frères ont été mis dans un panier et confiés aux eaux du Tibre (**il Tevere**) par le serviteur chargé de les tuer et qu'ils ont été retrouvés par une louve (**la lupa**) qui les a allaités. Recueillis par un berger, ils apprendront plus tard par hasard leur origine. Ils se vengent alors de l'usurpateur (**l'usurpatore**) en le tuant et fondent une nouvelle ville sur les lieux où ils ont passé leur jeunesse. À la suite d'une dispute, Romulus tue Rémus et devient le premier roi de Rome. Selon la légende, sept rois (**i sette re di Roma**), comme les sept collines sur lesquelles s'élève la Ville éternelle (**la Città Eterna**), se sont succédés après la fondation de la ville.

Il Medioevo e il Rinascimento Le Moyen Âge et la Renaissance

- **I Guelfi e i Ghibellini**, *les guelfes et les gibelins* : deux factions opposées qui, aux XIIIe et XIVe siècles, soutenaient respectivement le pape et l'empereur.
- **L'inquisizione**, *l'Inquisition* : tribunal instauré en 1231 par le pape Grégoire IX pour éradiquer les hérésies et imposer une stricte orthodoxie.
- **I Medici**, *les Médicis* : seigneurs de Florence au Moyen Âge et à la Renaissance. Le représentant le plus connu de cette noble famille est **Lorenzo de' Medici**, dit **il Magnifico** (*Laurent le Magnifique*), qui a conduit Florence à son apogée artistique, culturel, politique et économique.

L'Ottocento e il Risorgimento Le XIXe siècle et le Risorgimento

- **La Carboneria**, *la Charbonnerie* : société secrète révolutionnaire de la première moitié du XIXe siècle, visant à soulever les populations italiennes contre la domination étrangère dans le but d'unifier l'Italie sous un roi. Ses membres s'appelaient les charbonniers (**i Carbonari**). Les insurrections (**i moti carbonari**) furent réprimées dans un bain de sang et les **Carbonari** arrêtés et mis à mort.
- **Le camicie rosse**, *les Chemises rouges* : nom attribué (à cause de la couleur de leur uniforme improvisé) à ceux que l'on appelle aussi **i Mille** ; les **Mille** sont les 1 150 soldats volontaires qui ont participé, à la suite du général **Giuseppe Garibaldi** (1807-1882), à la célèbre expédition en Sicile de juin 1860, pour chasser les Bourbons du royaume des Deux-Siciles. L'expédition fut un succès : elle aboutit dès novembre à l'annexion du royaume de Naples au Piémont et l'année suivante à la création du royaume d'Italie (**Regno d'Italia**).
- **La giovane Italia**, *la Jeune Italie* : société secrète patriotique, d'inspiration républicaine, fondée en 1831 par **Giuseppe Mazzini**, qui fonda ensuite une autre société, d'esprit visionnaire, *la Jeune Europe* (**la giovane Europa**).
- **Il Risorgimento** : mouvement d'indépendance nationale ayant abouti à la constitution du royaume d'Italie (1861), puis à l'annexion de la Vénétie (1866) et de Rome (1871).

Il fascismo Le fascisme

- **La marcia su Roma** (1922), *la marche sur Rome* : désigne la prise de pouvoir par **Benito Mussolini** (1883-1945), qui, par cette épreuve de force, impose au roi **Vittorio Emanuele III** (Victor-Emmanuel III) de le nommer premier Ministre.

- **Il Duce** : pendant les vingt ans de sa dictature (1922-1943), Mussolini se faisait appeler « duce », mot d'origine latine signifiant *guide*, comme le terme allemand *Führer*.
- **L'autarchia** : nom de la politique d'autarcie alimentaire de l'Italie sous le fascisme, visant à la relance de la production agricole, s'appuyant sur la bataille du blé (**la battaglia del grano**).
- **Le Camicie nere**, *les Chemises noires* : nom attribué aux membres du mouvement fasciste en général et plus précisément aux membres du Parti national fasciste (**il Partito Nazionale Fascista**), dont le nom vient de **fasci littori** (faisceaux des licteurs), symboles du pouvoir exécutif dans la Rome antique et de la milice volontaire de Mussolini (**la Milizia**) car leur uniforme était composé d'une chemise noire.

Dal dopoguerra a oggi De l'après-guerre à nos jours

- **Il referendum istituzionale**, *le référendum institutionnel* : le 2 juin 1946, les Italiens sont appelés à choisir entre la monarchie et la république par référendum. La république obtient la majorité des voix avec un très léger écart.
- **Il compromesso storico (1975)**, *le compromis historique* : politique du parti communiste italien qui s'éloigne de l'URSS et du dogme révolutionnaire de la dictature du prolétariat (**la dittatura del proletariato**) et entre activement dans le jeu politique démocratique grâce à Enrico Berlinguer, secrétaire du parti communiste de l'époque.
- **Le brigate rosse**, *les Brigades rouges* : mouvement terroriste d'extrême gauche, dont les membres sont appelés **brigatisti**.
- **L'operazione Mani Pulite**, *l'opération Mains propres* : opération menée par la magistrature, visant à éradiquer la corruption généralisée (**Tangentopoli**) dans la vie politique et économique. De nombreuses mises en examen d'hommes politiques et d'industriels très influents ont eu lieu et beaucoup ont fini en prison pour corruption (voir p. 308).
- **L'era Berlusconi**, *l'ère Berlusconi* : l'effondrement des anciens partis politiques favorise la naissance, en 1994, d'un nouveau parti de consensus : **Forza Italia** (*Allez, l'Italie !*), qui s'impose grâce aussi à la force médiatique de son leader, propriétaire de plusieurs chaînes de télévision et de journaux.

Espressioni idiomatiche

dare a Cesare quel che è di Cesare	rendre à César ce qui appartient à César
ci rivedremo a Filippi	nous nous reverrons à Philippes, *phrase que, selon Plutarque, le spectre de Jules César aurait lancée à Brutus. Ses équivalents en français sont, selon les contextes :* « vous ne l'emporterez pas au paradis », « vous ne perdez rien pour attendre » ou « vous me le paierez cher ».
ai tempi che Berta filava	au temps de Charlemagne, au bon vieux temps

Proverbi

Roma non fu fatta in un giorno.	Rome ne s'est pas faite en un jour.
Dove passa Attila non cresce più l'erba.	Où Attila passe, l'herbe ne repousse pas.
Con i se e con i ma non si fa la storia.	Avec des si, on mettrait Paris en bouteille.

18

Geografia, astronautica e geopolitica

Géographie, astronautique et géopolitique

1 La geografia fisica — La géograhie physique

L'universo — L'Univers

	L'universo	L'Univers
	l'infinito	l'infini
la volta celeste *la voûte céleste*	**il firmamento**	le firmament
	il corpo celeste	le corps céleste
	il cosmo	le cosmos
	lo spazio	l'espace
	il vuoto	le vide
(!) masculin	**il pianeta**	la planète
	il satellite	le satellite
	l'astro	l'astre
osservare le stelle *observer les étoiles*	**la stella**	l'étoile
	la stella polare	l'Étoile polaire
(!) faux ami la stella filante *le serpentin*	**la stella cadente**	l'étoile filante
	la (stella) cometa	la comète
	la costellazione	la constellation
	l'Orsa Maggiore, il Gran Carro	la Grande Ourse
	l'Orsa Minore, il Piccolo Carro	la Petite Ourse
aussi la meteorite	**il meteorite**	la météorite
	l'asteroide	l'astéroïde
	la galassia	la galaxie
	la via lattea	la Voie lactée
	la nebulosa	la nébuleuse
	il buco nero	le trou noir
	la gravitazione	la gravitation
	la forza di gravità	la force de gravité
	l'assenza di gravità	l'apesanteur
	l'attrazione terrestre	l'attraction terrestre
	l'anno luce	l'année-lumière
	la velocità della luce	la vitesse de la lumière
prononcer [big'bɛng]	**il big bang**	le big bang
	l'astronomia	l'astronomie

l'astronomo	l'astronome
l'astrofisica	l'astrophysique
l'astrofisico	l'astrophysicien
l'osservatorio	l'observatoire
il telescopio	le télescope
la mappa stellare	la carte du ciel
il planetario	le planétarium
brillare	briller
gravitare	graviter
ruotare (la ruota *la roue*)	tourner
cadere	tomber
scrutare il cielo	scruter le ciel
infinito	infini
incommensurabile	incommensurable
sconfinato, sterminato	illimité
immenso	immense
cosmico	cosmique
stellare	stellaire
stellato	étoilé
celeste	céleste
galattico	galactique
planetario	planétaire
gravitazionale	gravitationnel
spaziale	spatial, de l'espace
siderale	sidéral

Il sistema solare / Le système solaire

il Sole	le Soleil
i raggi/la luce del sole	les rayons/la lumière du soleil
l'eclissi (l'eclissi solare/lunare *l'éclipse solaire/lunaire*)	l'éclipse
di sole/di luna	de soleil/de lune
parziale	partielle
totale	totale
il solstizio d'estate/d'inverno	le solstice d'été/d'hiver
l'equinozio di primavera/d'autunno	l'équinoxe de printemps/d'automne
l'aurora	l'aurore
boreale/australe	boréale/australe
la luna	la Lune
la luna crescente/calante	la Lune croissante/décroissante
la falce di luna	le croissant de lune
la luna nuova (aussi il novilunio)	la nouvelle lune
la luna piena (aussi il plenilunio)	la pleine lune
la mezzaluna (autre sens *le hachoir* [couteau])	la demi-lune
il chiaro di luna	le clair de lune
lo zenit	le zénith
l'apogeo	l'apogée
i pianeti del sistema solare	les planètes du système solaire
Mercurio	Mercure
Marte	Mars
Venere	Vénus
Giove	Jupiter

• **Saturno**	• Saturne
• **gli anelli di Saturno**	• les anneaux de Saturne
• **Urano**	• Uranus
• **Nettuno**	• Neptune
• **Plutone**	• Pluton
• **splendere**	• briller
• **abbagliare**	• éblouir
• **sorgere/tramontare**	• se lever/se coucher

Il pianeta Terra / La planète Terre

• **la Terra**	• la Terre
la rivoluzione	la révolution
la rotazione	la rotation
l'orbita	l'orbite
• **il pianeta azzurro**	• la planète bleue
• **la sfera terrestre**	• la sphère terrestre
• **il globo terrestre**	• le globe terrestre
• **il cielo**	• le ciel
• **l'atmosfera**	• l'atmosphère
• **l'aria**	• l'air
l'ossigeno	l'oxygène
l'anidride carbonica	le gaz carbonique
• **la stratosfera**	• la stratosphère
l'ozono	l'ozone
lo strato di ozono	la couche d'ozone
• **la crosta terrestre**	• la croûte terrestre
• **la superficie terrestre**	• la surface terrestre
• **l'emisfero australe/boreale**	• l'hémisphère austral/boréal
• **il polo nord/sud**	• le pôle Nord/Sud
• **il circolo polare artico/antartico**	• le cercle polaire arctique/antarctique
• **la calotta polare**	• la calotte polaire
• **il parallelo**	• le parallèle
• **l'equatore**	• l'équateur
• **il meridiano**	• le méridien
• **il meridiano di Greenwich**	• le méridien de Greenwich
• **la longitudine/la latitudine**	• la longitude/la latitude
• **i punti cardinali**	• les points cardinaux
l'est	l'est
l'ovest	l'ouest
il nord	le nord
il sud	le sud
• **l'oriente, il levante**	• l'orient, le levant
• **l'occidente, il ponente**	• l'occident, le ponent
• **il meridione, il mezzogiorno**	• le midi
• **il tropico del Cancro/del Capricorno**	• le tropique du Cancer/du Capricorne
• **il fuso orario**	• le fuseau horaire
• **la differenza di fuso orario**	• le décalage horaire
• **l'orizzonte**	• l'horizon

il buco dell'ozono
le trou de la couche d'ozone

aussi il settentrione

Cartina fisica
Carte physique

terreno	terrien
terrestre	terrestre
atmosferico	atmosphérique
stratosferico	stratosphérique
settentrionale	septentrional, du Nord
meridionale	méridional, du Sud
orientale	oriental, de l'Est
occidentale	occidental, de l'Ouest
equatoriale	équatorial
tropicale	tropical
longitudinale	longitudinal
latitudinale	latitudinal
parallelo	parallèle

La terraferma / La terre ferme

Le terre emerse / Les terres émergées

la deriva dei continenti *la dérive des continents*

l'isolotto *l'îlot*

la spiaggetta *la petite plage*

(!) féminin

il banco di sabbia *le banc de sable*

il continente	le continent
l'isola	l'île
la penisola	la péninsule, la presqu'île
l'istmo	l'isthme
lo stretto	le détroit
l'arcipelago	l'archipel
l'atollo	l'atoll
la barriera corallina	la barrière de corail
il capo	le cap
la scogliera	les rochers *ou* la falaise
il promontorio	le promontoire
il golfo	le golfe
la baia	la baie
la spiaggia	la plage
la sabbia	le sable
il sasso, il ciottolo	le galet
lo scoglio	le rocher, l'écueil
l'alga	l'algue
la duna	la dune
la costa	la côte
il fiordo	le fjord
continentale	continental
insulare/peninsulare	insulaire/péninsulaire
costiero	côtier
sabbioso	sablonneux

Il rilievo / Le relief

La pianura / La plaine

la pianura padana *la plaine du Pô*

la pianura alluvionale	la plaine alluviale
il bassopiano	la basse plaine
la prateria	la prairie
la landa	la lande
la steppa	la steppe
la savana	la savane

	la brughiera	la bruyère [lande]
	l'erica	la bruyère [plante]
	la macchia	le maquis
la salina *le marais salant*	**la palude**	le marais
	l'acquitrino	le marécage
	il deserto	le désert
	l'oasi	l'oasis
il Carso *le Karst*	**l'altopiano**	le (haut) plateau

La collina / La colline

il colle (di montagna) *le col (de montagne)*	**il colle**	la colline [recouverte de verdure]
	il poggio	le coteau, le mont
(!) pluriel	**le pendici di un colle**	la pente d'une colline
(!) pluriel	**i piedi di un colle**	le pied d'une colline
	il pendio, la china	la pente
	la scarpata	le talus
	il versante	le versant

La montagna / La montagne

voir carte p. 248

	la catena montuosa	la chaîne de montagnes
	i Pirenei	les Pyrénées
	il Massiccio centrale	le Massif central
	i Vosgi	les Vosges
	il Giura	le Jura
il monte Bianco *le mont Blanc* il monte Rosa *le mont Rose*	**il monte**	le mont
	il ghiacciaio	le glacier
	il ghiaccio	la glace
le nevi perenni *les neiges éternelles*	**la neve**	la neige
	il nevaio	le névé
(!) pluriel	**le falde di un monte**	le pied *ou* la pente d'une montagne
	la vetta, la cima	le sommet, la cime
	la punta, il picco	la pointe, le pic
	la guglia	l'aiguille
	il precipizio	le précipice
	il burrone, il dirupo	le ravin
	il baratro, la voragine	le gouffre
	la gola	la gorge
(!) masculin	**il crepaccio**	la crevasse
	il passo, il valico, il colle	le col
	lo spartiacque	la ligne de partage des eaux
la forme val reste féminine la Val d'Aosta *le Val d'Aoste*	**la valle, la vallata**	la vallée
	la conca	la cuvette
	la grotta	la grotte
	la caverna	la caverne

I vulcani / Les volcans

	il vulcano	le volcan
l'eruzione *l'éruption*	**spento/attivo**	éteint/actif
	il cratere	le cratère
	la lava	la lave

	la cenere	la cendre
	i lapilli	les lapilli(s)
	il Vesuvio	le Vésuve
zone volcanique près de Naples	**i Campi Flegrei**	les champs Phlégréens
	l'Etna	l'Etna
	lo Stromboli	le Stromboli
	stendersi	s'étendre
	ergersi	se dresser
	innalzarsi	s'élever
	sovrastare	dominer
un terreno pianeggiante *un terrain plat* un paesaggio pianeggiante *un paysage plat*	**pianeggiante**	en plaine, plat
	paludoso, acquitrinoso	marécageux
	desertico	désertique
	collinare	de colline
	collinoso	vallonné
	montuoso	montagneux
	montano	de montagne
	alpino	alpin, des Alpes
	alpestre	alpestre, des Alpes
	appenninico	des Apennins
	vulcanico	volcanique
	accidentato	accidenté
	scosceso	abrupt
	ripido	escarpé, raide
	roccioso	rocheux
	innevato	enneigé

Le acque — Les eaux

I mari e gli oceani — Les mers et les océans

voir carte p. 248

	l'acqua salata	l'eau salée
	la salsedine	le sel (de mer)
(!) masculin	**il mare**	la mer
(!) attention : mar devant un nom propre	**il mar Egeo**	la mer Égée
	il mare del nord	la mer du Nord
	il mar glaciale artico	l'océan glacial arctique
	il livello del mare	le niveau de la mer
le profondità marine *les profondeurs marines*	**la profondità del mare**	la profondeur de la mer
	il fondale marino	le fond marin
	l'alto mare	la haute mer
	la bonaccia	le calme plat
(!) féminin	**la corrente**	le courant
	la corrente del Golfo	le Gulf Stream
	il litorale	le littoral
la laguna di atollo *le lagon*	**la laguna**	la lagune
	l'oceano Atlantico/Pacifico/Indiano	l'océan Atlantique/Pacifique/Indien
	la marea	la marée
	l'alta marea	la marée haute
	la bassa marea	la marée basse
il moto ondoso *la houle, le remous*	**la maretta**	la houle
	l'onda	la vague

	il cavallone	la grosse vague
a ondate *par vagues*	**l'ondata**	la lame
	la schiuma	l'écume
(!) féminin	**la risacca**	le ressac
	lo sciabordio	le clapotis
	la riva	la rive

voir carte p. 248

I laghi e i corsi d'acqua — Les lacs et les cours d'eau

il laghetto di montagna *le petit lac de montagne*	**l'acqua dolce**	l'eau douce
	il lago	le lac
	lo stagno	l'étang
	la pozza	la mare
	il ruscello, il rio	le ruisseau
	il torrente	le torrent
	la cascata	la cascade
(!) féminin	**la rapida**	le rapide
	il fiume	le fleuve *ou* la rivière
	la Senna	la Seine
	il Tamigi	la Tamise
renano *rhénan, du Rhin*	**il Reno**	le Rhin
	il Rodano	le Rhône
	la Loira	la Loire
	la sorgente	la source
	la foce	l'embouchure
	l'estuario	l'estuaire
pluriel i bracci (le pluriel le braccia s'emploie pour le corps humain)	**il braccio**	le bras
	il delta	le delta
	i meandri	les méandres
	l'ansa	la boucle, le coude
	il letto (del fiume)	le lit (du fleuve *ou* de la rivière)
	la sponda	la rive
	l'argine	la berge *ou* la levée
	il greto	la grève
guadare *passer à gué*	**il guado**	le gué
	la piena	la crue
	la magra	l'étiage
	la portata	le débit
	la diga	la digue, le barrage
l'immissario/l'emissario *le tributaire/l'émissaire*	**l'affluente**	l'affluent
	il bacino fluviale	le bassin fluvial
	il canale	le canal
	la chiusa	l'écluse

	infrangersi, rifrangersi	se briser
contre la quille d'un bateau	**sciabordare**	clapoter
	scrosciare	gronder
	gorgogliare	gargouiller
	spumeggiare	écumer
	vorticare	tourbillonner
	specchiarsi	se refléter
	nascere	prendre sa source
	scaturire, sgorgare	jaillir
	zampillare	gicler
	scorrere	couler

bagnare	baigner, arroser
serpeggiare	serpenter
gonfiare, ingrossare	grossir
essere in piena	être en crue
essere in magra	être à l'étiage
calare	baisser
straripare	déborder
dilagare	se répandre
inondare, allagare	inonder
arginare	endiguer
sfociare in	se jeter dans

marittimo	maritime
oceanico	océanique
navigabile	navigable
lacustre	lacustre
sorgivo	de source
fluviale	fluvial
torrentizio	torrentiel
calmo	calme
increspato	ridé
mosso, agitato	agité
infuriato, scatenato	démonté
spumeggiante	écumant
salmastro	saumâtre
salino	salin
stagnante	stagnant
torbido	trouble
limpido	limpide

l'acqua sorgiva *l'eau de source*

una pioggia torrenziale *une pluie torrentielle*

incresparsi *se rider* (se dit de l'eau ridée par le vent)

2 L'astronautica / L'astronautique

l'astronauta	l'astronaute
il cosmonauta	le cosmonaute
la base spaziale	la base spatiale
la stazione spaziale	la station spatiale
l'equipaggio	l'équipage
il simulatore di volo	le simulateur de vol
la nave spaziale, la navicella spaziale	le vaisseau spatial
la navetta spaziale	la navette spatiale
l'astronave	l'astronef
la tuta spaziale	la combinaison spatiale
il razzo spaziale, il missile spaziale	la fusée spatiale
il conto alla rovescia	le compte à rebours
l'accensione dei motori	la mise à feu
il lancio	le lancement
la capsula	la capsule
il propellente	le carburant
la propulsione	la propulsion
lo shuttle	le shuttle
la sonda spaziale	la sonde spatiale

la rampa di lancio *la rampe de lancement*

prononcer [ˈʃattol]

	il volo spaziale	le vol spatial
	la missione spaziale	la mission spatiale
	l'esplorazione spaziale	l'exploration spatiale
	la traiettoria di volo	la trajectoire de vol
	l'accelerazione	l'accélération
	l'allunaggio	l'alunissage
	l'atterraggio	l'atterrissage
	l'ammaraggio	l'amerrissage
	le comunicazioni satellitari	les communications par satellite
	il satellite di telecomunicazione	le satellite de télécommunication
	l'immagine via satellite	l'image satellite
acronyme de l'anglais Unidentified Flying Object	**l'UFO**	l'OVNI
	la fantascienza	la science-fiction
le forme di vita aliene *les formes de vie extraterrestres*	**gli alieni, gli extraterrestri**	les extraterrestres
	i marziani	les Martiens
	orbitare	graviter
	lanciare nello spazio	lancer dans l'espace
	disintegrarsi	se désintégrer
	allunare, sbarcare sulla luna	alunir, débarquer sur la Lune
	ammarare	amerrir
	atterrare	atterrir
	sondare	sonder
	prelevare campioni	prélever des échantillons
	ruotare	pivoter
	trasmettere via satellite	transmettre par satellite
	astronautico	astronautique
	interplanetario	interplanétaire
	interstellare	interstellaire
	satellitario	satellitaire, par satellite
	extraterrestre	extraterrestre

3 Il tempo atmosferico / Le temps atmosphérique

I climi e le stagioni / Les climats et les saisons

il microclima *le microclimat*	**il clima**	le climat
	la piovosità	la pluviosité
	l'aridità	l'aridité
	l'umidità dell'aria	l'humidité de l'air
	il tasso di umidità	le taux d'humidité
	l'escursione termica	l'amplitude thermique
(!) masculin	**il monsone**	la mousson
	la stagione delle piogge	la saison des pluies
	le quattro stagioni	les quatre saisons
(!) féminin	**la primavera**	le printemps
(!) féminin	**l'estate**	l'été
	l'autunno	l'automne
	l'inverno	l'hiver
	la temperatura	la température
il calore del sole *la chaleur du soleil*	**il caldo**	la chaleur

il caldo umido	la chaleur humide
l'afa	la chaleur lourde
la canicola	la canicule
il tepore	la tiédeur
il fresco, la frescura	la fraîcheur
il freddo	le froid
il gelo	le gel
la gelata	la gelée
il ghiaccio	la glace
il ghiacciolo	le glaçon [de glace naturelle]
la brina	la gelée blanche, le givre
il disgelo	le dégel

autre sens *le bâtonnet (de glace)*

essere coperto di brina *être givré, être couvert de givre*

gelare/(di)sgelare	geler/dégeler
ghiacciare	glacer
fare caldo/freddo/fresco	faire chaud/froid/frais
esserci afa	faire lourd
avere caldo/freddo	avoir chaud/froid
essere intirizzito dal freddo	être transi de froid
sudare dal caldo	transpirer de chaleur

climatico	climatique
polare	polaire
temperato	tempéré
di montagna	de montagne
mediterraneo	méditerranéen
monsonico	de la mousson
equatoriale	équatorial
arido	aride
mite	doux
rigido	rigoureux
umido	humide
secco, asciutto	sec
primaverile	printanier, de printemps
estivo	estival, d'été
autunnale	automnal, d'automne
invernale	hivernal, d'hiver
afoso	lourd, étouffant
canicolare	caniculaire
gelido, glaciale	glacial
caldo/freddo	chaud/froid
fresco	frais
tiepido	tiède
ghiacciato	glacé
gelato/(di)sgelato	gelé/dégelé

Le precipitazioni — Les précipitations

il vapore acqueo	la vapeur d'eau
la nuvola, la nube	le nuage
la foschia	la brume
la nebbia	le brouillard
la rugiada	la rosée
le intemperie	les intempéries

(!) masculin [il vapore acqueo]

(!) féminin [la nuvola, la nube]

(!) féminin [la nebbia]

	la pioggia dirotta	la pluie battante
	la goccia	la goutte
	la schiarita	l'éclaircie
	il temporale	l'orage
	il lampo	l'éclair
(!) masculin	**il fulmine**	la foudre
il rombo *le grondement*	**il tuono**	le tonnerre
	l'arcobaleno	l'arc-en-ciel
(!) masculin	**l'acquazzone**	l'averse
(!) masculin	**il rovescio**	la giboulée
la grandinata *l'averse de grêle*	**la grandine**	la grêle
	il chicco (di grandine)	le grêlon
la nevicata *l'averse de neige*	**la neve**	la neige
	il nevischio	le grésil
	il fiocco di neve	le flocon de neige
	la burrasca	la bourrasque
	la bufera, la tormenta	la tourmente
il fortunale *la tempête (en mer)*	**la tempesta**	la tempête

	esserci nebbia	y avoir du brouillard
	esserci foschia	y avoir de la brume
pour la brume et le brouillard	**alzarsi**	se lever
piovere a dirotto *pleuvoir à verse*	**piovere**	pleuvoir
	piovigginare	pleuvoter
essere bagnato fradicio *être complètement trempé*	**essere fradicio di pioggia**	être trempé de pluie
	sferzare	fouetter
	calmarsi	se calmer
	placarsi	s'apaiser
	spiovere	cesser de pleuvoir
	grandinare	grêler
	crepitare	crépiter
fioccare *tomber des flocons de neige*	**nevicare**	neiger
	turbinare	tourbillonner
pour la neige et la glace	**sciogliersi**	fondre
pour l'orage et le tonnerre	**scoppiare**	éclater
	tuonare	tonner
	lampeggiare	faire des éclairs

nebbioso	brumeux
piovoso	pluvieux
temporalesco	orageux
tempestoso, burrascoso	orageux, de tempête
nevoso	neigeux

I venti / Les vents

la forza del vento	la force du vent
il vento di mare/di terra	le vent de mer/de terre
la tramontana	la tramontane
lo scirocco	le sirocco
il maestrale	le mistral
il grecale	le grec, *vent de nord-est soufflant en Méditerranée*

la bora	la bora, *vent de nord-est soufflant en Adriatique*
il libeccio	le libeccio, *vent du sud-ouest soufflant en Méditerranée*
il ponentino	le vent d'ouest
l'aliseo	l'alizé
la ventata	le coup de vent
la raffica, la folata	la rafale
la brezza	la brise
la rosa dei venti	la rose des vents
soffiare, tirare	souffler
sibilare	siffler
turbinare	tourbillonner
cadere	tomber

Le catastrofi naturali / Les catastrophes naturelles

il cataclisma	le cataclysme
l'uragano	l'ouragan
il ciclone	le cyclone
il tifone	le typhon
il tornado	la tornade
la tromba d'aria	la trombe, le tourbillon
lo tsunami	le tsunami
il maremoto	le raz-de-marée
il terremoto	le tremblement de terre
la scossa sismica	la secousse sismique
la scossa tellurica	la secousse tellurique
l'epicentro	l'épicentre
il sismografo	le sismographe
l'intensità	l'intensité
la magnitudo	la magnitude
il crollo	l'écroulement, l'effondrement
l'eruzione vulcanica	l'éruption volcanique
la colata di lava	la coulée de lave
la colonna di fumo	la colonne de fumée
l'alluvione, l'inondazione	l'inondation
lo straripamento di un fiume	le débordement d'un fleuve
il cedimento di una diga	l'affaissement d'une digue
la siccità	la sécheresse
l'incendio forestale	l'incendie de forêt
il fuoco	le feu
l'incendio doloso	l'incendie criminel
i pompieri, i vigili del fuoco	les pompiers
lo smottamento	le glissement de terrain
la frana	l'effondrement, l'éboulement
la valanga	l'avalanche
l'invasione delle cavallette	l'invasion des sauterelles
la piaga	le fléau
sradicare	déraciner
strappare	arracher

il tornado: (!) masculin

la scala Richter *l'échelle de Richter*
la scala Mercalli *l'échelle de Mercalli*

le fiamme *les flammes*
il fumo (!) masculin *la fumée*

il piromane *le pyromane*

il canadair *le canadair*

	devastare	dévaster
	tremare	trembler
se conjugue avec essere Il ponte è crollato. *Le pont s'est écroulé.*	crollare	s'écrouler
se conjugue avec essere	franare	s'effondrer
se conjugue avec essere	smottare	s'ébouler
la ripa *la berge* ou *le talus*	straripare	sortir de son lit
	svegliarsi	se réveiller
	essere in attività eruttiva	être en éruption
aussi allagare	inondare	inonder
	prosciugare	assécher
se conjugue avec essere si intransitif La casa è bruciata. *La maison a brûlé.*	bruciare	brûler
	circoscrivere/domare un incendio	circonscrire/maîtriser un incendie
	accendere un fuoco	allumer un feu
	dare fuoco a	mettre le feu à
provocare un incendio *provoquer un incendie*	incendiare	incendier
	essere colpito da un fulmine	être frappé par la foudre
	rimanere sepolto da una valanga	être enseveli sous une avalanche

	La meteorologia	La météorologie
	il termometro	le thermomètre
sotto (lo) zero *au-dessous de zéro* sopra lo zero *au-dessus de zéro*	il grado	le degré
	il grado centigrado	le degré centigrade, le degré Celsius
	il grado Fahrenheit	le degré Fahrenheit
	la temperatura minima/media/massima	la température minimale/moyenne/maximale
	la media stagionale	la moyenne saisonnière
	la pressione atmosferica	la pression atmosphérique
	il barometro	le baromètre
	il pluviometro	le pluviomètre
	l'anemometro	l'anémomètre
	l'igrometro	l'hygromètre
	la banderuola	la girouette
	le condizioni meteorologiche	les conditions météorologiques
	il bollettino del mare	la météo marine
	l'anticiclone	l'anticyclone
	la zona ciclonica	la zone cyclonique
	la depressione	la dépression
	l'avviso di tempesta	l'avis de tempête
	il cattivo tempo, il brutto tempo	le mauvais temps
	il bel tempo	le beau temps

sereno	serein
coperto	couvert
nuvoloso	nuageux
variabile	variable
instabile	instable
soleggiato	ensoleillé
nebbioso	brumeux
ventoso	venteux
con precipitazioni sparse	avec des précipitations diffuses
con possibilità di schiarite	avec possibilité d'éclaircies

4 La geopolitica — La géopolitique

Il mondo — Le monde

Il mondo	Le monde
l'Occidente	l'Occident
un occidentale	un Occidental
l'Oriente	l'Orient
un orientale	un Oriental
il Medio Oriente	le Moyen-Orient
i paesi medio-orientali	les pays du Moyen-Orient
l'Estremo Oriente	l'Extrême-Orient
l'Europa	l'Europe
l'Europa occidentale	l'Europe occidentale
il nord Europa	l'Europe du Nord
l'Europa meridionale	l'Europe du Sud
l'Europa dell'est	l'Europe de l'Est
un europeo	un Européen
l'Asia	l'Asie
il sud-est asiatico	le Sud-Est asiatique
un asiatico	un Asiatique
l'Africa	l'Afrique
un africano	un Africain
l'Australia	l'Australie
un australiano	un Australien
l'America	l'Amérique
il Nordamerica, l'America del nord	l'Amérique du Nord
il Sudamerica, l'America del sud	l'Amérique du Sud
l'America latina	l'Amérique latine
un americano	un Américain
un nordamericano	un Nord-Américain
un sudamericano	un Sud-Américain
l'Oceania	l'Océanie

i paesi dell'est
les pays de l'Est

Il paese e la nazione — Le pays et la nation

Il paese e la nazione	Le pays et la nation
il paese	le pays
la patria	la patrie
la madrepatria	la mère patrie
il paese natio	le pays natal
lo stato	l'État
sovrano	souverain
costituzionale	constitutionnel
federale	fédéral
laico	laïque
confessionale	confessionnel
lo stato-nazione	l'État-nation
la città-stato	la cité-État
la federazione	la fédération
la confederazione	la confédération
il territorio nazionale	le territoire national
la capitale	la capitale
il capoluogo	le chef-lieu
la regione	la région

il Bel Paese *le Beau Pays,* l'Italie, d'après un vers de Dante

la costituzione
la Constitution

Cartina amministrativa
Carte administrative

	la provincia	la province
(!) masculin	**il comune**	la commune
	il dipartimento	le département
	il cantone	le canton
	il confine, la frontiera	la frontière
	gli stati confinanti	les États limitrophes
	il popolo	le peuple
	il connazionale, il compatriota	le compatriote
avere la cittadinanza italiana *avoir la nationalité italienne*	**la nazionalità, la cittadinanza**	la nationalité
	la bandiera nazionale	le drapeau national
	il tricolore	le tricolore
	l'inno nazionale	l'hymne national
	la festa nazionale	la fête nationale
	il patriottismo	le patriotisme
	il patriota	le patriote
il campanile *le clocher*	**il campanilismo**	l'esprit de clocher
	lo sciovinismo	le chauvinisme
	lo sciovinista	le chauvin
	il nazionalismo	le nationalisme
	il nazionalista	le nationaliste
	difendere la patria	défendre sa patrie
	ottenere la cittadinanza onoraria	devenir citoyen d'honneur
	essere apolide	être apatride
	avere la doppia cittadinanza, avere la doppia nazionalità	avoir la double nationalité
l'amor patrio *l'amour de la patrie*	**patrio**	de la patrie
	nazionale	national
	nazionalistico	nationaliste
campanilista *qui a l'esprit de clocher*	**campanilistico**	de clocher
	sciovinistico	chauvin
	statale	étatique, d'État
confederato *confédéré*	**federale**	fédéral
	provinciale	provincial
	comunale	communal
	cantonale	cantonal

Popolazione e demografia / Population et démographie

	la densità demografica	la densité démographique
	il numero di abitanti	le nombre d'habitants
(!) masculin	**l'incremento demografico**	la croissance démographique
	il tasso di natalità/di mortalità	le taux de natalité/de mortalité
	il sovrappopolamento	le surpeuplement
	lo spopolamento	le dépeuplement
	la popolazione	la population
	il censimento	le recensement
	la classe d'età	la classe d'âge
	il calo demografico	la baisse démographique
	il regresso	le recul
	la crescita zero	la croissance zéro

popolare	peupler
colonizzare	coloniser
abitare	habiter
censire	recenser
densamente popolato	densément peuplé
scarsamente popolato	faiblement peuplé
spopolato	dépeuplé
disabitato	inhabité

I principali paesi / Les principaux pays

l'Afghanistan	l'Afghanistan	
un afgano	un Afghan	
l'Albania	l'Albanie	
un albanese	un Albanais	
l'Algeria	l'Algérie	
un algerino	un Algérien	
l'Angola	l'Angola	
un angolano	un Angolais	
l'Arabia Saudita	l'Arabie saoudite	
un saudita	un Saoudien	
l'Argentina	l'Argentine	
un argentino	un Argentin	
l'Austria	l'Autriche	
un austriaco	un Autrichien	pluriel gli austriaci, le austriache
il Bangladesh	le Bangladesh	
un bangladese	le Bangladais	
il Belgio	la Belgique	(!) masculin
un belga	un Belge	pluriel i belgi, le belghe
la Birmania	la Birmanie	
un birmano	un Birman	
la Bolivia	la Bolivie	
un boliviano	un Bolivien	
la Bosnia	la Bosnie	
un bosniaco	un Bosniaque	pluriel i bosniaci, le bosniache
il Brasile	le Brésil	
un brasiliano	un Brésilien	
la Bulgaria	la Bulgarie	
un bulgaro	un Bulgare	
il Camerun	le Cameroun	
un camerunese	un Camerounais	
la Cambogia	le Cambodge	(!) féminin
un cambogiano	un Cambodgien	
il Canada	le Canada	
un canadese	un Canadien	
il Cile	le Chili	
un cileno	un Chilien	
la Cina	la Chine	
un cinese	un Chinois	
Cipro	Chypre	
un cipriota	un Chypriote	
la Colombia	la Colombie	
un colombiano	un Colombien	
la Corea del nord/del sud	la Corée du Nord/du Sud	
un nordcoreano/ un sudcoreano	un Nord-Coréen/ un Sud-Coréen	
la Costa d'Avorio	la Côte-d'Ivoire	
un ivoriano	un Ivoirien	

	il Costa Rica	le Costa Rica
	un costaricano	un Costaricain
	la Croazia	la Croatie
	un croato	un Croate
(!) féminin	**la Danimarca**	le Danemark
	un danese	un Danois
	l'Ecuador	l'Équateur
	un ecuadoriano, un ecuadoregno	un Équatorien
	l'Egitto	l'Égypte
	un egiziano	un Égyptien
	l'Estonia	l'Estonie
	un estone	un Estonien
	L'Etiopia	l'Éthiopie
	un etiope	un Éthiopien
	le Filippine	les Philippines
	un filippino	un Philippin
	la Finlandia	la Finlande
	un finlandese	un Finlandais
	la Francia	la France
	un francese	un Français
	il Gabon	le Gabon
	un gabonese	un Gabonais
	la Germania	l'Allemagne
	un tedesco	un Allemand
	il Ghana	le Ghana
	un ghaniano	un Ghanéen
	la Giamaica	la Jamaïque
	un giamaicano	un Jamaïcain
	il Giappone	le Japon
	un giapponese	un Japonais
	la Giordania	la Jordanie
	un giordano	un Jordanien
	la Gran Bretagna	la Grande-Bretagne
	un britannico	un Britannique
	la Grecia	la Grèce
pluriel i greci, le greche	**un greco**	un Grec
	il Guatemala	le Guatemala
	un guatemalteco	un Guatémaltèque
	la Guinea	la Guinée
	un guineano	un Guinéen
	l'Honduras	le Honduras
	un honduregno	un Hondurien
	l'India	l'Inde
	un indiano	un Indien
	l'Indonesia	l'Indonésie
	un indonesiano	un Indonésien
	l'Inghilterra	l'Angleterre
	un inglese	un Anglais
	l'Iran	l'Iran
	un iraniano	un Iranien
	l'Iraq	l'Irak
	un iracheno	un Irakien
aussi l'Eire	**l'Irlanda**	l'Irlande
	un irlandese	un Irlandais
	l'Islanda	l'Islande
	un islandese	un Islandais
	Israele	Israël

	un israeliano	un Israélien
	l'Italia	l'Italie
	un italiano	un Italien
	il Kenia	le Kenya
	un keniano, un keniota	un Kenyan
	il Kuwait	le Koweït
	un kuwaitiano	un Koweïtien
	il Laos	le Laos
	un laotiano	un Laotien
	la Lettonia	la Lettonie
	un lettone	un Letton
	il Libano	le Liban
	un libanese	un Libanais
(!) féminin	**la Liberia**	le Libéria
	un liberiano	un Libérien
	la Libia	la Libye
	un libico	un Libyen
	la Lituania	la Lituanie
	un lituano	un Lituanien
	il Lussemburgo	le Luxembourg
	un lussemburghese	un Luxembourgeois
	il Mali	le Mali
	un maliano	un Malien
	Malta	Malte
	un maltese	un Maltais
	il Marocco	le Maroc
	un marocchino	un Marocain
	il Messico	le Mexique
	un messicano	un Mexicain
	la Moldavia	la Moldavie
	un moldavo	un Moldave
	il Nepal	le Népal
	un nepalese	un Népalais
	la Nuova Caledonia	la Nouvelle-Calédonie
	un neocaledoniano	un Néo-Calédonien
	la Nuova Zelanda	la Nouvelle-Zélande
	un neozelandese	un Néo-Zélandais
	il Nicaragua	le Nicaragua
	un nicaraguegno	un Nicaraguayen
	il Niger	le Niger
	un nigerino	un Nigérien
(!) féminin	**la Nigeria**	le Nigeria
	un nigeriano	un Nigérian
	la Norvegia	la Norvège
	un norvegese	un Norvégien
i Paesi Bassi *les Pays-Bas*	**l'Olanda**	la Hollande
plus rare neerlandese *néerlandais*	**un olandese**	un Hollandais
	il Pakistan	le Pakistan
	un pakistano	un Pakistanais
	la Palestina	la Palestine
	un palestinese	un Palestinien
	Panama	le Panama
	un panamense	un Panaméen
	il Perù	le Pérou
	un peruviano	un Péruvien
	la Polonia	la Pologne
	un polacco	un Polonais
	il Portogallo	le Portugal

un portoghese	un Portugais
la Repubblica Ceca	la République tchèque
un ceco	un Tchèque
la Romania	la Roumanie
un rumeno	un Roumain
la Russia	la Russie
un russo	un Russe
El Salvador	le Salvador
un salvadoriano, un salvadoregno	un Salvadorien
la Scandinavia	la Scandinavie
uno scandinavo	un Scandinave
il Senegal	le Sénégal
un senegalese	un Sénégalais
la Serbia	la Serbie
un serbo	un Serbe
Singapore	Singapour
un singaporiano	un Singapourien
la Siria	la Syrie
un siriano	un Syrien
la Slovacchia	la Slovaquie
uno slovacco	un Slovaque
la Slovenia	la Slovénie
uno sloveno	un Slovène
la Somalia	la Somalie
un somalo	un Somalien
la Spagna	l'Espagne
uno spagnolo	un Espagnol
gli Stati Uniti	les États-Unis
uno statunitense	un Américain
il Sudafrica	l'Afrique du Sud
un sudafricano	un Sud-Africain
il Sudan	le Soudan
un sudanese	un Soudanais
la Svezia	la Suède
uno svedese	un Suédois
la Svizzera	la Suisse
uno svizzero	un Suisse
la Tailandia	la Thaïlande
un tailandese	un Thaïlandais
Taiwan	Taiwan
un taiwanese	un Taiwanais
il Tchad	le Tchad
un tchadiano	un Tchadien
la Tunisia	la Tunisie
un tunisino	un Tunisien
la Turchia	la Turquie
un turco	un Turc
l'Ucraina	l'Ukraine
un ucraino	un Ukrainien
l'Uganda	l'Ouganda
un ugandese	un Ougandais
l'Ungheria	la Hongrie
un ungherese	un Hongrois
l'Uruguay	l'Uruguay
un uruguaiano	un Uruguayen
il Venezuela	le Vénézuela
un venezuelano	un Vénézuélien

gli USA *les USA*

	il Vietnam	le Vietnam
	un vietnamita	un Vietnamien
	lo Zaire	le Zaïre
	uno zairese	un Zaïrois
(!) masculin	**lo Zambia**	la Zambie
	uno zambiano	un Zambien
	lo Zimbabwe	le Zimbabwe
	uno zimbabwano	un Zimbabwéen

METTERE IN PRATICA

52 Dal nome del paese al nome degli abitanti
Du nom du pays au nom des habitants

esempio: L'Italia → gli italiani

1. La Francia
2. La Germania
3. La Spagna
4. L'Inghilterra
5. Il Portogallo
6. La Russia
7. La Grecia
8. La Cina
9. Il Giappone
10. Il Marocco
11. L'Argentina
12. Il Brasile
13. Il Perù
14. Il Senegal
15. L'Australia
16. L'Austria

53 Collegare città e regione Relier la ville avec la région (voir carte p. 260)

1. Torino	a. il Lazio
2. Genova	b. il Veneto
3. Napoli	c. L'Emilia Romagna
4. Firenze	d. il Piemonte
5. Venezia	e. la Puglia
6. Milano	f. la Liguria
7. Palermo	g. la Campania
8. Roma	h. la Sicilia
9. Bari	i. la Lombardia
10. Bologna	j. la Toscana

54 Leggere e tradurre Lire et traduire

La Sicilia

È la più grande delle regioni italiane e anche la più grande isola del Mediterraneo; per il suo clima mite, la bellezza della vegetazione e del paesaggio, la fertilità del suolo, nell'antichità richiamò l'interesse di vari popoli, vicini e lontani. Tutte le coste e le bellissime isole (Eolie, Egadi, Pantelleria, Pelagie) hanno un clima tipicamente mediterraneo con tanto sole, poca pioggia e una temperatura non troppo calda grazie ai venti marini. Palermo è, dopo Napoli, il principale porto del Mezzogiorno e un attivo centro commerciale e industriale. Gli aranci o più in generale gli agrumi sono le colture più note della Sicilia.

Maria C. Peccianti, *Regione per Regione*,
collection *Leggere l'Italia*, © Éditions Marietti-Manzuoli, 1990

corrigés page 424

Altre Parole

Il contesto culturale

Le regioni italiane a statuto speciale
Les régions italiennes à statut spécial

L'Italie est divisée en 20 régions (voir carte p. 260) dont cinq ont une autonomie plus importante que les autres :

- **La Valle d'Aosta**, *le Val d'Aoste* : langues parlées : l'italien et le français ; habitants : les Valdôtains (**i valdostani**).
- **Il Trentino-Alto Adige**, *le Trentin Haut-Adige* : le Haut-Adige est aussi appelé le Tyrol du Sud (**il Sudtirolo**) ; langues parlées : l'allemand, le ladin et l'italien (ces trois langues ont le même statut dans cette région) ; habitants : **gli altoatesini** ou **i sudtirolesi**.
- **Il Friuli-Venezia Giulia**, *le Frioul-Vénétie julienne* : langues parlées : l'italien et le frioulan (**il friulano**) ; habitants : **i friulani**.
- **La Sicilia**, *la Sicile* : la plus grande des îles italiennes ; habitants : les Siciliens (**i siciliani**).
- **La Sardegna**, *la Sardaigne* : langues parlées : l'italien et le sarde (**il sardo**) ; tout en étant une langue à part entière, comme le ladin et le frioulan, le sarde n'est pas reconnu par l'État italien, qui le considère comme un dialecte ; habitants : les Sardes (**i sardi**).

A proposito dei laghi italiani
À propos des lacs italiens
(voir carte p. 248)

- **Il lago di Como**, *le lac de Côme* : est aussi connu sous le nom de **Lario.** Sa surface est de 146 km^2 et sa profondeur de 410 mètres, ce qui en fait le plus profond des lacs préalpins.
- **Il lago Maggiore**, *le lac Majeur* : est appelé aussi **Verbano.** Sa surface est de 212 km^2 ; il est alimenté par les eaux du Tessin (**il Ticino**).
- **Il lago di Garda**, *le lac de Garde* : s'appelle aussi **Benaco.** C'est le plus grand lac d'Italie (370 km^2). Son microclimat favorise une végétation de type méditerranéen (olives, vignobles et agrumes) qui rend son site particulièrement agréable.
- **Il lago d'Orta**, *le lac d'Orte* : a toujours été une source d'inspiration pour poètes et écrivains ; il est considéré comme le plus romantique des lacs italiens. Il est long d'environ 13,5 km.
- **Il lago d'Iseo**, *le lac d'Isée* : est aussi appelé **Sebino.** D'une surface de 65,3 km^2, il reçoit ses eaux de l'**Oglio**, dans la **Valcamonica** inférieure.
- **Il lago Trasimeno**, *le lac Trasimène* est le quatrième lac d'Italie par son étendue. Sa surface est de 128 km^2 et sa profondeur maximum est d'environ six mètres. Il est alimenté par de petits ruisseaux (**i fossi**) qui recueillent les eaux de pluie des collines environnantes.

La Città del Vaticano
La Cité du Vatican

- Le plus petit État du monde, **la Città del Vaticano**, est né en 1929 des accords du Latran signés entre Pie XI et Mussolini. En 1870, quand Rome fut rattachée au jeune royaume d'Italie, le pape perdit ses États et se déclara prisonnier au Vatican. Il le resta jusqu'à la signature des accords du Latran (**i patti lateranensi**), qui lui reconnurent la souveraineté pleine et entière sur les 44 hectares de l'État du Vatican, territoire neutre et inviolable, et définirent les rapports entre l'Église et l'État en Italie. Aujourd'hui, le Vatican (**il Vaticano**) abrite la plupart des services du Saint-Siège (**la Santa Sede**).

La Repubblica di San Marino
La république de Saint-Marin

- La république de Saint-Marin est le troisième plus petit État européen (61 km²) après le Vatican et Monaco. Enclavé entre l'Émilie-Romagne (**l'Emilia-Romagna**) et les Marches (**le Marche**), au sud de Rimini, la république de Saint-Marin compte environ 30 000 habitants et est un cas unique de survivance d'un État médiéval : il est resté intact à travers les siècles, échappant même à l'unification italienne, alors que tous les autres minuscules États de la Péninsule ont voté pour l'annexion à l'Italie. Il demeure encore aujourd'hui un État souverain, tant en matière administrative que juridique et diplomatique.

Espressioni idiomatiche

la luna di miele	la lune de miel
promettere la luna	promettre la lune
essere di luna buona	être bien luné
vivere nel mondo della luna	être dans la lune
volere la luna	vouloir la lune
un sole che spacca le pietre	un soleil de plomb
agire alla luce del sole	agir au grand jour
chiaro come il sole	clair comme le jour
dormire sotto le stelle	dormir à la belle étoile
vedere le stelle	voir trente-six chandelles
essere alle stelle	être aux anges
essere nato sotto una buona stella	être né sous une bonne étoile
portare alle stelle qualcuno	porter quelqu'un aux nues
(è una cosa che) non sta né in cielo né in terra	cela ne tient pas debout
essere in alto mare	ne pas être sorti de l'auberge
essere in un mare di guai	être dans le pétrin
essere una goccia nel mare	être une goutte d'eau dans la mer
avere un mare di soldi	être plein aux as
promettere mare e monti	promettre monts et merveilles
mandare a monte	faire échouer
andare a monte	tomber à l'eau
perdere la bussola	perdre le nord
fare il bello e il cattivo tempo	faire la pluie et le beau temps
fare un tempo da lupi	faire un temps de chien
piovere a catinelle	pleuvoir à seaux
gridare ai quattro venti	crier aux quatre vents
parlare al vento	parler à un mur
Non casca mica il mondo!	Ce n'est pas la fin du monde !

Proverbi

Luna calante, gobba a levante, luna crescente, gobba a ponente.	La lune décroissante a son croissant à l'est, la lune croissante à l'ouest.
Una rondine non fa primavera.	Une hirondelle ne fait pas le printemps.
Chi semina vento, raccoglie tempesta.	Qui sème le vent récolte la tempête.
Paese che vai, usanze che trovi.	Chaque pays a ses coutumes.
Tutto il mondo è paese.	Les hommes sont partout pareils.

19

Natura e tutela dell'ambiente

Nature et protection de l'environnement

1 La fauna — La faune

Note	La fauna	La faune
	l'animale	l'animal
	domestico	domestique
	selvatico, selvaggio	sauvage
	da cortile	de basse-cour
	il gallo/la gallina	le coq/la poule
	l'oca	l'oie
(!) féminin	**l'anatra**	le canard
	la bestia	la bête
	la bestia feroce, la belva	la bête féroce, le fauve
	il leone	le lion
	la pantera	la panthère
(!) féminin	**la tigre**	le tigre
(!) féminin	**la selvaggina, la cacciagione**	le gibier
	la pernice	la perdrix
	il fagiano	le faisan
(!) féminin	**la lepre**	le lièvre
(!) féminin	**la volpe**	le renard
la specie in via d'estinzione *l'espèce en voie d'extinction*	**la specie a rischio di estinzione**	l'espèce menacée d'extinction
	il panda	le panda
	la balena	la baleine
	il delfino	le dauphin
	la foca	le phoque
	il vertebrato	le vertébré
i mammiferi marini *les mammifères marins*	**il mammifero**	le mammifère
	la zampa	la patte
	il muso	le museau
	la coda	la queue
	gli artigli	les griffes
ruminare *ruminer*	**il ruminante**	le ruminant
	l'erbivoro	l'herbivore
	il carnivoro	le carnivore
	l'onnivoro	l'omnivore
	il branco	le troupeau [d'animaux sauvages]
	il lupo	le loup
	la giraffa	la girafe
	la gazzella	la gazelle

(!) féminin	**la zebra**	le zèbre
la muta *la meute*	**il cane**	le chien
	il felino	le félin
	il gatto	le chat
	il pachiderma	le pachyderme
	l'elefante	l'éléphant
	la proboscide	la trompe
	le zanne	les défenses
	l'ippopotamo	l'hippopotame
il bradipo *le paresseux*	**il lemure**	le lémurien
	il marsupiale	le marsupial
	il koala	le koala
	il canguro	le kangourou
	il roditore	le rongeur
(!) masculin	**il topo**	la souris
	il ratto	le rat
	il coniglio	le lapin
	l'invertebrato	l'invertébré
	il mollusco	le mollusque
	la seppia	la seiche
	il polpo	le poulpe
(!) féminin	**la lumaca**	l'escargot
	la conchiglia	le coquillage
	il crostaceo	le crustacé
	il granchio	le crabe
(!) masculin	**il gambero**	l'écrevisse
(!) masculin	**il gamberetto**	la crevette
il pesciolino *le petit poisson*	**il pesce**	le poisson
	l'acciuga	l'anchois
	la sardina	la sardine
	il tonno	le thon
	le branchie	les branchies
la pinna dello squalo *l'aileron du requin*	**le pinne**	les nageoires
	le squame, le scaglie	les écailles
	il banco di pesci	le banc de poissons
	l'uccello	l'oiseau
	la rondine	l'hirondelle
	il passero	le moineau
	il piccione	le pigeon
(!) masculin	**il gabbiano**	la mouette
	il rapace	le rapace
(!) féminin	**l'aquila**	l'aigle
	il falco	le faucon
	l'avvoltoio	le vautour
il nido della cicogna *le nid de la cigogne*	**il nido**	le nid
uno stormo di uccelli *une volée d'oiseaux*	**lo stormo**	la volée, le vol
	il becco	le bec
	gli artigli	les serres
pluriel irrégulier le ali	**l'ala**	l'aile
la penna stilografica *le stylo plume*	**la penna, la piuma**	la plume
	il trampoliere	l'échassier
	il fenicottero	le flamant
	l'airone	le héron
	la gru	la grue
le zampe palmate *les palmes*	**il palmipede**	le palmipède

	il rettile	le reptile
	il serpente	le serpent
	la lucertola	le lézard
	il coccodrillo	le crocodile
	l'anfibio	l'amphibien
	la rana	la grenouille
	il rospo	le crapaud
	il girino	le têtard
	l'insetto	l'insecte
	la mosca	la mouche
	la formica	la fourmi
(!) féminin	**la zanzara**	le moustique
(!) féminin	**la farfalla**	le papillon
	il parassita	le parasite
	il pidocchio	le pou
	la pulce	la puce
	la zecca	la tique
	lo sciame	l'essaim
	l'ape	l'abeille
	la vespa	la guêpe
	il calabrone	le bourdon
(!) masculin	**il ragno**	l'araignée
	la ragnatela	la toile d'araignée
	la tarantola	la tarentule
	lo scorpione	le scorpion

2 La flora — La flore

Il fiore — La fleur

(!) masculin	**Il fiore**	**La fleur**
	il seme	la graine
	il bocciolo	le bouton
	la corolla	la corolle
lo stame *l'étamine*	**il calice**	le calice
	il pistillo	le pistil
	il polline	le pollen
	il petalo	le pétale
(!) masculin	**il gambo, lo stelo**	la tige
	la spina	l'épine
	la linfa	la sève
	il profumo	le parfum
	il gelsomino	le jasmin
	il caprifoglio	le chèvrefeuille
	la gemma, il germoglio	le bourgeon
il bouquet della sposa *le bouquet de la mariée*	**il mazzo di fiori**	le bouquet de fleurs
	i fiori di campo	les fleurs des champs
	la margherita	la marguerite
	il papavero	le coquelicot
	il fiordaliso	le bleuet
	la violetta	la violette
	i fiori di serra	les fleurs de serre
	la rosa	la rose
	l'orchidea	l'orchidée
	il garofano	l'œillet
il crisantemo *le chrysanthème*	**la corona di fiori**	la couronne de fleurs

(!) féminin	**l'aiuola**	le parterre
(!) féminin	**la begonia**	le bégonia
(!) féminin	**la petunia**	le pétunia
il geranio *le géranium*	**la gardenia**	le gardénia
	il balcone fiorito	le balcon fleuri
	i fiori secchi	les fleurs séchées
	spuntare	percer, sortir de terre
	germogliare	germer, bourgeonner
	crescere	pousser, croître
	attecchire	prendre racine
	sbocciare	éclore
	fiorire	fleurir
	sfiorire	se flétrir
	appassire	se faner
participe passé colto	**cogliere**	cueillir
	seccare	sécher
	profumare	sentir bon
	fresco	frais
	artificiale, finto	artificiel
	fiorito	fleuri
	sfiorito	flétri
	appassito	fané
l'edera (!) féminin *le lierre*	**rampicante**	grimpant
	selvatico	sauvage

Gli alberi e la foresta / Les arbres et la forêt

généralement, le fruit est au féminin et l'arbre est au masculin : la mela *la pomme* il melo *le pommier*	**l'albero da frutta**	l'arbre fruitier
	il platano	le platane
	il pioppo	le peuplier
	il salice piangente	le saule pleureur
	il faggio	le hêtre
(!) féminin	**la quercia**	le chêne
	il tronco, il fusto	le tronc
	il ceppo	la souche, la bûche
	le radici	les racines
(!) masculin	**il ramo**	la branche
	la fascina	la fascine, le fagot
le dimanche des Rameaux la domenica delle palme	**il ramoscello**	le rameau
frondoso *feuillu*	**il fogliame, le fronde**	le feuillage
	la foglia	la feuille
	le foglie morte	les feuilles mortes
	il bosco	le bois [la forêt]
	il legno	le bois [la matière]
	la legna	le bois [de chauffage]
	il legname	le bois [de construction]
	il boschetto	le bosquet
	la boscaglia	la broussaille
	il sottobosco	le sous-bois
	la felce	la fougère
	il muschio	la mousse
	il fungo	le champignon
darsi alla macchia *prendre le maquis*	**la macchia**	le maquis

i rovi	les ronces
il vischio	le gui
la radura	la clairière
il prato	le pré
l'erba	l'herbe
il cespuglio	le buisson
il biancospino	l'aubépine
la ginestra — (!) féminin	le genêt
la siepe	la haie
la pineta	la pinède
il pino	le pin
l'abete	le sapin
il larice	le mélèze
il castagneto — le suffixe -eto permet souvent de former le nom de la plantation à partir du nom de l'arbre : il castagno/il castagneto	la châtaigneraie
il castagno	le châtaignier
il disboscamento	le déboisement
il rimboscamento	le reboisement
il boscaiolo, il taglialegna	le bûcheron
la guardia forestale, il guardaboschi — (!) la guardia féminin	le garde forestier

verdeggiare	verdoyer
stormire	bruire
ombreggiare	ombrager

alberato	arboré, planté d'arbres
boscoso	boisé
spoglio	dépouillé, dénudé
nodoso	noueux
spinoso	épineux

3 Le ricchezze del sottosuolo e l'energia atomica / Les richesses du sous-sol et l'énergie atomique

Le risorse minerarie / Les ressources minières

il minerale	le minerai *ou* le minéral
il metallo	le métal
la miniera	la mine
il minatore	le mineur
lo sfruttamento di una miniera	l'exploitation d'une mine
la galleria	la galerie
l'estrazione	l'extraction
i metalli preziosi — voir chapitre 6, p. 101	les métaux précieux
l'oro — il filone aurifero *le filon d'or*	l'or
l'argento	l'argent
il ferro — di ferro, ferreo *de fer, en fer*	le fer
il rame	le cuivre
lo stagno	l'étain
lo zinco	le zinc
il piombo	le plomb
il mercurio — l'argento vivo *le vif-argent*	le mercure
il nickel	le nickel

autre sens *la ligue*	**la lega**	l'alliage
una statua bronzea *une statue en/de bronze* una voce bronzea *une voix d'airain*	**il bronzo**	le bronze
	la ghisa	la fonte
	l'acciaio	l'acier
	l'ottone	le laiton
	la pietra	la pierre
	la cava	la carrière
	il granito	le granit
una statua marmorea *une statue en/de marbre* un volto marmoreo *un visage de marbre*	**il marmo**	le marbre
	il travertino	le travertin
la lavagna *le tableau (noir)*	**l'ardesia**	l'ardoise
la cava di arenaria *la carrière de grès*	**l'arenaria**	le grès
	la pietra dura	la pierre dure
voir chapitre 6, p. 101	**la pietra preziosa**	la pierre précieuse
	il quarzo	le quartz
	i cristalli	les cristaux
	l'argilla	l'argile

	minerale	minéral
	argilloso	argileux
	metallico	métallique
	ferruginoso	ferrugineux
essere granitico *être inébranlable*	**di granito, granitico**	granitique
un cielo plumbeo *un ciel de plomb*	**di piombo**	de plomb
	di bronzo, bronzeo	de bronze, en bronze
	di marmo, marmoreo	de marbre, en marbre

	sfruttare	exploiter
	scavare	creuser
participe passé estratto	**estrarre**	extraire
participe passé fuso	**fondere**	fondre
	tagliare	tailler

Le risorse energetiche / Les ressources énergétiques

	il carbone	le charbon
fossile *fossile*	**il carbon fossile**	la houille
(!) féminin	**la lignite**	le lignite
	il giacimento	le gisement
l'oro nero *l'or noir*	**il petrolio**	le pétrole
l'organizzazione dei paesi esportatori di petrolio (OPEC) *l'Organisation des pays exportateurs de pétrole (OPEP)*	**il petrolio greggio, il greggio**	le pétrole brut, le brut
	i derivati del petrolio	les dérivés du pétrole
	i prodotti petroliferi	les produits pétroliers
	la falda petrolifera	la nappe pétrolifère
	gli impianti petroliferi	les installations pétrolières
	la piattaforma petrolifera off-shore	la plate-forme pétrolière off-shore
	la torre di trivellazione	le derrick, la tour de forage
le trivellazioni di ricerca *les forages de prospection*	**la trivellazione di un pozzo**	le forage d'un puits
	il pozzo petrolifero	le puit de pétrole
	la raffineria	la raffinerie
	l'oleodotto	l'oléoduc
	la centrale elettrica	la centrale électrique
	la centrale idroelettrica	la centrale hydroélectrique
	la diga idroelettrica	le barrage hydroélectrique
	il lago artificiale	le lac artificiel, le lac de retenue

il gas naturale	le gaz naturel
il combustibile	le combustible
il carburante	le carburant
il generatore	le générateur
trivellare	forer
pompare	pomper
raffinare	raffiner
rifornire	approvisionner

L'energia nucleare	L'énergie nucléaire
l'atomo	l'atome
l'energia atomica	l'énergie atomique
il nucleare civile	le nucléaire civil
la fusione/la fissione nucleare	la fusion/la fission nucléaire
la centrale nucleare	la centrale nucléaire
l'uranio arricchito	l'uranium enrichi
il reattore nucleare	le réacteur nucléaire
i residui nucleari	les résidus nucléaires
le scorie nucleari	les déchets nucléaires
i rifiuti radioattivi	les déchets radioactifs
la radioattività	la radioactivité
le radiazioni	les radiations
la contaminazione	la contamination
l'irraggiamento	l'irradiation
l'incidente nucleare	l'accident nucléaire
la catastrofe nucleare	la catastrophe nucléaire
il trattato di non proliferazione delle armi nucleari	le traité de non-prolifération des armes nucléaires
fissionare	fissionner
irraggiare, irradiare	irradier
contaminare	contaminer

irradiato *irradié*

4 La tutela dell'ambiente / La protection de l'environnement

Le minacce all'ecosistema	Les menaces sur l'écosystème
lo squilibrio ambientale	le déséquilibre écologique
l'estinzione delle specie rare	l'extinction des espèces rares
il cambiamento climatico	le changement climatique
il surriscaldamento della terra	le réchauffement de la planète
lo scioglimento dei ghiacciai	la fonte des glaciers
l'innalzamento del livello del mare	l'élévation du niveau de la mer
l'effetto serra	l'effet de serre
l'emissione di gas a effetto serra	l'émission de gaz à effet de serre
il biossido di carbonio	le bioxyde de carbone
l'anidride carbonica	l'anhydride carbonique
il buco dell'ozono	le trou de la couche d'ozone
la bomboletta spray	la bombe aérosol

spray à prononcer ['spraj]

Italiano	Français
• **le piogge acide**	• les pluies acides
• **la desertificazione**	• la désertification
• **l'erosione del suolo**	• l'érosion du sol

L'ecologia e la politica ambientale / L'écologie et la politique de l'environnement

la salvaguardia dell'equilibrio ecologico *la sauvegarde de l'équilibre écologique*

i verdi *les Verts*

la turbina eolica *l'éolienne*

Italiano	Français
• **l'ecosistema**	• l'écosystème
• **l'equilibrio ecologico**	• l'équilibre écologique
• **la conservazione della biodiversità**	• la conservation de la biodiversité
• **la preservazione dell'habitat**	• la préservation de l'habitat
la riserva naturale	la réserve naturelle
• **la lotta contro l'inquinamento**	• la lutte contre la pollution
• **l'impatto sull'ambiente**	• l'impact sur l'environnement
• **il movimento ecologista**	• le mouvement écologiste
• **la regolamentazione anti inquinamento**	• la réglementation anti pollution
• **il delitto ecologico**	• le crime écologique
• **il principio chi inquina paga**	• le principe pollueur-payeur
• **lo sviluppo sostenibile**	• le développement durable
• **il protocollo di Kyoto**	• le protocole de Kyoto
• **l'energia pulita**	• l'énergie propre
• **le energie alternative**	• les énergies alternatives
• **l'energia eolica**	• l'énergie éolienne
• **l'energia solare**	• l'énergie solaire
il pannello solare	le panneau solaire
• **il biocarburante**	• le biocarburant
• **la geotermia**	• la géothermie
• **tutelare**	• protéger
• **salvaguardare**	• sauvegarder
• **preservare**	• préserver
• **conservare**	• conserver
• **regolamentare**	• réglementer
• **infrangere la regolamentazione**	• violer la réglementation

L'inquinamento / La pollution

(!) masculin

il fumo (!) masculin
la ciminiera *la cheminée* [d'usine]

Italiano	Français
• **l'inquinamento atmosferico**	• la pollution atmosphérique
• **i gas di scarico**	• les gaz d'échapppement
• **il piombo**	• le plomb
• **i fumi industriali**	• les fumées industrielles
• **le industrie inquinanti**	• les industries polluantes
• **l'inquinamento acustico**	• la pollution sonore
• **il livello sonoro**	• le niveau sonore
• **la barriera antirumore**	• le mur antibruit
• **l'insonorizzazione**	• l'insonorisation
• **l'inquinamento**	• la pollution
fluviale	fluviale
marino	marine
• **gli scarichi industriali**	• les déchets industriels
• **i prodotti chimici**	• les produits chimiques

• **i detergenti**	• les détergents
• **i nitrati**	• les nitrates
• **i fosfati**	• les phosphates
• **le fogne**	• les égouts
• **le acque reflue**	• les eaux usées
• **il depuratore**	• l'épurateur
• **lo sversamento**	• le déversement, le rejet en mer
• **la marea nera**	• la marée noire
• **la proliferazione delle alghe**	• la prolifération des algues
• **l'inquinamento del suolo**	• la pollution du sol
• **i pesticidi**	• les pesticides
• **i fungicidi**	• le fongicides
• **i diserbanti**	• les désherbants

aussi le acque di scarico

• **inquinare**	• polluer
• **intossicare**	• intoxiquer
• **emettere gas**	• émettre des gaz
• **sversare**	• déverser
• **depurare**	• dépurer

sversare rifiuti
déverser des déchets

• **inquinato**	• pollué
• **inquinante**	• polluant
• **intossicato**	• intoxiqué
• **tossico**	• toxique
• **depurato**	• épuré
• **insonorizzato**	• insonorisé

Lo smaltimento dei rifiuti / L'élimination des déchets

• **la spazzatura, l'immondizia**	• les ordures, les immondices
• **il cassonetto dell'immondizia**	• le conteneur à déchets
• **il secchio della spazzatura, la pattumiera**	• la poubelle
• **il cestino della carta straccia**	• la corbeille à papiers
• **lo spazzino**	• l'éboueur, le balayeur
• **i rifiuti**	• les déchets
urbani	urbains
organici	organiques
non biodegradabili	non biodégradables
riciclabili	recyclables
radioattivi	radioactifs
• **la raccolta**	• la collecte
(del) vetro	du verre
(della) carta	du papier
di ferro vecchio	de la ferraille
di vestiti usati	de vêtements usagés
• **la raccolta differenziata**	• le tri sélectif
• **il camion della nettezza urbana**	• la benne à ordures, le camion poubelle
• **il deposito geologico**	• le dépôt souterrain
• **la discarica**	• la décharge
• **l'incenerazione**	• l'incinération
• **la pressa**	• le broyeur, la presse
i rottami di ferro	la ferraille
il demolitore	la casse
• **il recupero dei rifiuti**	• la récupération des déchets

cestinare un manoscritto
refuser un manuscrit

l'operatore ecologico
l'agent de la propreté urbaine

la nettezza urbana
la propreté urbaine

l'inceneritore *l'incinérateur*

19 Natura e tutela dell'ambiente/Nature et protection de l'environnement

il riciclaggio	le recyclage
il trattamento dei rifiuti	le traitement des déchets
buttare via	jeter
raccogliere	collecter
incenerire	incinérer
recuperare	récupérer
riciclare	recycler
trattare	traiter
smaltire	éliminer
compattare	compacter
rottamare	mettre à la casse

buttare nella spazzatura
jeter aux ordures, à la poubelle

METTERE IN PRATICA

55 Cercare l'intruso Chercher l'intrus

1. l'immondizia; la discarica; la spazzatura; i rifiuti; le scorie nucleari
2. il ferro; il rame; il bronzo; il legno; l'acciaio
3. il ramo; le radici; il tronco; le foglie; la pineta
4. il becco; le ali; le penne; le scaglie; la coda
5. la miniera; la galleria; il minatore; la turbina eolica; il giacimento
6. il fiore; la corolla; il bocciolo; il castagneto; il gambo

56 Trovare l'abbinamento giusto Relier les termes correspondants

1. l'ippopotamo
2. la seppia
3. il topo
4. il granchio
5. la lucertola
6. la zanzara
7. l'aquila
8. il gatto

a) il rettile
b) il crostaceo
c) il roditore
d) l'insetto
e) il pachiderma
f) il rapace
g) il felino
h) il mollusco

57 Dal verbo al sostantivo Du verbe au substantif

1. inquinare
2. tutelare
3. conservare
4. contaminare
5. estrarre
6. sfruttare
7. depurare
8. raccogliere
9. irraggiare
10. riciclare
11. trattare
12. recuperare
13. smaltire
14. proliferare

corrigés page 424

Il contesto culturale

Qualche ente di tutela dell'ambiente
Quelques organismes de protection de l'environnement

- **WWF ITALIA, fondo mondiale per la natura** : section italienne du **World Wild Fund for Nature.** En Italie, le WWF est actif depuis 1966.
- **FAI, Fondo per l'Ambiente Italiano** : depuis 1975, le FAI est la plus importante fondation italienne à but non lucratif pour la protection, la sauvegarde et le développement du patrimoine artistique et naturel du pays.
- **Legambiente**: association à but non lucratif pour la protection de l'environnement, reconnue par le ministère de l'Environnement italien. Legambiente est à l'origine d'initiatives comme la Goélette verte (**la Goletta verde**) qui, tous les étés depuis 1986, indique l'état de propreté de la mer et des côtes italiennes, ou encore le Train vert (**il Treno verde**), qui mesure la pollution de l'air et la pollution sonore dans les principales villes italiennes.

L'uomo e l'animale
L'homme et l'animal

essere pazzo come **un cavallo**	être fou à lier
essere sporco come **un maiale**	être sale comme un cochon
essere vanitoso come **un pavone**	être vaniteux comme un paon
essere testardo come **un mulo**	être têtu comme une mule
essere forte come **un toro**	être fort comme un bœuf
essere coraggioso come **un leone**	être courageux comme un lion
essere furbo come **una volpe**	être rusé comme un renard
essere cieco come **una talpa**	être myope comme une taupe
saltare come **un grillo**	sauter comme un cabri
dormire come **un ghiro**	dormir comme un loir
cantare come **un usignolo**	chanter comme un rossignol
nuotare come **un pesce**	nager comme un poisson
strillare come **un'aquila**	crier comme un putois

I versi degli animali
Les cris des animaux

il gatto miagola (*miao*) e fa le fusa	le chat miaule (*miaou*) et ronronne
il cane abbaia (*bau*)	le chien aboie (*ouah*)
l'uccellino cinguetta (*cip cip*)	l'oiseau gazouille (*cui cui*)
la gallina canta (*coccodè*)	la poule chante (*cot cot*)
il gallo canta (*chicchirichì*)	le coq chante (*cocorico*)
il pulcino pigola (*pio pio*)	le poussin piaille (*piou piou*)
il corvo gracchia (*cra cra*)	le corbeau croasse (*croa croa*)
la pecora bela (*beeeeee*)	le mouton bèle (*beeh*)
l'asino raglia (*hi ho*)	l'âne râle (*hi-han*)
la mucca muggisce (*muuuuu*)	la vache meugle (*meuh*)

Espressioni idiomatiche

una salute di ferro	une santé de fer
andare in bestia	se mettre en colère
menare il can per l'aia	tourner autour du pot
non svegliare il can che dorme	il ne faut pas pas réveiller le chat qui dort
essere come cane e gatto	être comme chien et chat
non c'è un cane	il n'y a pas un chat
fa un freddo cane	il fait un froid de canard
avere altre gatte da pelare	avoir d'autres chats à fouetter
ci sono quattro gatti	il y a quatre pelés et un tondu
prendere un granchio	se tromper grossièrement
prendere lucciole per lanterne	prendre des vessies pour des lanternes
ingoiare il rospo	avaler des couleuvres
sputare il rospo	cracher le morceau
andare a letto con le galline	se coucher avec les poules
restare con un pugno di mosche	se retrouver les mains vides
non cavare un ragno da un buco	donner un coup d'épée dans l'eau
In bocca al lupo!	Dans la gueule du loup !
Crepi il lupo!	Que le loup crève !

Ces deux dernières expressions équivalent à l'usage français d'utiliser le mot de Cambronne pour souhaiter « bonne chance » en conjurant le sort. La personne qui souhaite « bonne chance » prononce la première phrase (« In bocca al lupo! ») et son interlocuteur répond par la seconde (« Crepi il lupo! »). En français, seul le premier des deux s'exprime en utilisant le mot de Cambronne.

Proverbi

A caval donato non si guarda in bocca.	À cheval donné on ne regarde pas la bouche.
Campa cavallo che l'erba cresce.	Tu peux toujours courir.
Can che abbaia non morde.	Chien qui aboie ne mord pas.
Gallina vecchia fa buon brodo.	C'est dans les vieilles marmites qu'on fait les meilleures soupes.
Meglio un uovo oggi che una gallina domani.	Un tiens vaut mieux que deux tu l'auras.
Il lupo perde il pelo ma non il vizio.	Le loup mourra dans sa peau.
Tanto va la gatta al lardo che ci lascia lo zampino.	Tant va la cruche à l'eau qu'à la fin elle se casse.
Non c'è rosa senza spina.	Il n'est pas de roses sans épines.

20

Politica, diplomazia e Unione Europea

Politique, diplomatie et Union européenne

1 I regimi politici — Les régimes politiques

La democrazia e la repubblica — La démocratie et la république

La democrazia e la repubblica	La démocratie et la république
• **la democrazia**	• la démocratie
diretta/indiretta	directe/indirecte
popolare	populaire
costituzionale	constitutionnelle
parlamentare	parlementaire
• **il parlamentarismo**	• le parlementarisme
• **il pluralismo**	• le pluralisme
• **la separazione dei poteri**	• la séparation des pouvoirs
• **la repubblica**	• la république
democratica	démocratique
federale	fédérale
presidenziale	présidentielle
parlamentare	parlementaire
popolare	populaire
• **i diritti dell'uomo e del cittadino**	• les droits de l'homme et du citoyen
• **le istituzioni repubblicane**	• les institutions républicaines
• **il presidente della repubblica**	• le président de la République
• **il mandato presidenziale**	• le mandat présidentiel
il quinquennio	le quinquennat
il settennato	le septennat
• **i repubblicani**	• les républicains
• **i democratici**	• les démocrates
• **proclamare la repubblica**	• proclamer la république
• **democratico**	• démocratique
• **antidemocratico**	• antidémocratique
• **repubblicano**	• républicain
• **presidenziale**	• présidentiel
• **legittimo**	• légitime

La monarchia — La monarchie

La monarchia	La monarchie
• **il monarca, il sovrano**	• le monarque, le souverain
• **il re** [(!) invariable]	• le roi

	la regina	la reine
	la famiglia reale	la famille royale
i reali di Spagna *les souverains d'Espagne*	**i regnanti, i reali**	les souverains [le roi et la reine]
	la dinastia regnante	la dynastie régnante
il Regno Unito *le Royaume-Uni*	**il regno**	le royaume *ou* le règne
	la maestà	la majesté
Sire *Sire* Altezza *Votre Altesse*	**Sua Maestà il re**	Sa Majesté le roi
	l'incoronazione	le couronnement
	la corona	la couronne
	il trono	le trône
	lo scettro	le sceptre
	l'abdicazione	l'abdication
	le prerogative regie	les droits régaliens
	il principe/la principessa	le prince/la princesse
(!) masculin	**il principato**	la principauté
il delfino *le dauphin*	**l'erede al trono**	l'héritier du trône
	il principe ereditario	le prince héritier
	la corte	la cour
	il cortigiano	le courtisan
	la reggia, il palazzo reale	le palais royal
	l'aristocrazia	l'aristocratie
	l'aristocratico	l'aristocrate
	la nobiltà	la noblesse
	il nobile	le noble
la particella nobiliare di un cognome *la particule nobiliaire d'un nom*	**il titolo nobiliare**	le titre de noblesse
	il rango	le rang
	il duca/la duchessa	le duc/la duchesse
	il ducato	le duché
	il conte/la contessa	le comte/la comtesse
	il visconte	le vicomte
(!) féminin	**la contea**	le comté
	il barone/la baronessa	le baron/la baronne
	il marchese/la marchesa	le marquis/la marquise
	il signorotto	le hobereau
	il cavaliere	le chevalier
	il suddito	le sujet

---

	regnare	régner
	essere di sangue blu	avoir du sang bleu
	essere nobile	être noble
	aspirare al trono	aspirer au trône
	salire al trono	monter sur le trône, accéder au trône
	succedere	succéder
	abdicare	abdiquer
	spodestare	destituer
	usurpare	usurper

Altezza reale *Altesse Royale*	**reale, regio**	royal, du roi
un portamento regale *une allure royale*	**regale**	royal
	maestoso	majestueux
	aristocratico	aristocrate
	nobile	noble

nobiliare	nobiliaire, de noblesse
principesco	princier

Altri tipi di potere / Autres types de pouvoir

l'imperialismo	l'impérialisme
l'impero	l'empire
l'imperatore/l'imperatrice	l'empereur/l'impératrice
il sultano	le sultan
l'emirato	l'émirat
l'emiro	l'émir
lo sceicco	le cheik
il dispotismo	le despotisme
il despota	le despote
la tirannia, la tirannide	la tyrannie
il tiranno	le tyran
la dittatura	la dictature
il dittatore	le dictateur
il regime	le régime
la giunta militare	la junte militaire
il colpo di stato	le coup d'État
il putsch, il golpe	le putsch
i pieni poteri	les pleins pouvoirs
imperiale	impérial
tirannico	tyrannique
dispotico	despotique
dittatoriale	dictatorial
militare	militaire
poliziesco	policier
totalitario	totalitaire

Dottrine e tendenze politiche / Doctrines et tendances politiques

l'anarchia	l'anarchie
l'anarchico	l'anarchiste
il comunismo	le communisme
il comunista	le communiste
il marxismo	le marxisme
il marxista	le marxiste
il socialismo	le socialisme
il socialista	le socialiste
il radicalismo	le radicalisme
il radicale	le radical
il fascismo	le fascisme
il fascista	le fasciste
il nazismo	le nazisme
il nazista	le nazi
il realista	le royaliste
il monarchico	le monarchiste
il conservatorismo	le conservatisme
il conservatore	le conservateur
il centrismo	le centrisme
il centrista	le centriste

il centrodestra	le centre droit
il centrosinistra	le centre gauche
la destra	la droite
la sinistra	la gauche
l'estremismo **l'estremista**	l'extrémisme l'extrémiste
l'extraparlamentare di destra/di sinistra	l'extraparlementaire de droite/de gauche
moderato	modéré
progressista	progressiste
riformista	réformiste
estremista	extrémiste
rivoluzionario	révolutionnaire
ideologico	idéologique
liberale	libéral
parlamentare	parlementaire
antiparlamentare	antiparlementaire

2 I partiti politici e le elezioni / Les partis politiques et les élections

Le strutture di partito / Les structures de parti

	il partito politico	le parti politique
la maggioranza *la majorité*	**il partito di maggioranza**	le parti majoritaire
l'opposizione *l'opposition*	**il partito d'opposizione**	le parti d'opposition
	la coalizione di partiti	la coalition de partis
	la maggioranza di coalizione	la majorité de coalition
	il partito dissidente **la dissidenza politica**	le parti dissident la dissidence politique
(!) féminin	**la corrente politica**	le courant politique
	il membro di un partito	le membre d'un parti
	il segretario del partito	le secrétaire du parti
	il simpatizzante	le sympathisant
	la militanza, l'attivismo **il militante, l'attivista**	le militantisme, l'activisme le militant, l'activiste
prononcer ['lidɛr]	**il leader politico**	le leader politique
	il dirigente politico	le dirigeant politique
	la direzione di un partito	la direction d'un parti
pluriel i capifila	**il capofila**	le chef de file
	il responsabile	le responsable
	la cellula del partito	la cellule du parti
	la sezione locale del partito	la section locale du parti
	il congresso del partito	le congrès du parti

entrare in politica	entrer en politique
fondare un partito	fonder un parti
finanziare un partito	financer un parti
avere la tessera del partito, essere tesserato	avoir la carte du parti
essere alla testa di un partito	être à la tête d'un parti

• **militare nelle file di un partito**	• militer dans les rangs d'un parti
• **fare politica**	• faire de la politique
• **essere un buon politico**	• être un fin politique

Le opinioni politiche / Les opinions politiques

	• **la tendenza**	• la tendance
	• **la convinzione**	• la conviction
(!) masculin	• **il colore (politico)**	• la couleur (politique)
il voltafaccia *le volte-face*	• **la posizione**	• la position
	• **la svolta**	• le virage, le tournant
l'accordo *l'accord*	• **il disaccordo**	• le désaccord
il dissenso (!) masculin *la dissension*	• **la protesta**	• la protestation
	• **schierarsi dalla parte di**	• se ranger du côté de, prendre position pour
	• **sostenere una causa**	• soutenir une cause
	• **protestare**	• protester

Le elezioni / Les élections

La campagna elettorale / La campagne électorale

	• **la circoscrizione elettorale**	• la circonscription électorale
	• **il candidato di un partito**	• le candidat d'un parti
	• **il candidato ufficiale**	• le candidat officiel
	• **il candidato designato**	• le candidat désigné
	• **il candidato alla presidenza**	• le candidat à la présidence
	• **il sondaggio d'opinione**	• le sondage d'opinion
	• **l'intenzione di voto**	• l'intention de vote
	• **l'indice di popolarità**	• la cote de popularité
	• **la campagna televisiva**	• la campagne télévisée
	• **lo spot elettorale**	• le spot électoral
	• **lo slogan elettorale**	• le slogan électoral
	• **il manifesto elettorale**	• l'affiche électorale
	• **il comizio elettorale**	• le meeting électoral
	• **il dibattito televisivo**	• le débat télévisé
	• **il confronto fra due leader politici**	• le face-à-face entre deux leaders politiques
	• **il concorrente**	• le concurrent
la rivalità *la rivalité*	• **il rivale**	• le rival
	• **presentarsi alle elezioni**	• se présenter aux élections
	• **presentarsi come candidato**	• se présenter comme candidat
	• **entrare in campagna elettorale**	• entrer en campagne électorale
	• **tenere un comizio**	• tenir un meeting
fare un bagno di folla *prendre un bain de foule*	• **scendere in mezzo alla folla**	• se mêler à la foule
	• **mobilitare l'elettorato**	• mobiliser l'électorat
	• **sfidare**	• défier
	• **uscente**	• sortant
	• **rieletto**	• réélu
	• **eleggibile**	• éligible
	• **ineleggibile**	• inéligible

I sistemi elettorali e il voto	Les systèmes électoraux et le vote
il suffragio universale	le suffrage universel
il suffragio diretto/indiretto	le suffrage direct/indirect
il referendum	le référendum
il plebiscito	le plébiscite
il sistema di voto	le système de vote
il voto maggioritario	le scrutin majoritaire
il voto proporzionale	le scrutin proportionnel
il voto misto	le scrutin mixte
il voto uninominale	le scrutin uninominal
la lista elettorale	la liste électorale
il capolista	le tête de liste
le elezioni	les élections
amministrative	administratives
comunali	municipales
locali	locales
politiche	législatives
presidenziali	présidentielles
primarie	primaires
anticipate	anticipées
il diritto di voto	le droit de vote
l'età del voto	l'âge du vote
la votazione, lo scrutinio	le vote, le scrutin
il voto	le vote, la voix
il voto di sfiducia	le vote de censure
il voto per procura	le vote par procuration
il voto di protesta	le vote de protestation
la tornata elettorale	le tour de scrutin
lo spoglio delle schede	le dépouillement des votes
il seggio elettorale	le bureau de vote
lo scrutatore	le scrutateur
la scheda elettorale	le bulletin de vote
l'urna	l'urne
la cabina elettorale	l'isoloir
il primo/il secondo turno	le premier/le second tour
il ballottaggio	le ballottage
i votanti	les votants
l'elettore	l'électeur
l'elettorato	l'électorat
la percentuale di votanti	le pourcentage de votants
la partecipazione	la participation
il tasso di partecipazione	le taux de participation
il tasso di astensione	le taux d'abstention
l'astensionismo	l'abstentionnisme
la scheda bianca	le bulletin blanc
la scheda nulla	le bulletin nul
il responso delle urne	le verdict des urnes
la vittoria elettorale	la victoire électorale
la sconfitta elettorale	la défaite électorale
la maggioranza relativa	la majorité relative
la maggioranza assoluta	la majorité absolue

(il capolista) pluriel i capilista

(l'età del voto) essere maggiorenne *être majeur* / la maggiore età *la majorité*

(lo scrutinio) lo scrutinio segreto *le scrutin secret*

(la vittoria elettorale) una vittoria schiacciante *une victoire écrasante*

(la sconfitta elettorale) una sconfitta cocente *une défaite cuisante*

la riforma elettorale	la réforme électorale
il broglio elettorale	la fraude électorale
indire le elezioni	fixer les élections
chiamare alle urne	appeler aux urnes
andare a votare	aller voter
votare per	voter pour
votare scheda bianca	voter blanc
votare per corrispondenza	voter par correspondance
votare per procura	voter par procuration
essere iscritto alle liste elettorali	être inscrit sur les listes électorales
essere astensionista	être abstentionniste
vincere le elezioni	gagner les élections
ottenere la maggioranza dei voti	obtenir la majorité des voix
eleggere	élire
essere eletto	être élu
essere rieletto	être réélu
andare al potere	arriver au pouvoir
invalidare le elezioni	invalider les élections

indire le elezioni anticipate *organiser des élections anticipées*

recarsi alle urne *se rendre aux urnes*

raggiungere la soglia del 50% dei voti *atteindre le seuil de 50 % des voix*

se conjugue comme leggere

3 Il potere legislativo — Le pouvoir législatif

Il parlamento — Le Parlement

il parlamento bicamerale	le Parlement bicaméral
la Camera dei Deputati	la Chambre des députés
il Senato della Repubblica	le Sénat de la République
il parlamentare	le parlementaire
l'immunità parlamentare	l'immunité parlementaire
il deputato	le député
il senatore	le sénateur
il presidente della Camera	le président de la Chambre
il presidente del Senato	le président du Sénat
l'emiciclo	l'hémicycle
il seggio parlamentare	le siège parlementaire
la sessione	la session
la seduta	la séance
l'ordine del giorno	l'ordre du jour
il portavoce	le porte-parole
la delibera	la délibération
la proposta	la proposition
la mozione	la motion
di sfiducia	de censure
di fiducia	de confiance
il veto	le veto
l'aggiornamento della seduta	l'ajournement de la séance
la sospensione della seduta	la suspension de la séance
lo scioglimento della camera	la dissolution de la Chambre
convocare il parlamento	convoquer le Parlement
sedere in parlamento	siéger au Parlement
chiedere la fiducia al parlamento	demander la confiance au Parlement

palazzo Madama *palais Madame,* siège du Sénat

en Italie, le titre donné à un parlementaire est Onorevole (*honorable*)

il senatore a vita *le sénateur à vie*

participe passé discusso

participe passé messo

participe passé sciolto

discutere in parlamento	débattre au Parlement
mettere il veto	mettre son veto
votare una mozione	voter une motion
votare la fiducia	voter la confiance
sciogliere le camere/ il parlamento	dissoudre les chambres/ le Parlement
aggiornare la seduta	ajourner la séance
sospendere la seduta	suspendre la séance

l'iter legislativo
la procédure législative

Le leggi	Les lois
la commissione legislativa	la commission législative
il legislatore	le législateur
la petizione	la pétition
la bozza di disegno di legge	l'avant-projet de loi
il disegno di legge	le projet de loi
la proposta di legge	la proposition de loi
la legge	la loi
l'articolo di legge	l'article de loi
il comma	l'alinéa
il decreto	le décret
il decreto legge	le décret-loi
l'emendamento	l'amendement
l'ordinanza	l'ordonnance *ou* l'arrêté
la votazione di una legge	le vote d'une loi
l'adozione di una legge	l'adoption d'une loi
l'abrogazione	l'abrogation
l'entrata in vigore	l'entrée en vigueur
le leggi vigenti	les lois en vigueur
la Gazzetta Ufficiale	≈ le Journal officiel
legiferare	légiférer
deliberare	délibérer
approvare	approuver
presentare un disegno di legge	présenter un projet de loi
votare una legge	voter une loi
varare, promulgare, emanare	promulguer
adottare	adopter
revocare	révoquer
abrogare	abroger
emendare	amender

4 Il potere esecutivo / Le pouvoir exécutif

Il governo	Le gouvernement
il governo di transizione	le gouvernement de transition
il governo provvisorio	le gouvernement provisoire
il governo fantoccio	le gouvernement fantoche
il malgoverno	le mauvais gouvernement
il buon governo	le bon gouvernement
il governo di maggioranza/ di minoranza	le gouvernement majoritaire/ minoritaire

il governo di coalizione	le gouvernement de coalition
l'alternanza di governo	l'alternance gouvernementale
il consiglio dei ministri	le conseil des ministres
i membri del governo	les membres du gouvernement
la squadra di governo	l'équipe gouvernementale
l'esecutivo	l'exécutif
il capo di Stato	le chef d'État
lo statista, l'uomo di stato	l'homme d'État
la più alta carica dello stato	la plus haute charge de l'État
il presidente del consiglio	le président du Conseil
il capo del governo	le chef du gouvernement
il primo ministro	le Premier ministre
il ministro	le ministre
il segretario di stato	le secrétaire d'État
il governatore	le gouverneur
la crisi di governo	la crise gouvernementale
la caduta del governo	la chute du gouvernement
la stabilità di governo	la stabilité gouvernementale
l'instabilità di governo	l'instabilité gouvernementale
la politica governativa	la politique gouvernementale
la finanziaria	le budget, la loi de finances
l'approvazione della finanziaria	le vote du budget, le vote de la loi de finances
il summit, il vertice	le sommet
l'ingovernabilità di un paese	l'ingouvernabilité d'un pays
i governanti	les gouvernants
convocare un vertice	convoquer un sommet
formare un governo	former un gouvernement
entrare al governo	entrer au gouvernement
dirigere il governo	diriger le gouvernement
presiedere un governo	présider un gouvernement
governare	gouverner
garantire la governabilità di un paese	garantir la gouvernabilité d'un pays

Notes:
- il Quirinale *le Quirinal,* siège de la présidence (→ la più alta carica dello stato)
- ≈ le Premier ministre (→ il presidente del consiglio)
- (il) palazzo Chigi *le palais Chigi,* siège du gouvernement (→ il capo del governo)
- la formazione del nuovo governo *la formation du nouveau gouvernement* (→ la crisi di governo)
- summit à prononcer ['sammit] (→ il summit, il vertice)
- riunirsi al vertice *se réunir au sommet* (→ convocare un vertice)
- assumere le proprie funzioni *prendre ses fonctions* (→ entrare al governo)

Gli enti locali / Les collectivités locales

gli enti territoriali	les collectivités territoriales
gli enti pubblici	les collectivités publiques
gli amministratori locali	les élus locaux
le autorità locali	les autorités locales
il municipio	la mairie, l'hôtel de ville
il sindaco	le maire
il vicesindaco	le premier adjoint au maire
l'assessore	l'adjoint au maire, le conseiller
la giunta comunale	le conseil municipal
il consigliere regionale	le conseiller régional
il consiglio regionale	le conseil régional
la decentralizzazione	la décentralisation
la regionalizzazione	la régionalisation
essere eletto sindaco	être élu maire
amministrare	administrer

far parte della giunta comunale	faire partie du conseil municipal

I ministeri / Les ministères

aussi il dicastero

la Farnesina
la Farnésine,
siège du ministère des Affaires étrangères

il Viminale
le Viminal,
siège du ministère de l'Intérieur

I ministeri	Les ministères
il ministero	le ministère
il ministro con/senza portafoglio	le ministre avec/sans portefeuille
il gabinetto ministeriale	le cabinet ministériel
il ministro plenipotenziario	le ministre plénipotentiaire
il sottosegretario	le sous-secrétaire
il ministero degli (Affari) Esteri	le ministère des Affaires étrangères
il ministero dell'Interno	le ministère de l'Intérieur
il ministero della Difesa	le ministère de la Défense
il ministero dell'Economia e delle Finanze	le ministère de l'Économie et des Finances
il ministero della Pubblica Istruzione	le ministère de l'Éducation nationale
il ministero dei Beni e delle Attività Culturali	le ministère de la Culture
il rimpasto ministeriale	le remaniement ministériel
la commissione ministeriale	la commission ministérielle
rimpastare	remanier
nominare	nommer
incaricare	charger

5 Il mondo diplomatico / Le monde diplomatique

il legato pontificio
le légat du pape

Il mondo diplomatico	Le monde diplomatique
la diplomazia	la diplomatie
il diplomatico	le diplomate
il corpo diplomatico	le corps diplomatique
l'agente diplomatico	l'agent diplomatique
l'ambasciata	l'ambassade
l'ambasciatore	l'ambassadeur
il segretario d'ambasciata	le secrétaire d'ambassade
il consolato	le consulat
il console	le consul
il console generale	le consul général
il viceconsole	le vice-consul
l'agente consolare	l'agent consulaire
l'ufficio visti	le bureau des visas
il visto	le visa
la legazione	la légation
la carriera diplomatica	la carrière diplomatique
la valigia diplomatica	la valise diplomatique
il passaporto diplomatico	le passeport diplomatique
l'immunità diplomatica	l'immunité diplomatique
le relazioni diplomatiche	les relations diplomatiques
la missione diplomatica	la mission diplomatique

• **intrattenere buone relazioni diplomatiche**	• entretenir de bonnes relations diplomatiques
• **rompere le relazioni diplomatiche**	• rompre les relations diplomatiques
• **entrare in diplomazia**	• entrer dans la diplomatie

6 L'Unione Europea — L'Union européenne

l'UE *l'UE*

aderire a *adhérer à*

• **le istituzioni europee**	• les institutions européennes
• **i paesi membri**	• les pays membres
• **l'adesione all'Europa**	• l'adhésion à l'Europe
• **il candidato all'adesione**	• le candidat à l'adhésion
• **la capitale europea**	• la capitale européenne
• **il Parlamento Europeo**	• le Parlement européen
• **la direttiva europea**	• la directive européenne
• **l'armonizzazione**	• l'harmonisation
• **le elezioni europee**	• les élections européennes
• **la Commissione Europea**	• la Commission européenne
• **il Consiglio dell'Unione Europea**	• le Conseil de l'Union européenne
• **la Corte di Giustizia delle Comunità Europee**	• la Cour de justice des Communautés européennes
• **la Corte dei Conti Europea**	• la Cour des comptes européenne
• **il Mediatore Europeo**	• le médiateur européen
• **la Banca Centrale Europea**	• la Banque centrale européenne
• **la Costituzione Europea**	• la Constitution européenne
• **il trattato di Maastricht**	• le traité de Maastricht
• **gli accordi di Schengen**	• les accords de Schengen
• **l'unione monetaria**	• l'union monétaire
• **la zona euro**	• la zone euro
• **l'allargamento dell'Unione**	• l'élargissement de l'Union
• **la libera circolazione di beni, persone e servizi**	• la libre circulation des biens, des personnes et des services
• **il protezionismo**	• le protectionnisme
• **europeo**	• européen
• **comunitario**	• communautaire

METTERE IN PRATICA

58 Trovare l'abbinamento giusto
Relier les paires

1. repubblica	a. legislative
2. partito	b. del consiglio
3. elezioni	c. parlamentare
4. presidente	d. degli Esteri
5. ministro	e. d'opposizione

59 Dal sostantivo all'aggettivo
Du substantif à l'adjectif

1. la repubblica
2. l'Europa
3. la monarchia
4. la nazione
5. il presidente
6. il popolo
7. il parlamento
8. il politico
9. la federazione
10. la comunità
11. l'aristocrazia
12. la nobiltà
13. il principe

corrigés page 424

Il contesto culturale

I partiti politici italiani
Les partis politiques italiens

- De droite ou de centre droit

Polo per le libertà, *Pôle pour les libertés*, coalition fondée en 1994 et remplacée par Casa delle libertà.
Casa delle libertà, *Maison des libertés*, coalition fondée en 2000.
- **Forza Italia**, *En avant l'Italie*, parti fondé par Silvio Berlusconi.
- **Alleanza Nazionale**, Alliance nationale
- **Lega Nord**, *la Ligue du Nord*, parti fédéraliste

- De gauche ou de centre gauche

L'Ulivo, *l'Olivier*, coalition remplacée par l'Unione.
L'Unione, *l'Union*, coalition fondée en 2005 réunissant des partis comme :
- **Democratici di Sinistra (DS)**, *Démocrates de gauche*
- **La Margherita**, *la Marguerite*
- **Socialisti Democratici Italiani**, *Sociaux-Démocrates italiens*
- **Verdi**, *Verts*
- **Rifondazione Comunista**, *Refondation communiste*

Le principali tappe della costruzione europea
Les principales étapes de la construction européenne

- **1951** – **il Trattato di Parigi**, *le Traité de Paris* : les Six signent à Paris le traité instituant la Communauté européenne du charbon et de l'acier (CECA).
- **1957** – **il Trattato di Roma**, *le Traité de Rome* : établit la Communauté Économique Européenne (CEE).
- **1962** – Entrée en vigueur de la *politique agricole commune*, **politica agricola comune** (PAC).
- **1976** – **il Sistema Monetario Europeo**, *le Système monétaire européen* (SME).
- **1992** – **il Trattato di Maastricht**, *le Traité de Maastricht.*
- **1997** – **il Trattato di Amsterdam**, *le Traité d'Amsterdam.*
- **2001** – **il Trattato di Nizza**, *le Traité de Nice.*

I simboli della costruzione europea
Les symboles de la construction européenne

- **la bandiera europea**, *le drapeau européen* : bleu avec douze étoiles en cercle (**azzurra con un cerchio di dodici stelle**), évoquant la plénitude comme les douze mois de l'année.
- **l'inno europeo**, *l'hymne européen* : *l'ode à la joie* (**l'inno alla gioia**) de Beethoven.
- **la festa dell'Europa**, *la fête de l'Europe* : a lieu le 9 mai (**il 9 maggio**) : la déclaration de Robert Schuman, le 9 mai 1950, ministre des Affaires étrangères de la France, est considérée comme l'acte de naissance de l'Europe.
- **il motto**, *la devise* : « **unità nella diversità** », *unité dans la diversité.*
- **la moneta**, *la monnaie* : **l'euro**, *l'euro.*

Espressioni idiomatiche

praticare la politica dello struzzo	faire la politique de l'autruche
essere più realista del re	être plus royaliste que le roi
Il re è morto, viva il re!	Le roi est mort, vive le roi !
comandare qualcuno a bacchetta	mener quelqu'un à la baguette
far rigare dritto	mener au doigt et à l'œil

Proverbi

In casa sua ciascuno è re.	Charbonnier est maître chez soi.
Nessuno è profeta in patria.	Nul n'est prophète en son pays.
Ambasciator non porta pena.	Ambassadeur ne porte pas douleur.

21

La giustizia e l'ordine pubblico

La justice et l'ordre public

1 Il sistema giudiziario — Le système judiciaire

Il sistema giudiziario	Le système judiciaire
il potere giudiziario	le pouvoir judiciaire
il palazzo di giustizia	le palais de justice
la legge	la loi
il reato	le délit
la presunzione d'innocenza	la présomption d'innocence
il codice civile/penale	le code civil/pénal
il diritto civile/penale	le droit civil/pénal
l'amministrazione della giustizia	l'administration de la justice
la giurisprudenza	la jurisprudence
la giurisdizione	la juridiction
la competenza	la compétence
l'aula del tribunale	la salle du tribunal
il tribunale	le tribunal
il TAR (Tribunale Amministrativo Regionale)	≈ le TA (Tribunal administratif)
il tribunale ordinario	le tribunal ordinaire ≈ le tribunal de grande instance
il tribunale per i minorenni	le tribunal des mineurs
la corte	la cour
la corte d'appello	la cour d'appel
la corte d'assise	la cour d'assises
la corte di cassazione	la Cour de cassation
la corte dei conti	la Cour des comptes
la corte costituzionale	≈ le Conseil constitutionnel
il foro, l'ordine forense	le barreau
la magistratura	la magistrature
il magistrato	le magistrat
il giudice	le juge
il giudice di pace	le juge de paix ≈ le tribunal d'instance
l'avvocato, il legale	l'avocat
la procura della Repubblica	le Parquet
il pubblico ministero, il PM	le ministère public
il procuratore della Repubblica	le procureur de la République

il foro: autre sens de il foro *le tribunal*

la magistratura: il Consiglio Supremo della Magistratura (CSM) *le Conseil supérieur de la magistrature (CSM)*

l'avvocato: terme qui reste au masculin pour les femmes

il pubblico ministero: aussi la pubblica accusa

il procuratore generale della Repubblica	le procureur général de la République
il sostituto procuratore generale	l'avocat général
l'usciere	le huissier
il cancelliere	le greffier
la cancelleria	le greffe

(!) féminin

far rispettare la legge	faire respecter la loi
amministrare la giustizia	administrer la justice

indipendente	indépendant
giuridico	juridique
giudiziario	judiciaire
giusto/ingiusto	juste/injuste
legale/illegale	légal/illégal
proibito, vietato	interdit, défendu
lecito/illecito	licite/illicite
abusivo	abusif
indebito	indu
punibile	punissable
passibile	passible
impunito	impuni
competente	compétent
parziale/imparziale	partial/impartial
integro	intègre
incorruttibile	incorruptible
corrotto	corrompu

2 I processi — Les procès

La procedura e le parti in causa — La procédure et les parties en cause

le parti	les parties
la parte avversa, la controparte	la partie adverse
la parte civile	la partie civile
l'azione legale	l'action en justice
l'accomodamento	l'arrangement
la vertenza, la controversia	le conflit, le litige
la causa	le procès, la cause
il processo	le procès
la citazione (in giudizio)	l'assignation, la citation (en justice)
la denuncia, la querela	la plainte
il querelante	le plaignant
l'attore (in giudizio)	le demandeur (en justice)
il convenuto	le défendeur
il colpevole, il reo	le coupable
la colpevolezza	la culpabilité
il reo confesso	l'accusé qui a avoué
la confessione	l'aveu

autre sens de la denuncia *la dénonciation*

	il presunto colpevole	le présumé coupable
	il complice	le complice
	la complicità	la complicité
	la presunta innocenza	l'innocence présumée
	l'istruttoria	l'instruction
	l'indagine, l'inchiesta	l'enquête
	l'indagine preliminare	l'enquête préliminaire
	l'indagato	*la personne mise en examen faisant l'objet d'une enquête préliminaire*
	il mandato	le mandat
	di comparizione	de comparution
	d'arresto	d'arrêt
	di cattura	de dépôt
	internazionale	international
	d'espulsione	d'expulsion
	l'atto	l'acte
	l'atto d'accusa	l'acte d'accusation
(!) pluriel	**gli atti processuali**	le dossier judiciaire
	la misura cautelare	la mesure conservatoire
	costituirsi parte civile	se constituer partie civile
	fare causa a, sporgere denuncia/querela contro, querelare	porter plainte contre
	intentare un processo	intenter un procès
	istruire un processo	instruire un procès
	processare	faire un procès à, poursuivre en justice
	perseguire legalmente	poursuivre en justice
	citare per danni	poursuivre pour dommages et intérêts

L'udienza / L'audience

(!) singulier	**l'udienza preliminare**	l'audience préliminaire
	il dibattimento	les débats
	la difesa	la défense
	il difensore	le défenseur
	l'accusa	l'accusation
	i capi d'accusa	les chefs d'accusation
	il banco degli imputati	le banc des accusés
	l'imputato, l'accusato	l'inculpé, l'accusé
	il recidivo	le récidiviste
	la recidiva	la récidive
autre sens *le suspect*	**il sospetto**	le soupçon
	l'indizio	l'indice
	la prova	la preuve
	l'alibi	l'alibi
il corpo del reato *le corps du délit*	**il reperto giudiziario**	la pièce à conviction
	la sbarra	la barre
	l'opposizione	l'opposition
aussi il teste	**il testimone**	le témoin
	a carico/a discarico	à charge/à décharge
	oculare	oculaire

	la testimonianza	le témoignage
	la falsa testimonianza	le faux témoignage
	la deposizione sotto giuramento	la déposition sous serment
	la perizia	l'expertise
	il perito	l'expert
	il confronto	la confrontation
(!) féminin	la requisitoria	le réquisitoire
	l'arringa	la plaidoirie
	la sospensione	la suspension
	la seduta	la séance
	il rinvio	le renvoi
Il caso è archiviato. *L'affaire est classée.*	l'archiviazione	le classement
	dibattere	débattre
	patrocinare	plaider
	accusare	accuser
opporsi ad una sentenza *faire opposition à un jugement* Mi oppongo! *Objection !*	fare opposizione, opporsi	faire opposition, s'opposer
	citare in giudizio, convenire in giudizio	citer en justice, assigner en justice
	comparire	comparaître
	deporre	déposer
	testimoniare	témoigner
	essere chiamato alla sbarra	être appelé à la barre
	provare	prouver
	avere un alibi	avoir un alibi
	mentire	mentir
	smentire	démentir
	chiedere/ottenere un rinvio	demander/obtenir un sursis
	chiedere il rinvio del processo	demander le renvoi de son procès
	fare appello, appellarsi	faire apppel
la prova indiziaria *la preuve par indices*	indiziario	*basé sur des indices*
	a piede libero	en liberté provisoire

Il giudizio — Le jugement

(!) féminin	la giuria	le jury
	il giurato	le juré
	la delibera, la deliberazione	la délibération
	il verdetto	le verdict
	la sentenza	le jugement, la sentence
	assolutoria	d'absolution
	di non luogo	de non-lieu
(!) masculin	l'errore giudiziario	l'erreur judiciaire
	il vizio procedurale	le vice de procédure
	il vizio di forma	le vice de forme
	la nullità di forma	la nullité de forme
	l'assoluzione	l'acquittement
	il rilascio su cauzione	la libération sous caution
	la liberazione	la mise en liberté
	la libertà provvisoria/vigilata	la liberté provisoire/surveillée

	la condanna (con la) condizionale	la condamnation avec sursis
	le circostanze aggravanti	les circonstances aggravantes
	le circostanze attenuanti	les cirsonstances atténuantes
il ricorso in cassazione *le pourvoi en cassation*	**il ricorso**	le recours
	l'indulto	la remise de peine
	l'amnistia	l'amnistie
	la grazia	la grâce
	la prescrizione	la prescription
	le spese processuali	les frais de justice
	il risarcimento (dei) danni	le dédommagement
	la detenzione	la détention
	la reclusione	la réclusion
	l'ergastolo	la perpétuité
elle est abolie en Italie depuis 1948	**la pena di morte**	la peine de mort
	l'esecuzione capitale	l'exécution capitale
	la sedia elettrica	la chaise électrique
	l'iniezione letale	l'injection létale
	l'impiccagione	la pendaison
	il boia, il carnefice	le bourreau
	il bando	le bannissement
	il domicilio coatto	la résidence forcée
	i lavori forzati	les travaux forcés

	giudicare	juger
	deliberare	délibérer
	essere in delibera	être en délibération
	essere riconosciuto colpevole/innocente	être reconnu coupable/innocent
	dichiarare colpevole/innocente	déclarer coupable/innocent
	scagionare	innocenter
	rilasciare	relaxer
	assolvere	acquitter
	notificare la sentenza	notifier le jugement
	eseguire la sentenza	exécuter le jugement
	impugnare la sentenza	contester le jugement
	punire	punir
	condannare alla reclusione	condamner à la réclusion
	condannare in contumacia	condamner par contumace
	condannare all'ergastolo	condamner à la réclusion à perpétuité
La legge commina 6 mesi di reclusione. *La loi prévoit 6 mois de réclusion.*	**comminare una pena**	prévoir, prescrire
	condonare una pena	remettre une peine
	amnistiare	amnistier
	graziare	gracier
	assegnare a domicilio coatto	assigner en résidence forcée
bandire un concorso *organiser un concours*	**bandire**	bannir

	colpevole	coupable
	innocente	innocent
	scagionato	blanchi, innocenté
per mancanza di prove *faute de preuves*	**assolto**	acquitté

	condannato	condamné
	rinviato a giudizio	renvoyé en jugement

	L'incarcerazione e le carceri	**L'incarcération et les prisons**
	il penitenziario	le pénitencier
	il riformatorio	la maison de redressement
aussi la galera la guardina *le violon*	**il carcere, la prigione**	la prison
pluriel le carceri (!) féminin	**il carcere di massima sicurezza**	le quartier de haute sécurité
	la cella	la cellule
(!) féminin il secondino *le maton*	**la guardia carceraria**	le gardien de prison
il compagno di cella *le codétenu*	**il carcerato, il detenuto**	le détenu
	l'ex-detenuto	l'ancien détenu
	l'ergastolano	le condamné à perpétuité
	il condannato a morte	le condamné à mort
	il braccio della morte	le couloir de la mort
	l'isolamento	l'isolement
	il parlatorio	le parloir
	l'evasione	l'évasion
(!) masculin	**il tentativo di evasione**	la tentative d'évasion
	la clandestinità	la clandestinité
	la latitanza, la fuga	la fuite
	incarcerare	incarcérer
	imprigionare	emprisonner
	andare in carcere, andare in prigione	aller en prison
	scontare la pena	purger sa peine
	evadere	s'évader
	fuggire	fuir
	scappare	s'échapper
darsi alla latitanza *prendre la fuite*	**essere latitante**	être en fuite

3 I reati e la delinquenza / Les délits et la délinquance

	Il furto	**Le vol**
	il ladro	le voleur
	lo scippatore	le voleur à l'arraché
	il taccheggiatore	le voleur à l'étalage
	il borseggiatore	le pickpocket
aussi lo svaligiatore d'appartamenti	**il topo d'appartamento**	le cambrioleur
	il rapinatore	le braqueur
	lo scassinatore	le crocheteur, le cambrioleur
	lo scippo	le vol à l'arraché
	il taccheggio	le vol à l'étalage
	il borseggio	le vol à la tire
Fermi tutti: è una rapina! *Que personne ne bouge : c'est un hold-up !*	**la rapina a mano armata**	le vol à main armée
	il palo	le guet
	il furto con scasso	le vol avec effraction
	il ricettatore	le receleur
aussi il bottino	**la refurtiva**	le butin

l'estorsione (di denaro)	l'extorsion (d'argent)
il racket	le racket
il taglieggiatore	le racketteur
l'appropriazione indebita	l'appropriation illicite
fare il palo	faire le guet
rubare qualcosa	voler quelque chose
derubare qualcuno	voler quelqu'un
svaligiare	dévaliser, cambrioler
borseggiare	voler à la tire
taccheggiare	voler à l'étalage
scippare	voler à l'arraché
rapinare	braquer
scassinare una cassaforte	percer un coffre-fort
taglieggiare	racketter
pagare il pizzo	payer l'impôt mafieux
ricettare	receler
scassinare	crocheter, forcer

La truffa e la frode / L'escroquerie et la fraude

l'imbroglione, il truffatore	l'escroc
il falso in atto pubblico	le faux en écriture
il falsario	le faussaire, le faux-monnayeur
l'abuso di beni societari	l'abus de biens sociaux
l'evasione fiscale	la fraude fiscale
l'evasore fiscale	le fraudeur du fisc
imbrogliare	tromper, duper
truffare	escroquer, arnaquer
corrompere	corrompre
commettere un falso	commettre un faux
coniare moneta falsa	frapper de la fausse monnaie
spacciare moneta falsa	écouler de la fausse monnaie
evadere il fisco	frauder le fisc

(!) faux ami *truffer* infarcire

falsificare banconote *contrefaire des billets de banque*

L'omicidio / L'homicide

il delitto	le crime
l'omicidio a scopo di rapina	le crime crapuleux
il luogo del delitto	le lieu du crime
l'arma del delitto	l'arme du crime
il movente del delitto	le mobile du crime
la vittima	la victime
il cadavere, il corpo	le cadavre, le corps
l'uccisore, l'omicida	le tueur
il sicario, il killer	le tueur à gages
il serial killer	le tueur en série
l'assassino, l'omicida	le meurtrier
l'assassinio	l'assassinat
il tentato omicidio	la tentative de meurtre
l'omicidio volontario, l'omicidio doloso	le meurtre
l'omicidio premeditato	le meurtre avec préméditation
il parricidio	le parricide

(!) faux ami *le délit* il reato

L'assassino ritorna sempre sul luogo del delitto. *L'assassin revient toujours sur le lieu du crime.*

(!) faux ami l'assassinato *la victime*

(!) à tous les noms de meurtres finissant par -cidio correspond un mot en -cida indiquant le coupable.

una guerra fratricida *une guerre fratricide*	**il matricidio**	le matricide
	il fratricidio	le fratricide
	l'infanticidio	l'infanticide
	il regicidio	le régicide
	l'uxoricidio	l'uxoricide
	commettere un omicidio	commettre un homicide/ un meurtre
ammazzare il tempo/la noia *tuer le temps/l'ennui*	**uccidere, ammazzare**	tuer
	assassinare	assassiner
la coltellata *le coup de couteau*	**accoltellare**	poignarder
	colpire a morte	frapper à mort
il veleno *le poison*	**avvelenare**	empoisonner
	trucidare	tuer, massacrer
	eliminare	éliminer
	intenzionale, volontario, doloso	intentionnel, volontaire
	preterintenzionale	ayant entraîné la mort sans intention de la donner
	involontario	involontaire
	a sangue freddo	de sang froid
	passionale	passionnel
	di stampo mafioso	à caractère mafieux
	barbaramente, selvaggiamente	sauvagement
	premeditatamente	avec préméditation
	efferatamente	cruellement
	freddamente	froidement

La delinquenza / La délinquance

	la delinquenza minorile	la délinquance juvénile
	la piccola delinquenza	la petite délinquance
	il delinquente	le délinquant
	il piccolo delinquente	le petit délinquant
	il malvivente	le truand
	il malfattore	le malfaiteur
	il farabutto	la crapule
la criminalità organizzata *la criminalité organisée*	**la criminalità**	la criminalité
	il criminale	le criminel
	la teppa	la racaille
abrégé la mala	**la malavita**	le milieu, la pègre
	il malavitoso	le malfrat
l'omertà *l'omerta, la loi du silence*	**la mafia**	la mafia
	l'organizzazione mafiosa	l'organisation mafieuse
il padrino *le parrain*	**il mafioso**	le mafieux
(!) invariable	**il boss**	le caïd, le boss
	lo scagnozzo	l'homme de main
	la camorra	la camorra, *la mafia napolitaine*
	il camorrista	le camorriste, *le mafieux napolitain*
	il pregiudicato	le repris de justice

	il ricercato	*le malfaiteur recherché par la police*
	il teppismo, il vandalismo	le hooliganisme, le vandalisme
	il teppista, il vandalo	le hooligan, le voyou, le vandale
	lo sfruttamento della prostituzione	le proxénétisme
sfruttare *exploiter*	**lo sfruttatore, il protettore**	le proxénète
lo spaccio di droga *le trafic de drogue*	**lo spacciatore**	le dealer
	il trafficante	le trafiquant
	il bandito	le bandit
	il brigante	le brigand
	il brigantaggio	le brigandage
(!) invariable	**il fuorilegge**	le hors-la-loi
	l'associazione a delinquere	l'association de malfaiteurs
	la banda armata	la bande armée
prononcer [gɛng] (!) féminin invariable	**la gang**	le gang
prononcer ['gɛngstɛr] (!) invariable	**il gangster**	le gangster
	il contrabbandiere	le contrebandier
(!) masculin	**il contrabbando**	la contrebande

	commettere un reato	commettre un délit
	infrangere la legge	enfreindre la loi
	essere schedato dalla polizia	être fiché par la police
aussi avere la fedina penale pulita	**essere incensurato**	avoir un casier judiciaire vierge
	avere/non avere precedenti penali	avoir/ne pas avoir d'antécédents judiciaires
	essere della mafia	être de la mafia
	contrabbandare (qualcosa)	faire de la contrebande (de quelque chose)

	incallito	endurci
	pericoloso	dangereux
	schedato	fiché
	criminale	criminel
(!) invariable	**fuorilegge**	illicite, illégal

4 Le forze dell'ordine — Les forces de l'ordre

La polizia e i carabinieri — La police et la gendarmerie

	la questura	≈ le commissariat de police
	il questore	≈ le commissaire de police
	la polizia giudiziaria	la police judiciaire
	la (polizia) scientifica	la police scientifique
	la (polizia) tributaria	la police fiscale
	la (polizia) stradale	la police de la route
dans la langue familière la pantera *(la panthère)*	**l'auto della polizia**	la voiture de police
	l'agente di pubblica sicurezza	l'agent de police
lo sbirro (péjoratif) *le flic, le poulet*	**il poliziotto**	le policier
	il commissario	le commissaire
	l'ispettore	l'inspecteur
	il capo della polizia	le chef de la police
	il commissariato	le commissariat

il posto di polizia	le poste de police
la squadra mobile	la brigade mobile
la buoncostume	la brigade des mœurs, la brigade mondaine
la volante	≈ police secours
la celere, la squadra antisommossa	la brigade anti-émeutes
il nucleo antidroga, la narcotici	la brigade antidrogue, la brigade des stupéfiants
la DIGOS (sigle de Divisione Investigazioni Generali e Operazioni Speciali *Division des enquêtes générales et des opérations spéciales*)	≈ les RG
il pool antimafia	le pool antimafia
il carabiniere (l'arma dei carabinieri *les carabiniers, ≈ la gendarmerie*)	le carabinier, ≈ le gendarme
l'appuntato	≈ le caporal-chef [des carabiniers]
il maresciallo	≈ l'adjudant [des carabiniers]
la gazzella (familier)	la gazelle, *la voiture des carabiniers*
la Finanza, la guardia di finanza	la brigade financière
il finanziere, la guardia di finanza	l'agent de la brigade financière
la pattuglia	la patrouille
la ronda	la ronde
il posto di blocco	le barrage de police
chiamare la polizia	appeler la police
avvisare la polizia	prévenir la police
denunciare alla polizia	dénoncer à la police
forzare un posto di blocco	forcer un barrage de police
poliziesco (*un film/un roman policier* un giallo)	policier
armato/disarmato	armé/désarmé
addestrato	entraîné, formé

Le investigazioni delle forze dell'ordine / Les investigations des forces de l'ordre

le indagini	l'enquête
l'investigatore, il detective	l'enquêteur, le détective
il pedinamento	la filature
l'infiltrazione	l'infiltration
il mandato di perquisizione	le mandat de perquisition
la perquisizione	la perquisition
l'intercettazione telefonica	l'écoute téléphonique
la messa sotto sequestro	la mise sous séquestre
il fermo (in stato di fermo *en état d'arrestation*)	l'arrestation
l'arresto	l'arrêt
l'arresto cautelare	l'arrestation provisoire, l'arrestation préventive
gli arresti domiciliari	l'assignation à résidence
l'interrogatorio	l'interrogatoire
il controinterrogatorio	le contre-interrogatoire
l'operazione di polizia (il blitz *l'opération éclair, la descente de police, l'opération coup de poing*)	l'opération de police
la retata	le coup de filet

il (furgone) cellulare	le fourgon de police, le fourgon cellulaire
la ricostruzione dei fatti	la reconstitution des faits
le ricerche	les recherches
l'identikit (invariable)	le portrait-robot
l'informatore	l'indicateur
la soffiata	le tuyau, *l'information fournie par un indicateur*
il rilevamento	le relevé
le impronte digitali	les empreintes digitales
le impronte genetiche	les empreintes génétiques
l'archivio della polizia	le fichier de la police
la scheda segnaletica	la fiche signalétique
l'abuso di potere della polizia	la bavure policière
indagare, investigare	enquêter
ricercare	rechercher
indagare qualcuno	mettre quelqu'un en examen
pedinare	filer
cogliere in flagrante	prendre en flagrant délit
fare una retata (fare piazza pulita (di) *rafler*)	lancer un coup de filet
fermare un sospetto	arrêter un suspect
mettere in stato di fermo	mettre en état d'arrestation
intimare (Mani in alto! *Haut les mains !*)	sommer, intimer
immobilizzare	immobiliser
ammanettare (le manette *les menottes*)	menotter
perquisire	perquisitionner
rilevare le impronte	relever les empreintes
arrestare (mettere agli arresti *mettre aux arrêts*)	arrêter
mettere agli arresti domiciliari	assigner à résidence
interrogare	interroger
subire un interrogatorio	subir un interrogatoire
ricostruire i fatti	reconstituer les faits

5 La violenza urbana — La violence urbaine

i disordini	les désordres, les troubles
la folla minacciosa	la foule menaçante
la sommossa, il tumulto	l'émeute
i tumulti razziali	les émeutes raciales
l'insurrezione	l'insurrection
gli insorti	les insurgés
la rivolta	la révolte
i rivoltosi	les révoltés, les émeutiers
lo scontro a fuoco	la fusillade
la barricata	la barricade
le bande rivali	les bandes rivales
il cecchino	le franc-tireur
il vandalo	le casseur
gli atti di vandalismo	les actes de vandalisme
la rissa	la bagarre
il regolamento di conti	le règlement de comptes

la protesta	la protestation
la marcia di protesta	la marche de protestation
il servizio d'ordine	le service d'ordre
gli incidenti con le forze dell'ordine	les incidents avec les forces de l'ordre
i (candelotti) lacrimogeni	les grenades lacrymogènes
il pestaggio	le passage à tabac
il linciaggio	le lynchage

insorgere	s'insurger
linciare	lyncher
scontrarsi	s'affronter
rivoltarsi	se révolter
sparare/lanciare lacrimogeni sulla folla	tirer des grenades lacrymogènes sur la foule
alzare barricate	dresser des barricades
reprimere	réprimer
contenere	contenir
stroncare	briser, écraser, étouffer
soffocare nel sangue	étouffer dans le sang
fare il servizio d'ordine	faire le service d'ordre
disperdere la folla	disperser la foule

violento	violent
ribelle	rebelle
repressivo	répressif

METTERE IN PRATICA

60 Dal verbo al sostantivo Du verbe au substantif

1. arrestare
2. perquisire
3. interrogare
4. ammanettare
5. imprigionare
6. incarcerare
7. condannare
8. assolvere
9. indagare
10. investigare
11. pedinare
12. evadere
13. protestare
14. saccheggiare
15. insorgere
16. linciare

61 Dare il contrario Donner le contraire

1. innocente
2. volontario
3. legale
4. condannato
5. incarcerato
6. armato
7. integro
8. lecito

62 Chi è? Qui est-il ?

1. difende i clienti in tribunale
2. arresta i delinquenti
3. investiga su un caso
4. istruisce un processo
5. accusa l'imputato in tribunale
6. decide la sentenza al termine di un processo
7. commette un furto
8. ruba un portafoglio
9. commette una rapina
10. fa soffiate alla polizia

corrigés page 424

Altre Parole

Il contesto culturale

L'operazione Mani Pulite L'opération Mains propres

- L'opération *Mains propres* est une enquête judiciaire mise en place dans le but d'éradiquer la corruption du monde politique ; cette opération a été menée au niveau national à partir de 1992 à l'initiative du juge Antonio Di Pietro. Elle a provoqué d'innombrables scandales et a eu pour conséquences la fin de la première république et la disparition des principaux partis politiques de l'époque : la *Démocratie chrétienne* (**la Democrazia Cristiana**) et le *Parti socialiste* (**il partito socialista**). À la suite de cette enquête, de nombreux hommes politiques et hommes d'affaires se sont suicidés après la diffusion publique des accusations portées contre eux. D'autres, comme Bettino Craxi, le leader du parti socialiste, condamné à plusieurs reprises, se sont enfuis. Le système de pots-de-vin généralisés découvert grâce à ces enquêtes, a été appelé **Tangentopoli**, jeu de mot sur **la tangente** (le pot-de-vin) et le suffixe **-poli** (ville).

La mafia La mafia

- La mafia est une organisation criminelle structurée en clans (**cosche**) d'hommes d'honneur, née au milieu du XIXe siècle. Elle se développe avec des noms différents dans le sud de l'Italie. On distingue ainsi la **Cosa nostra**, en Sicile, la **Camorra** à Naples et la **'Ndrangheta** en Calabre. Pendant la période fasciste, Mussolini cherche à éradiquer la mafia (**sradicare la mafia**) et, pour échapper à leur arrestation, de nombreux caïds du milieu (**boss mafiosi**) s'enfuient aux États-Unis, où la famille s'élargit.
- La lutte contre la mafia a fait en Italie de nombreuses victimes, dont les juges Giovanni Falcone et Paolo Borsellino ; ces derniers ont instruit les grands procès de Palerme (**i maxi-processi di Palermo**) avec plus de 1 400 inculpés, procès qui ont abouti à des centaines de condamnations et à dix-neuf condamnations à perpétuité. Ces juges, les chefs du célèbre pool antimafia, ont péri avec les hommes de leur escorte dans un attentat mafieux.

Espressioni idiomatiche

mettere dentro qualcuno	mettre quelqu'un sous les verrous
finire dietro le sbarre	finir derrière les barreaux
finire in gattabuia	finir en taule
passare la notte in guardina	passer la nuit au violon
fare fuori qualcuno	abattre quelqu'un
far secco qualcuno	flinguer quelqu'un
cantare	se mettre à table
essere un pendaglio da forca	être un gibier de potence
essere un avanzo di galera	être un malfrat
essere un ladro di galline	être un voleur de poules
essere un brutto ceffo	avoir une gueule de délinquant

Proverbi

Dura lex, sed lex.	La loi est dure, mais c'est la loi.
L'occasione fa l'uomo ladro.	L'occasion fait le larron.
La proprietà è un furto!	La propriété, c'est le vol !
Fatta la legge, travato l'inganno.	*On trouve toujours le moyen de contourner la loi.*

22

La difesa nazionale: guerra e pace

La défense nationale : guerre et paix

1 Le forze armate — Les forces armées

	Generalità	Généralités
	l'esercito	l'armée
	le forze terrestri	les forces terrestres
	le forze aeree	les forces aériennes
	le forze navali	les forces navales
	l'aeronautica militare, l'aviazione militare	l'aviation militaire
aussi l'arma azzurra (= *l'arme bleue*) i berretti azzurri *les bérets bleus*	**l'aviazione dell'esercito**	l'armée de l'air
	l'aviazione navale	l'aviation navale
	la marina militare	la marine militaire, la marine de guerre
	i carabinieri, l'arma dei carabinieri	les carabiniers
	il carabiniere	le carabinier
	la Finanza, la guardia di finanza	la brigade financière
	il finanziere, la guardia di finanza	l'agent de la brigade financière
	i servizi segreti	les services secrets
	lo spionaggio	l'espionnage
	il controspionaggio	le contre-espionnage
	la missione segreta	la mission secrète
	l'agente segreto	l'agent secret
(!) féminin	**la spia**	l'espion
	la talpa	la taupe
	il traditore	le traître
	il contatto	le contact
	la rete di spie	le réseau d'espions
	la cimice	le micro caché
	l'intercettazione telefonica	l'écoute téléphonique
	spiare	espionner
	fare la spia	être un espion
	tradire	trahir

	L'esercito	L'armée de terre
i berretti verdi *les bérets verts*		
	la fanteria	l'infanterie
	i granatieri	les grenadiers
	i fanti	les fantassins
	i bersaglieri	les bersagliers
appelés le fiamme verdi *les flammes vertes*	**gli alpini**	les chasseurs alpins
	i lagunari	*les soldats du corps de chars amphibies*
i parà *les paras*	**i paracadutisti**	les parachutistes
	la cavalleria	la cavalerie
	i carristi	les tankistes
	il reparto carrista	la division blindée
	l'artiglieria	l'artillerie
	gli artiglieri, i cannonieri	les artilleurs, les cannoniers
	il genio	le génie
	i genieri, i guastatori	les sapeurs
	le trasmissioni	les transmissions
	i trasporti e i materiali	les transports et le matériel
	il materiale bellico	le matériel de guerre
	il reparto	le détachement
	le unità corazzate/blindate	les unités blindées

	L'aeronautica e la marina militare	L'aviation militaire et la marine de guerre
	la flotta aerea	la flotte aérienne
	la squadriglia aerea	l'escadrille aérienne
	la pattuglia	la patrouille
appelée le frecce tricolori *les flèches tricolores*	**acrobatica**	acrobatique
	di combattimento	de combat
	l'aereo	l'avion
	da combattimento	de combat
aussi il caccia *le chasseur*	**da caccia**	de chasse
	da ricognizione	de reconnaissance
	il bombardiere	le bombardier
(!) féminin	**la portaerei**	le porte-avions
	il pilota di caccia	le pilote de chasse
	l'aviatore	l'aviateur
	il combattimento aereo	le combat aérien
	lo stormo	la formation
	il volo a bassa/alta quota	le vol à basse/haute altitude
	la discesa in picchiata	la descente en piqué
	la flotta navale	la flotte navale
d'après les initiales de Motoscafo Anti-Sommergibile	**il mas**	la vedette rapide
	la nave da guerra	le navire de guerre
	la nave ammiraglia	le vaisseau amiral
	la battaglia navale	la bataille navale
	l'incrociatore	le croiseur
	il cacciatorpediniere	le contre-torpilleur
(!) féminin	**la corazzata**	le cuirassé

il sottomarino	le sous-marin
atomico	atomique
lanciamissili	lance-missiles
il sommergibile	le submersible
il sommozzatore	l'homme-grenouille
la fanteria di marina	l'infanterie de marine
l'equipaggio	l'équipage
il nostromo	le maître d'équipage
l'abbordaggio, l'arrembaggio	l'abordage
sorvolare	survoler
issare/ammainare (la) bandiera	hisser/amener pavillon
battere bandiera	battre pavillon

La gerarchia militare / La hiérarchie militaire

la recluta	la recrue
il graduato	le gradé
il grado	le grade
il riservista	le réserviste
il volontario	l'engagé volontaire
il soldati di leva	les appelés du contingent
l'ufficiale	l'officier
l'ufficiale di stato maggiore	l'officier d'état-major
il sottufficiale	le sous-officier
il soldato semplice	le simple soldat
il caporale	le caporal
il caporal maggiore	le caporal-chef
il sergente	le sergent
il sergente maggiore	le sergent-chef
il maresciallo	l'adjudant, l'adjudant-chef
il tenente	le lieutenant
il sottotenente	le sous-lieutenant
il capitano	le capitaine
il maggiore	le major
il comandante	le commandant, le major
il comandante in capo	le commandant en chef
il comando	le commandement
il colonnello	le colonel
il tenente colonnello	le lieutenant-colonel
il generale	le général
di brigata	de brigade
d'armata	d'armée
di corpo d'armata	de corps d'armée
di divisione	de division
il soldato di marina	le fusilier marin
il marinaio	le matelot
gli ufficiali di vascello	les officiers de vaisseau
il tenente di vascello	le lieutenant de vaisseau
il capitano di vascello	le capitaine de vaisseau
il capitano di corvetta	le capitaine de corvette
l'ammiraglio	l'amiral

il capitano di ventura
le condottiere

il contrammiraglio	le contre-amiral
l'aviere	l'aviateur, *simple soldat de l'armée de l'air*
essere agli ordini di	être aux ordres de
essere alla testa di	être à la tête de
dare un ordine	donner un ordre
eseguire un ordine	exécuter un ordre
ordinare	ordonner
comandare	commander
obbedire	obéir
disobbedire	désobéir

La tenuta militare / La tenue militaire

l'uniforme ((!) féminin)	l'uniforme
di servizio	de service
di parata	de parade
l'uniforme da combattimento	l'uniforme de combat
la tuta mimetica	la tenue de camouflage
l'elmetto	le casque
il berretto basco	le béret basque
il fez	le fez
il chepì, il kepì	le képi
il distintivo (lo stellone d'Italia *l'étoile d'Italie* (à 5 pointes))	l'insigne
le mostrine	les écussons
i galloni	les galons
le spalline	les épaulettes
il cinturone	le ceinturon
la piastrina di riconoscimento	la plaque d'identité
i gambali	le jambières
gli anfibi	les rangers
la maschera antigas	le masque à gaz
essere in divisa	être en uniforme
essere in borghese	être en civil

La vita militare / La vie militaire

la caserma	la caserne
l'esercito professionale	l'armée de métier
il militare di carriera	le militaire de carrière
la guarnigione	la garnison
il presidio militare	la circonscription militaire
la truppa	la troupe
il reggimento	le régiment
il battaglione	le bataillon
l'unità	l'unité
la compagnia	la compagnie
il plotone	le peloton
lo squadrone	l'escadron
la squadra (autre sens *l'équipe*)	l'escouade

(!) masculin
Camerata était l'appellation que se donnaient entre eux les membres du parti fasciste

aussi la naja argotique
Il n'est plus obligatoire depuis 2004.

(!) féminin (la vedetta)

(!) féminin (la sfilata)

(!) féminin (la mensa)
il rancio *la soupe*

il camerata	le camarade
la licenza	la permission
la consegna	la consigne
la corvée, la corvè	la corvée
l'istruzione	l'instruction
l'addestramento	l'entraînement
il silenzio	l'extinction des feux
gli arresti	les arrêts
il servizio militare, il servizio di leva	le service militaire
il servizio sedentario	le service auxiliaire
il servizio civile	le service civil
l'obiettore di coscienza	l'objecteur de conscience
l'obiezione di coscienza	l'objection de conscience
la guardia	la garde
il cambio della guardia	la relève de la garde
la vedetta	le guetteur
la sentinella	la sentinelle
il piantone	le planton
il cappellano militare	l'aumônier militaire
l'esercitazione	l'exercice
la manovra	la manœuvre
le grandi manovre	les grandes manœuvres
la marcia	la marche
il passo militare	le pas militaire
la rivista	la revue
l'adunata	le rassemblement
la sfilata	le défilé
la parata	la parade
la mensa ufficiali	le mess des officiers

arruolarsi nell'esercito	s'engager dans l'armée
essere arruolato in fanteria	être incorporé dans l'infanterie
essere sotto le armi	être sous les drapeaux
fare il militare	être militaire, faire son service
essere di stanza	être en garnison
prestare servizio civile	faire son service civil
intraprendere la carriera militare	embrasser la carrière militaire
fare il saluto militare	faire le salut militaire
stare sull'attenti	être au garde-à-vous
presentare le armi	présenter les armes
essere in posizione di riposo	être au repos
rompere le righe	rompre les rangs
suonare l'adunata	sonner le rassemblement
montare la guardia	monter la garde
essere di guardia	être de garde
essere in licenza	être en permission
essere di corvè	être de corvée
mettere agli arresti	mettre aux arrêts
ispezionare, passare in rivista	passer en revue
sfilare	défiler

marciare	marcher (au pas)
segnare il passo	marquer le pas

Il tribunale militare	**Le tribunal militaire**
la corte marziale	la cour martiale
il consiglio di guerra	le conseil de guerre
la legge marziale	la loi martiale
il disertore	le déserteur
l'insubordinazione	l'insubordination
il tradimento ((!) masculin)	la trahison
l'alto tradimento	la haute trahison
l'ammutinamento	la mutinerie
l'ammutinato	le mutin
il plotone d'esecuzione	le peloton d'exécution
la fucilazione	la fusillade, l'exécution
disertare	déserter
essere accusato di alto tradimento	être accusé de haute trahison
ammutinarsi	se mutiner
punire per insubordinazione	punir pour insubordination
retrogradare	rétrograder
fucilare	fusiller

2 La guerra — La guerre

Le origini di un conflitto	**Les origines d'un conflit**
la crisi ((!) invariable: la crisi diplomatica / *la crise diplomatique*)	la crise
l'incidente diplomatico	l'incident diplomatique
la tensione internazionale	la tension internationale
la rivendicazione territoriale	la revendication territoriale
la causa scatenante	la cause déclenchante
il casus belli	le casus belli
il pretesto	le prétexte
il rapporto di forza	le rapport de force
l'ultimatum	l'ultimatum
l'embargo	l'embargo
il blocco economico	le blocus économique
la ribellione	la rébellion
la rivoluzione	la révolution
la sollevazione	le soulèvement
l'ingerenza	l'ingérence
l'intervento armato ((!) masculin)	l'intervention armée
l'aggressione	l'agression
l'aggressore	l'agresseur
l'invasione	l'invasion
l'invasore	l'envahisseur
la propaganda bellicista	la propagande de guerre
i guerrafondai	les fauteurs de guerre
la politica interventista	la politique interventionniste

scatenare	déclencher	scatenare le ostilità *déclencher les hostilités*
rivendicare	revendiquer	
ingerirsi	s'ingérer	
armarsi	s'armer	
chiamare alle armi	appeler aux armes	
aggredire	agresser	
invadere	envahir	
mobilitare	mobiliser	
ostile	hostile	
nemico	ennemi	pluriel nemici, nemiche
teso	tendu	
critico	critique	
belligerante	belligérant	
bellicista	belliciste	aussi guerrafondaio

La guerra convenzionale / La guerre conventionnelle

la guerra mondiale	la guerre mondiale	
la guerra fredda	la guerre froide	
la cortina di ferro	le rideau de fer	
la guerra lampo	la guerre éclair	il lampo *l'éclair*
la guerra di posizione	la guerre de position	
la guerra d'indipendenza	la guerre d'indépendance	
gli indipendentisti	les indépendantistes	
la guerra di secessione	la guerre de sécession	
la guerra santa	la guerre sainte	
la guerriglia	la guérilla	la guerriglia urbana *la guérilla urbaine*
la guerra civile	la guerre civile	
la guerra coloniale	la guerre coloniale	le colonie *les colonies*
la guerra di conquista	la guerre de conquête	
la guerra di logoramento	la guerre d'usure	
la dichiarazione di guerra	la déclaration de guerre	
lo scoppio della guerra	le déclenchement de la guerre	
l'apertura delle ostilità	l'ouverture des hostilités	
l'entrata in guerra	l'entrée en guerre	
la mobilitazione delle truppe	la mobilisation des troupes	
il comando supremo	le grand quartier général	
il quartier generale	le quartier général	
la tattica bellica	la tactique de guerre	
la strategia	la stratégie	lo stratega *le stratège*
la manovra	la manœuvre	
la diversione	la diversion	
il colpo basso	le coup bas	
l'alleanza	l'alliance	
l'alleato	l'allié	
la coalizione	la coalition	
la lega	la ligue	
la neutralità	la neutralité	
la violazione della neutralità	la violation de la neutralité	
il forte	le fort	
la trincea	la tranchée	
i reticolati di filo spinato	les barbelés	
la terra di nessuno	le no man's land	

il bunker	le bunker	
il posto di comando	le poste de commandement	
il fronte	le front	
le linee nemiche	les lignes ennemies	
il nemico	l'ennemi	
l'avamposto	l'avant-poste	
la primea linea	la première ligne	
le retrovie	les arrières	
l'avanguardia/la retroguardia	l'avant-garde/l'arrière-garde	
lo svolgimento delle operazioni	le déroulement des opérations	
l'attacco/il contrattacco	l'attaque/la contre-attaque	(!) masculin
lo sparo	le coup de feu	
la battaglia	la bataille	
il campo di battaglia	le champ de bataille	
l'assalto	l'assaut	
lo scontro	l'affrontement	
il combattimento corpo a corpo	le combat corps à corps	
il combattimento all'arma bianca	le combat à l'arme blanche	
la battaglia navale	la bataille navale	
il siluramento	le torpillage	
l'affondamento	le naufrage	
l'autoaffondamento	le sabordage	
lo sbarco	le débarquement	lo sbarco in Normandia *le débarquement de Normandie*
l'incursione aerea	le raid aérien	
il bombardamento	le bombardement	
il bombardamento chirurgico	la frappe chirurgicale	
l'allarme aereo	l'alerte aérienne	(!) masculin
la sirena	la sirène	
l'oscuramento	le black-out	
la contraerea	la défense antiaérienne	
i missili terra-aria	les missiles sol-air	
i missili terra-terra	les missiles sol-sol	
il rifugio antiaereo	l'abri antiaérien	
l'offensiva	l'offensive	
l'imboscata	l'embuscade	
il tranello	le piège	
lo stratagemma	le stratagème	
l'assedio	le siège	
la cattura	la capture	
il campo di prigionia	le camp de prisonniers	
la rappresaglia	les représailles	
l'occupazione	l'occupation	
la conquista	la conquête	
l'annessione	l'annexion	
dichiarare guerra	déclarer la guerre	
scoppiare	éclater [guerre]	
essere in guerra	être en guerre	
fare la guerra (a)	faire la guerre (à)	
allearsi (con)	s'allier (avec)	

stringere un'alleanza (con)	conclure une alliance (avec)
coalizzarsi (contro)	se coaliser (contre)
violare la neutralità	violer la neutralité
mobilitare le truppe	mobiliser les troupes
partire per la guerra	partir pour la guerre
andare al fronte	aller au front
combattere	combattre, se battre
attaccare	attaquer
fare fuoco	faire feu
sparare (a)	tirer (sur)
contrattaccare	contre-attaquer
chiedere rinforzi	demander des renforts
conquistare	conquérir
annettere	annexer
difendere	défendre
assediare	assiéger
sabotare	saboter
bombardare	bombarder
sganciare una bomba	larguer une bombe
bombardare a tappeto	pilonner
abbattere un aereo	abattre un avion
precipitare	tomber [d'avion]
affondare	sombrer
affondare una nave	couler un navire
immergersi	plonger [sous-marin]
silurare	torpiller
colpire un obiettivo	frapper une cible
fortificare	fortifier
trincerarsi	se retrancher
assaltare, prendere d'assalto	prendre d'assaut
sferrare un assalto, sferrare un'offensiva	lancer un assaut, lancer une offensive
scavare una trincea	creuser une tranchée
catturare	capturer
prendere un prigioniero	faire quelqu'un prisonnier

(!) *violer une femme*
violentare una donna, stuprare una donna

sparare a bruciapelo
tirer à bout portant

Le armi belliche — Les armes de guerre

l'armamento	l'armement
l'arma da fuoco	l'arme à feu
il calibro	le calibre
il proiettile	le projectile
la pallottola	la balle
le munizioni	les munitions
gli esplosivi	les explosifs
la dinamite	la dynamite
la miccia	la mèche
il fucile anticarro	le fusil antichar
la mitragliatrice	la mitrailleuse
il mitra	la mitraillette
il lanciafiamme	le lance-flammes
il pezzo d'artiglieria	la pièce d'artillerie
il cannone	le canon
la palla di cannone	le boulet de canon

un candelotto di dinamite
un bâton de dynamite

il mitra: (!) masculin invariable

il lanciafiamme: (!) invariable

	la traiettoria	la trajectoire
	la portata, la gittata	la portée
	il mortaio	le mortier
	l'obice	l'obusier
	la granata	la grenade *ou* l'obus
	la scheggia di granata	l'éclat d'obus
	la capsula	la capsule
	il detonatore	le détonateur
	la bomba **incendiaria** **a scoppio ritardato/** **a orologeria**	la bombe incendiaire à retardement
	la bomba a mano	la grenade à main
(!) masculin	**il razzo**	la roquette
(!) masculin	**il siluro**	la torpille
il campo minato *le champ de mines*	**la mina**	la mine
	la mina antipersona	la mine antipersonnel
	il carro armato	le tank, le char d'assaut
	il mezzo blindato, l'autoblindo	le blindé
	il cingolato	le véhicule chenillé
	caricare (un'arma)	charger (une arme)
	scaricare (un'arma)	décharger (une arme)
	mettere la sicura	mettre le cran de sûreté
	innescare/disinnescare	amorcer/désamorcer
	mitragliare	mitrailler
	sparare una salva	tirer une salve
	sparare a salve	tirer à blanc

La guerra nucleare, batteriologica e chimica (la guerra NBC) / La guerre nucléaire, bactériologique et chimique (la guerre NBC)

	l'era nucleare	l'ère nucléaire
	la guerra atomica	la guerre atomique
	la bomba atomica	la bombe atomique
H à prononcer ['akka]	**la bomba H/all'idrogeno**	la bombe H/à l'hydrogène
	il fungo atomico	le champignon atomique
	l'onda d'urto	l'onde de choc
	le radiazioni	les radiations
	la contaminazione radioattiva	la contamination radioactive
à prononcer [fo'lawt]	**il fall out radioattivo, le ricadute radioattive**	les retombées radioactives
	le armi nucleari	les armes nucléaires
	l'ordigno nucleare	l'engin nucléaire
	il missile a testata nucleare	le missile à tête nucléaire
	la proliferazione delle armi nucleari	la prolifération des armes nucléaires
	la corsa agli armamenti atomici	la course aux armements atomiques
(!) masculin	**il deterrente nucleare**	la dissuasion nucléaire
il terrore (!) masculin	**l'equilibrio del terrore**	l'équilibre de la terreur
	le armi non convenzionali	les armes non conventionnelles

le armi chimiche	les armes chimiques
il gas paralizzante	le gaz paralysant
il gas asfissiante	le gaz asphyxiant
il napalm	le napalm
le armi biologiche	les armes biologiques
il virus	le virus
l'epidemia	l'épidémie

I crimini della guerra / Les crimes de guerre

il crimine contro l'umanità	le crime contre l'humanité
il criminale di guerra	le criminel de guerre
la barbarie	la barbarie
le atrocità della guerra	les atrocités de la guerre
la tortura	la torture
lo stupro	le viol
i maltrattamenti	la maltraitance, les mauvais traitements
la deportazione	la déportation
lo sterminio	l'extermination
l'epurazione etnica	l'épuration ethnique
i campi di concentramento	les camps de concentration
i campi di sterminio	les camps d'extermination
le camere a gas	les chambres à gaz
il genocidio	le génocide
l'esecuzione di massa	l'exécution massive
l'eccidio, la strage, il massacro	le massacre
la carneficina	le carnage
il saccheggio	le pillage
torturare	torturer
violentare, stuprare	violer
maltrattare	maltraiter
deportare	déporter
sterminare	exterminer
massacrare	massacrer
saccheggiare	piller
sanguinoso	sanglant
sanguinario	sanguinaire
micidiale	meurtrier
devastante	dévastateur
orribile	horrible
insostenibile	insoutenable
inumano	inhumain
criminale	criminel
barbaro	barbare
atroce	atroce
terrificante	terrifiant
ignobile	ignoble

(!) invariable [la barbarie]

i reduci dai campi di concentramento
les rescapés des camps de concentration [i campi di concentramento]

soutenu cruento [sanguinoso]

Le vittime della guerra	Les victimes de la guerre	
i caduti	les morts, *les soldats tombés à la guerre*	
i dispersi	les disparus	
i morti	les morts	la morte *la mort*
le perdite umane	les pertes humaines	
i feriti	les blessés	la ferita *la blessure*
il ferito grave	le grand blessé	
l'ospedale da campo	l'hôpital de campagne	la barella *le brancard, la civière*
i sopravvissuti	les survivants	
i civili sfollati	les civils évacués	
gli orfani di guerra	les orphelins de guerre	
le vedove di guerra	les veuves de guerre	
i mutilati di guerra	les mutilés de guerre	
cadere sul campo di battaglia	tomber sur le champ de bataille	
rimanere ferito in combattimento	être blessé au combat	participe passé rimasto se conjugue avec essere
rimanere mutilato	être mutilé	
rimanere invalido	être invalide	
morire combattendo	mourir au combat	
morire al fronte	mourir au front	
rimanere ucciso	être tué	
rimanere orfano	être orphelin	
rimanere vedova	être veuve	
rimanere incolume	être sain et sauf	
sopravvivere	survivre	
essere dato per disperso	être porté disparu	
sfollare	évacuer	

Le commemorazioni	Les commémorations	
il monumento ai caduti	le monument aux morts	
il milite ignoto	le soldat inconnu	
il veterano	le vétéran	
il reduce di guerra	l'ancien combattant	
la cerimonia di commemorazione	la cérémonie de commémoration	
la decorazione al valor militare	la médaille militaire	
gli onori militari	les honneurs militaires	
l'eroismo	l'héroïsme	
l'atto eroico	l'action héroïque	
l'eroe	le héros	féminin l'eroina
commemorare	commémorer	
ricordare	se souvenir de, rappeler	la medaglia alla memoria *la médaille posthume*
celebrare	célébrer	
onorare	honorer	
rendere omaggio	rendre hommage	
decorare	décorer, médailler	
insignire qualcuno di una medaglia	remettre une médaille à quelqu'un	

decorato	décoré
eroico	héroïque
glorioso	glorieux
coraggioso	courageux
ardito	hardi
audace	audacieux
temerario	téméraire
sprezzante del pericolo	méprisant le danger

pluridecorato
couvert de décorations

3 La pace e il tempo di pace / La paix et le temps de paix

La pace / La paix

la fine della guerra	la fin de la guerre
l'esito del conflitto	l'issue du conflit
la vittoria	la victoire
il vincitore	le vainqueur
la sconfitta	la défaite
la disfatta	la débâcle
la ritirata	la retraite
lo sbandamento	la déroute
il ripiegamento	le repli
la fuga	la fuite
la resa	la reddition
la capitolazione	la capitulation
il cessate il fuoco	le cessez-le-feu
la tregua	la trêve
i negoziati	les négociations
le trattative	les pourparlers
l'armistizio	l'armistice
la conferenza per la pace	la conférence de paix
il trattato di pace	le traité de paix
le condizioni di pace	les conditions de paix
le riparazioni di guerra	les réparations de guerre
la smobilitazione	la démobilisation
il disarmo	le désarmement
la smilitarizzazione	la démilitarisation
il dopoguerra	l'après-guerre
la ricostruzione	la reconstruction
le macerie	les décombres
le rovine	les ruines
i danni della guerra	les dommages de guerre
gli aiuti	les aides
la pace duratura	la paix durable
la convivenza pacifica	la coexistence pacifique

i soldati allo sbando
les soldats en déroute

vincere la guerra	gagner la guerre
sconfiggere il nemico	vaincre l'ennemi
sgominare, sbaragliare	mettre en déroute
fuggire	fuir
ritirarsi	se retirer
arrendersi	se rendre

• **capitolare**	• capituler
• **perdere la guerra**	• perdre la guerre
• **concludere la pace**	• conclure la paix
• **disarmare**	• désarmer
• **intavolare delle trattative**	• entamer des pourparlers
• **stipulare un armistizio**	• conclure un armistice
• **firmare il trattato di pace**	• signer le traité de paix
• **essere devastato dalla guerra**	• être dévasté par la guerre
• **essere in rovina**	• être en ruine
• **ricostruire**	• reconstruire
• **riparare i danni**	• réparer les dommages

Il tempo di pace / Le temps de paix

• **gli equilibri internazionali**	• les équilibres internationaux
• **le superpotenze**	• les superpuissances
• **lo stato cuscinetto**	• l'État tampon
• **gli alleati**	• les alliés
• **la comunità internazionale**	• la communauté internationale
• **la politica estera**	• la politique étrangère
• **la diplomazia**	• la diplomatie
• **la missione di pace**	• la mission de paix
• **il mediatore di pace**	• le médiateur de paix
• **il compromesso**	• le compromis
• **la soluzione pacifica**	• la solution pacifique
• **il consenso**	• le consensus
• **la conciliazione**	• la conciliation
• **la riconciliazione**	• la réconciliation
• **l'accordo di pace**	• l'accord de paix
• **il patto di non aggressione**	• le pacte de non-agression
• **il pacifismo** (l'antimilitarismo / *l'antimilitarisme*)	• le pacifisme
• **il movimento pacifista**	• le mouvement pacifiste
• **i negoziati sul disarmo**	• les négociations sur le désarmement
• **il controllo degli armamenti**	• le contrôle des armements
• **il trattato di non proliferazione delle armi nucleari**	• le traité de non-prolifération des armes nucléaires
• **le forze di mantenimento della pace**	• les forces de maintien de la paix
• **i caschi blu (dell'ONU)**	• les casques bleus (de l'ONU)
• **il partenariato per la pace**	• le partenariat pour la paix
• **gli stati membri della NATO**	• les États membres de l'OTAN
• **la politica di distensione**	• la politique d'apaisement
• **l'amicizia fra i popoli**	• l'amitié entre les peuples

• **arrivare a un accordo**	• parvenir à un accord
• **dirimere una crisi**	• apaiser une crise
• **mediare**	• servir de médiateur

4 Il terrorismo | Le terrorisme

Il terrorismo	Le terrorisme
• **il terrorismo internazionale**	• le terrorisme international
• **il bioterrorismo**	• le bioterrorisme
• **il cyberterrorismo**	• le cyberterrorisme
• **il terrorista**	• le terroriste
• **il presunto terrorista**	• le terroriste présumé
• **l'attentato**	• l'attentat
• **la rivendicazione**	• la revendication
• **l'autobomba**	• la voiture piégée
• **l'attentato suicida**	• l'attentat suicide
• **il kamikaze**	• le kamikaze
• **il commando terrorista**	• le commando terroriste
• **il gruppo armato**	• le groupe armé
• **il campo di addestramento clandestino**	• le camp d'entraînement clandestin
• **il terrorismo basco**	• le terrorisme basque
• **i nazionalisti baschi**	• les nationalistes basques
• **il terrorismo islamico**	• le terrorisme islamique
• **i fondamentalisti islamici**	• les fondamentalistes islamiques
• **il terrorismo palestinese**	• le terrorisme palestinien
• **il fronte di liberazione della Palestina**	• le Front de libération de la Palestine
• **il dirottamento aereo**	• le détournement d'avion
• **il dirottatore** (aussi il pirata dell'aria)	• le pirate de l'air
• **l'attentato aereo**	• l'attentat aérien
• **la minaccia terroristica**	• la menace terroriste
• **l'intimidazione**	• l'intimidation
• **il ricatto**	• le chantage
• **il rapimento**	• l'enlèvement
• **la richiesta di riscatto**	• la demande de rançon
• **le misure antiterrorismo**	• les mesures antiterroristes
• **il pericolo di attacchi terroristici**	• le danger d'attaques terroristes
• **l'ondata terroristica**	• la vague terroriste
• **la cooperazione internazionale**	• la coopération internationale

• **dirottare un aereo**	• détourner un avion
• **commettere un attentato**	• commettre un attentat
• **farsi esplodere, farsi saltare in aria**	• se faire exploser, se faire sauter
• **sventare un attentato**	• déjouer un attentat
• **rivendicare un attentato**	• revendiquer un attentat
• **minacciare**	• menacer
• **intimidire** (non lasciarsi intimidire / *ne pas se laisser intimider*)	• intimider
• **ricattare**	• faire du chantage
• **debellare**	• venir à bout
• **varare misure antiterrorismo**	• approuver des mesures antiterroristes
• **cooperare**	• coopérer

METTERE IN PRATICA

63 Collegare Relier

1. la bomba a mano	a. il proiettile
2. il cannone	b. il fungo atomico
3. il fucile	c. il siluro
4. la bomba atomica	d. l'aviatore
5. il sommergibile	e. il detonatore
6. il caccia	f. la palla da cannone

64 Dal sostantivo al verbo Du substantif au verbe

1. lo sparo
2. il bombardamento
3. la vittoria
4. la sconfitta
5. la resa
6. l'assedio
7. la violazione
8. lo stupro
9. la deportazione
10. l'invasione
11. il siluro
12. la conquista
13. l'affondamento
14. l'annessione
15. la difesa
16. l'aggressione

65 Leggere e tradurre Lire et traduire

Il 4 maggio 1861, con Decreto del Ministro Fanti, l'Armata Sarda, che aveva incorporato molti eserciti pre-unitari, prendeva la denominazione di Esercito Italiano.
I primi anni di vita non furono facili, poiché furono caratterizzati da una lunga e dura lotta al brigantaggio e dalla sfortunata conclusione della Terza Guerra d'Indipendenza, pur costellata di gloriose battaglie (1886 furono i caduti). Il 20 settembre 1870, portando a termine gli ideali unitari, il IV Corpo d'Armata agli ordini del Generale Raffaele Cadorna occupò Roma, ridando all'Italia la sua naturale Capitale.

Extrait du site de l'armée de terre italienne : *www.esercito.it*

corrigés page 425

Il contesto culturale

Qualche espressione militare
Quelques expressions militaires

Alt! Chi va là?	Halte ! Qui vive ?
Avanti, marsc! [martʃ]	En avant, marche !
Squadra, alt!	Section, halte !
Attenti!	Garde à vous !
Riposo!	Repos !
Dest' riga!	À droite alignement !
Sinist' riga!	À gauche alignement !
Per fila dest', dest'!	À droite, droite !
Fissi!	Fixe !
A spall'arm!	Arme sur l'épaule !
Pied'arm!	Reposez arme !
Dietro front' dest'!	Demi-tour, droite !
Signorsì!	Oui, monsieur !
Signornò!	Non, monsieur !
Signor capitano	Mon capitaine

La bandiera della pace e il movimento pacifista
Le drapeau de la paix et le mouvement pacifiste

- Le drapeau de la paix, conçu en Italie, a été utilisé pour la première fois en 1961 par le fondateur du mouvement de Non-violence (**il movimento Nonviolento**), Aldo Capitini, à l'occasion de la première marche pour la paix (**la marcia per la pace**), d'Assise à Pérouse. La création de ce drapeau trouve son inspiration dans celui utilisé dans les manifestations contre les armements nucléaires, qui comportait en son milieu une colombe blanche (**una colomba bianca**), symbole de la paix, dessinée par Pablo Picasso. De l'après-guerre jusqu'aux années 1950, il était interdit de le hisser sur un immeuble sous peine de sanction. C'est en 2002 que ce drapeau, portant le mot *paix* (**pace**), devint très populaire au cours de la campagne italienne *Paix à tous les balcons* (**Pace da tutti i balconi**), incitant les habitants à l'afficher à leurs fenêtre ou à leurs balcons pour dire non à la guerre préventive (**la guerra preventiva**) et à la guerre en Irak. Il a ensuite été adopté sur le plan international comme symbole du mouvement pacifiste (**il movimento pacifista**).

Espressioni idiomatiche

mettere a ferro e fuoco	mettre à feu et à sang
essere alle prime armi	faire ses premières armes
venire dalla gavetta	sortir du rang
fare la gavetta	passer par tous les échelons
battersi ad armi pari	se battre à armes égales
essere carne da cannone	être de la chair à canon
avere un carattere battagliero	avoir un caractère batailleur
lanciare il grido di guerra	lancer son cri de guerre
averla vinta	avoir le dessus
essere un marinario d'acqua dolce	être un marin d'eau douce
essere una colomba	être une colombe, être pour la paix
essere un falco	être un faucon, être pour la guerre
fumare il calumet della pace	fumer le calumet de la paix
sotterrare l'ascia di guerra	enterrer la hache de guerre

Proverbi

Bandiera vecchia, onor di capitano.	Un vieux drapeau est l'honneur d'un capitaine.
A nemico che fugge, ponti d'oro.	On fait un pont d'or à l'ennemi qui s'enfuit.
La miglior difesa è l'attacco	L'attaque est la meilleure défense.
Chi la dura la vince.	Le plus obstiné l'emporte.

Le religioni, le credenze e la vita spirituale

Les religions, les croyances et la vie spirituelle

1 Il sentimento religioso — Le sentiment religieux

I principali generi di religioni e di credenze	Les principaux genres de religions et de croyances
il monoteismo	le monothéisme
il monoteista	le monothéiste
le religioni monoteistiche	les religions monothéistes
il politeismo	le polythéisme
il politeista	le polythéiste
le religioni politeistiche	les religions polythéistes
il feticismo, l'idolatria	le fétichisme, l'idolâtrie
il paganesimo	le paganisme
il pagano	le païen
il panteismo	le panthéisme
l'animismo	l'animisme
il vuduismo	le vaudou
i riti vudù, i riti voodoo	les rites vaudou(s)
il totemismo	le totémisme
lo shamanesimo	le chamanisme
lo shamano	le chaman

l'animale totemico, il totem
l'animal totémique, le totem

Le forme di religiosità	Les formes de religiosité
la spiritualità	la spiritualité
la fede	la foi
il fedele	le fidèle
il credente	le croyant
il praticante	le pratiquant
l'esistenza di Dio	l'existence de Dieu
l'anima	l'âme
l'immortalità dell'anima	l'immortalité de l'âme
la vita eterna	la vie éternelle
l'aldilà	l'au-delà
l'altro mondo	l'autre monde

la salvezza	le salut
la dannazione	la damnation
il fervore ((!) masculin)	la ferveur
la devozione	la dévotion, la piété
il devoto	le dévot
la venerazione	la vénération
l'adorazione	l'adoration
la conversione	la conversion
il convertito	le converti
il misticismo	le mysticisme
l'estasi mistica	l'extase mystique
l'ascetismo	l'ascétisme
l'asceta	l'ascète
l'eremita	l'ermite
il martirio	le martyre
il martire	le martyr
la santità	la sainteté
il santo	le saint
la beatitudine	la béatitude
il beato	le bienheureux
la bigotteria	la bigoterie
il bigotto	le bigot
il fanatismo	le fanatisme
il fanatico	le fanatique
l'integralismo	l'intégrisme
l'integralista	l'intégriste

avere la fede	avoir la foi
credere in Dio	croire en Dieu
abbracciare una fede	embrasser une foi
convertirsi a	se convertir à
praticare una religione	pratiquer une religion
salvarsi	se sauver, être sauvé
dannarsi	se damner, être damné
adorare	adorer
venerare	vénérer
subire il martirio	subir le martyre
ricevere le stigmate	recevoir les stigmates
beatificare/canonizzare	béatifier/canoniser

religioso	religieux
spirituale	spirituel
contemplativo	contemplatif
mistico	mystique
estatico	extatique
fervente	fervent
ascetico	ascétique
santo	saint
beato	bienheureux
devoto	dévot
fanatico	fanatique
integralista	intégriste

Le forme di irreligiosità	Les formes d'irréligiosité	
il materialismo	le matérialisme	
il materialista	le matérialiste	
lo scetticismo	le scepticisme	
lo scettico	le sceptique	
il dubbio	le doute	
l'incredulità	l'incrédulité	
l'agnosticismo	l'agnosticisme	
l'agnostico	l'agnostique	
l'ateismo	l'athéisme	
l'ateo	l'athée	
il libero pensiero	la libre pensée	(!) masculin
il libero pensatore	le libre penseur	
l'empietà	l'impiété	
l'empio	l'impie	
l'anticlericalismo	l'anticléricalisme	
l'anticlericale	l'anticlérical	
la bestemmia	le blasphème	(!) féminin
il bestemmiatore	le blasphémateur	
l'iconoclastia	l'iconoclasme	(!) féminin
l'iconoclasta	l'iconoclaste	
il sacrilegio	le sacrilège	
la profanazione	la profanation	
il profanatore	le profanateur	
l'eresia	l'hérésie	
l'eretico	l'hérétique	
l'infedele	l'infidèle	
la scomunica	l'excommunication	
lo scomunicato	l'excommunié	
il deismo	le déisme	
il laicismo	le laïcisme	
la laicità	la laïcité	
il laico	le laïc, le laïque	
dubitare	douter	
bestemmiare	blasphémer	
commettere sacrilegio	commettre un sacrilège	
profanare	profaner	
scomunicare	excommunier	
essere scomunicato	être excommunié	
incredulo	incrédule	
scettico	sceptique	
profano	profane	
sacrilego	sacrilège	
empio	impie	
secolare	séculier	
laico	laïque	

2 Il cristianesimo / Le christianisme

Il cristianesimo e le sue confessioni / Le christianisme et ses confessions

la cristianità	la chrétienté
il cristiano	le chrétien
il gregge dei fedeli	le troupeau des fidèles
il cattolicesimo	le catholicisme
il cattolico	le catholique
il protestantesimo	le protestantisme
il protestante	le protestant
la chiesa riformata	l'Église réformée
il calvinismo	le calvinisme
il calvinista	le calviniste
il puritanesimo	le puritanisme
il puritano	le puritain
la chiesa luterana	l'Église luthérienne
il luterano	le luthérien
la chiesa battista	l'Église baptiste
il battista	le baptiste
la chiesa metodista	l'Église méthodiste
il metodista	le méthodiste
la chiesa anglicana	l'Église anglicane
l'anglicano	l'anglican
la chiesa ortodossa	l'Église orthodoxe
l'ortodosso	l'orthodoxe
i mormoni	les mormons
i quaccheri	les quakers

le pecorelle smarrite *les brebis égarées*

la chiesa apostolica romana *l'Église apostolique romaine*

La fede cristiana / La foi chrétienne

la Rivelazione	la Révélation
il dogma	le dogme
l'articolo di fede	l'article de foi
il mistero della fede	le mystère de la foi
il Credo	le Credo
Cristo	le Christ
Gesù Cristo	Jésus-Christ
Gesù bambino	l'Enfant Jésus
il profeta	le prophète
il Messia	le Messie
il Redentore	le Rédempteur
la Redenzione	la Rédemption
il Salvatore	le Sauveur
l'Agnello di Dio	l'Agneau de Dieu
il sacrificio	le sacrifice
l'ultima cena	la (dernière) Cène
l'apostolo	l'apôtre
l'orto degli ulivi	le jardin des Oliviers
la Passione	la Passion
il Calvario	le Calvaire
la Crocifissione	la Crucifixion
la croce	la croix

il Nazareno *le Nazaréen*

i Re Magi *les Rois mages* la stella cometa *l'étoile des Mages*

du verbe redimere *racheter*

i dodici apostoli *les douze apôtres*

il bacio di Giuda *le baiser de Judas*

la Via crucis *le Chemin de croix*

il crocifisso	le crucifix
la Deposizione	la Déposition
il ladrone	le larron
il miracolo	le miracle
la resurrezione di Cristo	la résurrection du Christ
il Signore	le Seigneur
Dio onnipotente	Dieu tout-puissant
la Trinità	la Trinité
il Padre, il Figlio e lo Spirito Santo	le Père, le Fils et le Saint-Esprit
il segno della croce	le signe de la croix
la Madonna	la Vierge
la Santa Vergine	la Sainte Vierge
la Vergine Maria	la Vierge Marie
Nostra Signora	Notre Dame
l'angelo	l'ange
l'angelo custode	l'ange gardien
l'arcangelo	l'archange
l'aureola	l'auréole
il Demonio, il Diavolo	le Démon, le Diable
Satana, Lucifero	Satan, Lucifer
le Sacre Scritture	les Saintes Écritures
la Bibbia	la Bible
il Vecchio Testamento	l'Ancien Testament
Adamo ed Eva	Adam et Ève
il diluvio universale	le Déluge
i dieci comandamenti	les dix commandements
il decalogo	le décalogue
le tavole della legge	les Tables de la Loi
il Nuovo Testamento	le Nouveau Testament
gli evangelisti	les évangélistes
il Vangelo secondo Matteo/Marco/Luca/Giovanni	l'Évangile selon Matthieu/Marc/Luc/Jean
le Epistole	les Épîtres
il giudizio universale	le Jugement dernier
l'Apocalisse	l'Apocalypse
i sette peccati capitali	les sept péchés capitaux
l'avarizia	l'avarice
gli avari	les avares
l'ira	la colère
gli iracondi	les coléreux
l'invidia	l'envie
gli invidiosi	les envieux
la gola	la gourmandise
i golosi	les gourmands
la lussuria	la luxure
i lussuriosi	les luxurieux
la superbia	l'orgueil
i superbi	les orgueilleux
l'accidia	la paresse
gli accidiosi	les paresseux
il peccato mortale/veniale	le péché mortel/véniel
la tentazione	la tentation

Notes:

- (il miracolo) la moltiplicazione dei pani e dei pesci *la multiplication des pains et des poissons*
- (Dio onnipotente) l'onnipotenza *la toute-puissance*
- (Adamo ed Eva) il peccato originale *le péché originel*
- (il diluvio universale) l'Arca di Noè *l'Arche de Noé*
- (gli evangelisti) singulier l'evangelista
- (il Vangelo secondo…) i vangeli apocrifi *les Évangiles apocryphes*
- (i sette peccati capitali) i sette vizi capitali *les sept vices capitaux*
- (gli accidiosi) dans la langue courante la pigrizia *la paresse* et i pigri *les paresseux*

la caduta	la chute
il pentimento	le repentir
la confessione	la confession
il confessionale	le confessionnal
il confessore	le confesseur
l'assoluzione	l'absolution
la penitenza	la pénitence
la virtù	la vertu
le tre virtù teologali	les trois vertus théologales
la fede	la foi
la speranza	l'espérance
la carità	la charité
le quattro virtù cardinali	les quatre vertus cardinales
la giustizia	la justice
la prudenza	la prudence
la fortezza	la force
la temperanza	la tempérance
l'umiltà	l'humilité
la castità	la chasteté
l'astinenza	l'abstinence
l'espiazione	l'expiation
il perdono	le pardon
la predestinazione	la prédestination
la grazia divina	la grâce divine
il castigo eterno	le châtiment éternel
il purgatorio	le purgatoire
il paradiso	le paradis
l'inferno	l'enfer
il sacramento	le sacrement
i sette sacramenti	les sept sacrements
il battesimo	le baptême
la (prima) comunione	la (première) communion
l'eucaristia	l'eucharistie
la cresima	la confirmation
il matrimonio	le mariage
l'estrema unzione	l'extrême-onction
l'ordine	l'ordination

- la penitenza: l'atto di dolore *l'acte de contrition*
- la virtù: (!) invariable
- il battesimo: il fonte battesimale (!) singulier *les fonts baptismaux*
- l'eucaristia: l'ostia *l'hostie*
- l'ordine: autre sens *l'ordre*

peccare	pécher
fare peccato	commettre un péché
pentirsi	se repentir
confessarsi	se confesser
perdonare	pardonner
assolvere	absoudre
espiare	expier
fare la comunione	communier
fare astinenza	faire abstinence
osservare il digiuno	observer le jeûne
andare in paradiso/all'inferno/in purgatorio	aller au paradis/en enfer/au purgatoire
essere in stato di grazia	être en état de grâce
crocifiggere	crucifier
risorgere, risuscitare	ressusciter
battezzare	baptiser

- peccare: un peccatore *un pécheur*
- andare in paradiso: essere predestinato *être prédestiné*
- risorgere: participe passé de risorgere : risorto

participe passé redento

redimere i peccati	racheter les péchés
resistere/soccombere alla tentazione	résister/succomber à la tentation

rivelato	révélé
profetico	prophétique
messianico	messianique
cristico	christique
sacrificale	sacrificiel
divino	divin
virgineo	virginal
angelico	angélique
diabolico	diabolique, du diable
satanico	satanique, de Satan
biblico	biblique
paradisiaco	paradisiaque
infernale	infernal
evangelico	évangélique
peccaminoso	immoral, mauvais
pentito	repenti
assolto	absous
umile	humble
casto	chaste
caritatevole	charitable

Il culto cristiano / Le culte chrétien

Il culto cristiano	Le culte chrétien
la chiesa	l'église
l'altare	l'autel
il tabernacolo	le tabernacle
l'ostensorio	l'ostensoir
il ciborio	le ciboire
il turibolo	l'encensoir
l'aspersorio	le goupillon
l'acqua santa	l'eau bénite
l'acquasantiera (*aussi* la pila dell'acqua santa)	le bénitier
il reliquiario	le reliquaire
la reliquia	la relique
la questua	la quête
la cassetta delle elemosine/delle offerte	le tronc des aumônes/des offrandes
il cero	le cierge
la candela	la bougie
l'organo	l'orgue
il pulpito	la chaire
l'inginocchiatoio	le prie-Dieu
la funzione	l'office
la messa	la messe
la messa grande	la grand-messe
la benedizione	la bénédiction
la celebrazione	la célébration
la consacrazione (la consacrazione di un vescovo *le sacre d'un évêque*)	la consécration
il messale	le missel
il breviario	le bréviaire
il libro da messa	le livre de messe

	i vespri	les vêpres
	il chierichetto	l'enfant de chœur
	la predica, il sermone	le sermon, le prêche
	la parabola	la parabole
	l'elevazione	l'élévation
	il salmo	le psaume
	la litania	la litanie
il cantico *le cantique*	**l'inno**	l'hymne
	la preghiera	la prière
	il padre nostro	le Notre Père
	l'ave Maria	l'Ave Maria
recitare il rosario *réciter son rosaire*	**il rosario**	le rosaire
	la corona del rosario	le chapelet du rosaire

	andare in chiesa	aller à l'église
	andare a messa	aller à la messe
	farsi il segno della croce	faire le signe de croix
	inginocchiarsi	s'agenouiller
	genuflettersi	faire une génuflexion
a mani giunte *les mains jointes*	**giungere le mani**	joindre les mains
dire una preghiera *dire une prière*	**pregare**	prier
	fare la predica, predicare	prêcher
	salmodiare	psalmodier
	fare l'elemosina	faire l'aumône
	accendere un cero	allumer un cierge
	servire la messa	servir la messe
	fare la questua	faire la quête
	benedire	bénir
	consacrare	consacrer

	consacrato	consacré
	sconsacrato	désacralisé
	benedetto	béni

Il clero cristiano / Le clergé chrétien

	l'ecclesiastico	l'ecclésiastique
	il papa	le pape
	il sommo pontefice	le souverain pontife
(!) féminin	**la Santa Sede**	le Saint-Siège
	la basilica di San Pietro in Vaticano	la basilique Saint-Pierre du Vatican
	il papato	la papauté
la porpora cardinalizia *la pourpre cardinalice*	**il cardinale**	le cardinal
la fumata bianca/nera *la fumée blanche/noire*	**il conclave**	le conclave
	l'arcivescovo	l'archevêque
	l'arcivescovato	l'archevêché
	il vescovo	l'évêque
	il vescovato	l'évêché
(!) féminin	**la diocesi**	le diocèse
	il prelato	le prélat
	il canonico	le chanoine
	il curato, il parroco	le curé
	la parrocchia	la paroisse
	il presbiterio	le presbytère, la cure

• **l'arciprete**	• l'archiprêtre
• **il prete, il sacerdote**	• le prêtre
• **il sacerdozio**	• le sacerdoce
• **il cappellano**	• le chapelain *ou* l'aumônier
• **il vicario**	• le vicaire
• **il monastero**	• le monastère
• **il monaco**	• le moine
• **il frate, il confratello**	• le frère
il benedettino	le bénédictin
il francescano	le franciscain
il domenicano	le dominicain
il cappuccino	le capucin
• **la certosa**	• la chartreuse
il certosino	le chartreux
• **il convento**	• le couvent
• **la suora, la monaca** (la suora di clausura / *la religieuse cloîtrée*)	• la sœur, la religieuse
il velo	le voile
• **l'abbazia**	• l'abbaye
• **l'abate**	• l'abbé
• **la badessa**	• l'abbesse
• **il gesuita**	• le jésuite
• **la missione**	• la mission
• **il missionario**	• le missionnaire
• **il pope ortodosso**	• le pope orthodoxe
• **il patriarca ortodosso**	• le patriarche orthodoxe
• **il pastore protestante** (il tempio protestante / *le temple protestant*)	• le pasteur protestant

• **prendere gli ordini**	• prendre les ordres
• **pronunciare i voti**	• prononcer ses vœux
• **fare voto di castità**	• faire vœu de chasteté
• **dire la messa**	• dire la messe
• **celebrare la messa**	• célébrer la messe
• **prendere il velo**	• prendre le voile
• **entrare in convento**	• entrer au couvent

Le feste cristiane / Les fêtes chrétiennes

• **San Silvestro**	• la Saint-Sylvestre
• **l'Epifania**	• l'Épiphanie
• **la Quaresima** ((!) féminin)	• le Carême
• **la domenica delle Palme**	• le dimanche des Rameaux
• **il mercoledì delle Ceneri**	• le mercredi des Cendres
• **il Venerdì Santo**	• le Vendredi saint
• **Pasqua** (Buona Pasqua! / *Joyeuses Pâques !*)	• Pâques
• **Pasquetta, il lunedì dell'Angelo**	• le lundi de Pâques
• **l'Ascensione**	• l'Ascension
• **la Pentecoste**	• la Pentecôte
• **il Corpus Domini**	• la Fête-Dieu
• **l'Assunzione di Maria** (aussi Ferragosto)	• l'Assomption
• **Ognissanti, Tutti i Santi**	• la Toussaint
• **l'Immacolata Concezione**	• l'Immaculée Conception
• **Natale** (Buon Natale! *Joyeux Noël !*)	• Noël
• **Santo Stefano** (férié en Italie)	• la Saint-Étienne

3 L'ebraismo — Le judaïsme

	l'ebreo	le juif
	l'ebreo errante	le Juif errant
Strictement, le terme giudaismo s'applique à la période du judaïsme qui succède à l'exil de Babylone.	**il giudeo**	le juif
	l'israelita	l'israélite
	l'israeliano	l'Israélien
	la diaspora	la diaspora
	l'ashkenazita	l'ashkénaze
	il sefardita	le sépharade
	il chassidismo	le hassidisme
	il chassidico	le hassidim
	la lingua yiddish, lo yiddish	la langue yiddish, le yiddish
	la lingua ebraica, l'ebreo	la langue hébraïque, l'hébreu
	Geova, Jahvé, Jehova	Yahvé, Jéhovah
	la sinagoga	la synagogue
il Pentateuco *le Pentateuque*	**la Torà**	la Torah
	il Talmud	le Talmud
	il popolo eletto	le peuple élu
	l'Arca dell'Alleanza	l'Arche d'alliance
	la fuga dall'Egitto	la sortie d'Égypte
	la traversata del Mar Rosso	la traversée de la mer Rouge
	la terra promessa	la Terre promise
	lo shabbat	le shabbat
aussi la stella a sei punte	**la stella di Davide**	l'étoile de David
la Pesah *la Pessah*	**la Pasqua ebraica**	la Pâque juive
lo Yom Kippur *le Yom Kippour*	**il giorno dell'espiazione**	le Grand Pardon
	la kippà	la kippa
	la circoncisione	la circoncision
	il sionismo	le sionisme
	il sionista	le sioniste
	osservare lo shabbat	observer le sabbat
	andare alla sinagoga	aller à la synagogue
	circoncidere	circoncire
i prodotti kasher *les produits casher*	**mangiare kasher**	manger casher

4 L'islam — L'islam

	la religione musulmana	la religion musulmane
il maomettano *le mahométan*	**l'islamico, il mus(s)ulmano**	le musulman
	l'imam	l'imam
	l'ayatollah	l'ayatollah
	la moschea	la mosquée
la preghiera rivolta verso la Mecca *la prière en direction de La Mecque*	**il tappeto da preghiera**	le tapis de prière
	Allah	Allah
la sura *la sourate*	**il Corano**	le Coran
il Profeta *le Prophète*	**Maometto**	Mahomet
	i cinque pilastri dell'islam	les cinq piliers de l'islam
	il ramadan	le ramadan
	l'elemosina obbligatoria	l'aumône obligatoire
	il pellegrinaggio alla Mecca	le pèlerinage à La Mecque
	il velo islamico	le voile islamique
(!) masculin	**il burqa**	la burka
	il chador	le tchador

il fondamentalista islamico	le fondamentalisme islamiste
andare alla moschea	aller à la mosquée
fare il ramadan	faire le ramadan
portare il velo	porter le voile
mangiare halal	manger hallal

i prodotti halal *les produits hallal*

5 Le altre principali religioni / Les principales autres religions

l'induismo	l'hindouisme
l'induista	l'hindouiste
il vedismo	le védisme
il Rig-Veda	le Rig-Veda
il brahmanesimo	le brahmanisme
il bramino, il bramano	le brahmane
Brahma/Visnù/Siva	Brahma/Vishnou/Shiva
il mandala	le mandala
la metempsicosi	la métempsychose
la reincarnazione	la réincarnation
il sikhismo	le sikhisme
il sikh	le sikh
il buddismo	le bouddhisme
il buddista	le bouddhiste
il Dalai-Lama	le dalaï-lama
il Budda	le Bouddha
il Grande Veicolo	le Grand Véhicule
il buddismo Mahayana	le bouddhisme Mahayana
il tantrismo	le tantrisme
il Piccolo Veicolo	Le Petit Véhicule
il buddismo Hinayana	le bouddhisme Hinayana
i tre Gioielli [il Budda, il Darma, il Sangha]	les Trois Joyaux [le Bouddha, le Dharma, le Sangha]
le quattro Nobili Verità	les Quatre Nobles Vérités
i tre Veleni	les Trois Poisons
l'Ottuplice Sentiero	le Sentier Octuple
il samsara	le samsara
il nirvana	le nirvana
il karma	le karma
lo scintoismo	le shintoïsme
lo scintoista	le shintoïste
il confucianesimo	le confucianisme
Confucio	Confucius
il confuciano	le confucéen *ou* le confucianiste
il culto degli antenati	le culte des ancêtres
la filosofia esistenziale	la philosophie existentielle
la religione di stato	la religion d'État
il taoismo	le taoïsme
il tao	le tao
il dualismo di Yin e Yang	le dualisme du Yin et du Yang
il drago celeste	le dragon céleste
la triade dei Tre Puri	la triade des Trois Purs

l'illuminato *l'Illuminé*
il risvegliato *l'Éveillé*

i libro dei King [il Tao teh-ching]	le Livre de la Voie et de la Vertu [le Tao-tö-King]

6 Il fenomeno settario / Le phénomène sectaire

la setta	la secte
esoterica	ésotérique
occultistica	occultiste
spiritista	spiritiste
satanica	satanique
neopagana	néopaïenne
la psicosetta	la psychosecte
i testimoni di Geova	les témoins de Jéhovah
la scientologia	la scientologie
i Bambini di Dio	les Enfants de Dieu
la Setta Moon	la secte Moon
il movimento Raeliano	le mouvement raélien
il santone, il guru	le gourou
il seguace	l'adepte
il membro	le membre
il neofita	le néophyte
l'indottrinamento	l'endoctrinement
la comunità	la communauté
il gruppo carismatico	le groupe charismatique
il culto della personalità	le culte de la personnalité
il bombardamento d'amore, il love bombing	le bombardement d'amour
la persuasione fisiologica	la persuasion physiologique
la manipolazione mentale	la manipulation de l'esprit
l'ipnosi	l'hypnose
il condizionamento	le conditionnement
il lavaggio del cervello	le lavage de cerveau
il plagio (autre sens *le plagiat*)	l'envoûtement
la circonvenzione d'incapace	l'abus d'incapable
reclutare	recruter
indottrinare	endoctriner
ipnotizzare	hypnotiser
condizionare	conditionner
plagiare	envoûter
manipolare	manipuler
entrare a far parte di una setta	entrer dans une secte
appartenere a una setta	appartenir à une secte

7 Le credenze popolari / Les croyances populaires

le superstizioni	les superstitions
lo spiritismo	le spiritisme
lo spirito	l'esprit
la seduta spiritica (il medium *le médium*)	la séance de spiritisme

la possessione, l'invasamento	la possession
l'esorcismo	l'exorcisme
l'esorcista	l'exorciste
il fantasma	le fantôme
lo spettro	le spectre
il malocchio	le mauvais œil, le mauvais sort
la maledizione	la malédiction
il portafortuna	le porte-bonheur
il talismano	le talisman
la chiaroveggenza	la voyance
il chiaroveggente	le voyant
la sfera di cristallo	la boule de cristal
la predizione	la prédiction
la cartomanzia (i tarocchi *les tarots*)	la cartomancie
il cartomante	le cartomancien
la chiromanzia	la chiromancie
la chiromante	la chiromancienne
la lettura della mano	la lecture des lignes de la main
la numerologia	la numérologie
la divinazione	la divination
l'indovino	le devin
l'indovina	la diseuse de bonne aventure
la magia nera	la magie noire
la messa nera	la messe noire
il sabba	le sabbat
l'amuleto ((!) masculin)	l'amulette
l'alchimia	l'alchimie
l'alchimista	l'alchimiste
la pietra filosofale	la pierre philosophale

8 L'astrologia — L'astrologie

l'astrologo	l'astrologue
il segno zodiacale	le signe zodiacal
i segni d'acqua	les signes d'eau
i segni di fuoco	les signes de feu
i segni di terra	les signes de terre
i segni d'aria	les signes d'air
il decano, la decade	le décan
l'ascendente	l'ascendant
l'oroscopo	l'horoscope
il tema astrale	le thème astral
lo zodiaco	le zodiaque
Ariete	Bélier
Toro	Taureau
Gemelli	Gémeaux
Cancro	Cancer
Leone	Lion
Vergine	Vierge
Bilancia	Balance
Scorpione	Scorpion
Sagittario	Sagittaire
Capricorno	Capricorne

Acquario	Verseau
Pesci	Poissons
essere dell'Ariete	être Bélier
essere ascendente Cancro	être ascendant Cancer
essere del primo decano	être du premier décan
farsi fare il tema astrale	faire faire son thème astral

9 La mitologia grecoromana / La mythologie gréco-romaine

pluriel irrégulier gli dei/le dee	**il dio/la dea**	le dieu/la déesse
	i Penati	les Pénates
	i Lari	les Lares
	Giano bifronte	Janus bifront
voir aussi *il contesto culturale*, p. 342	**i personaggi del mito**	les personnages du mythe
	gli dei dell'Olimpo	les dieux de l'Olympe
	l'ambrosia	l'ambroisie
	il nettare	le nectar
	il titano	le Titan
pluriel i semidei	**il semidio**	le demi-dieu
	l'eroe	le héros
	il centauro	le centaure
	il satiro	le satyre
	il ciclope	le cyclope
	la ninfa	la nymphe
	la naiade	la naïade
	la nereide	la néréide
	l'ondina	l'ondine
	le Muse	les Muses
	le Parche, le Moire	les Parques, les Moires
	le Grazie	les Grâces
	le Gorgoni	les Gorgones
	le Furie, le Erinni	les Érinyes, les Furies
	gli dei dell'Ade, gli dei (degli) inferi	les dieux de l'Hadès, les dieux des Enfers
	lo Stige	le Styx
	Caronte	Charon
	i Saturnali	les Saturnales
	i Baccanali	les Bacchanales
	le Menadi, le Baccanti	les Ménades, les Bacchantes
	Edipo	Œdipe
(!) féminin	**la Sfinge**	le Sphynx
	la Medusa	la Méduse
	il vello d'oro	la Toison d'or
	Giasone e gli Argonauti	Jason et les Argonautes
	il Minotauro	le Minotaure
	Ercole	Hercule
	le dodici fatiche di Ercole	les douze travaux d'Hercule
aussi Odisseo l'Odissea *l'Odyssée*	**Ulisse**	Ulysse
l'Iliade *l'Iliade*	**la guerra di Troia**	la guerre de Troie
l'Eneide *l'Énéide*	**Enea**	Énée

METTERE IN PRATICA

66 Trovare l'intruso Trouver l'intrus

1. agnostico; ateo; scettico; laico; bigotto
2. pregare; bestemmiare; farsi il segno della croce; andare a messa; fare la comunione
3. il rabbino; il prete; l'imam; il sacerdote; la sinagoga
4. il profeta; il sagittario; il santo; il martire; il messia
5. l'ascendente; il segno zodiacale; l'oroscopo; la chiromante; l'astrologo

67 Come si chiama...? Comment s'appelle… ?

1. chi crede in Dio
2. chi non crede in nessun Dio
3. chi pratica la religione
4. chi fa peccato
5. chi legge la mano
6. chi legge le carte
7. chi pratica la divinazione
8. chi pratica l'alchimia
9. chi fa l'oroscopo

68 Dal verbo al sostantivo Du verbe au substantif

1. pregare
2. peccare
3. assolvere
4. confessare
5. perdonare
6. benedire
7. battezzare
8. espiare
9. risorgere
10. reincarnarsi
11. salvarsi
12. dannarsi
13. sacrificarsi
14. redimere
15. pentirsi
16. predicare
17. ordinare
18. salmodiare
19. celebrare
20. circoncidere

corrigés page 425

Altre Parole

Il contesto culturale

A proposito delle feste religiose
À propos des fêtes religieuses

Natale	Noël
il presepe	la crèche de Noël
le statuine	les santons
l'albero di Natale	le sapin de Noël
la messa di mezzanotte	la messe de minuit
i regali	les cadeaux, apportés par **Gesù Bambino** *l'Enfant Jésus* (pour les catholiques) ou bien par **Babbo Natale**, *le père Noël*
il pranzo natalizio	le repas de Noël
il panettone, il pandoro, il panforte, il torrone	*gâteaux typiques de Noël*
l'Epifania	l'Épiphanie
la Befana	*Sorcière vieille et laide mais généreuse. Elle remplit les chaussettes des enfants sages de bonbons et de charbon sucré celles des enfants pas sages.*
Pasqua	Pâques
la Colomba pasquale	*gâteau traditionnel en forme de colombe*
l'uovo di pasqua	l'œuf de Pâques, contenant un cadeau surprise (**la sorpresa**)

Città e Santi Patroni
Villes et saints patrons

Chaque ville italienne est protégée par un saint patron (**Santo Patrono**). Le jour de la fête du saint est un jour férié pour la ville en question. Les plus connus sont :

- **San Pietro**, *saint Pierre*, le 29 juin : **Roma**, *Rome*
- **Sant'Ambrogio**, *saint Ambroise*, le 7 décembre : **Milano**, *Milan*
- **San Marco**, *saint Marc*, le 25 avril : **Venezia**, *Venise*
- **San Giovanni**, *saint Jean*, le 24 juin : **Torino e Firenze**, *Turin et Florence*
- **San Gennaro**, *saint Janvier*, le 19 septembre : **Napoli**, *Naples*
- **Sant'Antonio**, *saint Antoine*, le 13 juin : **Padova**, *Padoue*

Il pantheon grecoromano
Le panthéon gréco-romain

Dioniso, Bacco dio della vigna e del vino	Dionysos, Bacchus *dieu de la vigne et du vin*
Demetra, Cerere dea delle messi e dell'agricoltura	Déméter, Cérès *déesse des moissons et de l'agriculture*
Eros, Cupido dio dell'amore	Éros, Cupidon *dieu de l'amour*

Artemide, Diana dea della caccia e della luna	Artémis, Diane *déesse de la chasse et de la lune*
Era, Giunone dea della femminilità e del matrimonio	Héra, Junon *déesse de la féminité et du mariage*
Zeus, Giove dio dell'universo	Zeus, Jupiter *dieu de l'univers*
Marte, Ares dio della guerra	Mars, Arès *dieu de la guerre*
Ermes, Mercurio dio dei pastori, dei viaggiatori, dei commercianti e dei ladri	Hermès, Mercure *dieu des bergers, des voyageurs, des commerçants et des voleurs*
Atena, Minerva dea della saggezza e della guerra	Athéna, Minerve *déesse de la sagesse et de la guerre*
Poseidone, Nettuno dio del mare e delle acque	Poséidon, Neptune *dieu de la mer et des eaux*
Ade, Plutone dio degli inferi	Hadès, Pluton *dieu des Enfers*
Afrodite, Venere dea dell'amore	Aphrodite, Vénus *déesse de l'amour*
Estia, Vesta dea del focolare e della patria	Hestia, Vesta *déesse du foyer et de la patrie*
Efesto, Vulcano dio del fuoco e dei fabbri	Héphaïstos, Vulcain *dieu du feu et des forgerons*
Apollo dio della luce, della poesia e della musica	Apollon *dieu de la lumière, de la poésie et de la musique*

Le superstizioni degli italiani
Les superstitions des Italiens

la sfortuna	la malchance
la iella	la guigne, la poisse
il malocchio	le mauvais œil
la iettatura	le mauvais sort
porta sfortuna:	porte malheur :
essere tredici a tavola	être treize à table
rovesciare il sale	renverser du sel
rompere uno specchio	casser un miroir
il venerdì 17	le vendredi 17
passare sotto una scala	passer sous une échelle
incrociare un gatto nero	croiser un chat noir
posare un cappello sul letto	poser un chapeau sur son lit
gli scongiuri:	les conjurations du mauvais sort :
toccare ferro	toucher du bois
fare le corna	croiser les doigts *(littéralement « faire les cornes » en levant l'index et l'auriculaire)*
portare un portafortuna	porter un porte-bonheur
il ferro di cavallo	le fer à cheval
il cornetto	*une amulette en forme de petite corne*
il numero 13	le numéro 13

Espressioni idiomatiche

su Dio e sul cielo

Grazie a Dio!	Dieu merci !
costare l'ira di Dio	être hors de prix
essere bello come un dio	être beau comme un dieu
piove come Dio la manda	il pleut des cordes
Grazie al cielo!	Grâce au ciel !
Santo cielo!	Ciel !

sul diavolo, l'inferno e la dannazione

mandare al diavolo/all'inferno qualcuno	envoyer quelqu'un au diable
fare il diavolo a quattro	faire le diable à quatre
abitare a casa del diavolo	habiter au diable vauvert
saperne una più del diavolo	avoir plus d'un tour dans son sac
aver un diavolo per capello	être de mauvais poil
soffrire le pene dell'inferno	souffrir comme un damné
essere brutto come il peccato	être laid comme les sept péchés capitaux
Dannazione!	Sacré nom de nom !

sul Papa, i santi e i profeti

stare come un Papa	être comme un coq en pâte
avere la pazienza di Giobbe	avoir la patience d'un ange
farsi pregare come i santi	se faire prier
non sapere a che santo votarsi	ne pas savoir à quel saint se vouer
non c'è santo che tenga	il n'y a pas de raison qui tienne
essere felice come una Pasqua	être heureux comme un pape

sulla mitologia

essere il pomo della discordia	être la pomme de discorde
subire il supplizio di Tantalo	subir le supplice de Tantale
avere una spada di Damocle sulla testa	avoir une épée de Damoclès sur la tête
aprire il vaso di Pandora	ouvrir la boîte de Pandore
ascoltare il canto delle sirene	écouter le chant des sirènes
avere il complesso di Edipo	avoir le complexe d'Œdipe
il tallone d'Achille	le talon d'Achille

Proverbi

Morto un papa se ne fa un altro.	*Un de perdu, dix de retrouvés.*
La strada dell'inferno è lastricata di buone intenzioni.	L'enfer est pavé de bonnes intentions.
Dagli amici mi guardi Iddio, che dai nemici mi guardo io.	Dieu me garde de mes amis, je me chargerai de mes ennemis.
Ognuno per sé e Dio per tutti.	Chacun pour soi et Dieu pour tous.
Dio li fa e poi li accoppia.	Qui se ressemble s'assemble.
Aiutati che Dio t'aiuta.	Aide-toi, le Ciel t'aidera.
Il diavolo fa le pentole ma non i coperchi.	*Tôt ou tard, la vérité est découverte.*
Si parla del diavolo e spuntano le corna.	Quand on parle du loup, on en voit la queue.

24

Il mondo del lavoro

Le monde du travail

1 Il mercato del lavoro — Le marché du travail

L'occupazione	L'emploi
il posto	la place *ou* le poste
l'impiego	l'emploi [de bureau]
il lavoro	le travail
il lavoro autonomo	le travail indépendant
il doppio lavoro	la double activité
il lavoro nero	le travail au noir
il lavoretto	le petit boulot, le job
il telelavoro	le télétravail
il lavoro	le travail
a distanza	à distance
a domicilio	à domicile
occasionale, saltuario	occasionnel
in subappalto	en sous-traitance
intermittente, a chiamata	intermittent, à la demande
il lavoro	le travail
stagionale	saisonnier
femminile	des femmes
minorile	des enfants
il contratto di lavoro	le contrat de travail
il contratto collettivo	la convention collective
il contratto	le contrat
a tempo indeterminato	à durée indéterminée
a tempo determinato	à durée déterminée
la forza lavoro	la force de travail
lavorare	travailler
avere un buon posto	avoir un bon emploi
essere sotto contratto	être sous contrat
rompere un contratto	rompre un contrat

il lavoratore intermittente
le travailleur intermittent

Il reclutamento	Le recrutement
l'offerta di lavoro	l'offre de travail
la domanda di lavoro, la domanda di impiego	la demande de travail, la demande d'emploi
l'ufficio assunzioni	le bureau d'embauche

	il centro per l'impiego, l'ufficio di collocamento	le bureau de placement, ≈ l'ANPE
	il curriculum (vitae)	le curriculum (vitae)
	la candidatura spontanea	la candidature spontanée
	la lettera di motivazione	la lettre de motivation
l'esame grafologico *l'analyse graphologique*	**la lettera manoscritta**	la lettre manuscrite
	il profilo ricercato, il profilo richiesto	le profil recherché, le profil demandé
	il cacciatore di teste	le chasseur de têtes
	la raccomandazione	la recommandation
	i requisiti	les qualités requises
	le referenze	les références
	la direzione delle risorse umane	la direction des ressources humaines
	il colloquio d'assunzione	l'entretien d'embauche
	il test attitudinale	le test d'aptitude
	la selezione	la sélection
	la risposta positiva/negativa	la réponse positive/négative
	il settore pubblico/privato	le secteur public/privé
	il bando di concorso	l'avis de concours
	il concorso a titoli	le concours sur titres
	l'assunzione	l'embauche
	il periodo di prova	la période d'essai
	la gara d'appalto	l'appel d'offres

	reclutare	recruter
	cercare lavoro/un impiego	chercher du travail/un emploi
	trovare lavoro	trouver du travail
	rispondere a un annuncio	répondre à une annonce
	presentare la propria candidatura	présenter sa candidature
participe passé respinto	**respingere, rifiutare una candidatura**	refuser une candidature
	mandare il proprio curriculum	envoyer son curriculum
	sostenere un colloquio	passer un entretien
	sottoporsi a un test attitudinale	se soumettre à un test d'aptitude
	rispondere ai requisiti	répondre aux exigences requises
	selezionare	sélectionner
	essere selezionato	être sélectionné
	assumere	engager, embaucher
	essere assunto	être engagé, être embauché
	firmare un contratto	signer un contrat
	bandire una gara d'appalto	lancer un appel d'offres
	vincere un appalto	obtenir une adjudication

(non) qualificato	(non) qualifié
senza/con esperienza	sans/avec expérience
competente	compétent
specializzato	spécialisé
in prova	à l'essai

	raccomandato	recommandé, pistonné
	formato, addestrato	formé
	libero, vacante	libre, vacant
	interinale	intérimaire
	precario	précaire

L'esercizio di una professione / L'exercice d'une profession

	la professione	la profession
	la professione liberale	la profession libérale
	il mestiere	le métier
il carrierista *le carriériste*	**la carriera**	la carrière
	gli obiettivi professionali	les objectifs professionnels
	le prospettive di carriera	les perspectives de carrière
il grado *l'échelon*	**la graduatoria**	le tableau d'avancement
promuovere *promouvoir*	**la promozione**	la promotion
	l'avanzamento per merito	l'avancement au mérite
	lo scatto di anzianità	l'augmentation à l'ancienneté
	la retrocessione	la rétrogradation
	la gerarchia	la hiérarchie
	la nomina	la nomination
	l'assegnazione provvisoria	l'affectation provisoire
	il trasferimento	la mutation
	la responsabilità	la responsabilité
	l'efficienza	l'efficacité
	la competenza	la compétence
(!) féminin	**la serietà**	le sérieux
(!) masculin	**il rigore**	la rigueur
	la mobilità	la mobilité

	lavorare in proprio	travailler à son compte
	esercitare una professione	exercer une profession
	avere la partita IVA	avoir un numéro de TVA
	occupare un posto	occuper un poste
	intraprendere una carriera	entreprendre une carrière
	fare carriera	faire carrière
	ottenere una promozione	obtenir une promotion
	essere promosso	être promu
l'azienda, l'impresa *l'entreprise* la ditta, la casa *la maison*	**salire nella gerarchia aziendale**	monter dans la hiérarchie de l'entreprise
	retrocedere	rétrograder

	responsabile	responsable
	altolocato	haut placé
	professionale	professionnel
	autonomo	indépendant

Padroni e impiegati / Patrons et employés

l'imprenditore *l'entrepreneur* l'industriale *l'industriel*	**il datore di lavoro**	l'employeur
	il principale	le patron
il capo *le chef*	**il padrone, il titolare**	le patron, le propriétaire
	la manodopera qualificata	la main-d'œuvre qualifiée
	il dipendente	le salarié

	l'impiegato	l'employé
	l'impiegato statale, il funzionario	le fonctionnaire
	l'alto funzionario	le haut fonctionnaire
	l'organigramma	l'organigramme
	il dirigente	le dirigeant
	il quadro	le cadre
il presidente e amministratore delegato *le président-directeur général*	**il presidente**	le président
	il direttore generale	le directeur général
	il vicedirettore	le vice-directeur, le sous-directeur
la fabbrica, lo stabilimento *l'usine*	**il direttore di stabilimento**	le directeur d'usine
	il manager	le manager
	l'agente di commercio	l'agent commercial, le commercial
	il rappresentante di commercio	le représentant de commerce
	il commesso viaggiatore	le voyageur de commerce
	il piazzista	le placier
	il responsabile	le responsable
l'ufficio *le bureau* [pièce]	**il capufficio**	le chef de bureau
	il caporeparto	le chef de rayon
pluriel i colleghi/le colleghe	**il/la collega**	le/la collègue
	il collaboratore	le collaborateur
	il segretario di direzione	le secrétaire de direction
	la classe operaia	la classe ouvrière
	l'operaio specializzato qualificato	l'ouvrier spécialisé qualifié
l'addetto stampa *l'attaché de presse*	**l'addetto**	le préposé
la manutenzione *l'entretien*	**il manutentore**	le manutentionnaire
	l'apprendista	l'apprenti
	l'apprendistato	l'apprentissage
	il tirocinio	le stage *ou* l'apprentissage
	il tirocinante	le stagiaire *ou* l'apprenti
à prononcer [s'taʒ]	**lo stage**	le stage
	lo stagista	le stagiaire
	il tecnico	le technicien
	il perito	l'expert
	la perizia	l'expertise
	il consulente	le consultant
la manovalanza *les manœuvres, la main d'œuvre* [non qualifiée]	**il manovale**	le manœuvre
	il bracciante	le journalier
	lo stagionale	le saisonnier
deux pluriels capimastri ou capomastri	**il capomastro**	le contremaître
pluriel i capisquadra la squadra *l'équipe*	**il caposquadra**	le chef d'équipe
	timbrare il cartellino	pointer
	lavorare in fabbrica	travailler à l'usine
	lavorare alla catena (di montaggio)	travailler à la chaîne (de montage)
(!) *le bureau* [table] la scrivania	**andare in ufficio**	aller au bureau

Gli artigiani e le professioni liberali / Les artisans et les professions libérales

Gli artigiani e le professioni liberali	Les artisans et les professions libérales
il muratore	le maçon
l'imbianchino	le peintre (en bâtiment)
l'idraulico	le plombier
l'elettricista	l'électricien
lo spazzacamino	le ramoneur
l'orologiaio	l'horloger
il tintore	le teinturier
l'arredatore	le décorateur
il calzolaio	le cordonnier
il sarto	le couturier
l'ottico	l'opticien
l'antennista	l'antenniste
il parrucchiere	le coiffeur
l'estetista	l'esthéticienne
il camionista	le camionneur, le routier
il meccanico	le garagiste, le mécanicien
il carrozziere	le carrossier
l'elettrauto	l'électricien auto
l'odontotecnico	le mécanicien-dentiste
il gestore	le gérant
il libero professionista	le professionnel libéral
l'ingegnere	l'ingénieur
l'avvocato	l'avocat
l'architetto	l'architecte
il commercialista	l'expert comptable
il ragioniere	le comptable
il geometra	le géomètre
il notaio	le notaire
il medico	le médecin
il precario	le travailleur précaire
il lavoratore interinale	le travailleur intérimaire
amministrare	administrer
dirigere	diriger
presiedere	présider
fare l'avvocato/il medico	être avocat/médecin
fare consulenze	faire du consulting
gestire	gérer
gestire un'impresa artigiana	gérer une entreprise artisanale
avere in gestione un negozio	avoir un magasin en gérance
fare l'artigiano	être artisan
essere iscritto all'albo degli artigiani	être inscrit au registre des artisans

Notes:
- l'imbianchino — (!) il pittore *le peintre* [l'artiste]
- lo spazzacamino — mot composé de spazzare *balayer* et il camino *la cheminée*
- l'orologiaio — l'orologio *la montre* ou *l'horloge*
- l'arredatore — l'arredamento *la décoration d'intérieur*
- il sarto — lo stilista *le styliste*
- il notaio — l'atto notarile *l'acte notarié*

2 Le condizioni di lavoro / Les conditions de travail

Il tempo lavorativo / Le temps de travail

Il tempo lavorativo	Le temps de travail
l'orario di lavoro	l'horaire de travail
il tempo pieno	le temps complet
il part time, il tempo parziale, l'orario ridotto	le temps partiel

Note:
- il part time — part time à prononcer [par'tajm]

	il lavoro a mezza giornata	le travail à mi-temps
	il lavoro notturno	le travail de nuit
	il lavoro a turni di otto ore	le travail posté, le travail par roulement
	il turno di lavoro	le poste, le roulement, le service
	il turno di notte	le service de nuit, l'équipe de nuit
	il riposo settimanale lavorativo	le dimanche travaillé
	la settimana lavorativa	la semaine de travail
	la giornata di otto ore	la journée de huit heures
	la pausa pranzo	la pause déjeuner
	la pausa caffè	la pause café
(!) le ferie *les congés* le ferie retribuite *les congés payés*	**il giorno feriale, il giorno lavorativo**	le jour ouvrable
	il giorno festivo	le jour férié
	gli straordinari	les heures supplémentaires
	l'assenteismo	l'absentéisme
	l'orario di apertura/di chiusura	les heures d'ouverture/de fermeture
	la riduzione del tempo di lavoro	la réduction du temps de travail
	la flessibilità	la flexibilité
	il congedo **annuale** **malattia** **per maternità** **di paternità** **parentale**	le congé annuel de maladie de maternité de paternité parental
	l'aspettativa	le congé, la disponibilité
	l'organizzazione del tempo di lavoro	l'organisation du temps de travail
l'età della pensione *l'âge de la retraite*	**la pensione**	la retraite
	il pensionato	le retraité
	la pensione anticipata	la retraite anticipée
	il prepensionamento	la préretraite

40 heures hebdomadaires en Italie	**lavorare a tempo pieno**	travailler à plein temps
	fare i turni	travailler par roulement
	lavorare di notte	travailler de nuit
	fare gli straordinari	faire des heures supplémentaires
	ridurre il tempo di lavoro	réduire le temps de travail
	fare una pausa	faire une pause
	mettersi in aspettativa	se mettre en disponibilité
	essere trasferito	être muté
	fare domanda di trasferimento	demander sa mutation
familier	**essere in mutua**	être en congé de maladie
	raggiungere l'età della pensione	atteindre l'âge de la retraite
	andare in pensione	prendre sa retraite
participe passé riscosso	**riscuotere la pensione**	toucher sa retraite

flessibile	flexible
precario	précaire
assenteista	absentéiste
puntuale	ponctuel
in orario	à l'heure
ritardatario	retardataire

La remunerazione / La rémunération

désigne aussi toute rémunération mensuelle	**lo stipendio**	le traitement
	il salario	le salaire
	il salario base	le salaire de base
	il salario minimo garantito	le salaire minimum garanti
	la paga	la paie
	la busta paga	la fiche de paie
	la retribuzione, il compenso	la rétribution, la rémunération
	il premio di produzione	la prime de production
	il premio di produttività	la prime de productivité
	la gratifica di fine anno	la prime de fin d'année
la quattordicesima/ la quindicesima *le quatorzième/ le quinzième mois*	**la tredicesima**	le treizième mois
	la partecipazione dei dipendenti agli utili	la participation des salariés aux bénéfices
vitto e alloggio *nourriture et logement*	**i compensi in natura**	les avantages en nature
	la macchina di rappresentanza	la voiture de fonction
	la diaria, l'indennità di trasferta	l'indemnité de déplacement
	il rimborso spese	le remboursement des frais
(!) singulier	**l'onorario**	les honoraires
	la parcella	la note d'honoraires *ou* les honoraires
	gli arretrati	les arriérés (de salaire)
	le trattenute	les retenues
	gli oneri sociali	les charges sociales
	i contributi	les cotisations
	l'indicizzazione dei salari	l'indexation des salaires
	l'indice del costo della vita	l'indice du coût de la vie
(!) masculin	**l'aumento**	l'augmentation
	la scala mobile	l'échelle mobile [des salaires]
aussi la buonuscita	**il trattamento di fine rapporto, la liquidazione**	l'indemnité de départ
	il reddito minimo di inserimento	le revenu minimum d'insertion

guadagnare dei soldi	gagner de l'argent
mantenere la famiglia	entretenir sa famille
riscuotere lo stipendio	toucher son salaire
essere pagato	être payé
a cottimo	à la pièce
a ore	à l'heure
alla giornata	à la journée
al mese	au mois
essere pagato una miseria	être payé une misère
essere ben pagato	être bien payé

aussi stipendiare	**retribuire**	rétribuer
	remunerare	rémunérer
sottopagare *sous-payer*	**pagare**	payer
	sfruttare	exploiter
	indennizzare	indemniser
	rimborsare	rembourser
	aumentare	augmenter
	trattenere	retenir [sur un salaire]
	versare i contributi	verser les cotisations
	lordo	brut
	netto	net
	derisorio	dérisoire
	basso	bas
	medio	moyen
	alto	haut
	ottimo	excellent

La denuncia dei redditi / La déclaration des revenus

	il fisco	le fisc
	la tassa, l'imposta	la taxe, l'impôt
l'imposta sul valore aggiunto *la taxe sur la valeur ajoutée*	**l'IVA**	la TVA
	il contribuente	le contribuable
	il reddito imponibile	le revenu imposable
	la fascia retributiva	la tranche de revenu
il prelievo alla fonte *le prélèvement à la source*	**il prelievo fiscale**	le prélèvement fiscal
	la detrazione fiscale	la déduction d'impôt
	gli oneri deducibili	les charges déductibles
	l'esonero fiscale	l'exonération fiscale
	l'evasione fiscale	l'évasion fiscale
numéro d'identification des personnes, attribué par le ministère des Finances	**il codice fiscale**	*le code fiscal*
	fare la denuncia dei redditi	faire sa déclaration de revenus
	tassare	taxer, imposer
	pagare le tasse	payer les impôts
	prelevare	prélever
participe passé detratto	**detrarre**	déduire
	fiscale	fiscal
	retributivo	de rétribution, salarial
	imponibile	imposable
	deducibile	déductible
	esentasse	exempt d'impôt

3 La disoccupazione / Le chômage

la perdita del lavoro	la perte d'emploi
il licenziamento	le licenciement
per giusta causa	pour motif légitime
illegittimo	illicite
abusivo	abusif
arbitrario	arbitraire
collettivo	collectif

	la riduzione dei posti di lavoro	la réduction des emplois
	la lettera di licenziamento	la lettre de licenciement
	il preavviso	le préavis
	la cassa integrazione	la caisse d'indemnisation du chômage technique
	il cassintegrato	la personne indemnisée pour chômage technique
	la disoccupazione giovanile/ di lunga durata	le chômage des jeunes/ de longue durée
	l'indennità di disoccupazione	l'indemnité de chômage
	il sussidio di disoccupazione	l'allocation de chômage
	il tasso di disoccupazione	le taux de chômage
	il disoccupato	le chômeur
	il disoccupato iscritto alle liste di collocamento	le demandeur d'emploi
(!) pluriel	**le dimissioni**	la démission
	la delocalizzazione	la délocalisation
	la riconversione professionale	la reconversion professionnelle
	il reinserimento professionale	la réinsertion professionnelle
participe passé ridotto	**ridurre il personale, fare tagli al personale**	réduire le personnel
participe passé soppresso	**sopprimere posti di lavoro**	supprimer des emplois
participe passé perduto *ou* perso	**perdere il posto di lavoro**	perdre son emploi
	essere buttato fuori	être mis à la porte
	essere in cassa integrazione	être au chômage technique
	licenziare	licencier
	essere licenziato abusivamente	être licencié abusivement
	licenziare in tronco	licencier sans préavis
	adire il collegio dei probiviri	aller aux prud'hommes
participe passé rimasto	**rimanere disoccupato**	se retrouver au chômage
	essere iscritto alle liste di disoccupazione	être demandeur d'emploi
	delocalizzare un'azienda	délocaliser une entreprise
	rassegnare le dimissioni, dare le dimissioni	remettre sa démission, donner sa démission

4 Lavoro, Stato e società / Travail, État et société

La Previdenza Sociale / La Sécurité sociale

l'INPS (Istituto Nazionale di Previdenza Sociale) *l'Institut national de la Sécurité sociale*	**la mutua**	la Sécu
	l'ASL (l'Azienda Sanitaria Locale)	≈ la CPAM (Caisse primaire d'assurance maladie)
	l'ente previdenziale	l'organisme de prévoyance
	le prestazioni a sostegno del reddito	les prestations d'aide
l'assegno *le chèque*	**gli assegni familiari**	les allocations familiales
	il calcolo della pensione	le calcul de la retraite

	il fondo pensioni	la caisse de retraite
	l'assicurazione sanitaria	l'assurance santé
	l'indennità di malattia	l'indemnité de maladie
	l'infortunio sul lavoro	l'accident du travail
	l'invalidità temporanea/permanente	l'invalidité temporaire/permanente
	il grado d'invalidità	le degré d'invalidité
	la pensione d'invalidità	la pension d'invalidité
	l'idoneità al lavoro	l'aptitude au travail
	l'inabilità al lavoro	l'incapacité de travail
	il disabile	le handicapé
	la malattia professionale	la maladie professionnelle
	avere la mutua	avoir la Sécu
participe passé messo	**mettere in regola un lavoratore**	déclarer un travailleur
	essere messo in regola	être déclaré
	percepire gli assegni familiari	toucher les allocations familiales

Padronato e sindacati / Patronat et syndicats

	il sindacato padronale / operaio	le syndicat patronal / ouvrier
	il sindacato autonomo	le syndicat autonome
	il sindacalismo	le syndicalisme
	il sindacalista	le syndicaliste
	il delegato sindacale	le délégué syndical
	il responsabile sindacale	le responsable syndical
	i COBAS	*les comités de base*
	l'assemblea generale	l'assemblée générale
il portavoce *le porte-parole*	**la rappresentanza**	la délégation
	l'adesione	l'adhésion
	la tessera sindacale	la carte syndicale
	la quota associativa	la cotisation syndicale
	la vertenza sindacale	le conflit syndical
Le rivendicazioni per migliori condizioni di lavoro. *Les revendications pour de meilleures conditions de travail.*	**la rivendicazione salariale**	la revendication salariale
	le trattative	les négociations
	lo stallo delle trattative	l'impasse des négociations
	i negoziati salariali	les négociations salariales
	l'accordo	l'accord
	la disciplina del lavoro	la réglementation du travail
	intavolare una trattativa	engager des négociations
	essere iscritto al sindacato	être syndiqué
	aderire a un sindacato	se syndiquer
	avere la tessera	avoir la carte
	rivendicare	revendiquer
participe passé risolto	**risolvere una vertenza**	résoudre un conflit
	mandare una rappresentanza	envoyer une délégation
	sedersi al tavolo delle trattative	s'asseoir à la table des négociations

• **abbandonare il tavolo delle trattative**	• quitter la table des négociations
• **arrivare a un compromesso**	• parvenir à un compromis
• **fare pressione**	• faire pression
• **mettere ai voti**	• soumettre à un vote

Le tensioni sociali	Les tensions sociales
(!) masculin — • **lo sciopero**	• la grève
generale	générale
bianco	du zèle
articolato, a scacchiera	tournante
parziale	partielle
di categoria	catégorielle
selvaggio	sauvage
a oltranza	illimitée
della fame	de la faim
• **il diritto di sciopero**	• le droit de grève
• **il preavviso di sciopero**	• le préavis de grève
• **la sospensione del lavoro**	• le débrayage
• **l'occupazione**	• l'occupation
• **lo scioperante**	• le gréviste
• **il non scioperante**	• le non-gréviste
• **il picchetto di scioperanti**	• le piquet de grève
• **il crumiro**	• le briseur de grève
• **la manifestazione, la dimostrazione**	• la manifestation
• **i manifestanti, i dimostranti**	• les manifestants
• **lo scontento**	• le mécontentement
• **il malessere sociale**	• le malaise social
• **le cattive condizioni di lavoro**	• les mauvaises conditions de travail
• **il mobbing**	• le harcèlement au travail
il carovita *la vie chère* — • **il calo del potere d'acquisto**	• la baisse du pouvoir d'achat
participe passé indetto — • **indire lo sciopero**	• appeler à la grève
• **mettersi in sciopero**	• se mettre en grève
• **fare sciopero, scioperare**	• faire grève
• **smontare, staccare**	• débrayer
• **picchettare una fabbrica**	• installer des piquets de grève devant une usine
• **manifestare, dimostrare**	• manifester
• **protestare**	• protester
• **paralizzato dallo sciopero**	• paralysé par la grève

METTERE IN PRATICA

69 Dal verbo al sostantivo Du verbe au substantif

1. lavorare
2. assumere
3. licenziare
4. rivendicare
5. promuovere
6. stipendiare
7. remunerare
8. retrocedere
9. scioperare
10. protestare
11. trattenere
12. raccomandare
13. trattare
14. picchettare
15. dirigere

70 Trovare l'intruso Trouver l'intrus

1. l'impiegato; il lavoratore; la fabbrica; l'operaio; il manovale
2. il datore di lavoro; il principale; il titolare; il padrone; il capufficio
3. l'onorario; la parcella; la paga; gli assegni familiari; lo stipendio

71 Leggere e tradurre Lire et traduire

Il capo

È dirigente di una grande industria, ha passato i sessant'anni, ogni mattina si alza alle sei, estate e inverno, alle sette è già in fabbrica dove rimane fino alle otto di sera e oltre. Anche la domenica va a lavorare, pur se lo stabilimento e gli uffici sono deserti; ma un'ora più tardi, ciò che egli considera quasi un vizio. È per eccellenza un uomo serio, ride raramente, non ride mai. D'estate si concede, ma non sempre, una settimana di vacanza nella villa del lago. Non conosce debolezze di alcun genere, non fuma, non prende caffè, non beve alcoolici, non legge romanzi. Non tollera debolezze neppure negli altri. Si crede importante. È importante. È importantissimo. Dice cose importanti. Ha amici importanti. Fa solo telefonate importanti. Anche i suoi scherzi in famiglia sono molto importanti. Si crede indispensabile. È indispensabile. I funerali seguiranno domani alle ore 14.30, partendo dall'abitazione dell'estinto.

Dino Buzzati, *Le notti difficili*, © Éditions Mondadori, 1971

corrigés page 425

Il contesto culturale

Esempio di curriculum vitae Exemple de curriculum vitae

Monica Bianchi

DATI ANAGRAFICI

Data e luogo di nascita: 24 dicembre 1981; Monza
Stato civile: nubile
Nazionalità: Italiana
Indirizzo: Via Gioberti, 1
20099 Sesto San Giovanni (MI)
Telefono: Cell. 0335 / 8888888
Uff. 02 / 77777777

ESPERIENZE PROFESSIONALI

• **ALFHA S.p.A.**

Posizioni ricoperte
Da Marzo 2005 ad oggi:
Brand Manager alle dipendenze del Marketing Manager Italia

MANSIONI & ATTIVITÀ

- Responsabilità della gestione commerciale dei succhi di frutta Best Fruit (prodotti di importazione) in GDO
- Gestione delle attività in-store in GDO
- In fase di studio la nuova campagna televisiva e la promozione al consumo

FORMAZIONE

- **Master in Gestione delle Risorse Umane** (1995) - Bocconi, Milano.
- **Laurea in Lettere Moderne, indirizzo in Comunicazioni Sociali** (1994/95) - Università Statale, Milano. Votazione: 110/110 e lode.
  Materia della Tesi: *Teoria e Tecnica dell'Informazione*
- **Maturità Scientifica** (1989/90) – Liceo Scientifico "A. Spinelli", Bresso (MI). Votazione: 60/60

LINGUE CONOSCIUTE

- **Inglese** ottimo scritto e parlato
- **Tedesco** madrelingua
- **Spagnolo** scolastico

CONOSCENZE INFORMATICHE

- **Applicazioni Microsoft Office in ambiente Windows 2000**: ottima conoscenza

ALTRE INFORMAZIONI

- **Disponibilità**: brevi trasferte in Italia ed all'estero

Autorizzo il trattamento e la comunicazione dei dati personali ai sensi del D. lgs. 196/03

I principali sindacati italiani
Les principaux syndicats italiens

La CGIL (Confederazione Generale Italiana del Lavoro)	Confédération générale italienne du travail
La CISL (Confederazione Italiana dei Sindacati Liberi)	Confédération italienne des syndicats libres
L'UIL (Unione Italiana Lavoratori)	Union italienne des travailleurs
La Confindustria (Confederazione generale dell'industria italiana)	la confédération des industriels ≈ le Medef

Espressioni idiomatiche

sbarcare il lunario	joindre les deux bouts
sudare sette camicie	suer sang et eau
conoscere i trucchi del mestiere	connaître les ficelles du métier
saperci fare	savoir y faire
lavorare gomito a gomito	travailler coude à coude
lavorare sodo	travailler dur
l'olio di gomito	l'huile de coude
lavorare di gomito	jouer des coudes
fare un gran bel lavoro	faire du propre
un lavoraccio	un sale boulot
fare un lavoro da cani	faire un travail de cochon
un lavoro fatto con i piedi	un travail mal fait
un lavoro da certosino	un travail de bénédictin
battere la fiacca	tirer au flanc
stare con le mani in mano	se tourner les pouces
uno stakanovista	un stakhanoviste
uno scansafatiche	un tire-au-flanc
un colletto bianco	un col blanc
le tute blu	les cols bleus
l'impiegatuccio	le rond-de-cuir

Proverbi

Chi non lavora, non mangia.	Qui ne travaille pas, ne mange pas.
Il lavoro nobilita l'uomo.	Le travail ennoblit l'homme.
Prima il dovere, poi il piacere.	*Le travail d'abord.*

25

La vita economica

La vie économique

1 L'economia — L'économie

I sistemi economici	Les systèmes économiques
il capitalismo	le capitalisme
il liberismo	le libéralisme
il liberalismo economico	le libéralisme économique
l'economia di mercato	l'économie de marché
la domanda e l'offerta	l'offre et la demande
la libera impresa	la libre entreprise
il libero scambio	le libre-échange
la privatizzazione	la privatisation
l'economia pianificata	l'économie planifiée
l'economia socialista	l'économie socialiste
la pianificazione	la planification
il piano quinquennale	le plan quinquennal
la statalizzazione	la nationalisation
il protezionismo (le barriere doganali *les barrières douanières*)	le protectionnisme
l'interventismo (l'intervento dello stato (!) masculin *l'intervention de l'État*)	l'interventionnisme
l'economia mista	l'économie mixte
il settore pubblico	le secteur public
il settore privato	le secteur privé
il settore parastatale	le secteur semi-public
il monopolio	le monopole
il mercato	le marché
interno	intérieur
estero	extérieur
mondiale	mondial
privatizzare	privatiser
nazionalizzare	nationaliser
pianificare	planifier
detenere il monopolio	détenir le monopole
proteggere (participe passé protetto)	protéger
capitalista, capitalistico	capitaliste
liberista, liberale	libéral
statalizzato (statale *d'État*)	nationalisé
privatizzato	privatisé

Le tendenze economiche	Les tendances économiques
• la globalizzazione	• la mondialisation
• il movimento no-global	• le mouvement altermondialiste
• i no-global	• les altermondialistes
• la congiuntura economica favorevole/sfavorevole	• la conjoncture économique favorable/défavorable
• la crescita	• la croissance
• l'aumento	• la hausse, l'augmentation
• l'incremento	• l'accroissement
• il boom economico	• le boom économique
(!) masculin — • il rilancio	• la relance
(!) masculin — • il ristagno	• la stagnation
invariable — • la crisi	• la crise
• la recessione	• la récession
• il calo, la diminuzione	• la baisse, la diminution
• l'inflazione	• l'inflation
• la deflazione	• la déflation
• crescere	• croître
• aumentare	• augmenter
• incrementare	• accroître
• incrementare gli scambi	• accroître les échanges
• ristagnare	• stagner
• calare	• baisser
• diminuire	• diminuer
• rilanciare	• relancer
• globalizzato	• mondialisé

L'impresa	L'entreprise
• la grande impresa	• la grande entreprise
• il magnate	• le magnat
• le piccole e medie imprese	• les petites et moyennes entreprises
• l'imprenditore	• l'entrepreneur
• l'uomo d'affari	• l'homme d'affaires
• l'azienda a conduzione familiare	• l'entreprise familiale
• il fatturato, il giro d'affari	• le chiffre d'affaires
• l'utile	• le bénéfice
• il profitto	• le profit
• il bilancio consuntivo	• le bilan définitif
• il bilancio preventivo	• le budget prévisionnel
prononcer ['badʒdʒɛt] — • il budget	• le budget
• il conto profitti e perdite	• le compte des pertes et profits
• il deficit	• le déficit
• la transazione	• la transaction
• l'investimento	• l'investissement
• il fallimento	• la faillite
• la bancarotta fraudolenta	• la banqueroute frauduleuse
l'affare (!) masculin — • fare affari	• faire des affaires
participe passé concluso — • concludere un affare	• conclure une affaire

dichiarare il fallimento di una banca déclarer une banque en faillite

dichiarare fallimento	déposer le bilan
fallire	faire faillite

2 Il commercio — Le commerce

Il commercio estero — Le commerce extérieur

Il commercio estero	Le commerce extérieur
l'importazione	l'importation
l'importatore	l'importateur
l'esportazione	l'exportation
l'esportatore	l'exportateur
gli scambi commerciali	les échanges commerciaux
la zona di libero scambio	la zone de libre-échange
il controllo doganale	le contrôle douanier
i dazi doganali	les droits de douane
la bilancia commerciale	la balance commerciale
in attivo, positiva	excédentaire, positive
deficitaria, negativa	déficitaire, négative
importare	importer
esportare	exporter
passare la dogana	passer la douane
conquistare parti di mercato	conquérir des parts de marché
aprire nuovi sbocchi commerciali	ouvrir de nouveaux débouchés commerciaux

La compravendita — L'achat et la vente

La compravendita	L'achat et la vente
la vendita diretta	la vente directe
la vendita per corrispondenza	la vente par correspondance
la televendita	la télévente, le téléachat
la vendita all'ingrosso	la vente en gros
il grossista	le grossiste
il fornitore	le fournisseur
la vendita al dettaglio, la vendita al minuto	la vente au détail
il venditore al dettaglio, il venditore al minuto	le détaillant
la vendita porta a porta	la vente porte-à-porte
la vendita da asporto	la vente à emporter
la vendita on line	la vente en ligne
la liquidazione	la liquidation
i saldi, la svendita	les soldes
lo sconto, la riduzione	la remise, la réduction
l'offerta lancio	l'offre de lancement
la promozione	la promotion
il prezzo	le prix
unitario	unitaire, à l'unité
il prezzo	le prix
di vendita	de vente
di listino	de catalogue
di richiamo	d'appel
al dettaglio, al minuto	de détail
al consumo	à la consommation
di costo	coûtant

(!) faux ami i soldi *l'argent, les sous*

	di realizzo	de revient
	di fabbrica	de fabrication
	fisso	fixe
	consigliato	conseillé
	• **il cartellino (del prezzo)**	• l'étiquette (du prix)
	• **l'etichetta**	• l'étiquette
	• **il codice a barre**	• le code-barre
(!) féminin	• **la tariffa**	• le tarif [prix]
	• **il tariffario**	• le tarif [liste]
	• **la fattura**	• la facture
	• **lo scontrino**	• le ticket de caisse
	• **l'ordine**	• la commande
	• **il buono d'ordine**	• le bon de commande
	• **la consegna**	• la livraison
	• **il buono di consegna**	• le bon de livraison
	• **la consegna a domicilio**	• la livraison à domicile
	• **la merce**	• la marchandise
	• **l'articolo**	• l'article
autre sens *le champion (sportif)*	• **il campione**	• l'échantillon
	• **il campione gratuito**	• l'échantillon gratuit
	• **il campionario**	• l'échantillonnage
	• **il catalogo**	• le catalogue
	• **il pacco**	• le paquet
	• **la scatola**	• la boîte
	• **il cartone**	• le carton
	• **la carta da pacchi**	• le papier d'emballage
	• **lo spago**	• la ficelle
	• **la confezione regalo, il pacco regalo**	• le paquet cadeau
	• **il sacchetto di plastica**	• le sachet en plastique
	• **il peso lordo/netto**	• le poids brut/net
	• **la tara**	• la tare
	• **il cliente**	• le client
	• **la clientela**	• la clientèle
	• **l'acquirente**	• l'acquéreur
	• **il compratore**	• l'acheteur
la società dei consumi *la société de consommation*	• **il consumatore**	• le consommateur
	• **la difesa del consumatore**	• la défense du consommateur
	• **l'associazione di consumatori**	• l'association de consommateurs
	• **l'acquisto**	• l'achat
	• **il potere d'acquisto**	• le pouvoir d'achat
	• **il difetto (di fabbricazione)**	• le défaut (de fabrication)
	• **il reclamo**	• la réclamation
	• **la concorrenza**	• la concurrence
	• **il concorrente**	• le concurrent
	• **la rivalità**	• la rivalité
	• **il rivale**	• le rival
	• **l'inventario**	• l'inventaire
	• **comprare, comperare, acquistare**	• acheter
	• **vendere**	• vendre

svendere	solder
fatturare	facturer
ordinare	commander
consegnare	livrer
impacchettare, incartare	emballer
pagare	payer
distribuire	distribuer
smerciare	écouler, vendre au détail

gratis, gratuito	gratuit
accessibile	abordable
discreto, ragionevole	raisonnable
esorbitante, esoso	exorbitant
a buon mercato	bon marché
caro	cher
modico	modique, modéré
fisso	fixe
stracciato	bradé
costoso	coûteux

Gli esercizi e gli esercenti / Les commerces et les commerçants

l'esercizio	le commerce
l'esercente, il commerciante	le commerçant
il gestore, il gerente	le gérant
la drogheria	l'épicerie
il droghiere	l'épicier
la latteria	la crèmerie
il lattaio	le laitier, le crémier
la panetteria, il forno	la boulangerie
il panettiere, il fornaio	le boulanger
la pasticceria	la pâtisserie
il pasticcere	le pâtissier
la macelleria	la boucherie
il macellaio	le boucher
la salumeria	la charcuterie
il salumiere	le charcutier
la pescheria	la poissonnerie
il pescivendolo	le poissonnier
la polleria	le magasin de volaille
il pollaiolo	le volailler
la rosticceria	la rôtisserie
il rosticcere	le rôtissier
l'alimentari	le magasin d'alimentation générale, l'épicerie
il frutta e verdura	le magasin de fruits et légumes
il fruttivendolo	le marchand de fruits et légumes
la libreria	la librairie
il libraio	le libraire
la cartoleria	la papeterie
il cartolaio	le papetier
l'edicola	le kiosque (à journaux)

(!) faux ami
la droguerie
il negozio di casalinghi

il macello *l'abattoir*

il pollame *la volaille*

	il giornalaio	le marchand de journaux
	la calzoleria	la cordonnerie
	il calzolaio	le cordonnier
	la tabaccheria	le tabac, le bureau de tabac
	il tabaccaio	le buraliste
	la merceria	la mercerie
	la merciaia	la mercière
	il fiorista, il fioraio	le fleuriste
(!) invariable	**il ferramenta**	la quincaillerie
	il negoziante di ferramenta	le quincaillier

Il negozio / Le magasin

prononcer à la française	**la boutique**	le magasin d'habillement
terme vieilli, employé pour désigner la boutique d'un artisan	**la bottega**	la boutique
	il bottegaio	le boutiquier
	il negoziante	le marchand
	il commesso	le vendeur
	il garzone	l'apprenti *ou* le garçon [de boutique]
	il fattorino	le livreur
	il mercato	le marché
	il mercato coperto	le marché couvert
	la bancarella	l'étal
	l'ambulante	le marchand ambulant
	il supermercato	le supermarché
	il grande magazzino	le grand magasin
prononcer [dis'kawnt]	**il discount**	la solderie
	l'emporio, il bazar	le bazar
	il centro commerciale	le centre commercial
	l'ipermercato	l'hypermarché
	la cooperativa	la coopérative
	l'orario di apertura	l'horaire d'ouverture
	di chiusura	de fermeture
	la distribuzione	la distribution
	la grande distribuzione	la grande distribution
	l'insegna luminosa	l'enseigne lumineuse
	la saracinesca	le rideau (métallique)
	la vetrina	la vitrine
vetrina in allestimento *vitrine en cours*	**l'allestimento della vetrina**	la réalisation de la vitrine
	il vetrinista	l'étalagiste
(!) l'indossatrice, la modella *le mannequin (de mode)*	**il manichino**	le mannequin (d'étalage)
	la merce esposta	la marchandise exposée
	il bancone, il banco	le comptoir
	la cabina di prova	la cabine d'essayage
	lo specchio	le miroir
	la cassa	la caisse
	la bilancia	la balance
	il carrello	le caddie, le chariot
	il cestino	le panier
	il reparto	le rayon
	la scaffalatura	le rayonnage

participe passé esposto

esporre	exposer
allestire la vetrina	faire, réaliser la vitrine
pesare	peser
riempire il carrello	remplir son caddie
passare alla cassa	passer à la caisse
spazioso	spacieux
ben fornito	bien approvisionné
ben disposto	bien agencé
a orario continuato	ouvert sans interruption
chiuso per ferie	fermé pour congé annuel
aperto la domenica	ouvert le dimanche

3 Il marketing / Le marketing

Il mercato / Le marché

aussi l'analisi di mercato

prononcer ['targɛt]

Il mercato	Le marché
l'indagine di mercato	l'étude de marché
il sondaggio d'opinione	le sondage d'opinion
il campione rappresentativo	l'échantillon représentatif
il target	la cible
la quota di mercato, la fetta di mercato	la part de marché
il segmento di mercato	le segment de marché
il mercato reale	le marché réel
il mercato potenziale	le marché potentiel
il trend economico	la tendance économique
l'andamento del mercato, la fluttuazione del mercato	l'évolution du marché, la fluctuation du marché
l'espansione	l'expansion
la conquista	la conquête
l'immissione sul mercato	la mise sur le marché
la strategia di vendita	la stratégie de vente
il successo commerciale	le succès commercial
le aspettative dei consumatori	les attentes des consommateurs
gli obiettivi di vendita	les objectifs de vente
il servizio (di) assistenza	le service assistance
il servizio clienti	le service clients
la garanzia	la garantie

participe passé immesso

una fetta *une tranche*

fare un sondaggio	faire un sondage
individuare il target	identifier la cible
immettere sul mercato	mettre sur le marché
commercializzare	commercialiser
soddisfare la domanda	satisfaire la demande
conquistare il mercato	conquérir le marché
ritagliarsi una fetta di mercato	se tailler une part de marché
lanciare un prodotto	lancer un produit
ritirare dal mercato	retirer du marché
rispondere alle aspettative	répondre aux attentes
essere in concorrenza	être en concurrence

farsi concorrenza	se faire concurrence
entrare in concorrenza	entrer en concurrence
omogeneo/eterogeneo	homogène/hétérogène
concorrenziale	concurrentiel
in piena espansione	en pleine expansion
fluttuante	fluctuant
stagnante	stagnant
saturo	saturé
trainante	porteur

Il prodotto	Le produit
l'articolo	l'article
i beni di consumo	les biens de consommation
i generi di prima necessità	les denrées de première nécessité
i beni strumentali	les biens d'équipement
i prodotti alimentari	les produits alimentaires
i prodotti di largo consumo	les produits de consommation courante
i manufatti	le produits manufacturés
i prodotti di lusso	les produits de luxe
la robaccia, la paccottiglia (la roba (!) singulier invariable *les choses*)	la camelote
i fondi di magazzino	les fonds de magasin
il marchio di fabbrica	la marque de fabrique
il marchio di qualità	le label de qualité
il marchio registrato	la marque déposée
la griffe, la firma	la griffe
la confezione (autre sens *la confection*)	le conditionnement, l'emballage
l'imitazione, la contraffazione	l'imitation, la contrefaçon
il logo	le logo
l'immagine di marca	l'image de marque
produrre (participe passé prodotto)	produire
confezionare	conditionner, emballer
imitare, contraffare (participe passé contraffatto)	imiter, contrefaire
biodegradabile	biodégradable
riciclabile	recyclable
ecologico	écologique
usa e getta	jetable
disponibile	disponible
difettoso	défectueux
invendibile	invendable
sicuro	fiable
di prima scelta	de premier choix
in garanzia	sous garantie

4 L'industria / L'industrie

La fabbrica	L'usine
lo stabilimento industriale	l'établissement industriel
l'officina	l'atelier

> (!) *le magasin (de commerce)* il negozio

il capannone	le hangar
il magazzino	le magasin, l'entrepôt
il deposito	le dépôt, l'entrepôt
la zona industriale	la zone industrielle

I settori industriali / Les secteurs industriels

> il cemento *le ciment* ou *le béton*

> l'industria bellica *l'industrie de guerre*

l'industria edile	l'industrie du bâtiment
l'edilizia	le bâtiment
il cementificio	la cimenterie
l'industria chimica	l'industrie chimique
l'industria petrolchimica	l'industrie pétrochimique
la raffineria	la raffinerie
l'industria siderurgica	l'industrie sidérurgique
l'acciaieria	l'aciérie
la fonderia	la fonderie
gli altiforni	les hauts fourneaux
la ciminiera	la cheminée (d'usine)
l'industria meccanica	l'industrie mécanique
l'industria metallurgica	l'industrie métallurgique
il metalmeccanico	le métallurgiste
l'industria automobilistica	l'industrie automobile
l'industria tessile	l'industrie textile
il cotonificio	la filature de coton
il lanificio	la filature de laine
il maglificio	la bonneterie
l'industria alberghiera	l'industrie hôtelière,l'hôtellerie
l'albergatore	l'hôtelier
l'industria agroalimentare	l'industrie agro-alimentaire
il caseificio	la fromagerie
l'industria conserviera	l'industrie des conserves
il conservificio	la conserverie
la conserva	la conserve
l'industria aeronautica	l'industrie aéronautique
l'industria manifatturiera	l'industrie manufacturière
i manufatti	les produits manufacturés
l'industria cinematografica	l'industrie cinématographique
l'industria farmaceutica	l'industrie pharmaceutique
il laboratorio farmaceutico	le laboratoire pharmaceutique
l'industria mineraria	l'industrie minière
la miniera	la mine
l'industria pesante	l'industrie lourde
l'industria leggera	l'industrie légère
il settore terziario	le secteur tertiaire

La produzione industriale / La production industrielle

la fabbricazione	la fabrication
il montaggio	le montage
la catena di montaggio	la chaîne de montage
l'impianto	l'installation
il macchinario	la machinerie, les machines
le attrezzature industriali	les équipements industriels
la macchina utensile	la machine-outil

l'attrezzatura	l'outillage
la produzione	la production
la produzione in serie	la production en série
la serie limitata	la série limitée
la sovrapproduzione	la surproduction
i ritmi di produzione	les rythmes de production
la produzione just in time	la production à flux tendu
le quote di produzione	les quotas de production
il prezzo alla produzione	le prix à la production
la gestione delle scorte	la gestion des stocks
la liquidazione delle scorte	la liquidation des stocks
l'automazione	l'automatisation
la meccanizzazione	la mécanisation
la modernizzazione	la modernisation
la robotizzazione	la robotisation
il prodotto finito	le produit fini
la gamma di prodotti	la gamme de produits
il prodotto in kit	le produit en kit
il pezzo di ricambio	la pièce détachée
le giacenze di magazzino	les stocks disponibles

just in time à prononcer ['dʒastintajm]

produrre	produire
fabbricare	fabriquer
meccanizzare	mécaniser
robotizzare	robotiser
montare, assemblare	monter, assembler
liquidare le scorte	liquider les stocks
distribuire	distribuer
aumentare la produzione	augmenter la production
ridurre la produzione	réduire la production
fermare la produzione	arrêter la production
sospendere la produzione	suspendre la production

participe passé sospeso

produttivo	productif
industriale	industriel
flessibile	flexible
automatico	automatique

La produttività / La productivité

La produttività	La productivité
il rendimento, la resa	le rendement
l'efficienza	l'efficacité
la redditività	la rentabilité
i costi di fabbricazione	les coûts de fabrication
la motivazione	la motivation
l'incentivo	la prime
la partecipazione agli utili	la participation aux bénéfices
il miglioramento della qualità del prodotto	l'amélioration de la qualité du produit
l'incremento della produzione	l'accroissement de la production
l'ergonomia	l'ergonomie

Remarque	Italiano	Français
	razionalizzare il lavoro	rationaliser le travail
participe passé reso	rendere	rapporter
	migliorare la resa	améliorer le rendement
	far funzionare una fabbrica a pieno ritmo	faire tourner une usine à pleine capacité
	rinnovare la attrezzature	renouveler les équipements
	ammodernare	moderniser
	in piena espansione	en plein essor
	promettente	prometteur
	ad alto rendimento	à haut rendement
	(non) redditizio	(non) rentable
	conveniente	avantageux

5 Il settore bancario e la Borsa / Le secteur bancaire et la Bourse

La banca / La banque

Remarque	Italiano	Français
au masculin dans certains noms de banques: il Banco di Roma *la Banque de Rome*	l'istituto bancario	l'établissement bancaire
	la sede sociale	le siège social
	la filiale	la filiale
	la succursale	la succursale
il risparmio (!) masculin *l'épargne*	la cassa di risparmio	la caisse d'épargne
	il libretto di risparmio	le livret d'épargne
	la banca centrale	la Banque centrale
	il direttore di banca	le directeur de banque
	il banchiere	le banquier
	il bancario	l'employé de banque
	il procuratore	le fondé de pouvoir
	la camera blindata	la salle des coffres
(!) féminin	la cassaforte	le coffre-fort
	il lingotto d'oro	le lingot d'or
	la cassetta di sicurezza	le coffre
autre sens *la carte bancaire*	il bancomat	le distributeur (de billets)
	la carta di credito	la carte de crédit
	il codice segreto	le code secret
	lo sportello	le guichet
	la cassa	la caisse
	il cassiere	le caissier
abrégé il c/c; il conto intestato a *le compte au nom de*	il conto corrente	le compte courant
	il conto congiunto	le compte joint
	il conto vincolato	le compte bloqué
	il conto scoperto	le compte à découvert
	il conto congelato	le compte gelé
	il conto remunerato	le compte rémunéré
	il correntista, il titolare di un conto	le titulaire d'un compte
	l'estratto conto	le relevé de compte
	le spese bancarie	les frais bancaires
	le spese di commissione	les frais de commission
	il libretto degli assegni	le carnet de chèques

	l'assegno	le chèque
	non trasferibile	non endossable
	trasferibile	endossable
	coperto	approvisionné
	a vuoto, scoperto	sans provision
	in bianco	en blanc
	postdatato	postdaté
	la girata	l'endossement
	l'importo	le montant
	la firma	la signature
	risparmiare	épargner

Le operazioni bancarie / Les opérations bancaires

	la riscossione	l'encaissement
la distinta di versamento *le bordereau de versement*	**il versamento**	le versement
	il prelievo	le retrait
	il bonifico	le virement [à un tiers]
	il giroconto	le virement
	il vaglia	le mandat
pagherò *je paierai*	**il pagherò**	le billet à ordre
	il prestito	le prêt *ou* l'emprunt
	il mutuo per la casa	le crédit immobilier
	l'interesse	l'intérêt
(!) singulier	**l'aggio**	les agios
	la cambiale	la lettre de change, la traite
	l'ipoteca	l'hypothèque
il monte dei Pegni *le mont de Piété*	**il pegno**	le gage
	la garanzia	la garantie
	la cauzione	la caution
	la lettera di credito	la lettre de crédit
	la scadenza	l'échéance
	la rata	la mensualité
autre sens *le toit*	**il tetto**	le plafond
	il deposito	le dépôt
	il depositario	le dépositaire
	il debitore	le débiteur
	il creditore	le créancier
(!) masculin	**il debito**	la dette
	il credito	le crédit
	la solvibilità	la solvabilité
	il protesto	le protêt
l'usuraio, lo strozzino *l'usurier* (strozzare *étrangler*)	**l'usura**	l'usure
	aprire/chiudere un conto in banca	ouvrir/fermer un compte à la banque
participe passé estinto	**estinguere un conto**	clôturer un compte
	accreditare	créditer
	addebitare	débiter
	depositare in banca	déposer à la banque
	versare	verser
	prelevare	retirer
participe passé emesso	**emettere un assegno**	émettre un chèque

participe passé riscosso	**compilare un assegno**	remplir un chèque
	girare un assegno	endosser un chèque
participe passé riscosso	**riscuotere un assegno**	encaisser un chèque
	prestare	prêter
	prendere in prestito	emprunter
participe passé chiesto	**chiedere un prestito**	demander un prêt
	accordare un prestito	accorder un prêt
	ottenere un prestito	obtenir un prêt
	maturare gli interessi	accumuler des intérêts
	comprare a credito	acheter à crédit
participe passé contratto	**contrarre un debito**	contracter une dette
	saldare un debito	s'acquitter d'une dette
	avallare una cambiale	avaliser une lettre de change
	firmare una cambiale	signer une lettre de change
	onorare una cambiale	honorer une traite
	pagare le rate	payer les mensualités
	rimborsare	rembourser
	prorogare la scadenza	proroger l'échéance
	arrivare alla scadenza	arriver à échéance
participe passé acceso/spento	**accendere/spegnere un'ipoteca**	constituer/éteindre une hypothèque
	liberare da un'ipoteca	libérer d'une hypothèque

- **solvibile** — solvable
- **insolvibile** — insolvable
- **scaduto** — échu
- **arretrato** — arriéré [intérêts]
- **insoluto** — impayé
- **esigibile** — exigible
- **pagabile (a vista)** — payable (à vue)
- **anticipato** — anticipé
- **a breve termine** — à court terme
- **a lungo termine** — à long terme
- **impegnato** — mis en gage
- **ipotecato** — hypothéqué
- **protestato** — protesté

Il sistema monetario / Le système monétaire

- **la Zecca dello Stato** — (l'Hôtel de) la Monnaie
- **il conio, la coniazione** — la frappe
- **il denaro** — l'argent (aussi i soldi)
- **i liquidi, il denaro liquido** — l'argent liquide (la liquidità *les liquidités*)
- **il (denaro) contante** — l'argent comptant
- **i contanti** — les espèces
- **la moneta** — la pièce (de monnaie) (una moneta da un euro *une pièce d'un euro*)
- **la cartamoneta** — le papier-monnaie
- **la moneta circolante** — la monnaie en circulation
- **la banconota** — le billet (de banque)
- **gli spiccioli** — la monnaie [la menue monnaie]
- **il resto** — la monnaie [à rendre]
- **la valuta** — la devise
  - **estera** — étrangère
  - **forte/debole** — forte/faible
  - **stabile/instabile** — stable/instable

(!) invariable

il dollaro americano/canadese *le dollar américain/canadien*

l'euro	l'euro
il centesimo	le centime
la sterlina	la livre sterling
il penny	le penny
il dollaro	le dollar
lo yen	le yen
il tasso del cambio	le taux de change
coniare moneta	frapper (la) monnaie
emettere moneta	émettre la monnaie
pagare in contanti	payer comptant, payer en espèces
dare il resto	rendre la monnaie
avere degli spiccioli	avoir de la monnaie
cambiare una banconota	changer un billet (de banque)
comprare valuta estera	acheter des devises étrangères
cambiare denaro	changer de l'argent

La borsa valori / La bourse des valeurs

l'azione	l'action
al portatore	au porteur
nominativa	nominative
ordinaria	ordinaire
il mercato azionario	le marché boursier
il capitale azionario	le capital-actions
il pacchetto azionario	le paquet d'actions
l'azionista	l'actionnaire
il dividendo	le dividende
la ripartizione dei dividendi	la distribution des dividendes
il rimborso	le remboursement
la plusvalenza	la plus-value
la minusvalenza	la moins-value
l'obbligazione	l'obligation
l'obbligazionista	l'obligataire
la sottoscrizione	la souscription
il sottoscrittore	le souscripteur
il listino di Borsa	le cours de la Bourse
il titolo	le titre
i titoli non quotati in Borsa	les titres non cotés en Bourse
la cedola	le coupon
il buono del Tesoro	le bon du Trésor
il Buono Ordinario del Tesoro (BOT)	le bon ordinaire du Trésor
l'andamento della borsa	le cours de la Bourse
in rialzo	à la hausse
in ribasso	à la baisse
il mercato valutario	le marché des valeurs
la quotazione	le cours, la cotation
la svalutazione	la dévaluation
l'oscillazione, la variazione	la fluctuation, la variation
la flessione	le fléchissement, la baisse
l'offerta pubblica d'acquisto (OPA)	l'offre publique d'achat (OPA)

il corso di apertura / di chiusura	le cours d'ouverture / de clôture
il broker	le courtier
l'agente di cambio	l'agent de change
il portafoglio (d'azioni)	le portefeuille (d'actions)
l'investimento	l'investissement
il collocamento	le placement
la speculazione borsistica	la spéculation boursière
lo speculatore	le spéculateur
il crac della borsa	le krach boursier
il tracollo della borsa	l'effondrement de la Bourse
l'indice di borsa (il CAC 40 (Paris), il Nikkei 225 (Tokyo), il Dow Jones (New York), il Mib 30 (Milan))	l'indice boursier
sottoscrivere un'azione	souscrire une action
tassare i dividendi	imposer les dividendes
vendere	vendre
emettere (participe passé emesso)	émettre
collocare	placer
giocare in borsa	jouer en Bourse
investire	investir
quotare	coter
rendere, fruttare	rapporter
salire (participe passé sceso)	monter
scendere	descendre
oscillare	fluctuer
crollare	s'effondrer, chuter
svalutare	dévaluer
guadagnare	gagner
perdere	perdre
speculare	spéculer

METTERE IN PRATICA

72 Abbinare la definizione e il nome corrispondente
Relier la définition au nom correspondant

1. Ha un debito
2. Ha un conto corrente in banca
3. Fa concorrenza
4. Ha un pacchetto di azioni
5. Specula in borsa
6. Presta soldi a interesse eccessivo
7. Lavora in banca
8. Possiede una banca
9. È titolare di un negozio
10. Commercia prodotti

a. L'azionista
b. Lo speculatore
c. Il banchiere
d. L'usuraio
e. Il bancario
f. Il debitore
g. Il negoziante
h. Il commerciante
i. Il correntista
j. Il concorrente

73 Scrivere il contrario Écrire le contraire

1. debole
2. stabile
3. in rialzo
4. caro
5. solvibile
6. omogeneo
7. a breve termine
8. debitore
9. importazione
10. salire
11. guadagnare
12. accreditare

74 Completare Compléter

merce	**negozio**	**negoziante**
il pane	*la panetteria*	*il panettiere*

1. la carne
2. i salumi
3. il latte
4. i giornali
5. il pesce
6. i libri
7. le medicine
8. i pasticcini
9. le sigarette

corrigés page 425

Il contesto culturale

Sigle del mondo economico
Sigles du monde économique

- **ICE (Istituto per il Commercio Estero)** : Institut pour le commerce extérieur (≈ bifrance)
- **OCSE (Organizzazione per la Cooperazione e lo Sviluppo Economico)** : OCDE (Organisation pour la coopération et le développement économique)
- **FMI (Fondo Monetario Internazionale)** : FMI (Fonds monétaire international)
- **SME (Sistema Monetario Europeo)** : SME (Système monétaire européen)
- **SEBC (Sistema Europeo delle Banche Centrali)** : SEBC (Système européen des Banques centrales)
- **SpA (Società per Azioni) : société par actions** ≈ SA (Société anonyme)
- **Srl (Società a Responsabilità Limitata)** : Sarl (Société à responsabilité limitée)
- **PIL (Prodotto Interno Lordo) : PIB** (produit intérieur brut)

Le principali banche italiane
Les principales banques italiennes

- **La Banca d'Italia**, *la Banque d'Italie* : fondée en 1893, dans le cadre de la *loi bancaire* (**legge bancaria**) de 1936, elle obtient le pouvoir d'émission de la monnaie (**emissione della moneta**). C'est une société par actions privée (**società per azioni privata**), avec un capital appartenant à des instituts de crédit (**istituti di credito**) nationaux.
- **Lo IOR (Istituto per le Opere di Religione)**, *Institut pour les œuvres de religion* : la Banque du Vatican (**la Banca Vaticana**).

Soldi, denaro e quattrini
Des sous, de l'argent et des quatrins

- **la moneta**, *la monnaie* : terme issu du nom de l'Hôtel de la Monnaie (**la Zecca**) de la Rome antique, dont le bâtiment se trouvait près du temple de *Junon Moneta* (= conseillère, de *monere* = conseiller).
- **il denaro**, *l'argent* : terme qui vient du latin *denarius*, construit sur le numéral romain **dena**, qui signifie « dix fois la valeur ».
- **il soldo**, *le sou* : dans sa forme plurielle (**i soldi**), mot le plus usité pour indiquer l'argent ; terme qui vient de *solidus*, désignant une pièce « solide » d'or massif. Les termes **soldato** (soldat) et **assoldato** (soudoyé, enrôlé) tirent leur origine de **soldo**, signifiant : « payé avec le sou ».
- **i quattrini**, *les quatrins* : terme souvent utilisé encore aujourd'hui pour désigner l'argent ; les quatrins étaient des pièces en cuivre d'une valeur de quatre **denari**, monnaie en vigueur en Italie à la fin du Moyen Âge, alors que le nom de l'ancienne monnaie italienne, la lire (**la lira**), vient de *livre* (**libbra**), unité de poids d'environ 500 g.
- **il dollaro**, *le dollar* : terme qui vient de *thaler* (**tallero**), pièce d'argent circulant en Europe au XVIIIe siècle, introduite en Amérique du Nord. À la naissance des États-Unis, le dollar est devenu la monnaie nationale.

Espressioni idiomatiche

essere nuovo di zecca	être flambant neuf
spendere e spandere	dépenser sans compter
essere ricco sfondato	être riche comme Crésus
essere in rosso	être dans le rouge
essere in debito con qualcuno	avoir une dette envers quelqu'un
andare a ruba	se vendre comme des petits pains
senza spendere una lira	sans bourse délier
pagare con moneta sonante	payer en pièces sonnantes et trébuchantes
ripagare con la stessa moneta	rendre à quelqu'un la monnaie de sa pièce
valere quanto un soldo bucato	ne pas valoir un rond
non spendere un soldo	ne pas dépenser un sou
per quattro soldi	pour deux sous
essere alto come un soldo di cacio	être haut comme trois pommes
avere soldi a palate	avoir de l'argent à la pelle
buttare i soldi dalla finestra	jeter l'argent par les fenêtres
guadagnare fior di quattrini	gagner des mille et des cents
non avere il becco di un quattrino	ne plus avoir un rond

Proverbi

Chi più spende, meno spende.	Le bon marché coûte cher.
La concorrenza è l'anima del commercio.	La concurrence est l'âme du commerce.
Il denaro non fa la felicità.	L'argent ne fait pas le bonheur.
Patti chiari, amicizia lunga.	*Les bons comptes font les bons amis.*

Ce dernier proverbe ne s'utilise pas uniquement en italien pour régler des questions d'argent comme en français. Il s'utilise pour clarifier une situation et signifier qu'on reste amis.

26

L'agricoltura, l'allevamento e la pesca

L'agriculture, l'élevage et la pêche

1 La campagna — La campagne

	La campagna	La campagne
l'esodo rurale *l'exode rural*	**l'ambiente rurale**	le milieu rural
	la terra	la terre
	coltivata	cultivée
	coltivabile	cultivable
	arata	labourée
	la zolla	la motte de terre
tracciare un solco *tracer un sillon*	**il solco**	le sillon
	l'orto	le (jardin) potager
	il frutteto	le verger
	il terreno incolto	le terrain inculte, la friche
	il terreno a maggese	le terrain en jachère
	le stoppie	les chaumes
	il campo	le champ
	lo spaventapasseri	l'épouvantail
	il fazzoletto di terra	le lopin de terre
	il viottolo, il sentiero	le sentier
	il prato	le pré
	la prateria	la prairie
	i pascoli	les pâturages, les pâtures
	il paese, il villaggio	le village
	la frazione	le hameau
	il campagnolo	le campagnard
	il paesano	le villageois
	la tenuta, il podere	le domaine
	la fattoria, la cascina	la ferme
	l'aia, il cortile	la cour
	il fienile	le fenil
le grenier [d'une maison] la soffitta	**il granaio**	le grenier
	la stalla	l'étable *ou* l'écurie
	il foraggio	le fourrage
	la paglia	la paille
	il letame	le fumier
	il capannone	le hangar
pluriel i silos	**il silo**	le silo
	il porcile	la porcherie
il pollo *le poulet*	**il pollaio**	le poulailler

	Italiano	Français
	la stia	la cage à poules
il coniglio *le lapin*	la conigliera	le clapier (à lapins)
lo stalliere *le valet d'écurie*	la scuderia	l'écurie

	Italiano	Français
	fertile	fertile
	sterile	stérile
	arido	aride
	pietroso	rocailleux
	dissodato	défriché
	irrigato	irrigué
il recinto *la clôture*	recintato	clôturé

2 Il mondo agricolo / Le monde agricole

I lavoratori e i produttori agricoli / Les travailleurs et les producteurs agricoles

	Italiano	Français
	il contadino	le paysan
	l'agricoltore	l'agriculteur
	il viticoltore	le viticulteur
	l'orticoltore	le maraîcher
	il vivaista	le pépiniériste
	il vivaio	la pépinière
	il coltivatore diretto	l'exploitant agricole
il mezzadro *le métayer*	il colono	le fermier
	il bracciante	l'ouvrier agricole, le journalier
	lo stagionale	le saisonnier
	il proprietario terriero, il possidente terriero	le propriétaire terrien
	il consorzio agrario, la cooperativa agricola	la coopérative agricole
	i dipendenti agricoli	les salariés agricoles
	l'industria agroalimentare	l'industrie agroalimentaire
	il settore ortofrutticolo	le secteur des fruits et des légumes

La coltivazione della terra e la politica agricola / La culture de la terre et la politique agricole

	Italiano	Français
	l'azienda agricola a conduzione familiare	l'exploitation agricole familiale
	l'agricoltura intensiva / estensiva / biologica / biodinamica / ecocompatibile	l'agriculture intensive / extensive / biologique / biodynamique / écocompatible
	l'orticoltura	l'horticulture
	la monocoltura	la monoculture
	gli organismi geneticamente modificati (OGM)	les organismes génétiquement modifiés (OGM)
	la politica agricola comune (PAC)	la politique agricole commune (PAC)
	la sovvenzione europea	la subvention européenne
l'indennità compensatoria *le montant compensatoire*	il prezzo garantito	le prix garanti

	l'agricoltura sostenibile	l'agriculture durable
aussi gli eccedenti agricoli	**le eccedenze agricole**	les excédents agricoles
la penuria alimentare *la pénurie alimentaire*	**il fabbisogno alimentare**	les besoins alimentaires
	il lavoro dei campi	le travail des champs
	l'avvicendamento	l'assolement
	la rotazione	la rotation
	l'aratura	le labour
	il trattore	le tracteur
	la semina	les semailles
	il seme, la semenza	la semence
	la fienagione	la fenaison
	il fieno	le foin
	la falciatura	la fauchaison
	la falce	la faux
	la zappa	la pioche
	la vanga	la bêche
(!) masculin	**il raccolto**	la récolte
	il concime	l'engrais
	il fertilizzante chimico vegetale	le fertilisant chimique végétal
	il compost, il composto	le compost
	l'insetticida	l'insecticide
	il pesticida	le pesticide
	il diserbante	le désherbant
	le erbacce, le piante infestanti	les mauvaises herbes
	le ortiche	les orties
	la bonifica	l'assainissement
	il prosciugamento	l'assèchement
	la disinfestazione	le désherbage *ou* la désinsectisation
	l'irrigazione	l'irrigation

sovvenzionare	subventionner
gestire un'azienda agricola	gérer une exploitation agricole
coltivare la terra	cultiver la terre
lavorare la terra	travailler la terre
zappare	piocher
vangare	bêcher
rivoltare la terra	retourner la terre
dissodare	défricher
concimare	fumer
rastrellare	ratisser
arare	labourer
seminare	semer
piantare	planter
irrigare	irriguer
annaffiare	arroser
tagliare	couper
falciare	faucher
bonificare	assainir

- **disinfestare** — désherber *ou* désinsectiser
- **prosciugare** — assécher

- **arato** — labouré
- **bonificato** — assaini
- **irrigato** — irrigué
- **prosciugato** — asséché

Il raccolto dei cereali / La récolte des céréales

- **il frumento** — le froment
- **il grano** — le blé
  - **la spiga di grano** — l'épi de blé
- **la segale** — le seigle (!) féminin
- **l'orzo** — l'orge
- **l'avena** — l'avoine
- **il granoturco, il mais** — le maïs
  - **la pannocchia** — l'épi de maïs
- **la crusca** — le son

> l'Accademia della Crusca académie pour la sauvegarde de la pureté de l'italien, chargée à sa création (1583) de séparer le « bon italien » toscan du « son » des dialectes.

- **il riso** — le riz
  - **il chicco di riso** — le grain de riz
- **la risaia** — la rizière
- **la mietitura, la messe** — la moisson
- **le messi** — la moisson [récolte]
- **la mietitrice** — la moissonneuse
- **il mietitore** — le moissonneur
- **la trebbiatura** — le battage
- **la trebbiatrice** — la batteuse
- **la mietitrebbiatrice** — la moissonneuse-batteuse
- **il covone** — la gerbe (!) masculin
- **la balla** — la botte
- **il pagliaio** — la meule (!) masculin
- **il mulino** — le moulin

> il mugnaio *le meunier*

- **mietere** — moissonner
- **trebbiare** — battre
- **raccogliere** — récolter

> participe passé raccolto
> autre sens *cueillir, recueillir*

- **macinare** — moudre

- **abbondante** — abondant
- **scarso** — maigre
- **danneggiato dalla grandine** — endommagé par la grêle
- **distrutto dalle intemperie** — détruit par les intempéries
- **devastato dalle cavallette** — dévasté par les sauterelles
- **rovinato dalla pioggia** — abîmé par la pluie
- **bruciato dalla siccità/ dal gelo** — brûlé par la sécheresse/ par le gel

La viticoltura / La viticulture

- **l'azienda vinicola** — l'entreprise vinicole, viticole
- **la vigna, il vigneto** — la vigne, le vignoble
- **la vite** — la vigne [plante]
  - **la foglia di vite** — la feuille de vigne
- **il vitigno** — le cépage

il ceppo di vite	le pied de vigne
il tralcio di vite	le sarment
il palo	l'échalas
il filare	la rangée
il grappolo d'uva (!) masculin	la grappe de raisin
l'acino d'uva	le grain de raisin
la vendemmia	les vendanges
il vendemmiatore	le vendangeur
il vignaiolo	le vigneron
il tino	la cuve
il mosto	le moût
la botte (!) féminin	le tonneau
la vinificazione	la vinification
la fermentazione	la fermentation

innestare	greffer
potare	tailler
dare il solfato di rame, dare l'acqua ramata	traiter au sulfate de cuivre
dare lo zolfo	traiter au soufre
vendemmiare	vendanger
pigiare l'uva	fouler le raisin

3 L'allevamento e la pesca / L'élevage et la pêche

L'allevamento del bestiame / L'élevage du bétail

l'allevamento intensivo/estensivo	l'élevage intensif/extensif
il bestiame	le bétail
i prodotti d'allevamento	les produits d'élevage
l'allevatore	l'éleveur
il mandriano	le gardien de troupeau
il capo di bestiame (1 000 capi di bestiame *1 000 têtes de bétail*)	la tête de bétail
l'allevamento bovino	l'élevage bovin
il bue ((!) pluriel irrégulier i buoi)	le bœuf
la mucca da latte	la vache laitière
il toro	le taureau
la mandria	le troupeau
la mungitura	la traite
la mungitrice	la trayeuse
il latte vaccino	le lait de vache
il latte crudo (il latte appena munto *le lait bourru*)	le lait cru
il caseificio	la fromagerie
il macello	l'abattoir
la macellazione (il macellaio *le boucher*)	l'abattage
l'allevamento dei suini	l'élevage des porcs
il porcile	la porcherie
l'allevamento ovino	l'élevage ovin
la pecora	le mouton *ou* la brebis
la capra	la chèvre
l'agnello	l'agneau

il gregge	le troupeau [d'ovins]
il pastore	le berger
la transumanza	la transhumance
il chiuso, il recinto	l'enclos
l'ovile	la bergerie
la tosatura	la tonte
il vello	la toison
la produzione della lana	la production de la laine
la cardatura	le cardage
la filatura	la filature
il latte di capra	le lait de chèvre
il latte di pecora	le lait de brebis
l'allevamento avicolo	l'élevage avicole
l'allevamento in batteria	l'élevage en batterie
il pollo ruspante	le poulet fermier
la chioccia	la poule couveuse

autre sens de il recinto *la clôture*

ritornare all'ovile *retourner au bercail*

allevare	élever
pascolare	paître
portare al pascolo le bestie	mener paître les bêtes
brucare l'erba	brouter l'herbe
ruminare	ruminer
mungere	traire
figliare	mettre bas
tosare	tondre
filare	filer
transumare	transhumer
macellare	abattre
deporre le uova	pondre
covare le uova	couver ses œufs

participe passé munto

participe passé deposto

L'apicoltura — L'apiculture

l'apicultore	l'apiculteur
l'alveare, l'arnia	la ruche
lo sciame	l'essaim
il nido di api	le nid d'abeilles
l'ape regina	la reine des abeilles
la pappa reale	la gelée royale
il favo da miele	les rayons de miel
il miele	le miel
d'acacia	d'acacia
millefiori	mille-fleurs
il nettare	le nectar
la cera d'api	la cire d'abeille

il fuco *le faux bourdon*

un vasetto di miele, un barattolo di miele *un pot de miel*

bottinare	butiner
sciamare	essaimer

L'itticoltura — La pisciculture

l'allevamento ittico	l'élevage piscicole
il vivaio	le vivier
il bacino	le bassin
lo stagno	l'étang

le uova di pesce	les œufs de poisson
la trota d'allevamento	la truite d'élevage
l'acquacoltura	l'aquaculture
l'ostricoltura	l'ostréiculture
l'ostrica	l'huître
le perle coltivate	les perles de culture

La pesca	La pêche
il pescatore	le pêcheur
il (moto)peschereccio	le chalutier
la rete (da pesca)	le filet (de pêche)
la pesca alla traina, a strascico	la pêche à la traîne
la pesca dei tonni	la pêche au thon
la tonnara	le thonaire, *le piège pour la pêche au thon*
la stagione della pesca	la saison de la pêche
il conservificio di pesce ((!) masculin)	la conserverie de poisson
la conservazione del pesce	la conservation du poisson
la salagione	la salaison
la congelazione	la congélation
il pesce fresco/congelato	le poisson frais/congelé
il pesce affumicato	le poisson fumé
la pescheria	la poissonnerie
il pescivendolo	le poissonnier
il mercato ittico, il mercato del pesce	le marché aux poissons, le marché au poisson
pescare	pêcher
gettare le reti	jeter les filets
pulire il pesce	nettoyer le poisson
conservare il pesce	conserver le poisson
salare	saler
affumicare	fumer
congelare	congeler
pescoso	poissonneux

METTERE IN PRATICA

75 Dal sostantivo al verbo Du substantif au verbe

1. l'aratura
2. la semina
3. il raccolto
4. la zappa
5. il concime
6. l'irrigazione
7. la falciatura
8. la mietitura
9. la vendemmia
10. la sovvenzione
11. l'allevamento
12. la mungitura
13. la conservazione
14. la congelazione

76 Trovare l'abbinamento giusto Trouver la paire

a) mietere
b) brucare
c) mungere
d) arare
e) covare
f) tosare

1. la terra
2. le uova
3. l'erba
4. le pecore
5. le mucche
6. il grano

77 Leggere e tradurre Lire et traduire

Fino ai primi di novembre il tempo aiutò i volonterosi contadini. Non pioveva, ma l'umidità della notte e quella dei fossi ancora colmi di acqua rendeva alquanto malleabile la terra: Osea seminò il frumento, mentre gli altri fratelli potavano i salici, traendone i pali nuovi per la vite, e pigiavano l'uva. Ne venne un vinetto chiaro ed aspro che pareva di bacche selvatiche, ma che appunto per questo destò nei giovani, quando per San Martino fu assaggiato, le più divertenti osservazioni.

Grazia Deledda, *Annalena Bilsini*,
© Éditions Mondadori, 1965

corrigés page 426

Il contesto culturale

Le certificazioni di qualità
Les labels de qualité

Pour protéger certains produits (la viande, les fromages, etc.) contre la concurrence déloyale, l'Union européenne a introduit en 1992 un système de labels de qualité.

- **DOP (Denominazione d'Origine Protetta)**, *dénomination d'origine protégée* : label qui certifie que la production se fait dans une zone géographique déterminée.
- **IGP (Indicazione Geografica Protetta)**, *indication géographique protégée* : label qui certifie qu'une des phases au minimum de l'élaboration du produit s'effectue sur le territoire.
- **STG (Specialità Tradizionale Garantita)**, *spécialité traditionnelle garantie* : label qui certifie qu'un des composants du produit est traditionnel ou a été fabriqué selon une méthode de production traditionnelle.
- **DOC (Denominazione d'Origine Controllata)** ≈ AOC (Appellation d'origine contrôlée)
- **DOCG (Denominazione d'Origine Controllata e Garantita)**, *dénomination d'origine contrôlée et garantie*
- **IGT (Indicazione Geografica Tipica)**, *indication géographique typique* ≈ label français *vin de pays*. Ce dernier label s'applique à une zone de production très vaste et certifie les vins de table provenant de grandes régions viti-vinicoles (**grandi regioni vitivinicole**). Le cépage (**il vitigno**) peut être mentionné seulement lorsque la région de production est assez vaste. L'indication du cépage sur l'étiquette garantit que le vin a été obtenu à 85 % au moins à partir de ce cépage. Par exemple, l'IGT « **provincia di Verona** » garantit que le vin provient de raisins cultivés à 85 % dans la région de Vérone.

La mattanza: tradizionale pesca del tonno del sud Italia
La *mattanza* : traditionnelle pêche au thon du sud de l'Italie

- La **mattanza**, tradition de la pêche au thon qui remonte aux Phéniciens (**i Fenici**). Elle était la principale activité des côtes occidentales de la Sicile. Elle n'est plus guère pratiquée que dans les îles Égades (**le isole Egadi**) de mai à juin.

- La **mattanza** consiste à attirer les thons dans un grand filet tendu par plusieurs bateaux de pêche. Lorsque les thons sont prisonniers, le filet est remonté à la surface, et des pêcheurs armés de couteaux descendent dans le filet pour les tuer.

Espressioni idiomatiche

mettere il carro innanzi ai buoi	mettre la charrue avant les bœufs
mi fa venire il latte alle ginocchia	les bras m'en tombent
non bisogna piangere sul latte versato	ce qui est fait est fait
essere un pollo	être une bonne poire
darsi la zappa sui piedi	donner des verges pour se faire fouetter
vivere in una stalla	vivre dans une porcherie
tirare l'acqua al proprio mulino	tirer la couverture à soi
tastare il terreno	tâter le terrain
minare il terreno sotto i piedi	couper l'herbe sous le pied
scendere in campo	entrer en campagne
abbandonare il campo	abandonner la partie

Proverbi

Chi non semina non raccoglie.	Il faut semer pour récolter.
Scarpe grosse cervello fino.	Gros sabots, esprit fin.
Fare di ogni erba un fascio.	Mettre tout le monde dans le même panier.
L'erba del vicino è sempre più verde.	L'herbe est toujours plus verte chez le voisin.
L'erba voglio non cresce nemmeno nel giardino del re.	Le roi dit : nous voulons.
L'erba cattiva non muore mai.	La mauvaise herbe repousse toujours.

27

Emigrazione e immigrazione

Émigration et immigration

1 L'emigrazione — L'émigration

	Le cause dell'espatrio	Les causes de l'émigration
	la povertà	la pauvreté
	la miseria	la misère
	la fame	la faim
	la carestia	la famine
	la persecuzione	la persécution
	l'oppressione	l'oppression
	la repressione	la répression
	la tirannia	la tyrannie
	la dittatura	la dictature
	il conflitto	le conflit
	il conflitto etnico	le conflit ethnique
	la guerra	la guerre
	la guerra civile	la guerre civile
	il regime politico	le régime politique
	la dissidenza politica	la dissidence politique
	il dissidente	le dissident
	l'esilio	l'exil
la disoccupazione *le chômage*	**le difficili condizioni di vita**	les conditions de vie difficiles
	il sogno di una vita migliore	le rêve d'une vie meilleure
la fuga dei cervelli *la fuite des cerveaux*	**la ricerca di sbocchi professionali ad alto livello**	la recherche de débouchés professionnels de haut niveau
	vivere nella miseria	vivre dans la misère
participe passé sofferto	**soffrire la fame**	souffrir de la faim
	fuggire (da)	fuir, s'enfuir (de)
	scappare	s'échapper
	rifugiarsi	se réfugier
	lasciare il proprio paese	quitter son pays
aussi espatriare	**emigrare**	émigrer
	tentare la fortuna	tenter sa chance
	esiliarsi	s'exiler
participe passé oppresso	**opprimere**	opprimer
participe passé represso	**reprimere**	réprimer
	perseguitare	persécuter
	subire una persecuzione	subir une persécution

	povero	pauvre
	infelice	malheureux
	perseguitato	persécuté

	L'arrivo e le formalità	L'arrivée et les formalités
	l'estero	l'étranger [pays]
	il paese straniero	le pays étranger
	lo straniero	l'étranger [personne]
	l'emigrante	l'émigrant
aussi l'espatriato	**l'emigrato**	l'émigré
	l'esule	l'expatrié, l'exilé
aussi il profugo	**il rifugiato (politico)**	le réfugié (politique)
	lo status di rifugiato	le statut de réfugié
lo straniero in situazione irregolare *l'étranger en situation irrégulière*	**il clandestino**	le clandestin
	le minoranze etniche	les minorités ethniques
	il paese d'origine	le pays d'origine
la nostalgia *la nostalgie*	**il paese natio**	le pays natal
la patria *la patrie*	**il suolo natio**	le sol natal
	il rilascio dei documenti	la délivrance des papiers
aussi i documenti di riconoscimento	**i documenti d'identità**	les papiers d'identité
	la carta d'identità	la carte d'identité
	il passaporto	le passeport
	valido	en cours de validité
	scaduto	périmé
	il visto	le visa
	turistico	touristique
	d'uscita	de sortie
	d'entrata	d'entrée
	il permesso di soggiorno provvisorio	le permis de séjour provisoire
	la carta di soggiorno	la carte de séjour
	il rinnovo	le renouvellement
	la residenza all'estero	la résidence à l'étranger
	il diritto d'asilo	le droit d'asile
	l'asilo politico	l'asile politique
	varcare la frontiera	franchir la frontière
	sbarcare	débarquer
	trasferirsi	déménager
	stabilirsi	s'établir
	sistemarsi	s'installer
	inoltrare una richiesta alle autorità	présenter une requête aux autorités
participe passé richiesto	**richiedere la carta di soggiorno**	demander la carte de séjour
	rilasciare i documenti	délivrer les papiers
	avere i documenti in regola	avoir ses papiers en règle
	essere titolare di un permesso di soggiorno	être titulaire d'un permis de séjour
	essere senza documenti	être sans papiers
participe passé preso	**prendere la nazionalità...**	prendre la nationalité...
	cambiare nazionalità	changer de nationalité
participe passé chiesto	**chiedere asilo politico**	demander l'asile politique

• **esaminare una domanda d'asilo**	• examiner une demande d'asile

2 La politica d'immigrazione / La politique d'immigration

• **l'esodo**	• l'exode
• **l'emigrazione di massa**	• l'émigration de masse
• **l'emigrazione clandestina**	• l'émigration clandestine
• **lo scafista**	• le passeur
• **il paese d'immigrazione**	• le pays d'immigration
• **l'immigrato**	• l'immigré
• **il flusso migratorio**	• le flux migratoire
• **la regolazione dei flussi migratori**	• la régulation des flux migratoires
• **le quote di immigrazione**	• les quotas d'immigrés
• **il controllo delle frontiere**	• le contrôle des frontières
• **i requisiti d'accesso**	• les conditions d'accès
• **le comunità di accoglienza**	• les communautés d'accueil
• **il campo profughi**	• le camp de réfugiés
• **il campo di transito**	• le camp de transit
• **la legge sull'immigrazione**	• la loi sur l'immigration
• **l'inserimento degli immigrati**	• l'insertion des immigrés
• **il centro servizi immigrati**	• le centre d'information pour les immigrés
• **il ricongiungimento familiare**	• le rapprochement familial
• **il rimpatrio**	• le rapatriement
• **le misure repressive**	• les mesures répressives

la sanatoria *l'acte de régularisation*

• **immigrare**	• immigrer
• **chiudere le frontiere**	• fermer les frontières
• **mettere un freno al fenomeno migratorio**	• mettre un frein au phénomène migratoire
• **rafforzare i controlli**	• renforcer les contrôles
• **respingere alla frontiera**	• refouler à la frontière
• **fissare le quote d'immigrazione**	• fixer les quotas d'immigration
• **rimpatriare un esule**	• rapatrier un exilé
• **espellere**	• expulser
• **prorogare il permesso di soggiorno**	• prolonger le permis de séjour
• **regolarizzare**	• régulariser
• **rispettare l'accordo di Schengen**	• respecter l'accord de Schengen

participe passé respinto

participe passé espulso

3 La diversità etnica / La diversité ethnique

La ricchezza etnica / La richesse ethnique

• **la società multietnica**	• la société multiethnique
• **la società multiculturale**	• la société multiculturelle
• **la mescolanza dei popoli**	• le mélange des peuples
• **il meticcio**	• le métis

essere meticcio *être métis*

il mulatto	le mulâtre
la differenza, la diversità	la différence, la diversité
la varietà	la variété
l'incrocio di culture	le carrefour des cultures
gli usi e i costumi di un popolo	les us et coutumes d'un peuple
le tradizioni	les traditions
il rispetto reciproco	le respect mutuel
essere diverso	être différent
essere d'origine straniera	être d'origine étrangère
essere a cavallo tra due culture	être à cheval entre deux cultures
rispettare le tradizioni	respecter les traditions
di prima/di seconda generazione	de première/de deuxième génération

L'integrazione / L'intégration

l'integrazione degli stranieri residenti	l'intégration des étrangers résidents
l'adattamento	l'adaptation
l'assimilazione	l'assimilation
la naturalizzazione	la naturalisation
il paese di adozione	le pays d'adoption
il bilinguismo	le bilinguisme
il matrimonio misto	le mariage mixte
la coppia mista ((!) féminin)	le couple mixte
la doppia nazionalità	la double nationalité
la doppia cultura	la double culture
adattarsi	s'adapter
integrarsi	s'intégrer
naturalizzarsi	se faire naturaliser
imparare la lingua del posto	apprendre la langue du pays
essere perfettamente bilingue	être parfaitement bilingue
acquisire la cittadinanza per matrimonio	acquérir la nationalité par le mariage
ottenere la doppia nazionalità	obtenir la double nationalité

Il razzismo e le discriminazioni / Le racisme et les discriminations

la razza	la race
la discriminazione razziale	la discrimination raciale
la segregazione razziale	la ségrégation raciale
l'atteggiamento discriminatorio	l'attitude discriminatoire
l'odio	la haine
la xenofobia	la xénophobie
l'intolleranza	l'intolérance
l'esclusione	l'exclusion
lo sradicamento	le déracinement

• **la ghettizzazione**	• la ghettoïsation
il ghetto	le ghetto
• **l'antisemitismo**	• l'antisémitisme
• **il capro espiatorio**	• le bouc émissaire
• **la lotta alle discriminazioni**	• la lutte contre les discriminations
• **discriminare**	• discriminer
• **essere razzista**	• être raciste
• **istigare all'odio razziale**	• inciter à la haine raciale
• **essere oggetto di discriminazioni**	• être l'objet de discriminations
• **subire discriminazioni**	• subir des discriminations
• **essere vittima di atti razzisti**	• être victime d'actes racistes
• **escludere** (participe passé escluso)	• exclure
• **isolare**	• isoler
• **intollerante**	• intolérant
• **xenofobo**	• xénophobe
• **discriminatorio**	• discriminatoire
• **razzista**	• raciste

METTERE IN PRATICA

78 Dal verbo al sostantivo Du verbe au substantif

1. emigrare
2. adattarsi
3. integrarsi
4. discriminare
5. escludere
6. rilasciare
7. esiliarsi
8. opprimere
9. perseguitare
10. rispettare
11. naturalizzare
12. reprimere

79 Dal sostantivo all'aggettivo Du substantif à l'adjectif

1. la xenofobia
2. la povertà
3. l'intolleranza
4. l'etnia
5. la cultura
6. la diversità
7. la razza
8. il razzismo
9. la discriminazione
10. il bilinguismo

80 Leggere e tradurre Lire et traduire

Gli italiani sono stati protagonisti del più grande esodo della storia moderna. Nell'arco di poco più di un secolo, a partire dal 1861, sono state registrate più di ventiquattro milioni di partenze, un numero quasi equivalente all'ammontare della popolazione al momento dell'unità d'Italia. Si trattò di un esodo che, a differenza di quanto si crede, toccò tutte le regioni italiane, con una priorità dell'esodo settentrionale tra il 1876 e il 1900, con tre regioni che fornirono da sole il 47% del contingente migratorio: il Veneto, il Friuli Venezia Giulia e il Piemonte. La situazione si capovolse nei due decenni successivi quando il primato migratorio passò alle regioni meridionali, con la Sicilia che dette il maggior contributo, seguita dalla Campania.

Extrait du site internet : *www.comune.torino.it/cultura*

corrigés page 426

Altre Parole

Il contesto culturale

Gli italiani nel mondo
Les Italiens dans le monde

- L'émigration italienne a commencé de façon massive dès la moitié du XIXe siècle, et depuis cette époque, 30 millions de personnes ont quitté le territoire italien. À une première grande émigration vers l'Amérique, entre 1870 et 1914, qui a atteint son point culminant au début du XXe siècle, a succédé un ralentissement dû à la guerre et aux mesures prises par les États-Unis après la crise de 1929 pour réduire ce flux.
- L'émigration en Europe (France, Allemagne, Belgique, Suisse, Grande-Bretagne) s'est intensifiée entre 1945 et 1960 (200 000 départs par an, essentiellement des Italiens du Sud). Les descendants d'immigrés italiens dans le monde constituent une population équivalente (58,5 millions) à celle qui habite aujourd'hui la Péninsule (**la Penisola**). Près de 5 millions de ces immigrés ont conservé un passeport italien dont 40 % sont en Europe, surtout en Allemagne, et près de 45 % en Amérique latine et plus particulièrement en Argentine.

L'emigrazione interna
L'émigration intérieure

- Le boom économique (**il boom economico**) des années 1960 a eu comme conséquence de créer une forte demande de main-d'œuvre dans les usines du Nord industrialisé, en plein essor, alors que le Sud agricole reste une zone économiquement sinistrée, avec un chômage et une misère importants. Cette situation incite des millions d'Italiens du Sud à émigrer vers le Nord, dans le célèbre triangle industriel formé par les villes de Gênes, de Milan et de Turin (**Genova, Milano** et **Torino**), à la recherche de travail et de meilleures conditions de vie. L'intolérance et le racisme ne tardent pas à se manifester contre les nouveaux arrivants du Sud, appelés, de manière péjorative, *les culs-terreux* (**i terroni**). Il faudra attendre les années 1980 pour que ce racisme diminue, avec l'intégration de la deuxième génération d'immigrés et l'arrivée de nouveaux émigrants venant cette fois-ci d'Afrique, d'Albanie et des pays d'Amérique du Sud.

Gli immigrati nell'Italia odierna
Les immigrés dans l'Italie d'aujourd'hui

Jadis terre d'émigration, l'Italie accueille aujourd'hui des millions d'immigrés.

- **I vu' cumprà**, déformation de ***vuoi comprare***?, « *veux-tu acheter ?* » : ce sont les premiers émigrés d'Afrique du Nord, arrivés dans les années 1970, appelés ainsi ironiquement à cause de la formule qu'ils utilisaient pour vendre dans la rue ou à la plage des mouchoirs en papier ou des briquets.
- **I marocchini**, *les Marocains* : désigne tous les immigrés d'Afrique du Nord, sans distinction.
- **Gli extracomunitari**, *les personnes ne faisant pas partie de l'Union européenne* : ce sont les émigrés de toute provenance.
- **Il** (ou **la**) **badante**, *le* ou *la garde-personne âgée* : terme qui apparaît au début des années 1990 pour désigner cette nouvelle profession, exercée dans sa grande majorité par des immigrés d'Amérique du Sud ou des pays de l'Est. Ce phénomène répond à la faiblesse structurelle de l'Italie en matière d'infrastructures pour le troisième âge face au vieillissement croissant de la population et au besoin grandissant de main-d'œuvre à bas prix pour ce genre de tâche.

Espressioni idiomatiche

Razza di idiota!	Espèce d'idiot !
Che razza di lavoro è questo?	Qu'est-ce que c'est que ce travail ?
Che razza di modi!	En voilà des manières !
lasciare il certo per l'incerto	lâcher la proie pour l'ombre
fare un salto nel buio	sauter dans le vide
essere povero in canna	être pauvre comme Job
il paese della cuccagna	le pays de cocagne
lavorare per una miseria	travailler pour une bouchée de pain

Proverbi

Partire è un po' morire.	Partir, c'est mourir un peu.
Chi lascia la via vecchia per la nuova, sa quel che lascia ma non sa quel che trova.	On sait ce que l'on quitte, mais on ne sait pas ce que l'on va trouver.

28

I mezzi di trasporto
Les moyens de transport

1 Il trasporto stradale — Le transport routier

Remarque	I veicoli	Les véhicules
	l'automezzo, l'autoveicolo	le véhicule (automobile)
aussi la vettura mais moins fréquent	**la macchina**	la voiture
	l'auto(mobile)	l'auto(mobile)
	l'auto di rappresentanza	la voiture officielle
	l'auto di servizio	la voiture de fonction
	l'auto sportiva	la voiture de sport
(!) faux ami *le véhicule utilitaire* il (veicolo) furgonato	**la piccola cilindrata, l'utilitaria**	la petite cylindrée
	la grossa cilindrata	la grosse cylindrée
	il fuoristrada	le quatre-quatre, le tout-terrain
	la berlina	la berline
	la decapottabile	la décapotable
aussi la monovolume	**il monovolume**	le monospace
	la familiare	le break
	la tre porte	la trois-portes
	la cinque porte	la cinq-portes
(!) invariable aussi l'autocarro il camioncino *la fourgonnette*	**il camion**	le camion
	il mezzo pesante	le poids lourd
aussi l'autotreno, l'autoarticolato	**il TIR**	le TIR
(!) masculin	**il rimorchio**	la remorque
	il semirimorchio	le semi-remorque
	l'autobotte, l'autocisterna	le camion-citerne
	il furgone	le fourgon
	il furgone postale	le fourgon postal
	il furgoncino	la fourgonnette
l'ape le trois-roues le plus célèbre, fabriqué par la firme Piaggio	**il treruote**	le trois-roues
	il carro attrezzi	la dépanneuse
(!) la forme abrégée est invariable	**la moto(cicletta)**	la moto(cyclette)
(!) invariable	**lo scooter**	le scooter
(!) masculin	**il motorino**	la mobylette
	il camper	le camping-car
aussi il tassì	**il taxi**	le taxi
	il carro funebre	le corbillard
	nuovo	neuf
aussi di seconda mano	**usato**	d'occasion

	in buono stato	en bon état
	come nuovo	comme neuf
	metallizzato	métallisé

	La carrozzeria e la meccanica	La carrosserie et la mécanique
	il telaio	le châssis
	il pezzo di ricambio	la pièce de rechange
	l'abitacolo	l'habitacle
	la cabina	la cabine
	il sedile anteriore/posteriore	le siège avant/arrière
	la cintura di sicurezza	la ceinture de sécurité
prononcer ['ɔpʃonal]	**l'optional**	l'option
	il tettuccio apribile	le toit ouvrant
aussi il condizionatore	**l'aria condizionata, il climatizzatore**	la climatisation
	l'accendisigari	l'allume-cigare
	l'autoradio	l'autoradio
	il lettore CD	le lecteur de CD
il navigatore satellitare *le GPS*	**il computer di bordo**	l'ordinateur de bord
	l'antifurto	l'antivol
(!) masculin	**l'allarme**	l'alarme
	l'allarme antifurto	l'alarme antivol
	il parabrezza	le pare-brise
	il tergicristallo	l'essuie-glace
	il parasole	le pare-soleil
	lo specchietto di cortesia	le miroir de courtoisie
	lo specchietto (retrovisore)	le rétroviseur
	il lunotto	la vitre arrière
	il lunotto termico	la lunette dégivrante
prononcer [ɛʀ'bɛg]	**l'airbag**	l'airbag
	il cruscotto	le tableau de bord
	la freccia	le clignotant
	la spia (dell'olio)	le voyant (d'huile)
	il contachilometri	le compteur (kilométrique)
	il contagiri	le compte-tours
	il cambio automatico	la boîte (de vitesses) automatique
	la leva del cambio	le levier de vitesse
	la marcia	la vitesse
	la prima	la première
	la seconda	la seconde
	la terza	la troisième
	la quarta	la quatrième
	la quinta	la cinquième
	la marcia indietro, la retromarcia	la marche arrière
	il freno a mano	le frein à main
(!) masculin	**i pedali**	les pédales
	l'acceleratore	l'accélérateur
	la frizione	l'embrayage
	il freno	le frein
	le pastiglie dei freni	les plaquettes de frein

il volante	le volant
il clacson	le klaxon
lo sterzo	la direction
il servosterzo	la direction assistée
il bloccasterzo	le blocage de direction
l'impianto elettrico	l'équipement électrique
le luci di posizione	les feux de position
le luci di emergenza	les feux de détresse
i fari	les phares
gli anabbaglianti	les feux de croisement, les codes
gli abbaglianti	les feux de route, les pleins phares
i fendinebbia	les phares antibrouillard
gli stop	les stops
il fanalino	le feu arrière
lo sbrinatore	le dégivreur
il finestrino	la fenêtre, la vitre
la portiera, lo sportello	la portière
l'apertura automatica	l'ouverture automatique
la chiusura automatica	la fermeture automatique
il cofano	le capot
il bagagliaio	le coffre [à bagages]
la fiancata	l'aile
il paraurti	le pare-chocs
il parafango	le pare-boue
la ruota di scorta	la roue de secours
le quattro ruote motrici	les quatre roues motrices
il cerchio	la jante
il coprimozzo	l'enjoliveur
la gomma, il pneumatico, il copertone	le pneu
le catene	les chaînes
il cric	le cric
l'alettone	l'aileron
gli ammortizzatori	les amortisseurs
le sospensioni	la suspension
l'asse	l'essieu
la marmitta	le pot d'échappement
la marmitta catalitica	le pot catalytique
il tubo di scappamento	le tuyau d'échappement
il motore	le moteur
il carburatore	le carburateur
la valvola	la valve
la batteria	la batterie
il radiatore	le radiateur
il motorino di avviamento	le démarreur
l'accensione	l'allumage
la candela	la bougie
l'alternatore	l'alternateur
la cinghia	la courroie

la gomma da neve
le pneu neige

(!) pluriel

la batteria scarica
la batterie déchargée
La batteria è scarica.
La batterie est déchargée, la batterie est à plat.

	la guarnizione	le joint
	la testata	la culasse
	l'antigelo	l'antigel
	il lubrificante	le lubrifiant
	il serbatoio	le réservoir
	il carburante	le carburant
super *super* senza piombo, verde *sans plomb*	**la benzina**	l'essence
prononcer ['dizɛl]	**il diesel**	le diesel
	il distributore di benzina	la pompe à essence
	la targa	la plaque (d'immatriculation)
	il riscaldamento	le chauffage
	gli accessori	les accessoires
	il guasto	la panne
bucare (una gomma) *crever (un pneu)*	**la gomma a terra, la gomma bucata**	le pneu crevé
	il meccanico	le garagiste, le mécanicien
	il carrozziere	le carrossier
	l'elettrauto	l'électricien auto
	il gommista	le marchand de pneus
l'officina riparazioni *l'atelier de réparation*	**la riparazione**	la réparation
	la revisione	le contrôle technique
	la rottamazione	la mise à la casse

---

	mettere in moto	démarrer
	mettere le marce	passer les vitesses
	innestare la retromarcia	enclencher la marche arrière
	passare in folle	passer au point mort
	accelerare	accélérer
	frenare	freiner
	mettere la freccia	mettre le clignotant
aussi strombazzare	**suonare il clacson**	klaxonner
	tenere la destra	tenir sa droite
	sterzare	braquer
participe passé accesso	**accendere i fari**	allumer les phares
participe passé spento	**spegnere il motore**	éteindre le moteur
	fare il cambio dell'olio	faire la vidange
	cambiare una gomma	changer un pneu
	mettere le catene	mettre les chaînes
	cambiare la batteria	changer la batterie
	ricaricare la batteria	recharger la batterie
	rimanere senza benzina	être en panne d'essence
	fare benzina	prendre de l'essence
	andare dal benzinaio	aller à la pompe
	fare il pieno	faire le plein
	fare controllare la pressione delle gomme	faire vérifier la pression des pneus
	fare controllare il livello dell'olio	faire vérifier le niveau d'huile
	rottamare	envoyer à la casse
	portare dal demolitore	conduire chez le démolisseur

I guidatori e la guida	Les conducteurs et la conduite
il conducente, il guidatore	le conducteur
l'autista	le chauffeur
l'automobilista	l'automobiliste
il camionista	le camionneur, le chauffeur routier
l'autotrasportatore	le transporteur routier
il tassista	le chauffeur de taxi
il motociclista	le motocycliste
la patente di guida a punti	le permis de conduire à points
il patentino	le permis moto
il foglio rosa	le permis provisoire
i documenti della macchina	les papiers de la voiture
il libretto di circolazione	la carte grise
l'autoscuola	l'auto-école
l'istruttore	le moniteur
l'ora di guida	l'heure de conduite
l'esame di guida	l'examen de conduite
la teoria	la théorie, le code
la pratica	la pratique, la conduite
la sicurezza stradale	la sécurité routière
il sorpasso	le dépassement
la manovra	la manœuvre
guidare	conduire
trasportare	transporter
spostarsi (in macchina/ in moto)	se déplacer (en voiture/ à moto)
sostare	stationner
posteggiare, parcheggiare	se garer
sorpassare	dépasser, doubler
lampeggiare	faire des appels de phares
fare manovra, manovrare	faire des manœuvres
dare un passaggio a qualcuno	déposer quelqu'un (quelque part)
fare l'autostop	faire du stop
prendere la patente	passer le permis
avere la patente A/B	avoir le permis A/B
prudente, cauto	prudent
imprudente, incauto	imprudent
principiante/esperto	débutant/expérimenté
spericolato	casse-cou

il pirata della strada *le chauffard* (→ l'autista)

aussi la scuolaguida (→ l'autoscuola)

Gli incidenti	Les accidents
l'incidente stradale	l'accident de la route
l'incidente mortale	l'accident mortel
la guida in stato di ebbrezza	la conduite en état d'ivresse
il tasso alcolemico	le taux d'alcoolémie
l'alcoltest **l'etilometro**	l'alcootest l'éthylomètre

aussi il test del palloncino il palloncino *le ballon* (→ l'alcoltest)

l'eccesso di velocità	l'excès de vitesse
l'infrazione al codice della strada	l'infraction au code de la route
l'investimento	l'accident corporel
lo scontro, la collisione frontale	la collision frontale
il tamponamento	l'accrochage
il tamponamento a catena	le carambolage
la sbandata	l'embardée
la constatazione amichevole	le constat à l'amiable
il danno materiale / fisico	le dommage matériel / physique
il ferito grave	le blessé grave
il contuso	le blessé léger
il testimone	le témoin
l'assicurazione contro terzi	l'assurance au tiers
la polizza casco	l'assurance tous risques
capottare	capoter
ribaltarsi	se retourner
tamponare	tamponner
urtare	heurter, percuter
urtarsi, scontrarsi	se heurter, se percuter
fare un frontale	entrer en collision frontale
andare a sbattere contro un muro	aller s'écraser contre un mur
investire un pedone	renverser un piéton
andare fuori strada	quitter la route
slittare	déraper
sbandare in curva	faire une embardée dans un virage
rifiutare la precedenza	refuser la priorité
tagliare la strada	couper la route
passare con il (semaforo) rosso	griller un feu rouge
guidare in stato di ebbrezza	conduire en état d'ivresse
assicurato	assuré
danneggiato	endommagé
distrutto	démoli
indenne	indemne
incolume	sain et sauf
contuso	contusionné
in stato di shock, sotto shock	en état de choc

la distanza di sicurezza
la distance de sécurité

il colpo di frusta
le coup du lapin

2 La ferrovia — Le chemin de fer

Il treno — Le train

la rete ferroviaria	le réseau ferroviaire
il trasporto su rotaia	le transport par rail
il trasporto ferroviario	le transport ferroviaire

	il treno	le train
	merci	de marchandises
	postale	postal
	diretto	direct
	espresso	express
	locale	omnibus
	intercity	intercity, *train rapide entre villes italiennes*
	eurocity	eurocity, *train rapide entre villes européennes*
	eurostar	eurostar
	regionale	régional
	internazionale	international
	ad alta velocità	à grande vitesse, ≈ *le TGV*
	la locomotiva	la locomotive
	la carrozza	la voiture
	di centro/di coda/di testa	du milieu/de queue/de tête
	il vagone	le wagon
	il vagone-bar	la voiture-bar
	il vagone-ristorante	la voiture-restaurant
	il vagone-letto	le wagon-lit
	la cuccetta	la couchette
	lo scompartimento	le compartiment
il finestrino *la fenêtre* il corridoio *le couloir*	**il posto**	la place
	lo sportello	la porte
(!) singulier	**la toilette**	les toilettes
	il segnale d'allarme	le signal d'alarme
autre sens *desservir* Il treno ferma a Torino, Milano e Venezia. *Le train dessert les gares de Turin, Milan et Venise.*	**fermare**	s'arrêter
	deragliare	dérailler

La stazione — La gare

	la stazione	la gare
	principale	principale
	secondaria	secondaire
	centrale	centrale
	di transito	de transit
	di smistamento	de triage
aussi *le feu tricolore*	**il campanello**	la cloche (de gare)
	il semaforo	le sémaphore
	la biglietteria	la billetterie, les guichets
	lo sportello	le guichet
	il biglietto	le billet
	di sola andata	aller simple
	di andata e ritorno	aller et retour
	di prima/seconda classe	de première/seconde classe
	il supplemento	le supplément
	l'ufficio informazioni	le bureau d'information
	gli orari	les horaires
	la sala d'aspetto, la sala d'attesa	la salle d'attente
autre sens *le trottoir*	**il marciapiede**	le quai
	il binario	la voie

	le rotaie	les rails
	il deposito bagagli	la consigne
	la polizia ferroviaria	la police ferroviaire
	l'altoparlante	le haut-parleur
la sbarra *la barrière*	**il passaggio a livello incustodito/custodito**	le passage à niveau non gardé/gardé
	accompagnare qualcuno alla stazione	accompagner quelqu'un à la gare
	andare a prendere qualcuno	aller chercher quelqu'un
	obliterare il biglietto	composter son billet
	cambiare treno	changer de train

Il personale ferroviario e i viaggiatori / Le personnel ferroviaire et les voyageurs

	il macchinista	le mécanicien
	il ferroviere	le cheminot
	il capotreno	le chef de train
aussi *le sifflet*	**il fischio**	le coup de sifflet
	il capostazione	le chef de gare
	il casellante	le garde-barrière
	il controllore	le contrôleur
	il viaggiatore, il passeggero	le voyageur, le passager
(!) il pendolo *le pendule*	**il pendolare**	*le voyageur qui fait la navette entre son domicile et son lieu de travail*
	il viaggio	le voyage
	la partenza	le départ
(!) masculin	**l'arrivo**	l'arrivée
autre sens *la coïncidence*	**la coincidenza**	la correspondance
	prendere il treno	prendre le train
	salire sul treno	monter dans le train
prendere posto *prendre place*	**entrare nello scompartimento**	entrer dans le compartiment
	sistemare i bagagli	ranger ses bagages
	perdere il treno	rater le train
	scendere dal treno	descendre du train
	prendere la coincidenza	prendre la correspondance
	perdere la coincidenza	rater la correspondance

3 I mezzi pubblici / Les transports en commun

	l'autobus	le bus
autre sens *l'auvent*	**la pensilina**	l'abribus
la fermata facoltativa *l'arrêt facultatif*	**la fermata**	l'arrêt
	il capolinea	le terminus
aussi il pullman	**la corriera**	le car
	il pulmino	le minibus
(!) invariable	**il tram**	le tram(way)
(!) invariable	**il filobus**	le trolleybus

(!) féminin	la metropolitana	le métro
	il convoglio	la rame
	la stazione della metropolitana	la station de métro
	la linea	la ligne
	il biglietto dell'autobus	le ticket de bus
	la tessera mensile / settimanale	la carte mensuelle / hebdomadaire
	l'abbonamento	l'abonnement
	aspettare il tram	attendre le tramway
	prendere l'autobus	prendre l'autobus
	prendere la metro(politana)	prendre le métro
	cambiare linea	changer de ligne
	salire sull'autobus	monter dans le bus
	scendere alla prima fermata	descendre au premier arrêt
	scendere al capolinea	descendre au terminus

4 Il trasporto marittimo Le transport maritime

I tipi di imbarcazioni / Les types d'embarcations

(!) féminin aussi il battello	la nave	le bateau, le navire
	il bastimento	le bâtiment
	la nave passeggeri	le paquebot
	la nave mercantile	le navire marchand, le bateau de commerce
	la nave da carico	le cargo
	la portacontainer	le porte-conteneurs
	la nave cisterna	le bateau-citerne
	il piroscafo a pale	le bateau à aubes
	il peschereccio	le bateau de pêche
	il motopeschereccio	le chalutier
(!) féminin	la petroliera	le pétrolier
	il traghetto	le ferry, le ferry-boat
bateau assurant le transport des personnes sur les fleuves, les lacs et les canaux, surtout connu à Venise	il vaporetto	le bateau (fluvial)
	la gondola	la gondole
	la barca a motore	le bateau à moteur
	il motoscafo, il fuoribordo	le hors-bord
	l'aliscafo	l'hydroglisseur
aussi il panfilo	lo yacht	le yacht
	il catamarano	le catamaran
il motoveliero *le voilier à moteur*	il veliero	le voilier [d'autrefois]
	la barca a vela	le voilier
il relitto *l'épave*	il galeone	le galion
i remi *les avirons, les rames*	la barca a remi	la barque
	il gommone	le canot pneumatique
(!) féminin	la zattera	le radeau
	la chiatta	la péniche
	la scialuppa di salvataggio	le canot de sauvetage

	Le parti di un'imbarcazione	Les parties d'une embarcation
	il timone	le gouvernail
(!) masculin	**lo scafo**	la coque
	la chiglia	la quille
	la stiva	la soute, la cale
	la carena	la carène
l'albero maestro *le grand mât*	**l'albero**	le mât
	la coperta	le pont
	il ponte di comando	la passerelle du commandant
	la sala passeggeri	la salle des passagers
l'oblò *le hublot*	**la cabina**	la cabine
	la sala macchine	la salle des machines
	il parapetto	le bastingage
	la prua, la prora	la proue
	la poppa	la poupe
	gli ormeggi	les amarres
	la bandiera	le pavillon
aussi l'attrezzatura	**l'equipaggiamento**	le gréement
	il salvagente	la bouée (de sauvetage)
	il giubbotto salvagente	le gilet de sauvetage
(!) attention à l'accent tonique ancora *encore*	**l'ancora**	l'ancre
	la catena	la chaîne
	l'elica	l'hélice
	il radar	le radar
	la bussola	la boussole
	il sestante	le sextant
	la turbina	la turbine
	la ciminiera	la cheminée

	Il porto	Le port
	la rada	la rade
	il bacino	le bassin
(!) féminin	**la banchina**	le quai
	il molo	le môle, le quai
	l'imbarcadero	l'embarcadère, le débarcadère
	il pontone	le ponton
	il canale	le chenal
	la diga	la digue, la jetée
	la boa d'ormeggio	la bouée d'amarrage
	la boa di segnalazione	la balise
	il faro	le phare
	l'argano	le cabestan
	il frangiflutti	le brise-lames
aussi *le feu tricolore*	**il semaforo**	le sémaphore
	il porto franco	le port franc
	il cantiere navale	le chantier naval
parlare come uno scaricatore di porto *jurer comme un charretier*	**lo scaricatore di porto**	le docker
	la darsena	la darse
	l'ancoraggio	le mouillage
varare *mettre à l'eau*	**il varo (di una nave)**	le lancement (d'un navire)
l'armatore *l'armateur*	**l'armamento**	l'armement

Note	La navigazione e il personale navigante	La navigation et le personnel navigant
	la navigazione da diporto	la navigation de plaisance
	la crociera	la croisière
la chiusa *l'écluse*	**la navigazione fluviale**	la navigation fluviale
	il barcaiolo	le batelier
	il cabotaggio	le cabotage
	il lungo corso	le long cours
	l'imbarco	l'embarquement
	lo sbarco	le débarquement
	l'attracco	l'accostage
	l'ormeggio	l'amarrage
	l'andatura	l'allure
	l'andatura al lasco	l'allure de largue
	l'andatura di bolina, la bolina	l'allure de près, le près
	l'andatura di traverso	l'allure de travers
	l'andatura di poppa	l'allure de vent arrière
(!) pluriel irrégulier le miglia	**il miglio (marino)**	le mille (marin)
	il nodo	le nœud
	la rotta	la route
	la traversata	la traversée
	l'onda	la vague
	il cavallone	la grosse vague
	il rollio	le roulis
	il beccheggio	le tangage
	lo scalo	l'escale
	la scia	le sillage
aussi la spuma	**la schiuma**	l'écume
	la manovra	la manœuvre
	l'avaria, il guasto	l'avarie, la panne
	la falla	la voie d'eau
il naufrago *le naufragé*	**il naufragio**	le naufrage
	il segnale di soccorso	le signal de détresse
	il nolo	le fret
	il navigatore	le navigateur
	il mozzo	le mousse
	il marinaio	le marin, le matelot
	il timoniere	le timonier
	il capitano	le capitaine
	il pirata	le pirate
	salpare	appareiller
	mollare gli ormeggi	larguer les amarres
	mollare le vele	larguer les voiles
	imbarcare	embarquer
	salire a bordo	monter à bord
	governare	gouverner
	gettare/levare l'ancora	jeter/lever l'ancre
	ammainare le vele	amener les voiles
	spiegare le vele	déployer les voiles
	veleggiare	naviguer à la voile
	navigare a gonfie vele	naviguer à pleines voiles
	approdare	aborder

attraccare	amarrer, accoster
sbarcare	débarquer
cambiare rotta	changer de direction
beccheggiare	tanguer
rullare	rouler
galleggiare	flotter
arenarsi, incagliarsi	s'échouer
naufragare	faire naufrage
affondare	couler
colare a picco	couler à pic
rovesciarsi, capovolgersi	chavirer
nautico	nautique
navigabile	navigable
guasto	avarié, en panne
a tribordo	à tribord
a babordo	à babord

5 Il trasporto aereo — Le transport aérien

I tipi di velivoli — Les types d'appareils

aussi l'apparecchio	**l'aereo, l'aeroplano**	l'avion
	l'aereo di linea	l'avion de ligne
	l'aereo militare	l'avion militaire
sfondare il muro del suono *franchir le mur du son*	**il reattore**	l'avion à réaction
	il jumbo jet	le jumbo-jet
	il bireattore	le biréacteur
	il trimotore/il quadrimotore	le trimoteur/le quadrimoteur
	l'aeromobile	l'aéronef
	l'anfibio	l'avion amphibie
	l'idrovolante	l'hydravion
	il biplano	le biplan
prononcer ['tʃartɛr]	**il charter**	le charter
le pale *les pales*	**l'elicottero**	l'hélicoptère
il motoaliante *le planeur à moteur*	**l'aliante**	le planeur
	il dirigibile	le dirigeable
	la carlinga	la carlingue
(!) singulier l'ala	**le ali**	les ailes
	il carrello	le train d'atterrissage
	la cabina di pilotaggio	la cabine de pilotage
	la scaletta	l'escalier
	il portello	la porte
	il portellone	la trappe
	il posto	la place
	vicino al finestrino	près de la fenêtre
	vicino al corridoio	près du couloir

Il traffico aereo e il volo — Le trafic aérien et le vol

l'aeroporto	l'aéroport
il terminal	l'aérogare, le terminal
la dogana	la douane
la pista d'atterraggio	la piste d'atterrissage

la rete aerea	le réseau aérien
lo spazio aereo	l'espace aérien
il corridoio aereo	le couloir aérien
la torre di controllo	la tour de contrôle
il controllore di volo	le contrôleur aérien
la navigazione aerea	la navigation aérienne
la compagnia aerea	la compagnie aérienne
la classe economica	la classe économique
la prima classe	la première classe
la business class	la business class, la classe affaires
il check-in	l'enregistrement des bagages
il bagaglio a mano	le bagage à main
l'imbarco	l'embarquement
la carta d'imbarco	la carte d'embarquement
il transito	le transit
il controllo dei passaporti	le contrôle des passeports
il decollo	le décollage
l'atterraggio	l'atterrissage
l'ammaraggio	l'amerrissage
la quota di crociera	l'altitude de croisière
la velocità di crociera	la vitesse de croisière
la durata del volo	la durée du vol
la pressurizzazione	la pressurisation
il vuoto d'aria	le trou d'air

(!) faux ami *l'amarrage* l'ormeggio

volare	voler
prenotare un posto sul volo	réserver une place sur le vol
prendere l'aereo	prendre l'avion
essere in lista d'attesa	être sur une liste d'attente
decollare	décoller
atterrare	atterrir
ammarare	amerrir
sorvolare	survoler
cambiare aereo	changer d'avion
ritirare i bagagli	retirer ses bagages
perdere quota	perdre de l'altitude
attraversare una zona di turbolenze	traverser une zone de turbulences

(!) faux ami *amarrer* ormeggiare

L'aviazione e il personale di bordo / L'aviation et le personnel de bord

l'aviazione	l'aviation
l'areonautica	l'aéronautique
l'aviatore	l'aviateur
l'equipaggio	l'équipage
il personale di volo	le personnel de vol
il personale di bordo	le personnel de bord
il personale navigante	le personnel navigant
il personale di terra	le personnel au sol
il comandante	le commandant
il pilota	le pilote

l'hostess	l'hôtesse
di volo	de l'air
di terra	au sol
lo steward	le steward
pilotare un aereo	piloter un avion

La sicurezza e gli incidenti aerei	La sécurité et les accidents d'avion
le norme di sicurezza	les consignes de sécurité
le uscite di sicurezza	les issues de secours
la manutenzione	l'entretien
la maschera dell'ossigeno	le masque à oxygène
lo scivolo d'emergenza	le toboggan
il giubbotto di salvataggio	le gilet de sauvetage
la depressurizzazione	la dépressurisation
l'atterraggio di emergenza	l'atterrissage d'urgence
il guasto meccanico	la panne mécanique
l'avaria del motore	l'avarie du moteur
la scatola nera	la boîte noire
il dirottamento	le détournement
allacciare le cinture di sicurezza	attacher sa ceinture de sécurité
dirottare un aereo	détourner un avion

METTERE IN PRATICA

81 Completare Compléter

1. In galleria bisogna accendere i ....
2. Per sorpassare bisogna mettere la ....
3. In macchina bisogna allacciare le ....
4. Bisogna rispettare i limiti di ....
5. In caso di guasto bisogna accendere le .... di emergenza.

82 Che cosa fa? Que fait-il ?

1. il meccanico
2. l'autista
3. l'aviatore
4. il controllore
5. il viaggiatore
6. il pendolare
7. il marinaio

a. pilota
b. prende il treno tutti i giorni alla stessa ora
c. naviga
d. ripara
e. guida
f. controlla i biglietti
g. viaggia

83 Dal verbo al sostantivo Du verbe au substantif

1. guidare
2. viaggiare
3. frenare
4. accelerare
5. arrivare
6. partire
7. fermarsi
8. scontrarsi
9. navigare
10. volare
11. varare
12. decollare
13. atterrare
14. manovrare

84 Leggere e tradurre Lire et traduire

Un campanello aveva cominciato a suonare, ma non apparve nessuno sulla piazzetta, né sotto la pensilina della stazione dietro la quale la locomotiva e i pochi vagoni del convoglio finirono per arrivare e nascondersi. Qualche voce e uno sbattere gli sportelli raggiunsero la piazzetta deserta poi subito riprese a suonare il campanello e da dietro la stazione ricomparve il treno, già avviato al ritorno. Il rumore delle ruote, per un momento ancora assordante, tornò presto a farsi cadenzato.

Sergio Ferrero, *Il giuoco sul ponte,* © Éditions Rizzoli, 1995

corrigés page 426

Altre Parole

Il contesto culturale

La "mitica" Vespa
La « mythique » Vespa

- La plus célèbre marque de scooter a été fondée à Gênes en 1884 par Rinaldo Piaggio qui, à l'époque, fabriquait du matériel naval. Son fils, Enrico, lança en 1946 la première **Vespa**. Dans les années 1960, Piaggio inaugura la mode des mobylettes et lança sur le marché, à coté des vespas, des modèles comme *Ciao*, *Bravo*...
- Le **Museo Piaggio**, inauguré en 2000 à Pontedera (Pise), présente tous les modèles des différentes époques.

Qualche sigla
Quelques sigles

- **ACI, Automobile Club Italiano** : ≈ AC, l'Automobile Club
- **FIAT, Fabbrica Italiana Automobili Torino** : FIAT
- **FS, Ferrovie dello Stato** : *société de chemin de fer nationale* ≈ SNCF
- **ETR, Elettrotreno** : *train électrique rapide*
- **TEE, Trans Europe Express** : *train express qui traverse l'Europe*

Espressioni idiomatiche

un asso del volante	un as du volant
versare benzina sul fuoco	jeter de l'huile sur le feu
un guidatore della domenica	un chauffeur du dimanche
avere una guida sportiva	avoir une conduite sportive
partire in quarta	partir en quatrième vitesse
mordere il freno	ronger son frein
Attaccati al tram!	Débrouille-toi !
andare come un treno	aller à fond de train
sbuffare come una locomotiva	souffler comme un phoque
perdere il treno	manquer une occasion
rientrare nei binari	rentrer dans le rang, dans le droit chemin
essere nella stessa barca	être dans le même bateau
tirare i remi in barca	tirer son épingle du jeu
mandare avanti la barca	faire bouillir la marmite
navigare in cattive acque	filer un mauvais coton
promessa da marinaio	promesse d'ivrogne
condurre un affare in porto	mener à bien une affaire
questa casa è un porto di mare	on rentre dans cette maison comme dans un moulin
andare in porto	arriver à bon port

Proverbi

Chi va piano, va sano e va lontano.	Qui va lentement va sûrement.

29

Du mot à la phrase

1 Analyser et commenter

Analyser un texte littéraire

È un brano tratto da...	C'est un extrait tiré de...
È un testo di...	C'est un texte de...
Il titolo del romanzo/racconto è...	Le titre du roman/récit est...
È stato pubblicato nel...	Il a été publié en...
Si tratta di una poesia/di una novella.	Il s'agit d'un poème/d'une nouvelle.
Il brano si trova all'inizio/alla fine del libro.	L'extrait se trouve au début/à la fin du livre.
Può essere diviso in... parti.	Il peut être divisé en... parties.
L'autore descrive/racconta...	L'auteur décrit/raconte...
L'ambiente descritto è...	Le milieu décrit est...
Il/la protagonista è...	Le personnage principal est...
La scena si svolge...	La scène se déroule...

Commenter un texte littéraire

Il tono del brano è comico / tragico / satirico / sarcastico.	Le ton de l'extrait est comique / tragique / satirique / sarcastique.
Lo stile è chiaro / oscuro / complesso / letterario / giornalistico.	Le style est clair / obscur / compliqué / littéraire / journalistique.
Il lessico è ricercato / colloquiale / colto / popolare / arcaico / dialettale.	Le vocabulaire est recherché / familier / cultivé / populaire / archaïque / dialectal.
I dialoghi sono vivaci / brillanti / rapidi.	Les dialogues sont vivants / brillants / rapides.
L'autore interviene / suggerisce / spiega / afferma / mostra...	L'auteur intervient / suggère / explique / affirme / montre...

Analyser un article de journal

È un articolo tratto dal quotidiano... uscito il...	C'est un article tiré du quotidien... paru le...
È stato pubblicato sul settimanale/ sul mensile...	Il a été publié dans l'hebdomadaire/ dans le mensuel...
Il titolo dell'articolo è... e evoca...	Le titre de l'article est... et il évoque...
L'argomento principale è...	Le sujet principal est...

• **L'articolo presenta i risultati di un'inchiesta/di un sondaggio.**	• L'article présente les résultats d'une enquête/d'un sondage.
• **Si tratta di un fatto di cronaca avvenuto a... nel...**	• Il s'agit d'un fait divers arrrivé à... en...

Commenter un article de journal

• **Il / la giornalista presenta / descrive / analizza / commenta / intervista...**	• Le / la journaliste présente / décrit / analyse / commente / interviewe...
• **Secondo l'intervistatore / l'intervistato...**	• Selon l'intervieweur / l'interviewé ...
• **È un tema ricorrente della stampa.**	• C'est un thème récurrent de la presse.
• **È un dibattito molto attuale.**	• C'est un débat très actuel.
• **L'articolo si basa su dati statistici / grafici / percentuali.**	• L'article se fonde sur des données statistiques / des graphiques / des pourcentages.

Analyser une œuvre iconographique

• **È una fotografia / un quadro / un disegno / una vignetta / un fumetto.**	• C'est une photo / un tableau / un dessin / un dessin humoristique / une bande dessinée.
• **L'autore è un fotografo / un pittore / un disegnatore / un vignettista / un illustratore.**	• L'auteur est un photographe / un peintre / un dessinateur / un humoriste / un illustrateur.
• **La foto è stata scattata...**	• La photo a été prise...
• **Il quadro è stato dipinto...**	• Le tableau a été peint...
• **La scena rappresenta...**	• La scène représente...
• **In primo / secondo piano, ...**	• Au premier / second plan, ...
• **Sullo sfondo, ...**	• Au fond, ...
• **La luce è intensa / debole / naturale / artificiale.**	• La lumière est intense / faible / naturelle / artificielle.

Commenter une œuvre iconographique

• **Da notare per il colore ...**	• À noter au sujet de la couleur ...
• **Ci sono particolari significativi ...**	• Il y a des détails significatifs ...
• **I personaggi sono raffigurati ...**	• Les personnages sont représentés ...
• **La prospettiva è resa ...**	• La perspective est rendue ...
• **Quest'opera fa pensare a ...**	• Cette œuvre fait penser à ...
• **La si potrebbe paragonare a ...**	• On pourrait la comparer à ...
• **Mi sembra interessante perché ...**	• Elle me semble intéressante car ...
• **Quello che mi colpisce maggiormente è ...**	• Ce qui me frappe le plus, c'est ...

2 Organiser son discours

Énumérer

• **Innanzitutto...**	• Tout d'abord, ...
• **Prima di tutto...**	• Avant tout, ...
• **Primo...**	• Premièrement, ...

In primo luogo...	En premier lieu, ...
Secondo...	Deuxièmement, ...
In secondo luogo...	En deuxième lieu, ...
Terzo...	Troisièmement, ...
In terzo luogo...	En troisième lieu, ...
Poi...	Puis... Ensuite...
Inoltre...	En outre, ...
Infine...	Enfin, ... À la fin, ...

Faire une transition

Per quanto riguarda...	En ce qui concerne, ...
Quanto a...	Quant à...
A proposito di...	À propos de...
Parlando di...	En parlant de...
Per non parlare di...	Pour ne pas parler de...
Senza dimenticare...	Sans oublier...

Expliquer

Perché...	Parce que...
A causa di...	À cause de...
In seguito a...	À la suite de...
Grazie a...	Grâce à...
In mancanza di...	Faute de...
A forza di...	À force de...
Dato che...	Étant donné que...
Visto che...	Vu que...
Siccome...	Puisque ... Comme...
Perciò...	C'est pourquoi...
Quindi...	Donc...
Di conseguenza...	Par conséquent...

Ajouter

In più...	En plus, ...
Oltretutto... **Per di più...**	De plus, ...
Nello stesso modo...	De même, ...
Da una parte... Dall'altra...	D'un côté, ... D'un autre côté, ...
D'altronde... **D'altra parte...**	D'ailleurs, ...
Per un altro verso...	Par ailleurs, ...
Va aggiunto che...	Il faut ajouter que...
Si potrebbe anche dire che...	On pourrait dire également que...
Bisogna tener conto anche di...	Il faut aussi tenir compte de...

Introduire des exemples

Per esempio ...	Par exemple, ...
A titolo di esempio ...	À titre d'exemple, ...
Possiamo citare come esempio ...	On peut citer comme exemple ...
Un esempio di ciò è...	Un exemple en est ...

Résumer

Per riassumere...	Pour résumer, ...
Riassumendo...	En résumant, ...
Sintetizzando...	
Ricapitolando...	En récapitulant,...
In poche parole...	En deux mots, ...
In breve...	En quelques mots, ...
In sintesi...	En résumé, ...
Per farla breve...	Bref, ...
Insomma...	
Tutto sommato...	Tout compte fait, ...
Tutto considerato...	Tout bien considéré, ...

Reformuler

In altri termini...	En d'autres termes, ...
In altre parole...	Autrement dit, ...
È come dire che...	
Vale a dire che...	C'est-à-dire que...
Cioè...	C'est-à-dire...
Ossia...	À savoir...

Restreindre

In una certa misura...	Dans une certaine mesure...
Fino a un certo punto...	Jusqu'à un certain point...
Non più di tanto...	Pas plus que ça...

Conclure

In conclusione...	En conclusion, ...
Per finire...	Pour finir, ...
Per concludere...	Pour conclure, ...
Vorrei concludere dicendo che...	Je voudrais conclure en disant que...

3 Exprimer ses opinions

Introduire son point de vue

Secondo me...	Selon moi, ...
Per me...	
A parer mio...	À mon avis, ...
A mio avviso...	
Mi sembra che...	Il me semble que...
Mi pare che...	
Personalmente penso che...	Personnellement, je pense que...
Per quanto mi riguarda trovo che...	En ce qui me concerne, je trouve que...

Affirmer catégoriquement

Sono certo/sicuro che...	Je suis certain/sûr que...
Sono convinto che...	Je suis convaincu que...
Non c'è dubbio che...	Il n'y a pas de doute que...
È chiaro che...	Il est clair que...
Ovviamente. **Evidentemente.**	Évidemment.
Senza dubbio.	Sans aucun doute.

Émettre des réserves

Per quanto ne so io...	Que je sache... Pour autant que je sache...
Se non erro... **Se non vado errato...**	Si je ne fais pas erreur, ...
Se non sbaglio...	Si je ne me trompe pas, ...

Rapporter l'opinion des autres

Dicono che... **Si dice che...**	On dit que...
Pare che...	Il paraît que...
Sembra che...	Il semble que...
Secondo loro...	D'après eux, ... Selon eux, ...
Corre voce che...	Le bruit court que...

Ne pas exprimer d'opinion

Non ne ho la minima idea. **Non ne ho la più pallida idea.**	Je n'en ai pas la moindre idée.
Non mi pronuncio in merito.	Je ne me prononce pas là-dessus.

4 Donner son accord et exprimer son désaccord

Accepter une proposition

Va bene!	D'accord !
Volentieri!	Volontiers !
Accetto con piacere.	J'accepte avec plaisir.
Certamente!	Bien sûr !

Donner son accord

Penso di sì.	Je pense que oui.
Suppongo di sì.	Je suppose que oui.
Non ho niente in contrario.	Je n'ai rien contre.
Sono favorevole.	Je suis pour.
Sono perfettamente d'accordo.	Je suis parfaitement d'accord.

Exprimer son désaccord

• **Penso di no.**	• Je pense que non.
• **Non sono d'accordo.**	• Je ne suis pas d'accord.
• **Non è assolutamente vero.**	• Ce n'est pas vrai du tout.
• **Mi stupirebbe.**	• Cela m'étonnerait.
• **Ne dubito molto.**	• J'en doute fort.
• **Sono contrario.**	• Je suis contre.
• **Disapprovo.**	• Je désapprouve.
• **È inammissibile!**	• C'est inadmissible !
• **È intollerabile!**	• C'est intolérable !
• **Mi oppongo.**	• Je m'y oppose.

Exprimer un refus catégorique

• **Mai e poi mai.**	• Au grand jamais.
• **Per niente al mondo.**	• Pour rien au monde.
• **Neanche per sogno.**	• Jamais de la vie.
• **No e poi no.**	• Non et non.
• **È fuori discussione.**	• C'est hors de question.
• **Non se ne parla neanche.**	• Pas question.

5 De l'indifférence à la préférence

Exprimer de l'indifférence

• **Non m'importa.** **Per me fa lo stesso.**	• Cela m'est égal.
• **Me ne infischio.**	• Je m'en fiche.
• **Non m'interessa.**	• Peu m'importe.

Exprimer de l'aversion

• **Detesto...**	• Je déteste...
• **Odio...**	• Je hais...
• **Non sopporto...**	• Je ne supporte pas...

Exprimer un intérêt

• **Mi interessa molto.**	• Cela m'intéresse beaucoup.
• **Mi interesso di/Sono interessato a...**	• Je m'intéresse à...
• **È proprio interessante!**	• C'est vraiment intéressant !

Exprimer un goût

• **Mi piace...**	• J'aime...
• **Mi piace da pazzi...**	• J'aime à la folie...
• **Vado pazzo per...**	• Je suis fou de...
• **Adoro...**	• J'adore...
• **Sarebbe bellissimo...**	• J'adorerais...

Exprimer son enthousiasme

Fantastico!	Génial !
Grande!	Super !
Che bello!/Che bellezza!	Ouah !
Che meraviglia!	C'est merveilleux !
Non vedo l'ora che/di...!	Vivement... !

Exprimer ses préférences

Preferisco...	Je préfère ...
Il mio... preferito è...	Mon... préféré est...
Non c'è niente di meglio.	Il n'y a pas mieux.
È il massimo!	C'est le top !
Preferirei di gran lunga...	Je préfèrerais de loin...

6 Exprimer des souhaits et des regrets

Exprimer des souhaits

Vorrei...	Je voudrais...
Mi piacerebbe...	J'aimerais...
Desidererei...	Je souhaiterais...
Mi auguro che...	Je souhaite que...
Magari!	Si seulement !

Exprimer des regrets

Mi dispiace.	Je regrette. Je suis désolé.
Mi rincresce.	Je suis navré.
Se l'avessi saputo!	Si j'avais su !
Purtroppo!	Malheureusement !
Peccato!	Dommage !
Come hai potuto?	Comment as-tu pu ?

7 Exprimer des doutes et des probabilités

Exprimer le doute

Dubito che...	Je doute que...
Non so se...	Je ne sais pas si...
Non sono sicuro che...	Je ne suis pas sûr que...
Ne dubito!	J'en doute !
Chissà!	Qui sait !

Exprimer la probabilité

Probabilmente...	Probablement...
È probabile che...	Il est probable que...
Forse...	Peut-être...
Può darsi che...	Il se peut que...

CORRIGÉS DES EXERCICES

1 1. serale 2. notturno 3. pomeridiano 4. mattutino 5. crepuscolare 6. istantaneo 7. immediato 8. simultaneo 9. eterno 10. attuale 11. frequente 12. invernale

2 1. mai 2. presto 3. moderno 4. raramente 5. dopo 6. prossimo 7. anticipare 8. il futuro 9. chiaro 10. il tramonto 11. il giorno 12. mezzanotte

3 1. la lancetta 2. l'altroieri 3. cronometrare

4 1. la donna 2. la sorella 3. la nuora 4. la nipote 5. la nonna 6. la zia 7. la madre 8. la vedova 9. la zitella 10. la cugina 11. la suocera 12. la cognata

5 1. infantile 2. fraterno 3. giovanile 4. paterno 5. paziente 6. indulgente 7. obbediente 8. maleducato 9. affettuoso 10. cattivo 11. capriccioso 12. materno

6 J'étais la seule fille, après sept garçons. Mon père avait tant souhaité avoir une petite fille. [...] Il me gâtait, cédait sur tout, et j'en profitais. Mes sept frères étaient jaloux, alors ils me taquinaient. [...] Il me prenait sur ses genoux, me consolait, puis grondait mes frères en leur disant d'un air sévère : « Laissez Mariannina tranquille, gare à vous si vous touchez à l'un de ses cheveux ! » Mes frères protestaient : « On passe tout à Mariannina, et nous, nous n'avons que les punitions : ce n'est pas juste ! » J'étais la seule à pouvoir entrer dans le bureau de mon père quand il lisait. Je m'y glissais sur la pointe des pieds. Il tournait la tête, baissait ses lunettes, me serrait contre lui et me caressait les cheveux.

Francesca Sanvitale, *Mère et fille*, traduit par Nathalie Bauer, © Éditions Salvy, 1993

7 1. la lettura 2. la scrittura 3. la formazione 4. la comprensione 5. la valutazione 6. la promozione 7. lo studio 8. la punizione 9. il commento 10. il riassunto 11. la traduzione 12. l'analisi

8 1. impreparato 2. maleducato 3. disobbediente 4. indisciplinato 5. immaturo 6. irrispettoso 7. disattento 8. disordinato

9 Nous sommes assises dans une classe laide et triste, dix ou douze filles ensemble, un tablier noir couvrant nos robes, au milieu de trente garçons. Les cours sont ennuyeux et anonymes. Ils consistent en général en une interrogation au tableau d'un élève qui récite à l'enseignant la leçon apprise à la maison, puis le professeur inscrit une note en grand secret dans le cahier de classe. Tout le monde retient son souffle tant que n'a pas été prononcé le nom de l'élève, puis on se laisse aller à la rêverie jusqu'à la fin de l'interrogation. Le temps que l'enseignant consacre à l'enseignement ou aux explications, à la lecture ou au dialogue avec les enfants est le plus bref possible. C'est une relation basée sur la menace de cette petite note écrite dans ce mystérieux cahier. [...] Je déteste l'école, les cours, les devoirs, le manque d'intérêt et d'amour. Je déteste le noir.

10 1. le labbra 2. le dita 3. le ciglia 4. le mani 5. le ginocchia 6. le braccia 7. gli occhi 8. le sopracciglia 9. le guance 10. i denti 11. le cosce 12. i polpacci 13. le ossa 14. gli orecchi (le orecchie)

11 1. il farmacista 2. il dentista 3. il dermatologo 4. il cardiologo 5. il chirurgo 6. il pediatra 7. il radiologo 8. l'oculista 9. l'anestesista 10. l'ostetrico 11. il ginecologo

12 **Le médecin idéal**

Il n'arrive jamais, jamais, qu'un médecin, après une visite attentive, vous dise : « Mon cher monsieur, je regrette, vous n'allez absolument pas. Si vous continuez ainsi, excusez ma sincérité, je ne vous donne que quelques mois de vie. C'est pourquoi il est de mon devoir de vous parler clairement. Une hygiène de vie rigoureuse s'impose dans votre cas. Pour commencer, une diète draconienne : légumes, lait, fruits cuits, viandes blanches sont du poison pour vous. Pas question d'en entendre parler. Votre alimentation sera basé sur les salaisons, le gibier, le paprika, les moutardes. Beaucoup de poivre, beaucoup de sel. [...] Quant aux boissons, je regrette de vous donner une mauvaise nouvelle, mais l'eau et les jus de fruits doivent être bannis. Du vin, ça oui. Et surtout du whisky. [...] Le whisky est pour vous la panacée. »

Dino Buzzati, *Nous sommes au regret de...*, traduit par Yves Panafieu, © Éditions Seuil, coll Points, n° 557

13 1. crudo 2. freddo 3. analcolico 4. digestivo 5. scondito 6. cattivo 7. dolce 8. saporito 9. digiunare 10. sparecchiare

14 1. c 2. f 3. g 4. l 5. i 6. h 7. a 8. d 9. e 10. b

15 **Trenette au pesto**

Préparer le pesto : laver les feuilles de basilic et les essuyer délicatement. Mettre dans le mixeur les gousses d'ail épluchées et coupées finement, les pignons, les feuilles de basilic et le sel. Verser l'huile et mixer jusqu'à obtention d'une sauce crémeuse. Ajouter enfin le parmesan et le pecorino râpés. Verser le pesto dans un bol et le mettre de côté.

Nettoyer, laver et couper en morceaux de 3 cm environ les haricots verts. Éplucher et couper une pomme de terre en tranches. Entre-temps, faire bouillir de l'eau, la saler et faire cuire les trenette al dente. Ajouter les haricots et les tranches de pomme de terre 7 à 8 minutes avant la fin de la cuisson.

Ajouter au pesto deux ou trois cuillérées d'eau de cuisson des pâtes et mélanger soigneusement.

Égoutter les trenette, ajouter le pesto et servir aussitôt.

Bon appétit !

16 1. e 2. a 3. b 4. c 5. d

17 1. il cucito 2. il taglio 3. il ricamo 4. il il rammendo 5. la toppa 6. la fodera 7. il vestito 8. l'indossatore, l'indossatrice 9. la misura 10. la prova 11. l'amido 12. il lavaggio 13. il pettine, la pettinatura 14. la spazzola 15. la tinta 16. il trucco 17. il bottone 18. la chiusura 19. le calzature 20. il lucido

18 1. scomodo 2. luminoso, chiaro 3. silenzioso 4. modesto 5. vuoto, sgombro 6. affittato 7. antico 8. deserto 9. chiuso 10. spento

19 1. la piazza 2. la soffitta 3. il box 4. l'alloggio

20 1. À vendre appartement, dernier étage, très récent, de grand standing, salon, 2 chambres, cuisine américaine, salle de bains double, vaste, mansardé, garage et place de parking, zone centrale. Excellentes conditions.

2. À louer villa pour deux familles sur 2 étages, 240 m^2, plus jardin 1 200 m^2, 4 000 € par mois, charges non comprises.

3. Cherche à louer un studio, 40/50 m^2 meublé, étage élevé, bonne exposition, chauffage individuel, loyer peu élevé. Téléphoner au 010 31 37 46 20 aux heures des repas.

21 1. sciatore 2. calciatore 3. tennista 4. ciclista 5. ginnasta 6. pugile 7. nuotatore 8. corridore 9. alpinista 10. scalatore

22 1. c 2. d 3. e 4. f 5. a 6. b

23 Le football remonte à l'époque des Grecs. Au temps des Romains, il prend le nom de *pied-ballon*. Pendant la Renaissance, il était très pratiqué et se jouait sur les places de Florence, d'où le nom de *football florentin*, même s'il est avéré qu'on y jouait aussi à Bologne, Padoue, etc.
Il fut interdit dans certaines villes car il était devenu trop violent : la violence éclatait entre les joueurs mais aussi entre les supporters. Cet ancien jeu de ballon était très différent du football moderne : ses caractéristiques le rendaient plus semblable au rugby. Ce n'est qu'à partir du dix-huitième siècle qu'il commence à être pratiqué en Angleterre, avec des règles plus proches du jeu actuel. Mais les règles n'étaient pas encore bien définies, et la question de savoir si l'on devait jouer seulement avec les pieds ou aussi avec les mains n'était pas encore tranchée. Deux courants s'affrontent : celui de l'Université de Rugby imposant un règlement « mains et pieds » avec contact violent, et celui imposant un jeu avec les pieds en le nommant *foot-ball*, traduction de *pied-ballon*.

24 1. a 2. in 3. in 4. al 5. a 6. in 7. del 8. al 9. in 10. per 11. in 12. in 13. con 14. da 15. all' 16. da 17. della 18. di

25 1. la collezione 2. il gioco 3. la caccia 4. il baro 5. la puntata 6. la lettura 7. la pesca 8. il viaggio 9. l'abbronzatura 10. il vaccino 11. la visita 12. la prenotazione 13. la sveglia 14. il reclamo 15. il giro 16. il soggiorno 17. la partenza 18. il ballo

26 1. l'ombrello 2. gli scacchi 3. la caccia 4. la tenda

27 1. amichevole 2. coniugale 3. cortese 4. altruista 5. tollerante 6. sensibile 7. onesto 8. umile 9. galante 10. invidioso 11. irascibile 12. ipocrita 13. cattivo 14. violento 15. leale 16. dolce 17. paziente 18. sincero 19. educato 20. generoso

28 1. l'amore 2. il fidanzamento, il fidanzato 3. l'odio 4. la separazione 5. il tradimento 6. il divorzio 7. la convivenza, il convivente 8. l'affetto 9. il bacio 10. la seduzione 11. la rottura 12. la lite, il litigio 13. l'innamoramento 14. l'abbandono 15. la carezza 16. l'attrazione 17. l'eccitazione

29 Saint Valentin, patron de Terni et protecteur des amoureux du monde entier, renouvelle chaque année ses miracles d'amour le 14 février.
Pourtant, rares sont ceux qui connaissent la véritable histoire de l'évêque et martyre dont Terni conserve la dépouille mortelle.
Saint Valentin fut le premier évêque de la ville. Persécuté par le Sénat romain, il est mort en martyre le 14 février 273, sous l'empereur Aurélien. Mais c'est pour avoir célébré le mariage entre une jeune chrétienne et un légionnaire païen qu'il est devenu le protecteur des amoureux.
Chaque année, dans la basilique consacrée à saint Valentin, des centaines de futurs époux participent à une cérémonie où ils échangent une promesse d'amour, en même temps que les couples qui, arrivés à l'âge des noces d'argent et d'or, veulent renouveler l'engagement de leur union.
Lors des manifestations valentiniennes, durant tout le mois de février, Terni devient romantique et accueillante, ce qui lui vaut le nom de « ville de l'amour ».

30 1. dipingere 2. scolpire 3. fotografare 4. disegnare 5. incidere 6. illustrare 7. stampare 8. intagliare 9. scalpellare 10. miniare 11. affrescare 12. ritoccare 13. sfumare 14. riprodurre 15. sviluppare 16. esporre 17. inquadrare

31 a. 2 – 5 – 8 – 10 b. 1 – 4 – 6 – 7 c. 9 – 12 d. 3 – 11

32 1. la tavolozza 2. lo schermo 3. il trittico

33 1. un film parlato 2. un film in bianco e nero 3. un brutto film 4. un film divertente 5. essere intonato 6. un pianoforte scordato 7. calare il sipario 8. rifiutare un invito a ballare 9. il fiasco 10. il cortometraggio

34 1. i 2. h 3. d 4. c 5. b 6. e 7. g 8. f 9. j 10. a

35 Il s'avança sur scène avec un certain embarras, car pour lui qui n'était pas coutumier de ce genre de travail les danseuses étaient avant tout des femmes, et non des artistes. [...] Six ou sept chaises se trouvaient contre la rampe, pour Vassilievski, le chorégraphe, pour la directrice de l'école de ballets, le compositeur, venu tout exprès de Paris, le chef d'orchestre, le maître de ballet et les autres. En retrait, assis devant un piano droit, un musicien faisait office d'orchestre. Le rideau était ouvert, mais la salle demeurait plongée dans l'obscurité. [...] Toutefois le maître de ballet, tandis que le pianiste attaquait les premières notes, s'approcha de lui pour lui susurrer que Clara Fanti, la danseuse étoile, voulait lui demander quelques explications sur le costume qu'il avait dessiné pour elle. [...] Une ribambelle de danseuses – dix ou douze – pénétra sur la scène : les ombres du soir. Aucune évidemment n'était en costume, elles avaient toutes revêtu le collant noir de travail.

Dino Buzzati, *Un amour*, traduit par Michel Breitman, © Éditions Robert Laffont, 1964

36 1. la pubblicazione 2. la lettura 3. la scrittura 4. la composizione 5. la narrazione 6. il racconto 7. il riassunto 8. la rievocazione 9. il commento 10. l'analisi 11. la descrizione 12. la stampa 13. la critica 14. il dialogo 15. la nota

37 1. j 2. a 3. c 4. i 5. d 6. e 7. g 8. h 9. b 10. f

38 1. e 2. f 3. g 4. i 5. j 6. h 7. d 8. b 9. a 10. c

39 **Et soudain c'est le soir**
Chacun se tient seul sur le coeur de la terre,
transpercé d'un rayon de soleil.
Et soudain c'est le soir.

Salvatore Quasimodo, *Eaux et terres*, « *Poèmes* », traduit par Pericle Patocchi, © Éditions Mercure de France, 1963

40 1. esprimere, esprimersi 2. pronunciare 3. gridare 4. sussurrare 5. percepire 6. balbettare 7. rispondere 8. domandare 9. discorrere 10. discutere 11. dichiarare 12. affermare 13. comunicare 14. polemizzare 15. persuadere 16. schernire 17. scherzare 18. chiacchierare

41 1. urlare 2. sussurrare 3. articolare 4. chiedere 5. parlare male di 6. convincere 7. discorrere 8. sostenere 9. ridicolizzare

42 **Les mots**

Nous avons des mots pour vendre
Des mots pour acheter
Des mots pour faire des mots
Mais il nous faut des mots pour penser.

Nous avons des mots pour tuer
Des mots pour dormir
Des mots pour chatouiller
Mais il nous faut des mots pour aimer.

Nous avons des machines
Pour écrire les mots
Des dictaphones, des magnétophones
Des microphones, des téléphones.

Nous avons des mots
Pour faire du bruit
Des mots pour parler
Nous n'en avons plus.

Traduit par Danièle Valin

43 1. la trasmissione 2. la pubblicazione 3. l'abbonamento 4. la presentazione 5. l'annuncio, l'annunciatore 6. il programma, la programmazione 7. l'ascolto, l'ascoltatore 8. la registrazione 9. il conduttore 10. l'informazione 11. la censura, il censore 12. la pubblicità 13. il lancio 14. la strumentalizzazione

44 a. il telecomando b. il capitello c. l'elzeviro

45 1. D 2. B 3. B 4. C 5. D 6. A 7. D 8. B 9. C 10. D

46 **Le quotidien**

En Italie, la tradition du quotidien est assez ancienne ; les toutes premières gazettes remontent à la première moitié du XVIIe siècle. Le quotidien s'achète tous les jours : on le lit et on le jette. Il a ses propres caractéristiques, comme l'article de fond et la page culturelle. L'article de fond, appelé aussi l'éditorial, est le commentaire d'un fait de politique intérieure ou internationale, ou bien un article économique ou social, qui figure en première page. C'est un texte d'après lequel on peut comprendre la tendance du quotidien et il est souvent écrit par le directeur du journal lui-même.
La page culturelle est une caractériqtique des journaux italiens, conçue par A. Bergamini pour le *Giornale d'Italia* au début du siècle dernier. La page culturelle est souvent le lieu d'articles fades et peu intéressants, mais celle qui fut confiée à Pier Paolo Pasolini dans le *Corriere della Sera* autour des années 70, n'en est pas moins restée célèbre. Le débat culturel, étant donné la personnalité de l'auteur, fut enflammé et très animé.

47 1. il telefono 2. l'invio 3. la comunicazione 4. la connessione 5. il programma 6. la stampa 7. la copia 8. l'informatizzazione 9. il messaggio 10. l'abbonamento 11. la corrispondenza 12. la buca delle lettere 13. la navigazione 14. il salvataggio

48 1. b 2. d 3. a 4. c

49 **Lettre d'amour**

Je suis enfin revenu, ma chérie, et maintenant j'attends que tu me rejoignes. Dans ta dernière lettre, que j'ai reçue il y a un mois, tu disais justement que tu ne pouvais plus vivre sans moi. Je te crois, parce que j'éprouve le même sentiment. N'est-ce pas une sorte d'attirance fatale, et presque un châtiment ?

D'habitude, entre homme et femme, un seul des deux est amoureux. L'autre accepte, ou subit. Dans notre cas, ce qui est merveilleux, c'est que la passion est égale chez nous deux. Nous sommes fous l'un et l'autre. C'est très beau mais aussi effrayant. Nous sommes comme deux feuilles furieusement poussées l'une vers l'autre par des vents contraires. Que se passera-t-il quand elles se rencontreront ?

Dino Buzzati, *Les nuits difficiles*, traduit par Michel Sager, © Éditions Robert Laffont, 1973

50 1. risorgimentale 2. imperiale 3. repubblicano 4. barbarico 5. medievale 6. antico 7. leggendario 8. mitico 9. patriottico 10. feudale 11. preistorico 12. decadente 13. plebeo

51 1. invadere 2. conquistare 3. stringere 4. combattere 5. annettere

52 1. i francesi 2. i tedeschi 3. gli spagnoli 4. gli inglesi 5. i portoghesi 6. i russi 7. i greci 8. i cinesi 9. i giapponesi 10. i marocchini 11. gli argentini 12. i brasiliani 13. i peruviani 14. i senegalesi 15. gli australiani 16. gli austriaci

53 1. d 2. f 3. g 4. j 5. b 6. i 7. h 8. a 9. e 10. c

54 **La Sicile**

C'est la plus grande région de l'Italie et aussi la plus grande île de la Méditerranée ; le climat doux, la beauté de la végétation et du paysage, la fertilité du sol, suscita dans l'antiquité l'intérêt de plusieurs peuples, voisins et lointains. Toutes les côtes et les très belles îles (Éoliennes, Égades, Pantelleria, Pélagies) ont un climat typiquement méditerranéen avec beaucoup de soleil, peu de pluie et une température qui n'est pas trop chaude grâce aux vents marins. Après Naples, Palerme est le principal port du Mezzogiorno et un centre commercial et industriel actif. Les oranges ou plus généralement les agrumes sont les cultures les plus connues de la Sicile.

Traduit par Danièle Valin

55 1. la discarica 2. il legno 3. la pineta 4. le scaglie 5. la turbina eolica 6. il castagneto

56 1. e 2. h 3. c 4. b 5. a 6. d 7. f 8. g

57 1. l'inquinamento 2. la tutela 3. la conservazione 4. la contaminazione 5. l'estrazione 6. lo sfruttamento 7. il depuratore 8. la raccolta 9. l'irraggiamento 10. il riciclaggio 11. il trattamento 12. il recupero 13. lo smaltimento 14. la proliferazione

58 1. c 2. e 3. a 4. b 5. d

59 1. repubblicano 2. europeo 3. monarchico 4. nazionale 5. presidenziale 6. popolare 7. parlamentare 8. politico 9. federale 10. comunitario 11. aristocratico 12. nobile 13. principesco

60 1. l'arresto 2. la perquisizione 3. l'interrogatorio 4. le manette 5. la prigione 6. il carcere 7. la condanna 8. l'assoluzione 9. l'indagine 10. l'investigatore 11. il pedinamento 12. l'evasione 13. la protesta 14. il saccheggio 15. l'insurrezione 16. il linciaggio

61 1. colpevole 2. involontario 3. illegale 4. assolto 5. rilasciato 6. disarmato 7. corrotto 8. illecito

62 1. l'avvocato 2. il poliziotto 3. l'investigatore, il detective 4. il giudice 5. il pubblico ministero, la pubblica accusa 6. la giuria 7. il ladro 8. il borseggiatore 9. il rapinatore 10. l'informatore

63 1. e 2. f 3. a 4. b 5. c 6. d

64 1. sparare 2. bombardare 3. vincere 4. sconfiggere 5. arrendersi 6. assediare 7. violare 8. stuprare 9. deportare 10. invadere 11. silurare 12. conquistare 13. affondare 14. annettere 15. difendere 16. aggredire

65 Le 4 mai 1861, l'Armée sarde, qui avait intégré de nombreuses armées pré-unitaires, prenait le nom *d'Armée italienne*, par décret du ministre Fanti.
Ses premières années d'existence ne furent pas faciles car elles furent marquées par une longue et difficile lutte contre le brigandage et par l'issue malheureuse de la troisième guerre d'indépendance, qui aura pourtant connu de glorieuses batailles (1886 morts au combat). Le 20 septembre 1870, concrétisant les idéaux unitaires, le IVe corps d'armée, sous le commandement du général Raffaele Cadorna, occupa Rome, redonnant à l'Italie sa capitale naturelle.

66 1. bigotto 2. bestemmiare 3. la sinagoga 4. il sagittario 5. la chiromante

67 1. il credente 2. l'ateo 3. il praticante 4. il peccatore 5. il chiromante 6. il cartomante 7. l'indovino 8. l'alchimista 9. l'astrologo

68 1. la preghiera 2. il peccato 3. l'assoluzione 4. la confessione 5. il perdono 6. la benedizione 7. il battesimo 8. l'espiazione 9. la risurrezione 10. la reincarnazione 11. la salvezza 12. la dannazione 13. il sacrificio 14. la redenzione 15. il pentimento 16. la predica 17. l'ordine 18. il salmo 19. la celebrazione 20. la circoncisione

69 1. il lavoro 2. l'assunzione 3. il licenziamento 4. la rivendicazione 5. la promozione 6. lo stipendio 7. la remunerazione 8. la retrocessione 9. lo sciopero 10. la protesta 11. la trattenuta 12. la raccomandazione 13. le trattative 14. il picchetto 15. il dirigente, la direzione

70 1. la fabbrica 2. il capufficio 3. gli assegni familiari

71 **Le Chef**
Il est directeur d'une grande industrie, il a passé la soixantaine, tous les matins il se lève à six heures, été comme hiver, à sept heures il est déjà à l'usine où il reste jusqu'à huit heures du soir et au-delà. Même le dimanche il va travailler, même si les ateliers et les bureaux sont déserts ; mais une heure plus tard, ce qu'il considère comme un vice. Il est l'homme sérieux par excellence, il sourit rarement, il ne rit jamais. L'été il se permet, mais pas toujours, une semaine de vacances dans sa villa sur le lac. Il n'a aucune faiblesse, il ne fume pas, ne boit ni café ni alcool, il ne lit pas de romans. Il ne tolère aucune faiblesse chez les autres. Il se croit important. Il est important. Il est très important. Il dit des choses importantes. Il a des amis importants. Il ne donne que des coups de téléphone importants. Même ses blagues en famille sont très importantes. Il se croit indispensable. Il est indispensable. Les obsèques auront lieu demain à quatorze heures trente, le cortège se réunira au domicile du défunt.

Dino Buzzati, *Les nuits difficiles*, traduit par Michel Sager, © Éditions Robert Laffont, 1973

72 1. f 2. i 3. j 4. a 5. b 6. d 7. e 8. c 9. g 10. h

73 1. forte 2. instabile 3. in ribasso 4. a buon mercato 5. insolvibile 6. eterogeneo 7. a lungo termine 8. creditore 9. esportazione 10. scendere 11. perdere 12. addebitare

74 1. la macelleria – il macellaio 2. la salumeria – il salumiere 3. la latteria – il lattaio 4. l'edicola – il giornalaio 5. la pescheria – il pescivendolo 6. la libreria – il libraio 7. la farmacia – il farmacista 8. la pasticceria – il pasticciere 9. la tabaccheria – il tabaccaio

75 1. arare 2. seminare 3. raccogliere 4. zappare 5. concimare 6. irrigare 7. falciare 8. mietere 9. vendemmiare 10. sovvenzionare 11. allevare 12. mungere 13. conservare 14. congelare

76 a. 6 b. 3 c. 5 d. 1 e. 2 f. 4

77 Jusqu'aux premiers jours de novembre, le temps vint en aide aux paysans de bonne volonté. Il ne pleuvait pas, mais l'humidité de la nuit et celle des fossés encore pleins d'eau rendait la terre assez meuble : Osea sema le blé, tandis que les autres frères taillaient les saules, afin d'en tirer de nouveaux échalas pour les vignes, et ils foulaient le vin. Il en sortit un petit vin clair et âpre au goût de baies sauvages, mais qui justement pour ça suscita chez les jeunes les observations les plus amusantes, quand ils le goûtèrent pour la Saint Martin.

Traduit par Danièle Valin

78 1. l'emigrazione, l'emigrato 2. l'adattamento 3. l'integrazione 4. la discriminazione 5. l'esclusione 6. il rilascio 7. l'esilio 8. l'oppressione 9. la persecuzione 10. il rispetto 11. la naturalizzazione 12. la repressione

79 1. xenofobo 2. povero 3. intollerante 4. etnico 5. culturale 6. diverso 7. razziale 8. razzista 9. discriminatorio 10. bilingue

80 Les Italiens ont été les protagonistes du plus grand exode de l'histoire moderne. En un peu plus d'un siècle, à partir de 1861, on a enregistré plus de vingt-quatre millions de départs, un chiffre presque équivalent au total de la population au moment de l'unité italienne. Il s'agit d'un exode qui, contrairement à ce que l'on croit, toucha toutes les régions italiennes. Il fut toutefois plus sensible dans le Nord où, entre 1876 et 1900, trois régions fournirent à elles seules 47 % du contingent migratoire : la Vénétie, le Frioul Vénétie Julienne et le Piémont. La situation se renversa au cours des deux décennies suivantes quand le record migratoire fut atteint par les régions méridionales, comme la Sicile qui assura la plus grande contribution, suivie de la Campanie.

81 1. fari 2. freccia 3. cinture 4. velocità 5. luci

82 1. d 2. e 3. a 4. f 5. g 6. b 7. c

83 1. la guida 2. il viaggio, il viaggiatore 3. il freno 4. l'acceleratore 5. l'arrivo 6. la partenza 7. la fermata 8. lo scontro 9. la navigazione 10. il volo 11. il varo 12. il decollo 13. l'atterraggio 14. la manovra

84 Une sonnette s'était mise à tinter, mais personne n'apparut sur la petite place, ni sous l'auvent de la gare derrière laquelle la locomotive et les quelques wagons du convoi allèrent finalement se cacher. Des voix et un claquement de portières parvinrent sur la petite place déserte, puis aussitôt la sonnette se remit à tinter et le train réapparut derrière la gare, déjà sur le chemin du retour. Le bruit des roues, un instant encore assourdissant, reprit bientôt sa cadence.

Sergio Ferrero, *Le jeu sur le pont*, traduit par Danièle Valin, © Éditions Rivages, 1998.

INDEX

A

B

C

H

I

J

L

M

N

O

P

INDEX

Q

R

S

T

U

V

W X Z

Édition
Raphaëlle Mourey

Relecture pour la partie italienne
Mery Martinelli

Relecture pour la partie française
Étienne Schelstraete

Illustration
(p. 73)
Laurent Blondel, Coredoc

Cartographie
(pp. 246 et 260)
Françoise Monestier

Conception graphique
Thierry Méléard, Aude Gertou, Annie Le Gallou

Couverture
Favre & Lhaïk

Composition
Desk

Les auteurs remercient **Danièle Valin** pour sa relecture et sa contribution pour les traductions des textes des pages 423, 424 et 426.

IMPRIM'VERT

N° d'éditeur : 10205184 – Dépôt légal : Février 2014
Imprimé en Italie par Vincenzo Bona (Turin)